技能应用速成系列

AutoCAD 2020 机械设计从入门到精通
（升级版）

王 菁 编著

电子工业出版社

Publishing House of Electronics Industry
北京·BEIJING

内 容 简 介

本书以理论结合实践的写作手法，全面系统地介绍了 AutoCAD 2020 在机械设计领域的具体应用。本书采用了"完全案例"的编写形式，兼具技术手册和应用技巧手册的特点，技术实用、逻辑清晰。

全书共 19 章，详细介绍了 AutoCAD 软件及机械设计基础知识、AutoCAD 2020 基础操作、机械平面元素的绘制与编辑、复合图形结构的快速创建、零件图中的文字与表格、零件图中的尺寸与公差标注、机械图形资源的管理与共享、三维机械设计辅助功能、机械零件的面与网格的创建、机械零件实体模型的创建、三维机械模型的编辑细化、机械设计绘图样板的制作、轴套类零件设计、盘盖类零件设计、叉杆类零件设计、箱壳类零件设计、各类零件立体造型设计及机械零件图的后期输出等内容。另外，本书中的案例配有演示视频，方便读者学习。

本书解说详细，操作实例通俗易懂，实用性和操作性极强，层次性和技巧性突出，既可以作为高等院校机械设计专业及相关培训机构的教材，也可以作为机械设计人员的学习参考书。

未经许可，不得以任何方式复制或抄袭本书之部分或全部内容。
版权所有，侵权必究。

图书在版编目（CIP）数据

AutoCAD 2020 机械设计从入门到精通：升级版 / 王菁编著. —北京：电子工业出版社，2020.6
（技能应用速成系列）
ISBN 978-7-121-39012-8

Ⅰ. ①A… Ⅱ. ①王… Ⅲ. ①机械设计－计算机辅助设计－AutoCAD 软件 Ⅳ. ①TH122

中国版本图书馆 CIP 数据核字（2020）第 080772 号

责任编辑：许存权　　　　　　　　　　特约编辑：田学清
印　　刷：三河市鑫金马印装有限公司
装　　订：三河市鑫金马印装有限公司
出版发行：电子工业出版社
　　　　　北京市海淀区万寿路 173 信箱　　邮编：100036
开　　本：787×1092　1/16　　印张：34.75　　字数：889.6 千字
版　　次：2020 年 6 月第 1 版
印　　次：2020 年 6 月第 1 次印刷
定　　价：89.00 元

凡所购买电子工业出版社图书有缺损问题，请向购买书店调换。若书店售缺，请与本社发行部联系，联系及邮购电话：(010) 88254888，88258888。
质量投诉请发邮件至 zlts@phei.com.cn，盗版侵权举报请发邮件至 dbqq@phei.com.cn。
本书咨询联系方式：(010) 88254484，xucq@phei.com.cn。

本书是"技能应用速成系列"丛书中的一本,主要针对机械设计领域,以 AutoCAD 2020 中文版为设计平台,详细而系统地介绍使用 AutoCAD 进行机械设计的基本方法和操作技巧,使读者能全面地掌握 AutoCAD 的常用命令和作图技巧,学会使用 AutoCAD 进行机械图样的设计,领悟绘制机械图样的精髓。

本书内容具有很强的实用性、操作性和技巧性。本书在章节编排上,一改同类计算机图书手册型的编写方式,在介绍基本命令和概念功能的同时,始终与实际应用相结合,将学以致用的原则贯穿全书,使读者对讲解的工具命令有深刻的理解,有利于培养读者应用 AutoCAD 基本工具绘图的能力。

本书特点

★ **循序渐进、通俗易懂**:本书完全按照初学者的学习规律和习惯,由浅入深、由易到难地安排每个章节的内容,可以让初学者在实战中掌握 AutoCAD 的所有基础知识及其在机械设计中的应用。

★ **案例丰富、技术全面**:本书的每一章都是 AutoCAD 的一个专题,每个案例都包含多个知识点。读者按照本书进行学习,举一反三,即可达到入门并精通的目的。

★ **视频教学、轻松易懂**:本书配有高清教学视频,编者手把手地精心讲解,并进行相关技巧点拨,使读者领悟并掌握每个案例的操作难点,轻松掌握操作技巧,进而提高学习效率。

本书内容

全书分为四篇共 19 章,详细介绍 AutoCAD 的基本绘图技巧及其在机械设计领域中的应用。

1. 基础操作技能篇(第 1~4 章),该篇详细介绍 AutoCAD 的基础操作技能。

第 1 章　AutoCAD 软件及机械设计基础知识　第 2 章　AutoCAD 2020 基础操作
第 3 章　机械平面元素的绘制功能　　　　　第 4 章　机械平面元素的编辑功能

2. 绘图技能篇(第 5~8 章),通过该篇的学习,读者能快速高效地绘制复杂零件图。

第 5 章　快速创建复合图形结构　　　　　　第 6 章　零件图中的文字与表格
第 7 章　零件图中的尺寸与公差标注　　　　第 8 章　机械图形资源的管理与共享

3．三维制图篇（第 9～12 章），帮助读者掌握快速构建零件的面、网格及实体造型的技能。

第 9 章　三维机械设计辅助功能　　　　第 10 章　创建机械零件的面与网格
第 11 章　创建机械零件实体模型　　　　第 12 章　三维机械模型的编辑细化

4．实用技能篇（第 13～19 章），以理论结合实践的写作手法，系统讲述 AutoCAD 在机械制图领域中的实际应用技术。

第 13 章　制作机械设计绘图样板　　　　第 14 章　轴套类零件设计
第 15 章　盘盖类零件设计　　　　　　　第 16 章　叉杆类零件设计
第 17 章　箱壳类零件设计　　　　　　　第 18 章　各类零件立体造型设计
第 19 章　机械零件图的后期输出

5．附录。附录中列举了 AutoCAD 的一些常用命令快捷键和常用系统变量，掌握这些快捷键和变量，可以有效地改善绘图环境，提高绘图效率。

注：受限于本书篇幅，为保证图书内容的充实性，将第 19 章及附录内容放在配套资源中，以供读者学习使用。

技术服务

为了提高服务，编者在"算法仿真在线"公众号中为读者提供了 CAD、CAE、CAM 方面的技术资料分享服务，有需要的读者可关注"算法仿真在线"公众号。同时还在公众号中提供技术答疑，解答读者在学习过程中遇到的疑难问题。读者也可以直接发邮件到编者邮箱 comshu@126.com，编者会尽快回复。

资源下载：本书配套资源均存储在百度云盘中，请根据以下地址进行下载。
链接：https://pan.baidu.com/s/13CrUihfwnHmnrBOC3P5KBA
提取码：ayzg

目 录

第一篇 基础操作技能篇

第1章 AutoCAD软件及机械设计基础知识 ……2
- 1.1 关于AutoCAD 2020软件 ……3
- 1.2 启动AutoCAD 2020软件 ……3
- 1.3 AutoCAD工作空间的切换 ……4
- 1.4 AutoCAD 2020工作界面 ……5
- 1.5 图形文件的基础操作 ……8
- 1.6 设置绘图环境 ……11
- 1.7 退出AutoCAD 2020 ……15
- 1.8 机械制图基础知识 ……15
- 1.9 机械制图相关规范 ……17
- 1.10 上机实训——绘制简单零件图 ……21
- 1.11 小结与练习 ……24

第2章 AutoCAD 2020基础操作 ……26
- 2.1 初级操作技能 ……27
- 2.2 视图的缩放与平移 ……33
- 2.3 点的捕捉与栅格 ……36
- 2.4 对象捕捉模式 ……38
- 2.5 应用追踪功能 ……42
- 2.6 上机实训一——绘制零件粗糙度符号 ……46
- 2.7 上机实训二——绘制基垫零件图 ……48
- 2.8 小结与练习 ……51

第3章 机械平面元素的绘制功能 ……53
- 3.1 绘制直线类元素 ……54
- 3.2 绘制作图辅助线 ……59
- 3.3 绘制曲线类元素 ……62
- 3.4 绘制多边形、面域与边界 ……71
- 3.5 绘制点与等分点 ……77
- 3.6 图案填充 ……79
- 3.7 上机实训一——绘制扳手零件图 ……84
- 3.8 上机实训二——绘制零件剖面线 ……88
- 3.9 小结与练习 ……91

第4章 机械平面元素的编辑功能 ……93
- 4.1 调整机械元素的位置 ……94
- 4.2 调整机械元素的形状 ……99
- 4.3 机械元素的细化编辑命令 ……106
- 4.4 机械元素的其他编辑命令 ……116
- 4.5 上机实训一——绘制箱体底垫零件图 ……122
- 4.6 上机实训二——绘制基板零件二视图 ……128
- 4.7 小结与练习 ……132

第二篇 绘图技能篇

第5章 快速创建复合图形结构 ……… 136
- 5.1 复制、偏移与镜像 ……… 137
- 5.2 复合图元的阵列功能 ……… 141
- 5.3 上机实训一——各种复合工具综合练习 ……… 146
- 5.4 定制图块 ……… 152
- 5.5 应用图块 ……… 157
- 5.6 DWG 参照 ……… 159
- 5.7 定义属性 ……… 160
- 5.8 上机实训二——图块与属性的综合应用 ……… 164
- 5.9 小结与练习 ……… 167

第6章 零件图中的文字与表格 ……… 169
- 6.1 文字样式 ……… 170
- 6.2 单行文字 ……… 172
- 6.3 多行文字 ……… 174
- 6.4 上机实训一——为零件图标注技术要求 ……… 179
- 6.5 上机实训二——绘制并填充零件图表格 ……… 181
- 6.6 表格与表格样式 ……… 185
- 6.7 查询图形信息 ……… 187
- 6.8 上机实训三——创建并填充机械明细表 ……… 190
- 6.9 小结与练习 ……… 195

第7章 零件图中的尺寸与公差标注 ……… 197
- 7.1 标注基本尺寸 ……… 198
- 7.2 标注复合尺寸 ……… 204
- 7.3 公差与圆心标记 ……… 208
- 7.4 标注引线尺寸 ……… 209
- 7.5 标注样式管理器 ……… 212
- 7.6 编辑尺寸标注 ……… 218
- 7.7 图形参数化 ……… 222
- 7.8 上机实训——标注轴类零件图尺寸与公差 ……… 224
- 7.9 小结与练习 ……… 232

第8章 机械图形资源的管理与共享 ……… 234
- 8.1 使用图层管理与控制图形 ……… 235
- 8.2 使用设计中心查看与共享图形 ……… 241
- 8.3 工具选项板 ……… 246
- 8.4 对象特性与匹配 ……… 249
- 8.5 快速选择 ……… 252
- 8.6 上机实训——零件图的规划与特性编辑 ……… 254
- 8.7 小结与练习 ……… 259

第三篇 三维制图篇

第9章 三维机械设计辅助功能 ……… 262
- 9.1 三维观察功能 ……… 263
- 9.2 三维着色功能 ……… 269
- 9.3 管理视觉样式 ……… 272
- 9.4 材质与渲染 ……… 272
- 9.5 UCS 坐标系 ……… 274
- 9.6 上机实训——三维辅助功能综合练习 ……… 277
- 9.7 小结与练习 ……… 281

第10章 创建机械零件的面与网格 ……… 283
- 10.1 创建常用曲面 ……… 284
- 10.2 曲面的常规编辑 ……… 289

10.3 创建常用网格体 ………… 292
10.4 创建基本网格图元 ………… 299
10.5 拉伸与优化网格 …………… 299
10.6 上机实训——面与网格功能综合练习 ………… 300
10.7 小结与练习 ………… 310

第 11 章 创建机械零件实体模型 ……… 311

11.1 了解几个系统变量 ………… 312
11.2 基本几何实体建模 ………… 312
11.3 复杂几何实体建模 ………… 320
11.4 创建组合体 ………… 329
11.5 上机实训——三维实体建模功能综合练习 ………… 331
11.6 小结与练习 ………… 341

第 12 章 三维机械模型的编辑细化 …… 342

12.1 三维操作 ………… 343
12.2 编辑实体边 ………… 348
12.3 编辑实体面 ………… 352
12.4 上机实训——三维操作与编辑功能综合练习 ………… 360
12.5 小结与练习 ………… 369

第四篇 实用技能篇

第 13 章 制作机械设计绘图样板 …… 372

13.1 样板文件的制作思路 ……… 373
13.2 上机实训一——设置机械样板绘图环境 ………… 373
13.3 上机实训二——设置机械样板图层与特性 ………… 375
13.4 上机实训三——设置机械样板文字样式 ………… 378
13.5 上机实训四——设置机械样板尺寸样式 ………… 379
13.6 上机实训五——机械绘图样板的页面布局 ………… 381
13.7 小结与练习 ………… 383

第 14 章 轴套类零件设计 ………… 385

14.1 轴套类零件概述 ………… 386
14.2 轴套类零件设计效果 ……… 386
14.3 轴套类零件设计思路 ……… 387
14.4 轴套类零件设计过程 ……… 388
14.5 小结与练习 ………… 414

第 15 章 盘盖类零件设计 ………… 415

15.1 盘盖类零件概述 ………… 416
15.2 盘盖类零件设计效果 ……… 416
15.3 盘盖类零件设计思路 ……… 417
15.4 盘盖类零件设计过程 ……… 418
15.5 小结与练习 ………… 438

第 16 章 叉杆类零件设计 ………… 440

16.1 叉杆类零件概述 ………… 441
16.2 叉杆类零件设计效果 ……… 441
16.3 叉杆类零件设计思路 ……… 442
16.4 叉杆类零件设计过程 ……… 443
16.5 小结与练习 ………… 472

第 17 章 箱壳类零件设计 ………… 473

17.1 箱壳类零件概述 ………… 474
17.2 箱壳类零件设计效果 ……… 474
17.3 箱壳类零件设计思路 ……… 475
17.4 箱壳类零件设计过程 ……… 476
17.5 小结与练习 ………… 505

第 18 章 各类零件立体造型设计 ……… 507

18.1 上机实训一——制作法兰盘立体造型 …………………… 508

18.2 上机实训二——制作阀体零件立体造型 …………………… 514

18.3 上机实训三——制作壳体零件立体造型 …………………… 519

18.4 上机实训四——制作缸体零件立体造型 …………………… 529

18.5 上机实训五——制作夹具零件立体造型 …………………… 540

18.6 小结与练习 …………………… 548

第 19 章 机械零件图的后期输出 ………………（配套资源）

附录 A　AutoCAD 常用系统变量速查表 ……………（配套资源）

附录 B　AutoCAD 常用工具按钮速查表 ……………（配套资源）

附录 C　AutoCAD 常用命令快捷键速查表 ……………（配套资源）

附录 D　AutoCAD 常用命令速查表 ……………（配套资源）

第一篇 基础操作技能篇

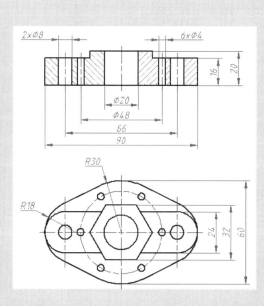

AutoCAD软件及机械设计基础知识

通过本章的学习，应认识和了解 AutoCAD 2020 的用户界面及绘图环境设置；掌握 AutoCAD 文件的创建、保存、应用等基础知识。除此之外，还需要了解和掌握坐标点的精确定位、命令的调用、对象的选择等基本操作技能。

内容要点

- ◆ 关于 AutoCAD 2020 软件
- ◆ AutoCAD 工作空间的切换
- ◆ 图形文件的基础操作
- ◆ 退出 AutoCAD 2020
- ◆ 机械制图相关规范
- ◆ 启动 AutoCAD 2020 软件
- ◆ AutoCAD 2020 工作界面
- ◆ 设置绘图环境
- ◆ 机械制图基础知识
- ◆ 上机实训——绘制简单零件图

1.1 关于 AutoCAD 2020 软件

AutoCAD 2020 是由美国 Autodesk 公司开发研制的绘图软件，它凭借精确的数据运算能力和高效的图形处理能力，被广泛应用于机械设计、建筑设计、园林设计、模具设计、服装设计等诸多设计领域，使广大设计人员能够轻松、高效地进行图形的设计。

Auto 是英语 Automation 单词的词头，意思是"自动化"；CAD 是英语 Computer-Aided-Design 的缩写，意思是"计算机辅助设计"；而 2020 则表示 AutoCAD 软件的版本号。

1.2 启动 AutoCAD 2020 软件

当成功安装 AutoCAD 2020 软件之后，双击桌面上的图标，或者单击桌面任务栏中的"开始"→"程序"→Autodesk→AutoCAD 2020 中的 AutoCAD 2020 - 简体中文选项，即可启动该软件。

如果用户是初次启动 AutoCAD 2020，则会进入如图 1-1 所示初始界面。用户可以通过新建文件进入"草图与注释"工作空间，如图 1-2 所示。

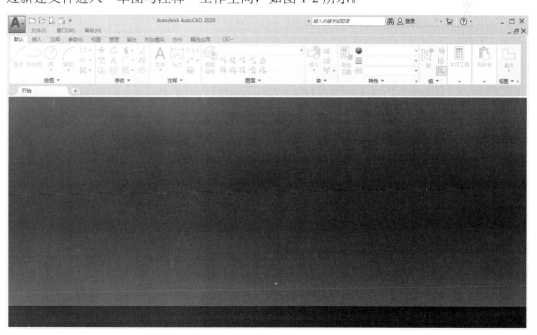

图 1-1 初始界面

图 1-2 "草图与注释"工作空间

1.3 AutoCAD 工作空间的切换

AutoCAD 2020 软件包含了"草图与注释""三维建模""三维基础"三种工作空间。用户可以根据自己的作图需要，在这些工作空间间进行切换，切换方式具体有以下三种。

- ◇ 选择菜单栏中的"工具"→"工作空间"级联菜单中的命令，如图 1-3 所示。
- ◇ 单击标题栏上的 草图与注释 下拉按钮，从弹出的下拉列表中选择所需的工作空间，如图 1-4 所示。

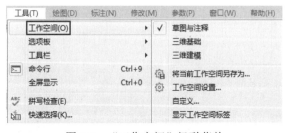

图 1-3 "工作空间"级联菜单

图 1-4 下拉列表（1）

- ◇ 单击状态栏上的 按钮，从弹出的下拉列表中选择所需切换的工作空间，如图 1-5 所示。

图 1-5 下拉列表（2）

1.4 AutoCAD 2020 工作界面

从图 1-1 和图 1-2 所示的软件界面中可以看出，AutoCAD 2020 的界面主要包括标题栏、菜单栏、绘图区、命令行、状态栏、功能区等，下面将简单讲述各组成部分的功能及其相关的常用操作。

1.4.1 标题栏

标题栏位于 AutoCAD 操作界面的顶部，如图 1-6 所示。标题栏主要包括应用程序菜单、快速访问工具栏、程序名称显示区、信息中心和窗口控制按钮等内容。

图 1-6 标题栏

- 单击界面左上角的图标，可打开如图 1-7 所示的应用程序菜单，通过此菜单可以完成常用工具访问、命令搜索和文档浏览等操作。

图 1-7 应用程序菜单

- 快速访问工具栏不但可以用于快速访问某些命令，还可以用于常用命令按钮在工具栏中的添加和删除、对菜单栏的显示及各工具栏的开关状态的控制等。

小技巧

在"快速访问"工具栏上单击鼠标右键（简称单击右键），从弹出的快捷菜单中选择相应的命令就可以实现上述操作。

- ◇ 程序名称显示区主要用于显示当前正在运行的程序的名称和当前被激活的图形文件的名称。
- ◇ 信息中心用于快速获取所需信息、搜索所需资源等。
- ◇ 窗口控制按钮位于标题栏最右端，主要有"最小化"按钮、"恢复"按钮/"最大化"按钮、"关闭"按钮，分别用于控制 AutoCAD 窗口的大小和关闭。

1.4.2 菜单栏

菜单栏位于标题栏的下侧，如图 1-8 所示。AutoCAD 的常用绘图工具和编辑工具都分门别类地排列在这些主菜单中，用户可以非常方便地启动各主菜单中的相关菜单项，来进行图形绘制工作。具体操作就是单击主菜单项，展开此主菜单，然后将鼠标指针移至需要启动的命令选项上，再单击即可。

图 1-8 菜单栏

> **小技巧**
>
> 默认设置下，菜单栏是隐藏的，当变量 MENUBAR 的值为 1 时，显示菜单栏；当变量 MENUBAR 的值为 0 时，隐藏菜单栏。

AutoCAD 为用户提供了"文件""编辑""视图""插入""格式""工具""绘图""标注""修改""参数""窗口""帮助"共 12 个菜单，各菜单的主要功能如下。

- ◇ "文件"菜单主要用于对图形文件进行设置、保存、清理、打印及发布等。
- ◇ "编辑"菜单主要用于对图形进行一些常规的编辑，包括复制、粘贴、链接等。
- ◇ "视图"菜单主要用于调整和管理视图，以便视图内图形的显示，从而查看和修改图形。
- ◇ "插入"菜单用于向当前文件中引用外部资源，如块、参照、图像、布局及超链接等。
- ◇ "格式"菜单用于设置与绘图环境有关的参数和样式等，如绘图单位、颜色、线型及文字、尺寸样式等。
- ◇ "工具"菜单为用户提供了一些辅助工具和常规的资源组织管理工具。
- ◇ "绘图"菜单是一个二维和三维图元的绘制菜单，几乎所有的绘图和建模工具都在此菜单内。
- ◇ "标注"菜单是一个专用于为图形标注尺寸的菜单，它包含了所有与尺寸标注相关的工具。
- ◇ "修改"菜单是一个很重要的菜单，用于对图形进行修整、编辑和完善。
- ◇ "参数"菜单是一个新增的菜单，主要用于为图形添加几何约束和标注约束等。
- ◇ "窗口"菜单用于对 AutoCAD 文档窗口和工具栏状态进行控制。
- ◇ "帮助"菜单主要用于为用户提供一些帮助性的信息。

菜单栏左端的图标就是"菜单浏览器"图标，菜单栏最右边的按钮是 AutoCAD 文件的窗口控制按钮，如"最小化"按钮、"恢复"按钮/"最大化"按钮、"关闭"按钮，用于控制图形文件窗口的显示。

1.4.3 绘图区

绘图区位于用户界面的正中央，即被工具栏和命令行包围的整个区域，此区域是用户的工作区域，如图 1-9 所示。图形的设计与修改工作就是在此区域内进行的。默认状态下绘图区是一个无限大的电子屏幕，无论尺寸多大或多小的图形，都可以在绘图区中绘制和灵活显示。

图 1-9　绘图区

当移动鼠标指针时，绘图区会出现一个随鼠标指针移动的十字符号，此符号被称为"十字光标"，它由"拾点光标"和"选择光标"叠加而成，其中"拾点光标"是点的坐标拾取器，当执行绘图命令时，显示为拾点光标；"选择光标"是对象拾取器，当选择对象时，显示为选择光标；当没有任何命令执行时，显示为十字光标，如图 1-10 所示。

图 1-10　光标的三种状态

在绘图区左下部有三个标签，即模型、布局1、布局2，分别代表了两种绘图空间，即模型空间和布局空间。模型标签处于选中状态，代表当前绘图区窗口处于模型空间，通常在模型空间进行绘图。布局1和布局2是默认设置下的布局空间，主要用于图形的打印输出。用户可以通过单击标签，在这两种操作空间中进行切换。

1.4.4 命令行

命令行位于绘图区的下侧，它是用户与 AutoCAD 软件进行数据交流的平台，主要用于提示和显示用户当前的操作步骤，如图 1-11 所示。

图 1-11　命令行

命令行分为"命令输入"窗口和"命令历史"窗口两部分，上面两行为"命令历史"窗口，用于记录执行过的操作信息；下面一行是"命令输入"窗口，用于提示用户输入命令或命令选项。

1.4.5 状态栏

状态栏位于 AutoCAD 操作界面的底部，如图 1-12 所示，它由坐标读数器、辅助功能区、自定义按钮三部分组成。

图 1-12 状态栏

图 1-13 状态栏快捷菜单

状态栏左端为坐标读数器，用于显示十字光标所处位置的坐标值。在辅助功能区左端的按钮是一些重要的辅助绘图功能按钮，主要用于控制点的精确定位和追踪；中间的按钮主要用于快速查看布局、查看图形、定位视点、注释比例等；右端的按钮主要用于工具栏和窗口等的固定、工作空间切换及绘图区的全屏显示等。

单击状态栏右侧的自定义按钮，将打开如图 1-13 所示的状态栏快捷菜单，菜单中的各选项与状态栏上的各按钮功能一致，用户也可以通过单击各菜单项控制各辅助按钮的开关状态。

1.4.6 功能区

功能区代替了 AutoCAD 众多的工具栏，它以面板的形式将各工具按钮分门别类地集合在选项卡内，如图 1-14 所示。用户在调用工具时，只需在功能区中展开相应选项卡，然后在所需面板上单击工具按钮即可。由于在使用功能区时无须显示 AutoCAD 的工具栏，因此应用程序窗口变得简洁而有序。

图 1-14 功能区

1.5 图形文件的基础操作

本节主要学习 AutoCAD 绘图文件的新建、存储、打开及清理等基本操作。

1.5.1 新建图形文件

在系统默认设置下，"新建"命令主要用于将预置样板文件作为基础样板，新建空白的绘图文件。执行"新建"命令主要有以下几种方式。

- 单击"快速访问"工具栏→"新建"按钮。
- 选择菜单栏中的"文件"→"新建"命令。
- 单击"标准"工具栏→"新建"按钮。
- 在命令行输入 New 后按 Enter 键。
- 按 Ctrl+N 组合键。

小技巧

在命令行输入命令后,还需要按 Enter 键,才可以执行该命令。

执行"新建"命令后,打开如图 1-15 所示的"选择样板"对话框。在此对话框中,选择 acadISO-Named Plot Styles.dwt 或 acadiso.dwt 样板文件后单击 打开(O) 按钮,即可创建一个公制单位的空白文件,进入 AutoCAD 默认设置的二维操作界面。

如果用户需要创建一个三维操作空间的公制单位绘图文件,则可以执行"新建"命令,在打开的"选择样板"对话框中,选择 acadISO-Named Plot Styles3D.dwt 或 acadiso3D.dwt 样板文件作为基础样板,如图 1-16 所示,即可以创建三维绘图文件,进入三维工作空间。

图 1-15 "选择样板"对话框　　　　图 1-16 创建三维绘图文件

1.5.2 保存与另存文件

"保存"命令用于将绘制的图形以文件的形式进行存盘,存盘的目的就是方便以后查看、使用或修改编辑等。执行"保存"命令主要有以下几种方式。

- 单击"快速访问"工具栏→"保存"按钮。
- 选择菜单栏中的"文件"→"保存"命令。
- 单击"标准"工具栏→"保存"按钮。
- 在命令行输入 Save 后按 Enter 键。
- 按 Ctrl+S 组合键。

执行"保存"命令后,可打开如图 1-17 所示的"图形另存为"对话框,在此对话框内设置存盘路径、文件名和文件格式后,单击 保存(S) 按钮,即可将当前文件存盘。

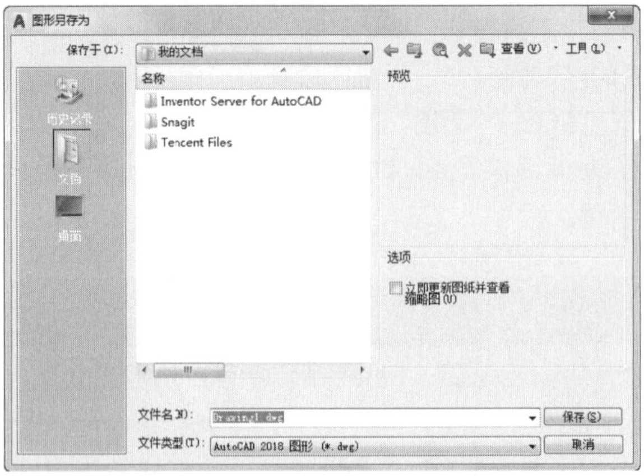

图1-17 "图形另存为"对话框

小技巧

默认的存储类型为"AutoCAD 2018 图形（*.dwg）"，使用此种格式将文件存盘后，只能被 AutoCAD 2018 及其以后的版本打开，如果用户需要在 AutoCAD 早期版本中打开此文件，必须使用低版本的文件格式进行存盘。

当用户在已存盘的图形的基础上进行了其他的修改工作，又不想将原来的图形覆盖时，可以使用"另存为"命令，将修改后的图形以不同的路径或不同的文件名进行存盘。执行"另存为"命令主要有以下几种方式。

◇ 选择菜单栏中的"文件"→"另存为"命令。
◇ 按 Ctrl+Shift+S 组合键。

1.5.3 打开存盘文件

当用户需要查看、使用或编辑已经存盘的图形时，可以使用"打开"命令，将此图形打开。执行"打开"命令主要有以下几种方式。

◇ 单击"快速访问"工具栏→"打开"按钮。
◇ 选择菜单栏中的"文件"→"打开"命令。
◇ 单击"标准"工具栏→"打开"按钮。
◇ 在命令行输入 Open 后按 Enter 键。
◇ 按 Ctrl+O 组合键。

执行"打开"命令后，系统将打开"选择文件"对话框，如图1-18所示。在此对话框中选择需要打开的图形文件，单击其中的"打开"按钮，即可将此文件打开。

图1-18 "选择文件"对话框

1.5.4 清理垃圾文件

有时为了给图形文件"减肥",以减小文件的存储空间,可以使用"清理"命令,将文件内部的一些无用的垃圾资源(如图层、样式、图块等)清理掉。执行"清理"命令主要有以下几种方式。

◆ 选择菜单栏中的"文件"→"图形实用程序"→"清理"命令。
◆ 在命令行输入 purge 后按 Enter 键。
◆ 使用快捷键 PU。

执行"清理"命令后,系统可打开如图 1-19 所示的"清理"对话框。在此对话框中,带有"+"号的选项,表示该选项内含有未使用的垃圾项目,单击该选项将其展开,即可选择需要清理的项目。如果用户需要清理文件中所有未使用的垃圾项目,可以单击该对话框底部的 全部清理(A) 按钮。

图 1-19 "清理"对话框

1.6 设置绘图环境

本节主要学习绘图单位、单位精度、图形界限及绘图区背景色等绘图环境的设置技能。

1.6.1 设置绘图单位

在 AutoCAD 2020 中,设置绘图单位需要用到"单位"命令。

"单位"命令(units)主要用于设置长度单位、角度单位、角度方向及各自的精度等参数。执行此命令主要有以下几种方式。

◆ 选择菜单栏中的"格式"→"单位"命令。
◆ 在命令行输入 units 后按 Enter 键。

◆ 使用快捷键 UN。

执行"单位"命令后,可打开如图 1-20 所示的"图形单位"对话框,在此对话框中可以进行以下参数设置。

◆ 在"长度"选项组中单击"类型"下拉按钮,展开"类型"下拉列表,设置长度的类型,默认为"小数"。

◆ 在"长度"选项组中单击"精度"下拉按钮,展开"精度"下拉列表,设置长度的精度,默认为"0.000"。

小技巧

AutoCAD 提供了"建筑""小数""工程""分数""科学"五种长度类型,单击"类型"下拉按钮 ,可以从展开的"类型"下拉列表中选择需要的长度类型,如图 1-21 所示。

◆ 在"角度"选项组中单击"类型"下拉按钮,展开"类型"下拉列表,设置角度的类型,默认为"十进制度数"。

◆ 在"角度"选项组中单击"精度"下拉按钮,展开"精度"下拉列表,设置角度的精度,默认为"0",用户可以根据需要进行设置。

小技巧

"顺时针"复选框用于设置角度的方向,如果勾选该复选框,那么在绘图过程中就以顺时针为正角度方向,否则以逆时针为正角度方向。

◆ "插入时的缩放单位"选项组用于设置缩放时插入内容的单位,默认为"毫米"。

◆ 设置角度的基准方向。单击对话框底部的 方向(D)... 按钮,打开如图 1-22 所示的"方向控制"对话框,在其中可以设置角度测量的起始位置。

图 1-20 "图形单位"对话框　　图 1-21 "类型"下拉列表　　图 1-22 "方向控制"对话框

小技巧

系统默认方向以水平向右为 0°。

1.6.2 设置和检测图形界限

所谓"图形界限",指的就是绘图的区域,它相当于手工绘图时事先准备的图纸。设置"图形界限"的目的就是满足不同范围的图形在有限绘图区窗口中的恰当显示。在 AutoCAD 2020 中,设置图形界限需要用到"图形界限"命令。"图形界限"命令主要用于设置当前文件内的绘图区域。执行"图形界限"命令主要有以下几种方式。

- ◇ 选择菜单栏中的"格式"→"图形界限"命令。
- ◇ 在命令行输入 limits 后按 Enter 键。

● 设置图形界限

Step 01 创建空白文件。

Step 02 选择菜单栏中的"格式"→"图形界限"命令,在命令行"指定左下角点或 [开(ON)/关(OFF)]:"提示下直接按 Enter 键,以默认原点作为图形界限的左下角点。

> **小技巧**
>
> 在设置图形界限时,一般以坐标系的原点作为图形界限的左下角点。

Step 03 在命令行"指定右上角点:"提示下输入"240,120",并按 Enter 键。

Step 04 选择菜单栏中的"视图"→"缩放"→"全部"命令,将图形界限最大化显示。

> **小技巧**
>
> 在默认设置下,图形的界限为 A3 横向图纸的尺寸,即长边为 420 个绘图单位,短边为 297 个绘图单位。

当设置了图形界限之后,可以开启栅格功能,通过栅格点可以将图形界限直观地显示出来,如图 1-23 所示。

- ● 检测图形界限

当用户设置了图形界限后,如果想要禁止绘制的图形超出所设置的图形界限,那么可以使用图形界限的检测功能,将坐标值限制在设置的作图区域内,这样就不会使绘制的图形超出边界。具体操作步骤如下。

图 1-23 图形界限的显示

Step 01 选择菜单栏中的"格式"→"图形界限"命令。

Step 02 在命令行"指定左下角点或 [开(ON)/关(OFF)] <0.0000,0.0000>:"提示下输入 ON 并按 Enter 键,打开图形界限的检测功能。

Step 03 如果用户需要关闭图形界限的检测功能,可以激活"关"选项,此时,AutoCAD 允许用户输入图形界限外部的点。

> **小技巧**
> 图形界限的检测功能只能检测输入的点，所以对象的某些部分可能会延伸出界限。

1.6.3 设置绘图背景

在 AutoCAD 2020 中，有时需要设置绘图区域的背景色。下面将绘图区域背景色设置为白色，操作步骤如下。

Step 01 选择菜单栏中的"工具"→"选项"命令，或使用快捷键 OP 激活"选项"命令，打开如图 1-24 所示的"选项"对话框。

Step 02 在"选项"对话框中展开"显示"选项卡，如图 1-25 所示。

图 1-24 "选项"对话框　　　　图 1-25 展开"显示"选项卡

Step 03 在"窗口元素"选项组中单击 颜色(C)... 按钮，打开如图 1-26 所示的"图形窗口颜色"对话框。

Step 04 在该对话框中展开如图 1-27 所示的"颜色"下拉列表，选择"白"选项。

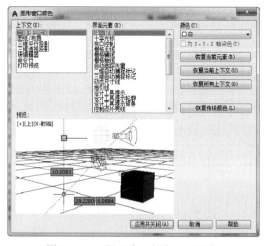

图 1-26 "图形窗口颜色"对话框　　　　图 1-27 "颜色"下拉列表

Step 05 在"图形窗口颜色"对话框中单击 应用并关闭(A) 按钮，返回"选项"对话框。

Step 06 在"选项"对话框中单击 确定 按钮,此时绘图区的背景色为白色,如图 1-28 所示。在"选项"对话框内不仅可以设置绘图区的背景色,还可以设置其他多种绘图环境。

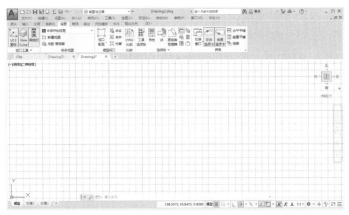

图 1-28 设置背景色

1.7 退出 AutoCAD 2020

当用户想要退出 AutoCAD 2020 软件时,首先需要退出当前的 AutoCAD 文件,如果当前的绘图文件已经存盘,那么用户可以使用以下几种方式退出 AutoCAD 软件。

- 单击 AutoCAD 2020 标题栏中"关闭"按钮 X 。
- 按 Alt+F4 组合键。
- 选择菜单栏中的"文件"→"退出"命令。
- 在命令行输入 quit 或 exit 后按 Enter 键。
- 展开应用程序菜单,单击 退出 Autodesk AutoCAD 2020 按钮。

如果用户在退出 AutoCAD 软件之前,没有将当前的 AutoCAD 绘图文件存盘,那么系统将会弹出如图 1-29 所示的提示对话框,单击 是(Y) 按钮,将弹出"图形另存为"对话框,用于对图形进行命名和保存;单击 否(N) 按钮,系统将放弃存盘并退出 AutoCAD 2020;单击 取消 按钮,系统将取消执行的退出命令。

图 1-29 AutoCAD 提示对话框

1.8 机械制图基础知识

本节简单讲述有关机械设计的一些基础知识,包括零件形体的表达、零件剖视图及种类、零件视图的选择原则及其绘制要点。

1.8.1 零件形体的表达

三视图（三面正投影图）是用于表达机械零件形体的基本设计图样，主要包括主视图、俯视图和左视图。三面正投影图是使用三组垂直于三个投影面的平行投射线投影而得到的物体在三个不同方向上的投影图，其中由上向下垂直投影而产生的投影图称为水平投影图（俯视图）；由前向后垂直投影而产生的投影图称为正面投影图（前视图或主视图）；由左向右垂直投影而产生的投影图称为侧面投影图（左视图）。

同一物体的三面正投影图之间具有以下三种关系。

- ◇ 正面投影图（主视图）和水平投影图（俯视图）——长对正；
- ◇ 正面投影图（主视图）和侧面投影图（左视图）——高平齐；
- ◇ 水平投影图（俯视图）和侧面投影图（左视图）——宽相等。

"长对正、高平齐、宽相等"是绘制和识读物体三视图必须遵循的投影规律。

1.8.2 零件剖视图及种类

由于三面正投影图用实线表示零件外形可见部分的轮廓线，用虚线表示不可见部分的轮廓线，所以内部构造比较复杂的形体的三面正投影图中必然虚、实线重叠交错、混淆不清。因此在机械制图中常采用剖视图来表达复杂形体的内部构造。

所谓剖视图，就是假想用一个剖切面将形体剖开，移去剖切面与观察者之间的形体，将剩余部分向与剖切面平行的投影面投射所得到的投影图，并将剖切面与形体接触的部分画上剖面线或材料图例。

- ● 全剖视图

用剖切面完全地剖开物体所得到的剖视图称为全剖视图。此种类型的剖视图适用于结构不对称的形体，或者虽然结构对称但外形简单、内部结构比较复杂的物体。

- ● 半剖视图

当物体内外形状均匀且为左右对称或前后对称，而外部形状比较复杂时，可将其投影的一半画成表示物体外部形状的正面投影图；另一半画成表示内部结构的剖视图。当对称中心线为竖直线时，将外部形状投影绘制在中心线左方，内部结构的剖视图绘在中心线的右方；当对称线为水平线时，将外部形状投影绘于中心线上方，内部结构的剖视图绘在中心线的下方。这种投影图和剖视图各占一半的图称为半剖视图。

- ● 局部剖视图

使用剖切面局部地剖开物体后所得到的视图称为局部剖视图。局部剖视图仅是物体整个形状投影图中的一部分，因此不标注剖切线，但是局部剖视图和外部形状之间要用波浪线分开，且波浪线不得与轮廓线重合，也不能超出轮廓线。

1.8.3 零件视图的选择原则

在绘制零件图时，主视图的选择是快速绘制零件图的关键，在选择并定位主视图时，需要遵循以下原则。

- ◆ **反映形体的特征**：根据零件图的结构特点，要能使零件在加工过程中满足工件旋转和车刀移动的要求。
- ◆ **符合工作位置**：主视图所表达的零件位置应尽可能与零件在机器或部件中的工作位置相一致。
- ◆ **符合加工位置**：主视图所表达的零件位置要与零件在机床上加工时所处的位置相一致，这样方便加工人员在加工零件时看图。

另外，对于较简单的零件，只需要一个视图即可；而对于复杂的零件，除了主视图，还需要左视图、俯视图或其他一些辅助视图，如局部剖视图、局部放大视图等，这要视机械形体的复杂程度而定。

1.8.4 零件图的绘制要点

零件图包括一组视图，即能够完整、清晰地表达零件的结构和形状的所有视图。在一般情况下，零件图包括主视图、左视图和俯视图，所有视图都要满足以下要求。

（1）完全。零件各部分的结构、形状、相对位置等要表达完全，并且唯一确定，便于零件的加工。

（2）正确。零件图各视图之间的投影关系及表达方法要正确无误，避免加工出错误的零件。

（3）清楚。所有视图中所画图形要清晰易懂，便于加工人员识图和加工。

1.9 机械制图相关规范

在绘制机械图形时，必须遵守相关国家标准中的有关规定。

1.9.1 比例

零件图和装配图的标题栏中，都有"比例"这个项目。比例是指图中图形与实物相应要素的线性尺寸之比。比例分为原值比例、放大比例和缩小比例。原值比例是指图中图形与实物相应要素的线性尺寸之比为 1，即图形与实物一样大小；放大比例是指图中图形与实物相应要素的线性尺寸之比大于 1，如 2∶1、5∶1 等；缩小比例是指图中图形与实物相应要素的线性尺寸之比小于 1，如 1∶2、1∶5 等。

为了从图样上直接反映实物的大小，一般在绘图时尽量采用原值比例。因各种实物的大小与结构千差万别，所以可以根据实际情况采用放大比例和缩小比例。机械图比例系列如表 1-1 所示。

表 1-1 机械制图比例系列

与实物相同	缩 小		放 大
1∶1	1∶1.5	1∶1.5×10^n	
	1∶2	1∶2×10^n	2∶1
	1∶2.5	1∶2.5×10^n	2.5∶1
	1∶3		
	1∶4		4∶1
	1∶5	1∶1.5×10^n	5∶1
	1∶10^n		10^n∶1

小技巧

应用比例的一般规定：绘制同一机件的各个视图一般要用相同的比例，并在标题栏的"比例"一栏中填写清楚，如 1∶1；如果其中某一视图需要采用与其他视图不同的比例，必须在该视图的上方标明其比例，如 2∶1。

1.9.2 图纸幅面

机械图幅面基本规格有 5 种，如表 1-2 所示，表中的 L 表示图纸长边的长度，B 表示图纸短边的长度，L 等于 B 的 $\sqrt{2}$ 倍。当图纸带有装订边时，a 为图纸的装订边宽度，尺寸为 25mm；c 为图纸的非装订边宽度，A0～A2 图纸的非装订边宽度为 10mm，A3 和 A4 图纸的非装订边宽度为 5mm。当图纸为无装订边图纸时，e 为图纸的非装订边宽度，A0～A2 图纸边宽为 20mm，A3 和 A4 图纸边宽为 10mm，各种图纸的图框尺寸如图 1-30 所示。

表 1-2 图纸幅面和图框尺寸　　　　　　　　　　　　　　　　单位：mm

尺寸代号	A0	A1	A2	A3	A4
$L×B$	1189×841	841×594	594×420	420×297	297×210
c	10			5	
a	25				
e	20			10	

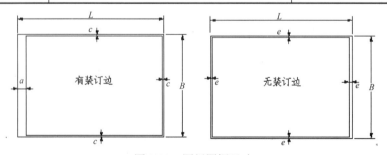

图 1-30 图纸图框尺寸

> **小技巧**
> 每一规格的图纸又分为横装图纸和竖装图纸两种。

1.9.3 标题栏

标题栏是用来记录该图纸的有关信息的。在一般情况下,每张图样都需要画出标题栏。标题栏的格式和尺寸如图 1-31 所示。

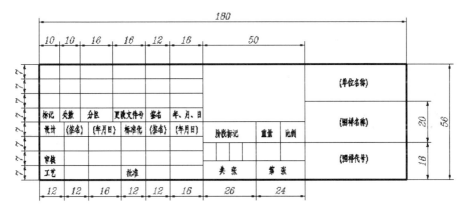

图 1-31 标题栏

> **小技巧**
> 标题栏的位置在图纸的右下角,看图的方向与看标题栏中的文字方向一致。

1.9.4 线型

在绘制机械图的过程中,不同的结构需要采用不同的线型来表达,本书绘图时采用表 1-3 规定的图线。

表 1-3 机械制图标准图线

形 状	名 称	宽 度	应 用 范 围
———	粗实线	d	可见轮廓线
———	细实线	$0.5d$	尺寸线及尺寸界线
			剖面线
			重合剖面的轮廓线
			螺纹牙底线和齿轮齿根线
			引出线
			分界线和范围线
∿∿∿	波浪线	$0.5d$	断裂处的边界线
			视图和剖视图的分界线

续表

形 状	名 称	宽 度	应 用 范 围
∿	双折线	0.5d	断裂处的边界线
--------------	虚线	0.5d	不可见的轮廓线
— · — · — · —	细点画线	0.5d	轴线
			对称中心线
			轨迹线
			节圆及节线
— · · — · · —	粗点画线	d	特殊线或表面表示线
— ·· — ·· —	双点画线	0.5d	相邻辅助零件轮廓线

1.9.5 尺寸标注

尺寸是图样中的重要内容之一，是零件制造或装配的直接依据。

● **尺寸标注的基本规则**

- ◇ 尺寸数值应与零件的真实大小一致，与图形的大小及绘图的准确度无关。
- ◇ 图样的尺寸以 mm 为单位，不需要标注计量单位的符号和名称。
- ◇ 零件的每一处的尺寸，一般只需标注一次。
- ◇ 标注尺寸时，应尽可能使用符号或字母代号（缩写），常用的符号和字母代号如表 1-4 所示。

表 1-4 常用的符号和字母代号

名 称	符号和代号	名 称	符号和代号
直径	φ	45°倒角	C
半径	R	深度	↧
球直径	Sφ	沉孔或锪平	⊔
球半径	SR	埋头孔	∨
厚度	t	均布	EQS
正方形	□		

● **常见尺寸的标注方法**

- ◇ 线性尺寸的数字一般标注在尺寸线的上方，也允许标注在尺寸线的中断处。线性尺寸的数字应尽量避免标注在角度为 30°的范围内。
- ◇ 尺寸的数字不可被任何图线穿过，当不可避免时，图线必须断开。
- ◇ 标注线性尺寸时，尺寸线应使用细实线，并且必须与所标注的线段平行。轮廓线、中心线或它们的延长线都不可作为尺寸线使用。
- ◇ 尺寸界线用细实线绘制，也可以利用轮廓线或中心线作为尺寸界线。
- ◇ 在标注光滑过渡的尺寸时，必须使用细实线将轮廓线延长，从它们的交点处引出尺寸界线。
- ◆ 在标注一连串小尺寸时，可以使用小圆点或斜线代替箭头，但最外面两端仍需使用箭头。
- ◆ 角度尺寸的数字一律水平放置，在一般情况下，角度数字应写在尺寸线的中断处，在必要时允许写在外面或引出标注。
- ◆ 角度的尺寸界线必须沿径向引出。

● **常见尺寸的简化标注方法**

- ◆ 标注尺寸时，可以使用单边箭头。
- ◆ 标注尺寸时，可采用带箭头的指引线。
- ◆ 标注引线尺寸时，可采用不带箭头的指引线。
- ◆ 从同一基准出发的尺寸可按简化后的形式标注。
- ◆ 一组同心圆弧或圆心位于一条直线上的多个不同心圆弧的尺寸，可使用共用的尺寸线和箭头依次表示。
- ◆ 一组同心圆或尺寸较多的台阶孔的尺寸，也可使用共同的尺寸线和箭头依次表示。
- ◆ 在同一图形中，对于尺寸相同的孔、槽等组成要素，可以只在一个要素中标注出其尺寸和数量。
- ◆ 标注正方形结构的尺寸时，可在正方形边长尺寸数字前加注"□"。

1.10 上机实训——绘制简单零件图

下面通过绘制简单零件轮廓图，对本章知识进行综合练习和应用，完成文件的新建、图形的绘制及文件的存储等图形设计的整个操作流程。本例最终绘制效果如图 1-32 所示。操作步骤如下。

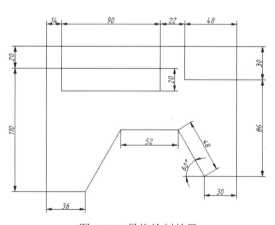

图 1-32　最终绘制效果

Step 01 单击"快速访问"工具栏→"新建"按钮，在打开的"选择样板"对话框中选择 acadISO-Named Plot Styles.dwt 作为基础样板，如图 1-33 所示，以创建空白文件。

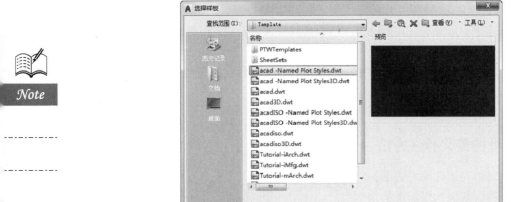

图 1-33 "选择样板"对话框

Step 02 单击"默认"选项卡→"绘图"面板→"直线"按钮，执行"直线"命令，使用相对坐标的输入功能绘制外侧的闭合轮廓线，命令行操作如下。

```
命令: line
指定第一点:                         //在绘图区拾取点
指定下一点或 [放弃(U)]:             //@-36,0 Enter
指定下一点或 [放弃(U)]:             //@130<90 Enter
指定下一点或 [闭合(C)/放弃(U)]:     //@126,0 Enter
指定下一点或 [闭合(C)/放弃(U)]:     //@0,-30 Enter
指定下一点或 [闭合(C)/放弃(U)]:     //@48<0 Enter
指定下一点或 [闭合(C)/放弃(U)]:     //@86<-90 Enter
指定下一点或 [闭合(C)/放弃(U)]:     //@30<180 Enter
指定下一点或 [闭合(C)/放弃(U)]:     //@48<120 Enter
指定下一点或 [闭合(C)/放弃(U)]:     //@-52,0 Enter
指定下一点或 [闭合(C)/放弃(U)]:     //C Enter，闭合图形
```

绘制结果如图 1-34 所示。

操作提示：

有关坐标点的输入功能，请参见第 2 章中的相关内容。

Step 03 由于图形显示太小，可以将其放大显示。选择菜单栏中的"视图"→"缩放"→"实时"命令，或单击"标准"工具栏→"实时缩放"按钮，执行"实时缩放"命令，此时出现一个放大镜状的光标，如图 1-35 所示。

图 1-34　绘制结果

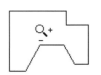

图 1-35　实时缩放

Step 04 按住鼠标左键不放,慢慢向右上方拖曳光标,此时图形被放大显示。

小技巧

如果拖曳一次光标,图形还是不够清楚,可以连续多次拖曳光标,进行连续缩放。

Step 05 按 F3 功能键,启用"对象捕捉"功能。

Step 06 在命令行输入 ucs 后按 Enter 键,更改坐标系的位置,命令行操作如下。

```
命令: ucs                              //Enter
当前 UCS 名称: *世界*
指定 UCS 的原点或 [面(F)/命名(NA)/对象(OB)/上一个(P)/视图(V)/世界(W)/X/Y/Z/Z
轴(ZA)] <世界>:                        //捕捉如图 1-36 所示的端点
指定 X 轴上的点或 <接受>:              //Enter
```

坐标系的移动结果如图 1-37 所示。

图 1-36 捕捉端点　　　　　　　　图 1-37 坐标系的移动结果

小技巧

当图形被放大显示之后,图形的位置可能会出现偏置现象,为了美观,可以将其移至绘图区中央。

Step 07 按 F12 功能键,关闭状态栏上的"动态输入"功能。

Step 08 单击"默认"选项卡→"绘图"面板→"直线"按钮,执行"直线"命令,使用绝对坐标的输入功能绘制内侧闭合轮廓线,命令行操作如下。

```
命令: line
指定第一点:                            //14,-20 Enter
指定下一点或 [放弃(U)]:                //104,-20 Enter
指定下一点或 [放弃(U)]:                //104,-40 Enter
指定下一点或 [闭合(C)/放弃(U)]:        //14,-40 Enter
指定下一点或 [闭合(C)/放弃(U)]:        //C Enter,闭合图形
```

绘制结果如图 1-38 所示。

Step 09 在命令行输入 ucs 后按 Enter 键,将当前坐标系恢复为 WCS,命令行操作如下。

```
命令:ucs                               //Enter
当前 UCS 名称: *没有名称*
指定 UCS 的原点或 [面(F)/命名(NA)/对象(OB)/上一个(P)/视图(V)/世界(W)/X/Y/Z/Z
轴(ZA)] <世界>:                        //Enter
```

最终结果如图 1-39 所示。

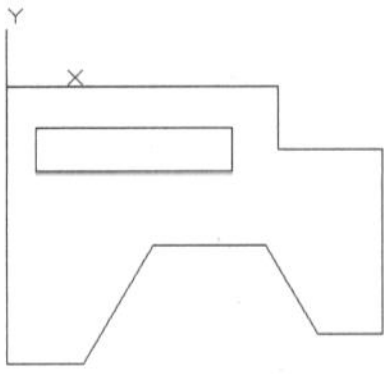

图 1-38　绘制结果 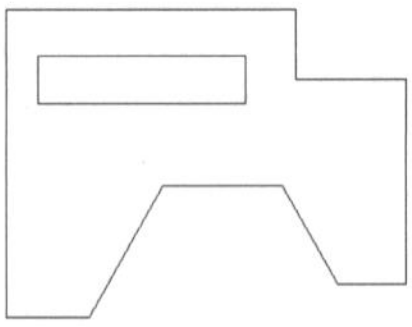　　　　　　　　　　图 1-39　最终结果

Step 10 单击"快速访问"工具栏→"保存"按钮，执行"保存"命令，在打开的"图形另存为"对话框中，设置存盘路径及文件名，如图 1-40 所示，将图形命名并存储。

图 1-40　"图形另存为"对话框

小技巧

当结束某个命令时，按 Enter 键，可以重复执行该命令。另外，也可以在绘图区单击右键，从弹出的快捷菜单中选择刚执行过的命令。

1.11　小结与练习

1.11.1　小结

本章在介绍 AutoCAD 2020 基本概念和系统配置的前提下，主要讲述了 AutoCAD 2020 软件的启动和退出、软件的工作界面、绘图环境的设置及机械制图基本理论知识与相关规范等，并通过一个完整、简单的实例，引导读者亲自动手操作 AutoCAD 2020 软件，对本章知识进行了全面回顾和综合巩固，掌握和体验一些最初级的软件操作技能。

通过本章的学习，能使初学者对 AutoCAD 2020 软件有一个初步的了解和认识，为后续章节的学习打下基础。

1.11.2 练习

1. 绘制如图 1-41 所示的图形,并将此图形命名、存盘。
2. 绘制如图 1-42 所示的图形,并将此图形命名、存盘。

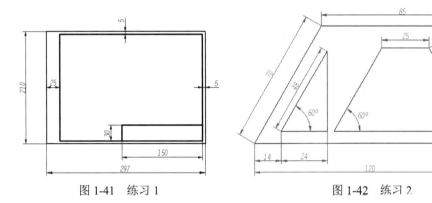

图 1-41　练习 1　　　　　　　　图 1-42　练习 2

AutoCAD 2020 基础操作

本章主要学习 Auto CAD 的初级操作技能、点的捕捉与追踪,以及 AutoCAD 视图的实时调整与控制功能。通过点的捕捉和追踪功能,可以快速地定位图形中的点,是精确画图的关键;通过视图的实时调整与控制功能,可以非常方便地放大或缩小视图,以利于观察和编辑视窗内的图形。

内容要点

- ◆ 初级操作技能
- ◆ 点的捕捉与栅格
- ◆ 应用追踪功能
- ◆ 上机实训二——绘制基垫零件图
- ◆ 视图的缩放与平移
- ◆ 对象捕捉模式
- ◆ 上机实训———绘制零件粗糙度符号

2.1 初级操作技能

本节主要讲述一些最基础、最简单的软件操作技能，具体有点的坐标输入、AutoCAD命令的调用方法、图形的选择方式、几个简单绘图命令及常用的键盘操作键。

2.1.1 点的坐标输入

AutoCAD 为用户提供了方便实用的点坐标输入功能，以精确定位图形中的各点。本小节主要讲述坐标系与几种坐标输入技能。

- **两种坐标系——WCS 和 UCS**

AutoCAD 默认的坐标系为 WCS，即世界坐标系。此坐标系是 AutoCAD 的基本坐标系，它由三个相互垂直且相交的坐标轴——X 轴、Y 轴、Z 轴组成，X 轴正方向水平向右，Y 轴正方向垂直向上，Z 轴正方向垂直屏幕向外，指向用户，坐标原点在绘图区左下角，在二维图上标有 W，表明是世界坐标系，如图 2-1 所示。

为了更好地辅助绘图，用户需要修改坐标系的原点和方向，为此，AutoCAD 为用户提供了一种可变的 UCS 坐标系，即用户坐标系。在默认情况下，用户坐标系和世界坐标系是重合的，用户可以在绘图过程中根据需要来定义 UCS 坐标系。

- **绝对直角坐标的输入**

绝对直角坐标是以原点（0,0,0）为参照点来定位所有的点的，其表达式为（x,y,z），用户可以通过输入点的实际 x、y、z 坐标值来定义点的坐标。

在如图 2-2 所示的坐标系中，B 点的 x 坐标值为 3（该点在 X 轴上的垂足点到原点的距离为 3 个绘图单位），y 坐标值为 1（该点在 Y 轴上的垂足点到原点的距离为 1 个绘图单位），那么 B 点的绝对直角坐标表达式为（3,1）。

图 2-1 世界坐标系

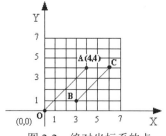

图 2-2 绝对坐标系的点

- **绝对极坐标的输入**

绝对极坐标是以原点作为极点，通过相对于原点的极长（L）和角度（α）来定义点的，其表达式为（L<α）。在如图 2-2 所示的坐标系中，若直线 OA 的长度用 L 表示，直线 OA 与 X 轴正方向夹角使用 α 表示，且这两个参数都已知，就可以使用绝对极坐标来表示 A 点，即（L<α）。

- **相对直角坐标的输入**

相对直角坐标就是某一点相对于对照点在 X 轴、Y 轴和 Z 轴三个方向上的坐标变化，其表达式为（@x,y,z）。在实际绘图中常把前一点看作参照点，后续绘图操作是相对于前一点进行的。

例如在如图 2-2 所示的坐标系中，C 点的绝对坐标为（6,4），如果以 A 点为参照点，使用相对直角坐标表示 C 点，那么表达式为（@6-4,4-4）=（@2,0）。

> **小技巧**
>
> AutoCAD 为用户提供了一种变换相对坐标系的方法，只要在输入的坐标值前加 "@" 符号，就表示该坐标值是相对于前一点的相对坐标。

- **相对极坐标的输入**

相对极坐标是通过相对于参照点的极长（L）和偏移角度（α）来表示的，其表达式为（@L<α）。

例如在图 2-2 所示的坐标系中，如果以 A 点为参照点，使用相对极坐标表示 C 点，那么表达式为（@2<0），其中 2 表示 C 点和 A 点的极长距离为 2 个绘图单位，0 表示偏移角度为 0°。

> **小技巧**
>
> 默认设置下，AutoCAD 是以 X 轴正方向为 0° 的起始方向，逆时针方向为正计算的，如果在如图 2-2 所示的坐标系中，以 C 点为参照点，使用相对坐标表示 A 点，则为 "@2<180"。

2.1.2 AutoCAD 命令的调用方法

在一般情况下，软件与用户的交流大多通过"对话框"或"命令面板"的方式进行，但是 AutoCAD 除了上述方式，还有其独特的交流方式。

- **使用菜单与右键菜单**

通过单击菜单中的命令选项执行命令，是一种比较传统、常用的命令启动方式。为了更加方便地启动某些命令，AutoCAD 为用户提供了右键菜单。所谓右键菜单，指的就是单击右键弹出的快捷菜单，用户只需选择右键菜单中的命令或选项，即可快速执行相应的命令。

根据操作过程的不同，右键菜单归纳起来共有以下三种。

- ◆ 默认模式菜单。此种菜单是在没有命令执行的前提下或没有对象被选择的情况下，单击右键显示的菜单。
- ◆ 编辑模式菜单。此种菜单是在有一个或多个对象被选择的情况下单击右键出现的快捷菜单。
- ◆ 模式菜单。此种菜单是在一个命令执行的过程中，单击右键而弹出的快捷菜单。

● 使用工具栏与功能区

与其他计算机软件一样，通过单击工具栏或功能区上的命令按钮执行命令，也是一种常用、快捷的命令启动方式。形象而又直观的图标按钮远比那些复杂烦琐的英文命令及菜单更为方便直接。用户只需将光标放在命令按钮上，系统就会自动显示该按钮所代表的命令，单击按钮即可执行该命令。

● 使用命令表达式

命令表达式是指 AutoCAD 的英文命令，用户只需在命令行的输入窗口中输入 AutoCAD 命令的英文表达式，然后按 Enter 键，就可以启动命令。此种方式是最原始的一种方式，也是很重要的一种方式。

小技巧

如果用户需要激活命令中的选项功能，可以在相应步骤提示下，在命令行输入窗口中输入该选项的代表字母，然后按 Enter 键，也可以使用右键菜单方式启动命令的选项功能。

● 使用功能键与快捷键

功能键与快捷键是最快捷的一种命令启动方式。每一种软件都配置了一些命令快捷键。表 2-1 列出了 AutoCAD 常用功能键和快捷键，在执行这些命令时只需要按下相应的键即可。

表 2-1 AutoCAD 常用功能键和快捷键

功能键/快捷键	功　　能	功能键/快捷键	功　　能
F1	AutoCAD 帮助	F11	对象跟踪开关
F2	打开文本窗口	F12	动态输入
F3	对象捕捉开关	Delete	删除
F4	三维对象捕捉开关	Ctrl+A	全选
F5	等轴测平面转换	Ctrl+4	图纸集管理器
F6	动态 UCS	Ctrl+6	数据库连接
F7	栅格开关	Ctrl+8	快速计算器
F8	正交开关	Ctrl+W	选择循环
F9	捕捉开关	Ctrl+Shift+I	推断约束
F10	极轴开关	Ctrl+Shift+V	粘贴为块

续表

功能键/快捷键	功能	功能键/快捷键	功能
Ctrl+N	新建文件	Ctrl+0	全屏
Ctrl+O	打开文件	Ctrl+1	特性管理器
Ctrl+S	保存文件	Ctrl+2	设计中心
Ctrl+P	打印文件	Ctrl+3	特性
Ctrl+Z	撤销上一步操作	Ctrl+5	信息选项板
Ctrl+Y	重复撤销的操作	Ctrl+7	标记集管理器
Ctrl+X	剪切	Ctrl+9	命令行
Ctrl+C	复制	Ctrl+Shift+P	快捷特性
Ctrl+V	粘贴	Ctrl+Shift+C	带基点复制
Ctrl+K	超链接	Ctrl+Shift+S	另存为

另外，AutoCAD 还有一种更为方便的命令快捷键，即 AutoCAD 英文命令的缩写。用此类快捷键时需要配合 Enter 键。例如，"直线"命令的英文缩写为 L，用户只需在按键盘上的 L 字母键的同时按 Enter 键，就能激活画线命令。

2.1.3 图形的选择方式

图形的选择也是 AutoCAD 的重要基本技能之一，它常用在对图形进行修改、编辑之前。常用的图形选择方式有以下三种。

● 点选

"点选"是最基本、最简单的一种图形选择方式，此种方式一次仅能选择一个图形对象。在命令行"选择对象:"提示下，系统自动进入点选模式，此时鼠标指针切换为矩形选择框状，将选择框放在图形对象的边沿上单击，即可选择该图形，被选择的图形对象以虚线显示，如图 2-3 所示。

● 窗口选择

"窗口选择"也是一种常用的图形选择方式，使用此方式一次可以选择多个图形对象。在命令行"选择对象:"提示下从左向右拉出一矩形选择框，此选择框即窗口选择框，选择框以实线显示，内部以浅蓝色填充，如图 2-4 所示。

当指定窗口选择框的对角点之后，所有完全位于框内的对象都能被选择，如图 2-5 所示。

图 2-3 点选示例

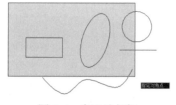

图 2-4 窗口选择框

图 2-5 窗口选择框选择结果

- 窗交选择

"窗交选择"是使用频率非常高的图形选择方式,使用此方式可以一次选择多个图形对象。在命令行"选择对象:"提示下从右向左拉出一矩形选择框,此选择框即窗交选择框,选择框以虚线显示,内部以浅绿色填充,如图2-6所示。

当指定窗交选择框的对角点之后,所有与选择框相交和完全位于选择框内的对象都能被选择,如图2-7所示。

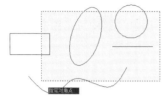 

图2-6 窗交选择框　　　　　　　　　图2-7 窗交选择框选择结果

2.1.4 几个简单绘图命令

本节将学习几个简单的绘图命令,具体有直线的绘制、图形的删除、操作的撤销与恢复、视图的平移、实时缩放。

- 直线

"直线"命令是一个非常常用的绘图命令,使用此命令可以绘制闭合或不闭合的图形,所绘制的每条直线段都被看作一个独立的对象。

执行"直线"命令有以下几种方式。

◇ 单击"默认"选项卡→"绘图"面板→"直线"按钮。
◇ 选择菜单栏中的"绘图"→"直线"命令。
◇ 在命令行输入 line 后按 Enter 键。
◇ 使用快捷键 L。

下面绘制长度为150(本书默认单位为mm)、宽度为100的四边形,其操作步骤如下。

Step 01 单击"默认"选项卡→"绘图"面板→"直线"按钮,执行"直线"命令。

Step 02 执行"直线"命令后,根据 AutoCAD 命令行的提示,使用坐标输入功能精确画图,命令行操作如下。

```
命令: line
指定第一点:                       //在绘图区单击,拾取一点作为起点
指定下一点或 [放弃(U)]:            //@150,0 Enter,定位第二点
指定下一点或 [放弃(U)]:            //@0,100 Enter,定位第三点
指定下一点或 [闭合(C)/放弃(U)]:    //@-150,0 Enter,定位第四点
指定下一点或 [闭合(C)/放弃(U)]:    //C Enter,闭合图形,绘制结果如图2-8所示
```

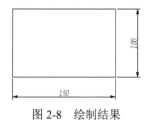

图 2-8　绘制结果

小技巧

使用"放弃"选项，可以取消上一步操作；使用"闭合"选项可以绘制封闭图形。

● 删除

"删除"命令也是一个修改工具，用于将不需要的图形删除。当激活该命令后，选择需要删除的图形对象，单击右键或按 Enter 键，即可将图形删除。此工具相当于手工绘图时的橡皮擦，用于擦除无用的图形。

执行"删除"命令主要有以下几种方式。

- 单击"默认"选项卡→"修改"面板→"删除"按钮 。
- 选择菜单栏中的"修改"→"删除"命令。
- 在命令行输入 erase 后按 Enter 键。
- 使用快捷键 E。

● 撤销与恢复

当用户需要撤销或恢复已执行过的操作时，可以使用"放弃"和"重做"命令。其中"放弃"命令用于撤销所执行的操作，"重做"命令用于恢复所撤销的操作。AutoCAD 支持用户无限次放弃或重做操作，而且"重做"必须紧跟"放弃"。

单击"标准"工具栏或"快速访问"工具栏→"放弃"按钮 ，或选择菜单栏中的"编辑"→"放弃"命令，或在命令行输入 Undo 或 U，即可执行"放弃"命令。

同样，单击"标准"或"快速访问"工具栏→"重做"按钮 ，或选择菜单栏中的"编辑"→"重做"命令，或在命令行输入 Redo，即可执行"重做"命令，恢复放弃的操作。

● 平移

图 2-9　"平移"菜单

使用 AutoCAD 绘图时，因为屏幕的大小是有限的，当前图形文件中的所有图形并不一定全部显示在屏幕内。如果要看到在屏幕外的图形，可执行"平移"命令，系统将按用户指定的方向和距离移动显示图形而不改变显示的比例。视图的"平移"菜单如图 2-9 所示。

各菜单项功能如下。

- "实时"用于将视图随着鼠标指针的移动而平移。

- ◇ "点"用于根据指定的基点和目标点平移视图。定点平移时需要指定两点,第一点作为基点,第二点作为位移的目标点。
- ◇ "左""右""上""下"命令分别用于在 X 轴方向和 Y 轴方向上移动视图。

> **操作提示：**
> 执行"平移"命令后鼠标指针变为 形状,此时可以按住鼠标左键向需要的方向平移视图,移动过程中的任何时候都可以按 Enter 键或 Esc 键来停止平移。

● 实时缩放

使用 AutoCAD 绘图时,有时需要放大或缩小视图,这时就会用到"实时缩放"命令。选择菜单栏中的"视图"→"缩放"→"实时"命令,即可执行"实时缩放"命令。此时屏幕上将出现一个放大镜形状的鼠标指针,表明进入实时缩放状态,按住鼠标左键向下拖动鼠标,则视图缩小显示;按住鼠标左键向上拖动鼠标,则视图放大显示。

2.1.5 常用键盘操作键

为了提高绘图效率,AutoCAD 软件为个别键盘操作键赋予了某种重要功能,当在命令行输入命令或命令选项时,按 Enter 键即可执行命令或选项功能,结束命令时按 Enter 键,则实现按 Enter 键响应的功能。

另外,当执行完某命令时按 Enter 键,可以重复执行该命令;如果用户需要中止正在执行的命令,可以按 Esc 键;如果用户需要删除图形,可以在选择图形后按 Delete 键,系统会自动删除图形,此功能等同于"删除"命令。

2.2 视图的缩放与平移

AutoCAD 为用户提供了众多视窗调整功能,这些功能菜单如图 2-10 所示,其面板命令如图 2-11 所示。使用这些视图调整工具,用户可以随意调整图形在当前视窗的显示,以方便用户观察、编辑视窗内的图形细节或图形全貌。

图 2-10 视窗调整功能菜单

图 2-11 视图调整面板命令

2.2.1 视图的缩放

● 窗口缩放

所谓"窗口缩放",指的是在需要缩放显示的区域内拉出一个矩形框,将位于框内的图形放大显示在视窗内。

> **小技巧**
>
> 当选择框的宽高比与绘图区的宽高比不同时,AutoCAD 将使用选择框选择宽与高中相对当前视图放大倍数较小者,以确保所选区域都能显示在视图中。

● 动态缩放

"动态缩放"是指动态地浏览和缩放视图,此功能常用于观察和缩放比例比较大的图形。激活该功能后,屏幕将临时切换到虚拟显示屏状态,此时屏幕上显示以下三个视图框。

- ◇ 图形范围或图形界限视图框是一个蓝色的虚线方框,该框显示图形界限和图形范围中较大的一个。
- ◇ 当前视图框是一个绿色的线框,该框中的区域就是在使用这一选项之前的视图区域。
- ◇ 以实线显示的矩形框为选择视图框,该视图框有两种状态,一种是平移视图框,其大小不能改变,只可任意移动;另一种是缩放视图框,不能平移,但可调节大小。可通过单击在这两种视图框之间切换。

> **小技巧**
>
> 如果当前视图与图形界限或视图范围相同,蓝色虚线框便与绿色虚线框重合。平移视图框中有一个"×"号,它表示下一视图的中心点位置。

● 比例缩放

所谓"比例缩放",指的是按照输入的比例参数来调整视图。视图被按比例调整后,中心点保持不变。在输入比例参数时,有以下三种情况。
- ◇ 直接在命令行内输入数值,表示相对于图形界限的倍数。
- ◇ 在输入的数字后加 X,表示相对于当前视图的缩放倍数。
- ◇ 在输入的数字后加字母 XP,表示系统将根据图纸空间单位确定缩放比例。

● 中心缩放

所谓"中心缩放",指的是根据所确定的中心点调整视图。当激活该功能后,用户可直接用鼠标在屏幕上选择一个点作为新的视图中心点。确定中心点后,AutoCAD 要求用户输入放大系数或新视图的高度,具体有以下三种情况。

◆ 直接在命令行输入一个数值，系统将以此数值作为新视图的高度来调整视图。
◆ 如果在输入的数值后加一个 X，则系统将其看作视图的缩放倍数。
◆ 在输入的数值后加 XP，表示系统将根据图纸空间单位确定缩放比例。

● 缩放对象

所谓"缩放对象"，指的是最大限度地显示当前视图内选择的图形。使用此功能可以缩放单个对象，也可以缩放多个对象。

● 放大 和缩小

"放大"按钮用于将视窗放大一倍显示，"缩小"按钮用于将视窗缩小 1/2 显示。连续单击"放大"按钮或"缩小"按钮，可以成倍地放大或缩小视窗。

● 范围缩放

所谓"范围缩放"，指的是将所有图形全部显示在屏幕上，并最大限度地充满整个屏幕。此种选择方式与图形界限无关。

● 全部缩放

所谓"全部缩放"，指的是按照图形界限或图形范围的尺寸，在绘图区域内显示图形。如果图形完全处在图形界限之内，那么全部缩放视图后，即会最大化显示文件内的整个图形界限区域，如图 2-12 所示。

如果绘制的图形超出了图形界限区域，那么全部缩放视图后，系统将最大化显示图形界限和图形范围，如图 2-13 所示。

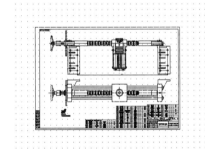
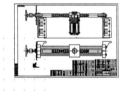

图 2-12　全部缩放（图形在图形界限之内）　　图 2-13　全部缩放（图形超出图形界限区域）

2.2.2　视图重生成

"重生成"命令用于刷新显示当前视图，并重新计算当前视窗中所有对象在屏幕上的坐标值，重新生成整个图形，同时还将重新建立图形数据库索引。执行"重生成"命令主要有以下几种方式。

◆ 选择菜单栏中的"视图"→"重生成"命令。

- 在命令行输入 regen 后按 Enter 键。
- 使用快捷键 RE。

如果系统变量 REGENAUTO 的模式设置为"开",那么当用户执行了一个需要重生成的操作时,AutoCAD 系统将自动重生成图形。

另外,用户在图形中定义图块或文本字形、重新设置线型比例或冻结/解冻图层时,系统都将自动进行重生成操作。

2.2.3 视图的恢复

当用户对视窗进行调整之后,以前视窗的显示状态会被 AutoCAD 自动保存起来。使用软件中的"缩放上一个"按钮 可以恢复上一个视窗的显示状态。如果用户连续单击该工具按钮,系统将连续地恢复视窗,直至退回到前 10 个视窗。

2.3 点的捕捉与栅格

除了点的坐标输入功能,AutoCAD 还为用户提供了点的捕捉和追踪功能,具体有"步长捕捉""对象捕捉""追踪"三类。其工具按钮都位于状态栏上,如图 2-14 所示。运用这些按钮可以快速、准确、高精度地绘制图形,大大提高绘图的精确度。

图 2-14 捕捉追踪的显示状态

本节将学习点的精确捕捉功能,具体有"步长捕捉""栅格""正交模式"等。

2.3.1 步长捕捉

所谓"步长捕捉",指的就是强制性地控制十字光标,使其根据定义的 X 轴、Y 轴方向的固定距离(步长)进行跳动,从而精确定位点。例如,将 X 轴方向的步长设置为 20,将 Y 轴方向的步长设置为 30,那么光标每水平跳动一次,则走过 20 个绘图单位的距离;每垂直跳动一次,则走过 30 个绘图单位的距离,如果连续跳动,则走过的距离是步长的整数倍。启用"捕捉"功能主要有以下几种方式。

- 选择菜单栏中的"工具"→"绘图设置"命令,在打开的"草图设置"对话框中展开"捕捉和栅格"选项卡,勾选"启用捕捉"复选框。
- 按 F9 功能键。

下面通过将 X 轴方向上的步长设置为 20、Y 轴方向上的步长设置为 30,学习"步长捕捉"功能的参数设置和启用操作,命令行操作过程如下。

第 2 章　AutoCAD 2020 基础操作

Step 01 选择菜单栏中的"工具"→"绘图设置"命令，打开如图 2-15 所示的"草图设置"对话框。

Step 02 在该对话框中展开"捕捉和栅格"选项卡，勾选"启用捕捉"复选框，即可打开捕捉功能。

Step 03 在"捕捉 X 轴间距"文本框内输入数值 10，即可将 X 轴方向上的捕捉间距设置为 10。

Step 04 取消勾选"X 轴间距和 Y 轴间距相等"复选框，然后在"捕捉 Y 轴间距"文本框内输入数值 30，即可将 Y 轴方向上的捕捉间距设置为 30。

Step 05 单击 确定 按钮，完成捕捉参数的设置。

图 2-15　"草图设置"对话框

小技巧

"捕捉类型"和"栅格样式"选项组用于设置捕捉的类型及样式，建议使用系统默认设置。

2.3.2　栅格

"栅格"功能主要是以栅格点或栅格线的形式显示作图区域，如图 2-16 所示，给用户提供直观的距离和位置参照。栅格点和栅格线之间的距离可以随意调整，如果用户使用步长捕捉功能绘图，最好是按照 X 轴、Y 轴方向的捕捉间距来设置栅格间距。启用"栅格"功能主要有以下几种方式。

◇ 选择菜单栏中的"工具"→"绘图设置"命令，在打开的"草图设置"对话框中展开"捕捉和栅格"选项卡，然后勾选"启用栅格"复选框，如图 2-17 所示。

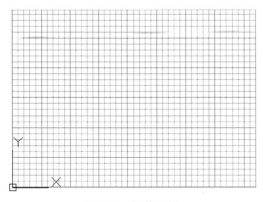

图 2-16　栅格示例　　　　　　　　　　图 2-17　启用栅格

- 按 F7 功能键。
- 按 Ctrl+G 组合键。

栅格点或栅格线是一些虚拟的参照对象，它仅仅显示在图形界限内，只作为绘图的辅助工具出现，不是图形的一部分，也不会被打印输出。

2.3.3 应用正交模式

图 2-18 绘制效果

"正交模式"功能用于将光标强行控制在水平或垂直方向上，以绘制水平和垂直的线段。启用"正交模式"功能主要有以下几种方式。

- 单击状态栏上的 按钮。
- 按 F8 功能键。
- 在命令行输入 ortho 后按 Enter 键。

下面通过绘制如图 2-18 所示的图形，学习"正交模式"功能的使用方法和操作技巧，具体操作步骤如下。

Step 01 新建空白文件。

Step 02 按 F8 功能键，启用"正交模式"功能。

Step 03 选择菜单栏中的"绘图"→"直线"命令，配合"正交模式"功能精确绘图，命令行操作如下。

```
命令：line
指定第一点：                          //在绘图区拾取一点作为起点
指定下一点或 [放弃(U)]：               //向右引导光标，输入 5000 Enter
指定下一点或 [放弃(U)]：               //向上引导光标，输入 400 Enter
指定下一点或 [闭合(C)/放弃(U)]：        //向左引导光标，输入 200 Enter
指定下一点或 [闭合(C)/放弃(U)]：        //向下引导光标，输入 200 Enter
指定下一点或 [闭合(C)/放弃(U)]：        //向左引导光标，输入 300 Enter
指定下一点或 [闭合(C)/放弃(U)]：        //C Enter，闭合图形
```

2.4 对象捕捉模式

除了 2.3 节讲述的辅助功能，AutoCAD 还为用户提供了更为强大的对象捕捉功能。使用此种捕捉功能，可以非常方便、快速地捕捉到图形上的各种特征点，如直线的端点和中点、圆的圆心和象限点等。

2.4.1 对象捕捉功能的启用

启用"对象捕捉"功能主要有以下几种方式。

- ◇ 选择菜单栏中的"工具"→"绘图设置"命令,在打开的"草图设置"对话框中展开"对象捕捉"选项卡,然后勾选"启用对象捕捉"复选框。
- ◇ 单击状态栏上的 按钮。
- ◇ 按 F3 功能键。

2.4.2 自动捕捉

AutoCAD 共为用户提供了 14 种对象捕捉功能,如图 2-19 所示。使用这些捕捉功能可以非常方便、精确地将光标定位到图形的特征点上,勾选所需捕捉的对象的复选框,即可开启该种对象的捕捉模式。

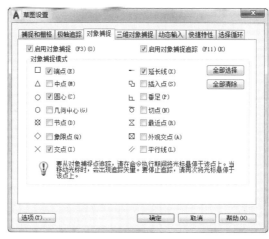

图 2-19 "草图设置"对话框

一旦在此对话框内设置了某种捕捉模式后,系统将一直保持这种捕捉模式,直到取消为止,因此,此对话框中的捕捉常被称为"自动捕捉"。在设置对象捕捉功能时,不要开启全部捕捉功能,否则会起到相反的作用。

2.4.3 临时捕捉

为了方便绘图,AutoCAD 为这 14 种对象捕捉提供了临时捕捉功能。所谓"临时捕捉",指的就是执行一次功能后,系统仅能捕捉一次;如果需要反复捕捉点,则需要多次执行该功能。这些临时捕捉功能位于如图 2-20 所示的临时捕捉菜单上,按住 Shift 键或 Ctrl 键的同时单击右键,即可打开此临时捕捉菜单。

14 种捕捉功能的含义

图 2-20 临时捕捉菜单

（1）端点捕捉。此功能用于捕捉图形的端点，如线段的端点，矩形、多边形的角点等。激活此功能后，在命令行"指定点："提示下将光标放在对象上，系统将在距离光标最近位置处显示出端点标记符号，如图 2-21 所示。此时单击即可捕捉到该端点。

（2）中点捕捉。此功能用于捕捉线、弧等对象的中点。激活此功能后，在命令行"指定点："提示下将光标放在对象上，系统在中点处显示出中点标记符号，如图 2-22 所示。此时单击即可捕捉到该中点。

（3）圆心捕捉。此功能用于捕捉圆、弧或圆环的圆心。激活此功能后，在命令行"指定点："提示下将光标放在圆或弧等的边缘上（也可直接放在圆心位置上），系统在圆心处显示出圆心标记符号，如图 2-23 所示。此时单击即可捕捉到圆心。

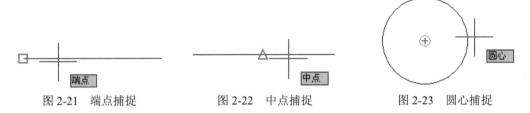

图 2-21 端点捕捉　　　图 2-22 中点捕捉　　　图 2-23 圆心捕捉

（4）几何中心捕捉。此功能用于捕捉复杂图形的重心，如不规则多边形等。

（5）节点捕捉。此功能用于捕捉使用"点"命令绘制的点对象。使用时需将拾取框放在节点上，系统会显示出节点的标记符号，如图 2-24 所示。此时单击即可拾取该节点。

（6）象限点捕捉。此功能用于捕捉圆或弧的象限点。激活该功能后，在命令行"指定点："提示下将光标放在圆的象限点位置上，系统会显示出象限点捕捉标记，如图 2-25 所示。此时单击即可捕捉到该象限点。

图 2-24 节点捕捉　　　图 2-25 象限点捕捉

（7）交点捕捉。此功能用于捕捉对象之间的交点。激活此功能后，在命令行"指定点："提示下将光标放在对象的交点处，系统显示出交点标记符号，如图 2-26 所示。此时单击即可捕捉到该交点。

> **小技巧**
>
> 如果需要捕捉图形延长线的交点，那么首先要将光标放在其中的一个对象上单击，拾取该延伸对象，如图 2-27 所示，然后将光标放在另一个对象上，系统将自动在延伸交点处显示出延长线交点标记符号，如图 2-28 所示，此时单击即可精确捕捉到对象延长线的交点。

  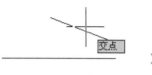

图 2-26　交点捕捉　　　　图 2-27　拾取延伸对象　　　　图 2-28　捕捉延长线交点

（8）范围捕捉 。此功能用于捕捉对象延长线上的点。激活该功能后，在命令行"指定点："提示下将光标放在对象的末端稍停留，然后沿着延长线方向移动光标，系统会在延长线处引出一条追踪虚线，如图 2-29 所示。此时单击或输入一个距离值，即可在对象延长线上精确定位点。

（9）插入点捕捉 。此功能用来捕捉块、文字、属性或属性定义等的插入点，如图 2-30 所示。

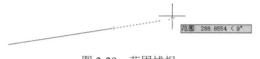 

图 2-29　范围捕捉　　　　　　　　　图 2-30　插入点捕捉

（10）垂足捕捉 。此功能常用于捕捉对象的垂足点，绘制对象的垂线。激活该功能后，在命令行"指定点："提示下将光标放在对象边缘上，系统会在垂足点处显示出垂足标记符号，如图 2-31 所示。此时单击即可捕捉到垂足点，绘制对象的垂线，如图 2-32 所示。

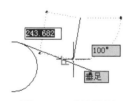 

图 2-31　垂足捕捉　　　　　　　　　图 2-32　绘制垂线

（11）切点捕捉 。此功能用于捕捉圆或弧的切点，绘制切线。激活该功能后，在命令行"指定点："提示下将光标放在圆或弧的边缘上，系统会在切点处显示出切点标记符号，如图 2-33 所示。此时单击即可捕捉到切点，绘制对象的切线，如图 2-34 所示。

（12）最近点捕捉 。此功能用来捕捉距离对象最近的点，如图 2-35 所示。

图 2-33 切点捕捉   图 2-34 绘制切线   图 2-35 最近点捕捉

（13）外观交点捕捉 ⊠。此功能主要用于捕捉三维空间内对象在当前坐标系平面内投影的交点。

（14）平行线捕捉 ∥。此功能常用于绘制线段的平行线。激活该功能后，在命令行"指定点："提示下把光标放在已知线段上，此时会出现一个平行标记符号，如图 2-36 所示。移动光标，系统会在平行位置处出现一条向两端无限延伸的追踪虚线，如图 2-37 所示。单击即可绘制出与拾取对象相互平行的线，如图 2-38 所示。

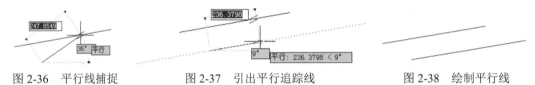

图 2-36 平行线捕捉   图 2-37 引出平行追踪线   图 2-38 绘制平行线

2.5 应用追踪功能

使用对象捕捉功能只能捕捉对象上的特征点，如果需要捕捉特征点之外的目标点，则可以使用 AutoCAD 的追踪功能。常用的追踪功能有"极轴追踪""对象追踪""捕捉自""临时追踪点"四种。

2.5.1 使用"极轴追踪"功能

所谓"极轴追踪"，指的就是根据当前设置的追踪角度，引出相应的极轴追踪虚线，追踪定位目标点，如图 2-39 所示。

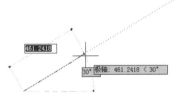

图 2-39 极轴追踪示例

启用"极轴追踪"功能有以下几种方式。

- 单击状态栏上的 ⊙ 按钮。
- 按 F10 功能键。
- 选择菜单栏中的"工具"→"绘图设置"命令，在打开的"草图设置"对话框中展开"极轴追踪"选项卡，勾选"启用极轴追踪"复选框。

下面通过绘制长度为 240、角度为 45°的倾斜线段，学习极轴追踪的参数设置及使用技巧，具体操作步骤如下。

Step 01 新建空白文件。单击 按钮右侧下拉按钮,在弹出的下拉菜单中选择"正在追踪设置"选项,打开"草图设置"对话框。

Step 02 勾选该对话框中的"启用极轴追踪"复选框,如图 2-40 所示,启用"极轴追踪"功能。

Step 03 单击"增量角"下拉按钮,在展开的下拉列表中选择"45",如图 2-41 所示,将当前的追踪角设置为 45°。

图 2-40 "极轴追踪"选项卡

图 2-41 设置追踪角

小技巧

在"极轴角设置"选项组中的"增量角"下拉列表内,系统提供了多种增量角,如 90°、60°、45°、30°、22.5°、18°、15°、10°、5°等,用户可以从中选择一个角度作为增量角。

Step 04 单击 确定 按钮,关闭对话框,完成角度跟踪设置。

Step 05 选择菜单栏中的"绘图"→"直线"命令,配合"极轴追踪"功能绘制一定长度的斜线段,命令行操作如下。

```
命令:_line
指定第一点:               //在绘图区拾取一点作为起点
                        //在 45°方向上引出如图 2-42 所示的极轴追踪虚线,然后输入 240 Enter
指定下一点或 [放弃(U)]:
指定下一点或 [放弃(U)]:   //Enter
```

绘制结果如图 2-43 所示。

小技巧

AutoCAD 不但可以在增量角方向上出现极轴追踪虚线,还可以在增量角的倍数方向上出现极轴追踪虚线。

如果要选择预设值以外的角度增量值,需事先勾选"附加角"复选框,然后单击新建(N) 按钮，创建一个附加角，如图 2-44 所示。系统就会以所设置的附加角进行追踪。另外，如果要删除一个角度值，在选取该角度值后单击 删除 按钮即可。注意，只能删除用户自定义的附加角，而系统预设的增量角不能被删除。

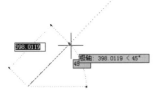　　　　

图 2-42　引出 45°极轴矢量　　　图 2-43　绘制结果　　　图 2-44　创建 3°的附加角

小技巧

"正交模式"与"极轴追踪"功能不能同时打开，因为前者将光标限制在水平或垂直轴上，而后者可以追踪任意方向矢量。

2.5.2　使用"对象追踪"功能

所谓"对象追踪"，指的是以对象上的某些特征点作为追踪点，引出向两端无限延伸的对象追踪虚线，如图 2-45 所示。在此追踪虚线上拾取点或输入距离值，即可精确定位目标点。

图 2-45　对象追踪虚线

启用"对象追踪"功能主要有以下几种方式。

- 单击状态栏上的 ∠ 按钮。
- 按 F11 功能键。
- 选择菜单栏中的"工具"→"绘图设置"命令，在打开的"草图设置"对话框中展开"对象捕捉"选项卡，勾选"启用对象捕捉追踪"复选框。

"对象追踪"功能只能追踪对象捕捉类型里设置的自动捕捉点。下面通过绘制如图 2-46 所示的图形，学习"对象追踪"功能的参数设置和具体的使用技巧，具体操作步骤如下。

Step 01 选择菜单栏中的"工具"→"绘图设置"命令，打开"草图设置"对话框，如图 2-47 所示。

Step 02 在该对话框中展开"对象捕捉"选项卡，分别勾选"启用对象捕捉"复选框和"启用对象捕捉追踪"复选框。

Step 03 在"对象捕捉模式"选项组中勾选所需要的对象捕捉模式，如圆心捕捉。

Step 04 单击 确定 按钮完成参数的设置。

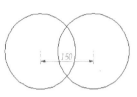

图 2-46 绘制效果

图 2-47 "草图设置"对话框

Step **05** 选择菜单栏中的"绘图"→"圆"→"圆心、半径"命令,配合圆心捕捉和捕捉追踪功能,绘制相交圆,命令行操作如下。

```
命令: circle
指定圆的圆心或 [三点(3P)/两点(2P)/切点、切点、半径(T)]:
                               //在绘图区拾取一点作为圆心
指定圆的半径或 [直径(D)] <100.0000>:  //100 Enter,绘制半径为100的圆
命令: circle                    //Enter,重复执行画圆命令
//将光标放在圆心处,系统自动拾取圆心作为对象追踪点,然后水平向右引出如图2-48所示的
对象追踪虚线,输入 150 Enter,定位下一个圆的圆心
指定圆的圆心或 [三点(3P)/两点(2P)/切点、切点、半径(T)]:
指定圆的半径或 [直径(D)] <100.0000>:   //Enter,结束命令
```

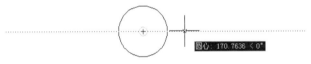

图 2-48 圆心追踪

绘制结果如图 2-49 所示。

在默认设置下,系统仅以水平或垂直的方向追踪点,如果用户需要按照某一角度追踪点,则可以在"极轴追踪"选项卡中设置对象追踪的样式,如图 2-50 所示。

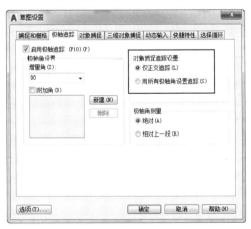

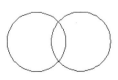

图 2-49 绘制结果   图 2-50 设置对象追踪的样式

"对象捕捉追踪设置"选项组中的"仅正交追踪"单选按钮与当前极轴角无关,它仅水平或垂直地追踪对象,即在水平或垂直方向上才出现向两端无限延伸的对象追踪虚线;而"用所有极轴角设置追踪"单选按钮根据当前设置的极轴角及极轴角的倍数出现对象追踪虚线,用户可以根据需要进行取舍。

2.5.3 使用"捕捉自"功能

"捕捉自"功能是借助捕捉功能和相对坐标定义窗口中相对于某一捕捉点的另外一点。使用"捕捉自"功能时需要先捕捉对象特征点作为目标点的偏移基点,然后输入目标点的坐标值。启用"捕捉自"功能主要有以下几种方式。

- ◆ 按住 Ctrl 或 Shift 键的同时单击右键,选择临时捕捉菜单中的"自"选项。
- ◆ 在命令行输入 from 后按 Enter 键。

2.5.4 使用"临时追踪点"功能

"临时追踪点"功能与"对象追踪"功能类似,不同的是前者需要事先精确定位出临时追踪点,然后才能通过此追踪点引出向两端无限延伸的临时追踪虚线,以追踪定位目标点。

启用"临时追踪点"功能主要有以下几种方式。

- ◆ 按住 Ctrl 或 Shift 键的同时单击右键,选择临时捕捉菜单中的"临时追踪点"选项。
- ◆ 使用快捷键 TT。

2.6 上机实训——绘制零件粗糙度符号

本节通过绘制如图 2-51 所示的粗糙度符号,对本章所讲述的"视图缩放""极轴追踪""对象追踪"及"端点捕捉""垂直捕捉"等多种功能进行综合练习和巩固。操作步骤如下。

Step 01 单击"快速访问"工具栏→"新建"按钮,在打开的"选择样板"对话框中,以"无样板打开-公制"方式新建一个公制单位的空白文件,如图 2-52 所示。

Step 02 选择菜单栏中的"视图"→"缩放"→"中心点"命令,将当前视图的高度调整为 15 个绘图单位,命令行操作如下。

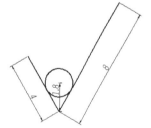

图 2-51 绘制效果

```
命令:zoom
指定窗口的角点,输入比例因子 (nX 或 nXP),或者[全部(A)/中心(C)/动态(D)/范围(E)/
上一个(P)/比例(S)/窗口(W)/对象(O)] <实时>:_c
```

指定中心点： //在绘图区拾取一点作为新视图中心点
输入比例或高度 <210.0777>： //15 Enter，输入新视图的高度

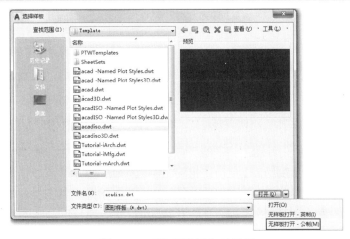

图 2-52 "选择样板"对话框

Step 03 选择菜单栏中的"工具"→"绘图设置"命令，打开"草图设置"对话框。

Step 04 在该对话框中展开"极轴追踪"选项卡，勾选"启用极轴追踪"复选框，并设置对象增量角参数，如图 2-53 所示。

Step 05 展开"对象捕捉"选项卡，分别勾选"启用对象捕捉"复选框和"启用对象捕捉追踪"复选框，并设置对象捕捉模式，如图 2-54 所示。

图 2-53 设置增量角参数　　　　　　　图 2-54 设置对象捕捉模式

Step 06 选择菜单栏中的"绘图"→"直线"命令，或在命令行输入 L 并按 Enter 键，启动命令。

Step 07 在"指定第一点："提示下，在绘图区中央位置拾取一点作为起点。

Step 08 在"指定下一点或 [放弃(U)]："提示下，向右下侧移动光标，引出如图 2-55 所示的极轴追踪虚线，此时在命令行输入 4 并按 Enter 键，即可精确定位第二点。

Step 09 继续在命令行"指定下一点或[放弃(U)]："提示下，向右上侧移动光标，引出 60° 的极轴追踪虚线，如图 2-56 所示。

Step 10 在命令行输入 8 并按 Enter 键，即可精确定位第三点。

Step 11 在命令行"指定下一点或 [闭合(C)/放弃(U)]:"提示下,直接按 Enter 键结束命令,绘制结果如图 2-57 所示。

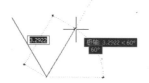

图 2-55　引出极轴追踪虚线　　　图 2-56　引出 60°的极轴追踪虚线　　　图 2-57　绘制结果

Step 12 选择菜单栏中的"绘图"→"圆"→"圆心、半径"命令,在命令行"指定圆的圆心或 [三点(3P)/两点(2P)/相切、相切、半径(T)]:"提示下,以下侧端点为对象追踪点,引出如图 2-58 所示的对象追踪虚线。

Step 13 在引出的垂直追踪虚线上输入 1.8 并按 Enter 键,定位圆的圆心。

Step 14 在"指定圆的半径或 [直径(D)] <0.1000>:"提示下,配合垂足捕捉功能,捕捉如图 2-59 所示的垂足,定位半径的长度,绘制结果如图 2-60 所示。

Step 15 单击"快速访问"工具栏→"保存"按钮,将图形另存为"上机实训一.dwg"。

图 2-58　引出对象追踪虚线　　　图 2-59　垂足捕捉　　　图 2-60　绘制圆

2.7 上机实训二——绘制基垫零件图

本例通过绘制如图 2-61 所示图形,在综合练习"直线""捕捉自""比例缩放"等功能的前提下,主要学习"极轴追踪"工具的操作方法和操作技巧。操作步骤如下。

Step 01 单击"快速访问"工具栏→"新建"按钮,创建公制单位的空白文件。

Step 02 使用快捷键 Z 启用视窗的缩放功能,将当前视窗放大 5 倍显示,命令行操作如下。

```
命令: Z                                                //Enter
ZOOM 指定窗口的角点,输入比例因子 (nX 或 nXP),或者[全部(A)/中心(C)/动态(D)/范围
(E)/上一个(P)/比例(S)/窗口(W)/对象(O)] <实时>:        //S Enter
输入比例因子 (nX 或 nXP):                              //5X Enter
```

Step 03 在状态栏上的按钮上单击右键,从弹出的快捷菜单中选择"正在追踪设置"选项,打开"草图设置"对话框。展开"极轴追踪"选项卡,勾选"启用极轴追踪"复选框,并将当前的增量角设置为 15°,如图 2-62 所示。

第 2 章　AutoCAD 2020 基础操作

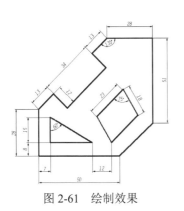

图 2-61　绘制效果　　　　　　　　　　图 2-62　设置极轴追踪参数

> **技巧：**
>
> 当设置了极轴角（增量角）并启用极轴追踪功能后，随着光标的移动，系统将在极轴角或其倍数方向上自动出现极轴追踪虚线，定位角度矢量。

Step 04 选择菜单栏中的"绘图"→"直线"命令，配合极轴追踪功能绘制外框轮廓线，命令行操作如下。

```
命令: line
指定第一点:                    //在绘图区单击，拾取一点作为起点
                //水平向左移动光标，引出 180°的极轴追踪虚线，如图 2-63 所示，输入 50 Enter
指定下一点或 [放弃(U)]:
                //垂直向上移动光标，引出 90°的极轴追踪虚线，如图 2-64 所示，输入 28 Enter
指定下一点或 [放弃(U)]:
```

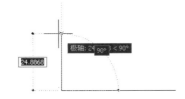

图 2-63　引出 180°的极轴追踪虚线　　　　图 2-64　引出 90°的极轴追踪虚线

```
                //在 45°方向上引出极轴追踪虚线，如图 2-65 所示，输入 13 Enter
指定下一点或 [闭合(C)/放弃(U)]:
                //在 315°方向上引出极轴追踪虚线，如图 2-66 所示，输入 12 Enter
指定下一点或 [闭合(C)/放弃(U)]:
```

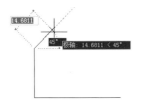

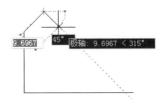

图 2-65　引出 45°的极轴追踪虚线　　　　图 2-66　引出 315°的极轴追踪虚线

```
                              //在 45°方向上引出极轴追踪虚线,如图 2-67 所示,输入 34 Enter
指定下一点或 [闭合(C)/放弃(U)]:
                              //在 135°方向上引出极轴追踪虚线,如图 2-68 所示,输入 12 Enter
指定下一点或 [闭合(C)/放弃(U)]:
```

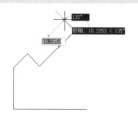

图 2-67 引出 45°的极轴追踪虚线　　　　图 2-68 引出 135°的极轴追踪虚线

```
指定下一点或 [闭合(C)/放弃(U)]:    //引出 45°的极轴追踪虚线,输入 13 Enter
指定下一点或 [闭合(C)/放弃(U)]:
                              //在 0°方向上引出极轴追踪虚线,如图 2-69 所示,输入 28 Enter
指定下一点或 [闭合(C)/放弃(U)]:
                              //在 270°方向上引出极轴追踪虚线,如图 2-70 所示,输入 51 Enter
指定下一点或 [闭合(C)/放弃(U)]:    //C Enter,闭合图形
```

绘制结果如图 2-71 所示。

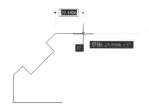 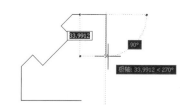 

图 2-69 引出 0°的极轴追踪虚线　　图 2-70 引出 270°的极轴追踪虚线　　图 2-71 绘制结果（1）

Step 05 按 Enter 键,重复执行"直线"命令,配合"捕捉自"和极轴追踪功能绘制内部的直角三角形,命令行操作如下。

```
命令:line                     //Enter,重复执行"直线"命令
指定第一点:                    //启用"捕捉自"功能
_from 基点:                   //捕捉左下角点
<偏移>:                       //@7,8 Enter,输入目标点的相对坐标
            //向左上方移动光标,引出如图 2-72 所示的极轴追踪虚线,输入 15 Enter
指定下一点或 [放弃(U)]:
            //向右下方移动光标,引出如图 2-73 所示的极轴追踪虚线,输入 30 Enter
指定下一点或 [放弃(U)]:
指定下一点或 [闭合(C)/放弃(U)]:    //C Enter,闭合图形
```

绘制结果如图 2-74 所示。

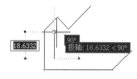 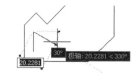

图 2-72 引出 90°的极轴追踪虚线　　图 2-73 引出 330°的极轴追踪虚线　　图 2-74 绘制结果（2）

Step 06 按 Enter 键，重复执行"直线"命令，配合"捕捉自"和极轴追踪功能绘制内部的平行四边形，命令行操作如下。

```
命令:line                    //Enter，重复执行"直线"命令
指定第一点:                  //按住 Shift 键的同时单击右键，选择临时捕捉菜单中的"自"选项
```

小技巧

用户按住 Ctrl 键的同时单击右键，也可以打开临时捕捉菜单。

```
_from 基点:                  //捕捉如图 2-75 所示的三角形的右角点
<偏移>:                      //@12,0 Enter
                             //向右上方移动光标，引出如图 2-76 所示的极轴追踪虚线，输入 23 Enter
指定下一点或 [放弃(U)]:
                             //向左上方移动光标，引出如图 2-77 所示的极轴追踪虚线，输入 18 Enter
指定下一点或 [放弃(U)]:
```

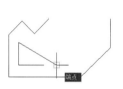
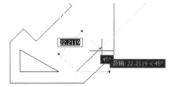
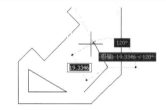

图 2-75 定位基点　　　图 2-76 引出 45°的极轴追踪虚线　　　图 2-77 引出 120°的极轴追踪虚线

```
                             //向左下方移动光标，引出 225°的极轴追踪虚线，输入 23 Enter
指定下一点或 [闭合(C)/放弃(U)]:
指定下一点或 [闭合(C)/放弃(U)]:      //C Enter，闭合图形
```

Step 07 单击"快速访问"工具栏→"保存"按钮，将图形另存为"上机实训二.dwg"。

2.8 小结与练习

2.8.1 小结

本章主要学习了 AutoCAD 软件的一些基本操作技能，主要有点的坐标输入、命令的调用方法、点的精确捕捉、点的精确追踪及视窗的实时调整与控制等。熟练掌握本章所讲述的各种操作技能，不仅能为图形的绘制和编辑操作奠定良好的基础，同时也能为精确绘图和简捷方便地管理图形提供条件，希望读者认真学习、熟练掌握，为后续章节的学习打下牢固的基础。

2.8.2 练习

1. 综合运用相关知识，绘制如图 2-78 所示的零件图。

2. 综合运用相关知识，绘制如图 2-79 所示的零件图。

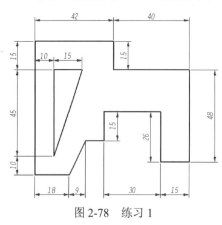

图 2-78　练习 1

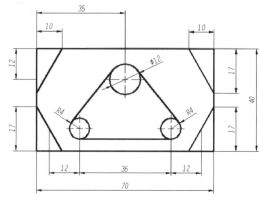

图 2-79　练习 2

机械平面元素的绘制功能

本章主要学习机械制图中各类平面元素的基本绘制，如点、线、圆、弧、多边形等。这些图元都是构图的最基本元素，因此，要使用 AutoCAD 绘制机械图，就必须先学习和掌握这些元素的绘制方法和操作技巧，为以后更加方便灵活地组合复杂图形做好准备。

内容要点

- ◆ 绘制直线类元素
- ◆ 绘制曲线类元素
- ◆ 绘制点与等分点
- ◆ 上机实训一——绘制扳手零件图
- ◆ 绘制作图辅助线
- ◆ 绘制多边形、面域与边界
- ◆ 图案填充
- ◆ 上机实训二——绘制零件剖面线

3.1 绘制直线类元素

本节将学习"直线""多线""多段线"三个绘图命令,以绘制直线、多线和多段线。

3.1.1 直线

"直线"命令主要用于绘制一条或多条直线段,也可以绘制首尾相连的闭合图形。执行"直线"命令的方式参见 1.6.4 节。

执行"直线"命令后,命令行操作提示如下。

```
命令: line
指定第一点:                          //定位第一点
指定下一点或 [放弃(U)]:                //定位第二点
指定下一点或 [放弃(U)]:                //定位第三点
指定下一点或 [闭合(C)/放弃(U)]:        //定位第四点,或闭合图形,或按 Enter 键结束命令
```

3.1.2 多线

多线是由两条或两条以上的平行元素构成的复合线对象。执行"多线"命令主要有以下几种方式。

- ◇ 选择菜单栏中的"绘图"→"多线"命令。
- ◇ 在命令行输入 mline 后按 Enter 键。
- ◇ 使用快捷键 ML。

下面通过绘制闭合的多线,学习"多线"命令的使用方法和操作技巧,具体操作步骤如下。

Step 01 新建空白文件。

Step 02 选择菜单栏中的"绘图"→"多线"命令,配合点的坐标输入功能绘制多线,命令行操作如下。

```
命令: mline
当前设置: 对正 = 上,比例 = 20.00,样式 = STANDARD
指定起点或 [对正(J)/比例(S)/样式(ST)]:       //S Enter,激活"比例"选项
```

> **小技巧**
>
> 巧妙使用"比例"选项,可以绘制不同宽度的多线。默认比例为 20 个绘图单位。另外,如果用户输入的比例值为负值,则多条平行线的顺序会产生反转。

```
输入多线比例 <20.00>：                //120 Enter，设置多线比例
当前设置：对正 = 上，比例 = 120.00，样式 = STANDARD
指定起点或 [对正(J)/比例(S)/样式(ST)]：  //在绘图区拾取点
指定下一点：                          //@0,1800 Enter
指定下一点或 [放弃(U)]：               //@3000,0 Enter
指定下一点或 [闭合(C)/放弃(U)]：        //@0,-1800 Enter
指定下一点或 [闭合(C)/放弃(U)]：        //C Enter，结束命令
```

小技巧

巧用"样式"选项，可以随意更改当前的多线样式；"闭合"选项用于绘制闭合的多线。

Step 03 使用视图调整工具调整图形的显示，绘制效果如图 3-1 所示。

- **多线对正方式**

"对正"选项用于设置多线的对正方式，AutoCAD 共提供了三种对正方式，即上对正、中心对正和下对正，如图 3-2 所示。

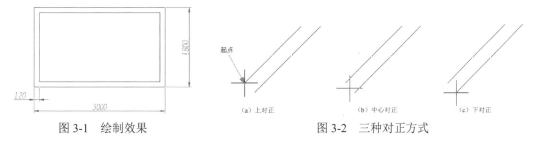

图 3-1 绘制效果　　　　图 3-2 三种对正方式

如果当前多线的对正方式不符合用户要求，则可在命令行中输入 J，按 Enter 键，系统出现提示：

"输入对正类型 [上（T）/无（Z）/下（B）] <上>："　//系统提示用户输入多线的对正方式

- **设置多线样式**

使用系统默认的多线样式，只能绘制由两条平行元素构成的多线，如果需要绘制其他样式的多线，则需要使用"多线样式"命令进行设置，具体操作步骤如下。

Step 01 选择菜单栏中的"格式"→"多线样式"命令，或在命令行输入 mlstyle 并按 Enter 键，打开"多线样式"对话框。

Step 02 单击对话框中的 新建(N)... 按钮，在打开的"创建新的多线样式"对话框中输入新样式的名称，如图 3-3 所示。

Step 03 单击 继续 按钮，打开如图 3-4 所示的"新建多线样式:STYLE01"对话框。

图3-3 "创建新的多线样式"对话框　　　图3-4 "新建多线样式:STYLE01"对话框

Step 04 单击 添加(A) 按钮，添加0号元素并设置颜色为红色，如图3-5所示。

Step 05 单击 线型(Y)... 按钮，在打开的"选择线型"对话框中单击 加载(L)... 按钮，打开"加载或重载线型"对话框，如图3-6所示。

图3-5 添加多线元素　　　　　　　　图3-6 选择线型

Step 06 单击 确定 按钮，结果线型被加载到"选择线型"对话框内，如图3-7所示。

Step 07 选择加载的线型，单击 确定 按钮，将此线型赋给刚添加的多线元素，结果如图3-8所示。

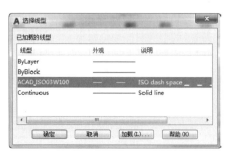

图3-7 加载线型　　　　　　　　　　图3-8 设置元素线型

Step 08 在"新建多线样式:STYLE01"对话框的"封口"选项组中，设置多线两端的封口形式，如图3-9所示。

Step 09 单击 确定 按钮返回"多线样式"对话框，新线样式出现在预览框中，如图3-10所示。

第 3 章 机械平面元素的绘制功能

图 3-9 设置多线封口

图 3-10 样式效果

小技巧

虽然用户为多线设置了填充色或线型等参数，但在预览框内显示不出这些特性，只有用户使用此样式绘制多线，多线样式的所有特性才会显示。

Step 10 单击 保存(A)... 按钮，在弹出的"保存多线样式"对话框中设置文件名，如图 3-11 所示。将新样式以"*.mln"的格式进行保存，以方便在其他文件中重复使用。

Step 11 返回"多线样式"对话框，单击 确定 按钮，结束命令。

Step 12 执行"多线"命令，使用刚设置的新样式绘制一条多线。绘制结果如图 3-12 所示。

图 3-11 设置文件名

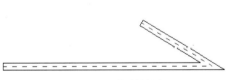

图 3-12 绘制结果

3.1.3 多段线

"多段线"指的是由一系列直线段或弧线段连接而成的一种特殊折线，如图 3-13 所示。无论绘制的多段线包含多少条直线或圆弧，AutoCAD 都把它们作为一个单独的对象。

图 3-13 多段线示例

执行"多段线"命令主要有以下几种方式。

- 单击"默认"选项卡→"绘图"面板→"多段线"按钮 。
- 选择菜单栏中的"绘图"→"多段线"命令。
- 在命令行输入 pline 后按 Enter 键。
- 使用快捷键 PL。

使用"多段线"命令不仅可以绘制一条单独的直线段或圆弧,还可以绘制许多条具有一定宽度的闭合或不闭合的直线段和弧线。

● **绘制键槽**

下面通过绘制键槽轮廓线,学习"多段线"命令的使用方法和操作技巧,具体操作步骤如下。

Step 01 新建空白文件。

Step 02 按 F12 功能键,关闭状态栏上的"动态输入"功能。

Step 03 单击"默认"选项卡→"绘图"面板→"多段线"按钮 ,配合绝对坐标的输入功能绘制多段线,命令行操作如下。

```
命令: pline
指定起点:                                       //9.8,0 Enter,定位起点
当前线宽为 0.0000
指定下一个点或 [圆弧(A)/半宽(H)/长度(L)/放弃(U)/宽度(W)]:    //9.8,2.5 Enter
```

小技巧

"长度"选项用于定义下一段多段线的长度,AutoCAD 按照上一线段的方向绘制这一段多段线。若上一段是圆弧,AutoCAD 绘制的直线段将与圆弧相切。

```
指定下一点或 [圆弧(A)/闭合(C)/半宽(H)/长度(L)/放弃(U)/宽度(W)]://@-2.73,0 Enter
指定下一点或 [圆弧(A)/闭合(C)/半宽(H)/长度(L)/放弃(U)/宽度(W)]:
                                                //A Enter,转入画弧模式
指定圆弧的端点或[角度(A)/圆心(CE)/闭合(CL)/方向(D)/半宽(H)/直线(L)/半径(R)/第二个点(S)/放弃(U)/宽度(W)]:            //CE Enter
指定圆弧的圆心:                                  //0,0 Enter
指定圆弧的端点或 [角度(A)/长度(L)]:              //7.07,-2.5 Enter
指定圆弧的端点或[角度(A)/圆心(CE)/闭合(CL)/方向(D)/半宽(H)/直线(L)/半径(R)/第二个点(S)/放弃(U)/宽度(W)]:            //L Enter,转入画线模式
指定下一点或 [圆弧(A)/闭合(C)/半宽(H)/长度(L)/放弃(U)/宽度(W)]:
                                                //9.8,-2.5 Enter
```

指定下一点或 [圆弧(A)/闭合(C)/半宽(H)/长度(L)/放弃(U)/宽度(W)]:
//C Enter，闭合图形

绘制结果如图 3-14 所示。

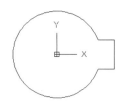

图 3-14　绘制结果

小技巧

"半宽"选项用于设置多段线的半宽，"宽度"选项用于设置多段线的起始宽度，起始点的宽度可以相同也可以不同。在绘制设置了宽度的多段线时，变量 FILLMODE 控制着多段线是否被填充，FILLMODE 的值为 1 时，多段线将被填充；FILLMODE 的值为 0 时，多段线将不被填充。

● "圆弧"选项

"圆弧"选项用于绘制由弧线组合而成的多段线。激活此选项后系统自动切换到画弧状态，并且命令行出现如下提示。

指定圆弧的端点或 [角度（A）/圆心（CE）/闭合（CL）/方向（D）/半宽（H）/直线（L）/半径（R）/第二个点（S）/放弃（U）/ 宽度（W）]

各选项功能如下。

◇ "角度"选项用于指定要绘制的圆弧的圆心角。
◇ "圆心"选项用于指定圆弧的圆心。
◇ "闭合"选项用于用弧线封闭多段线。
◇ "方向"选项用于取消直线与圆弧的相切关系，改变圆弧的起始方向。
◇ "半宽"选项用于指定圆弧的半宽值。激活此选项后，AutoCAD 将提示用户输入多段线的起点半宽值和终点半宽值。
◇ "直线"选项用于切换为直线模式。
◇ "半径"选项用于指定圆弧的半径。
◇ "第二个点"选项用于选择三点画弧方式中的第二个点。
◇ "宽度"选项用于设置弧线的宽度值。

3.2　绘制作图辅助线

本节主要学习两个绘制辅助线的命令，即"构造线"和"射线"。

3.2.1 构造线

"构造线"命令用于绘制向两端无限延伸的直线,如图 3-15 所示。使用"构造线"命令可以绘制向两端延伸的作图辅助线,此辅助线可以是水平的、垂直的,还可以是倾斜的。

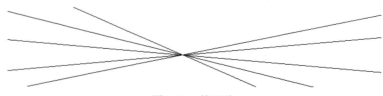

图 3-15　构造线

执行"构造线"命令主要有以下几种方式。

- 单击"默认"选项卡→"绘图"面板→"构造线"按钮 。
- 选择菜单栏中的"绘图"→"构造线"命令。
- 在命令行输入 xline 后按 Enter 键。
- 使用快捷键 XL。

下面通过具体的实例,学习各种辅助线的绘制方法。

Step 01 新建空白文件。

Step 02 单击"默认"选项卡→"绘图"面板→"构造线"按钮,执行"构造线"命令,绘制水平构造线,命令行操作如下。

```
命令:xline
指定点或 [水平(H)/垂直(V)/角度(A)/二等分(B)/偏移(O)]:  //H Enter,激活"水平"选项
指定通过点:          //在绘图区拾取点
指定通过点:          //继续在绘图区拾取点
指定通过点:          //Enter,结束命令
```

水平辅助线绘制结果如图 3-16 所示。

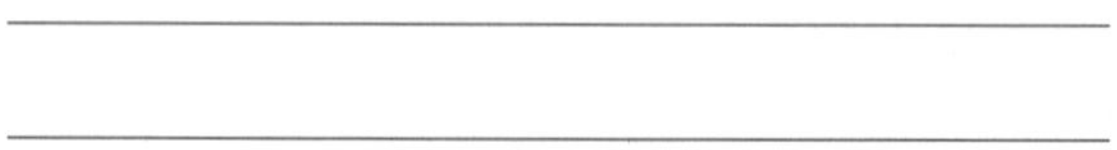

图 3-16　水平辅助线绘制结果

Step 03 重复执行"构造线"命令,绘制垂直构造线,命令行操作如下。

```
命令:xline
指定点或 [水平(H)/垂直(V)/角度(A)/二等分(B)/偏移(O)]:  //V Enter,激活"垂直"选项
指定通过点:          //在绘图区拾取点
指定通过点:          //继续在绘图区拾取点
指定通过点:          // Enter,结束命令
```

垂直辅助线绘制结果如图3-17所示。

Step 04 重复执行"构造线"命令，绘制倾斜构造线，命令行操作如下。

```
命令:xline
指定点或 [水平(H)/垂直(V)/角度(A)/二等分(B)/偏移(O)]:   // A Enter，激活"角度"选项
输入构造线的角度 (0) 或 [参照(R)]:                      //30 Enter，设置倾斜角度
指定通过点：                                           //拾取通过点
指定通过点：                                           //Enter，结束命令
```

绘制倾斜辅助线结果如图3-18所示。

小技巧

使用"构造线"命令中的"二等分"选项，可以绘制任意角度的角平分线，如图3-19所示。

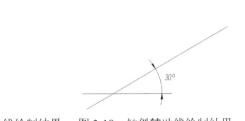

图3-17　垂直辅助线绘制结果　　图3-18　倾斜辅助线绘制结果　　图3-19　角平分线绘制结果

3.2.2 射线

射线也是一种常用的作图辅助线，使用"射线"命令可以绘制向一端无限延伸的作图辅助线。

执行"射线"命令主要有以下几种方式。

- ◇ 单击"默认"选项卡→"绘图"面板→"射线"按钮。
- ◇ 选择菜单栏中的"绘图"→"射线"命令。
- ◇ 在命令行输入 ray 后按 Enter 键。

执行"射线"命令后，AutoCAD命令行的操作如下。

```
命令：ray
指定起点：     //在绘图区拾取一点作为起点
指定通过点：   //在绘图区拾取一点作为通过点
指定通过点：   //在绘图区拾取一点作为通过点
指定通过点：   //在绘图区拾取一点作为通过点
指定通过点：   //Enter
```

绘制结果如图3-20所示。

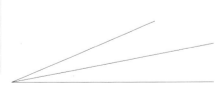

图3-20　绘制射线

3.3 绘制曲线类元素

本节将学习"圆""圆弧""椭圆""椭圆弧""修订云线""样条曲线"等绘图命令。

3.3.1 圆

图 3-21 六种画圆方式

圆是一种闭合的基本图形元素。AutoCAD 共为用户提供了六种画圆方式，如图 3-21 所示。执行"圆"命令主要有以下几种方式。

- ◇ 单击"默认"选项卡→"绘图"面板→"圆"按钮。
- ◇ 选择菜单栏中的"绘图"→"圆"级联菜单中的各种命令。
- ◇ 在命令行输入 circle 后按 Enter 键。
- ◇ 使用快捷键 C。

● **半径画圆和直径画圆**

"半径画圆"和"直径画圆"是两种基本的画圆方式，默认方式为"半径画圆"。当定位出圆心之后，只需输入圆的半径或圆的直径，即可精确画圆，命令行操作如下。

```
命令: circle
                              //在绘图区拾取一点作为圆的圆心
指定圆的圆心或 [三点(3P)/两点(2P)/切点、切点、半径(T)]:
指定圆的半径或 [直径(D)]:        //150 Enter
```

定距画圆示例如图 3-22 所示。

图 3-22 定距画圆示例

小技巧

激活"直径"选项，即可采用直径画圆方式画圆。

● **两点画圆和三点画圆**

"两点画圆"和"三点画圆"指的是定位出两点或三点，即可精确画圆。两点画圆给定的两点被看作圆直径的两个端点,三点画圆所给定的三点都位于圆周上,如图 3-23 和图 3-24 所示。

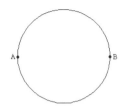

图 3-23　两点画圆

图 3-24　三点画圆

● 画相切圆

AutoCAD 为用户提供了两种画相切圆的方式,即"相切、相切、半径"和"相切、相切、相切"。前一种相切方式是分别拾取两个相切对象后,再输入相切圆的半径;后一种相切方式是直接拾取三个相切对象,系统自动定位相切圆的位置和大小。

绘制相切圆的操作步骤如下。

Step 01 绘制如图 3-25 所示的圆和直线。

Step 02 单击"默认"选项卡→"绘图"面板→"圆"按钮⊙,根据命令行提示绘制与直线和已知圆都相切的圆,操作如下。

```
命令: circle
指定圆的圆心或 [三点(3P)/两点(2P)/切点、切点、半径(T)]:
                    //T Enter,激活"切点、切点、半径"选项
指定对象与圆的第一个切点:    //在直线下端单击,拾取第一个相切对象
指定对象与圆的第二个切点:    //在圆下侧边缘上单击,拾取第二个相切对象
指定圆的半径 <56.0000>:    //100 Enter,给定相切圆半径
```

使用"切点、切点、半径"画相切圆如图 3-26 所示。

Step 03 选择菜单栏中的"绘图"→"圆"→"切点、切点、相切"命令,绘制与三个已知对象都相切的圆,命令行操作如下。

```
命令: circle
指定圆的圆心或 [三点(3P)/两点(2P)/切点、切点、半径(T)]: _3p 指定圆上的第一个点:
tan 到                //拾取直线作为第一相切对象
指定圆上的第二个点: _tan 到    //拾取小圆作为第二相切对象
指定圆上的第三个点: _tan 到    //拾取大圆作为第三相切对象
```

绘制结果如图 3-27 所示。

图 3-25　绘制圆和直线　　图 3-26　使用"切点、切点、半径"画相切圆　　图 3-27　绘制结果

> **小技巧**
>
> 在拾取相切对象时，系统会自动在距离光标最近的对象上显示出一个相切符号，此时单击即可拾取该对象作为相切对象。另外，光标拾取的位置不同，所绘制的相切圆位置也不同。

3.3.2 圆弧

图 3-28 "画弧"子菜单

圆弧也是基本的图形元素之一。AutoCAD 为用户提供了 5 类共 11 种画弧方式，如图 3-28 所示。

执行"圆弧"命令主要有以下几种方式。

◇ 单击"默认"选项卡→"绘图"面板→"圆弧"按钮 。
◇ 选择菜单栏中的"绘图"→"圆弧"子菜单中的命令。
◇ 在命令行输入 arc 后按 Enter 键。
◇ 使用快捷键 A。

● "三点"方式画弧

"三点"方式画弧，指的是直接拾取三个点即可定位出圆弧，所拾取的第一点和第三点作为弧的起点和端点，如图 3-29 所示。此种画弧方式的命令行操作如下。

```
命令: arc
指定圆弧的起点或 [圆心(C)]:            //拾取一点作为圆弧的起点
指定圆弧的第二个点或 [圆心(C)/端点(E)]:    //在适当位置拾取圆弧上的第二点
指定圆弧的端点:            //在适当位置拾取第三点作为圆弧的端点
```

● "起点、圆心"方式画弧

此种画弧方式又分为"起点、圆心、端点""起点、圆心、角度""起点、圆心、长度"三种方式。当用户确定圆弧的起点和圆心后，只需要再给出圆弧的端点或角度、弧长等参数，即可精确画弧。

"起点、圆心、端点"画弧方式的命令行操作如下。

```
命令: arc
指定圆弧的起点或 [圆心(C)]:            //在绘图区拾取一点作为圆弧的起点
指定圆弧的第二个点或 [圆心(C)/端点(E)]:    //C Enter，激活"圆心"选项
指定圆弧的圆心:            //在适当位置拾取一点作为圆弧的圆心
指定圆弧的端点或 [角度(A)/弦长(L)]:      //拾取一点作为圆弧的端点
```

绘制结果如图 3-30 所示。

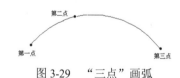

图 3-29 "三点"画弧

图 3-30 绘制结果

小技巧

当用户指定了圆弧的起点和圆心后，直接输入圆弧的包含角或圆弧的弦长，也可精确绘制圆弧，如图 3-31 所示。

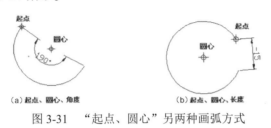

图 3-31 "起点、圆心"另两种画弧方式

- **"起点、端点"方式画弧**

此种画弧方式又分为"起点、端点、角度""起点、端点、方向""起点、端点、半径"三种方式。当用户确定弧的起点和端点后，只需要再确定弧的角度、方向或半径，即可精确画弧。

"起点、端点、角度"画弧方式的命令行操作过程如下。

```
命令: arc
指定圆弧的起点或 [圆心(C)]:       //定位弧的起点
指定圆弧的第二个点或 [圆心(C)/端点(E)]: _e
指定圆弧的端点:                   //定位弧的端点
指定圆弧的圆心或 [角度(A)/方向(D)/半径(R)]: _a 指定包含角:
                                  //输入 190 Enter，定位弧的角度
```

绘制结果如图 3-32 所示。

小技巧

如果用户输入的角度为正值，系统将按逆时针方向绘制圆弧，反之将按顺时针方向绘制圆弧。另外，当用户指定了圆弧的起点和端点后，直接输入圆弧的半径或起点切向，也可精确绘制圆弧，如图 3-33 所示。

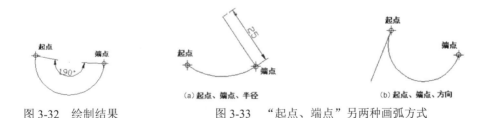

图 3-32 绘制结果　　　图 3-33 "起点、端点"另两种画弧方式

- **"圆心、起点"方式画弧**

此种画弧方式又分为"圆心、起点、端点""圆心、起点、角度""圆心、起点、长度"三种方式。当用户确定圆弧的圆心和起点后，只需要再给出圆弧的端点或角度、弧

长等参数，即可精确画弧。

"圆心、起点、端点"画弧方式的命令行操作如下。

```
命令：arc
指定圆弧的起点或 [圆心(C)]：_c 指定圆弧的圆心：    //拾取一点作为弧的圆心
指定圆弧的起点：                                //拾取一点作为弧的起点
指定圆弧的端点或 [角度(A)/弦长(L)]：              //拾取一点作为弧的端点
```

绘制结果如图 3-34 所示。

小技巧

当用户给定了圆弧的圆心和起点后，输入圆弧的圆心角或弦长，也可精确绘制圆弧，如图 3-35 所示。在配合"长度"绘制圆弧时，如果输入的弦长为正值，系统将绘制小于 180° 的劣弧；如果输入的弦长为负值，系统将绘制大于 180° 的优弧。

图 3-34　绘制结果

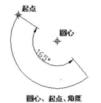

图 3-35　"圆心、起点"另两种画弧方式

● 连续方式圆弧

图 3-36　连续画弧

选择菜单栏中的"绘图"→"圆弧"→"继续"命令，进入连续画弧状态，绘制的圆弧与上一个弧自动相切。另外在结束画弧命令后，连续两次按 Enter 键也可进入"相切圆弧"绘制模式，所绘制的圆弧与前一个圆弧的终点连接并与之相切，如图 3-36 所示。

3.3.3　椭圆

椭圆也是一种基本图形元素。它是由两条长度不等的椭圆轴所控制的闭合曲线，包含中心点、长轴和短轴等几何特征，如图 3-37 所示。

执行"椭圆"命令主要有以下几种方式。

◇　单击"默认"选项卡→"绘图"面板→"椭圆"按钮 ◎ 。
◇　选择菜单栏中的"绘图"→"椭圆"子菜单中的命令，如图 3-38 所示。
◇　在命令行输入 ellipse 后按 Enter 键。
◇　使用快捷键 EL。

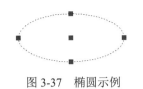

图 3-37　椭圆示例

图 3-38　"椭圆"子菜单

● "轴、端点"方式画椭圆

所谓"轴、端点"方式,是指定一条轴的两个端点和另一条轴的半轴长,即可精确画椭圆。此种方式是系统默认的绘制方式,其命令行操作如下。

```
命令: ellipse
指定椭圆轴的端点或 [圆弧(A)/中心点(C)]:      //拾取一点,定位椭圆轴的一个端点
指定轴的另一个端点:                          //@200,0 Enter
指定另一条半轴的轴长度或 [旋转(R)]:          //40 Enter
```

绘制结果如图 3-39 所示。

> **小技巧**
>
> 如果在轴测图模式下执行了"椭圆"命令,那么在此操作步骤中将增加"等轴测圆"选项,用于绘制等轴测圆。等轴测圆示例如图 3-40 所示。

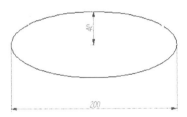

图 3-39　绘制结果

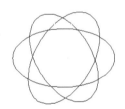

图 3-40　等轴测圆示例

● "中心点"方式画椭圆

用"中心点"方式画椭圆,首先需要确定椭圆的中心点,然后确定椭圆轴的一个端点和椭圆另一轴的半轴长度。下面以绘制同心椭圆为例,学习"中心点"方式画椭圆。其命令行操作如下。

```
命令: ellipse
指定椭圆的轴端点或 [圆弧(A)/中心点(C)]: _c
指定椭圆的中心点:                            //捕捉刚绘制的椭圆的中心点
指定轴的端点:                                //@0,60 Enter
指定另一条轴的半轴长度或 [旋转(R)]:          //35 Enter
```

绘制结果如图 3-41 所示。

> **小技巧**
>
> "旋转"选项是以椭圆的短轴和长轴的比值,把一个圆绕定义的第一轴旋转成椭圆的。

图 3-41 绘制结果

3.3.4 椭圆弧

椭圆弧也是一种基本的构图元素，它除了包含中心点、长轴和短轴等几何特征，还具有角度特征。执行"椭圆弧"命令主要有以下几种方式。

- ◆ 单击"默认"选项卡→"绘图"面板→"椭圆弧"按钮。
- ◆ 选择菜单栏中的"绘图"→"椭圆弧"命令。

下面以绘制长轴为 120、短轴为 60、角度为 90°的椭圆弧为例，学习椭圆弧的绘制方法，其命令行操作如下。

```
命令：ellipse
指定椭圆的轴端点或 [圆弧(A)/中心点(C)]：     //A Enter，激活"圆弧"选项
指定椭圆弧的轴端点或 [中心点(C)]：           //拾取一点，定位弧端点
指定轴的另一个端点：                        //@120,0 Enter，定位长轴
指定另一条轴的半轴长度或 [旋转(R)]：         //30 Enter，定位短轴
指定起始角度或 [参数(P)]：                  //90 Enter，定位起始角度
指定终止角度或 [参数(P)/包含角度(I)]：       //180 Enter，定位终止角度
```

椭圆弧示例如图 3-42 所示。

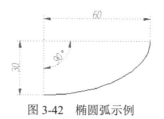

图 3-42 椭圆弧示例

> **小技巧**
>
> 椭圆弧的角度就是终止角度和起始角度的差值。另外，用户也可以使用"包含角度"选项，直接输入椭圆弧的角度。

3.3.5 修订云线

"修订云线"命令用于绘制由连续圆弧构成的图线，所绘制的图线被看作一条多段线。此种图线可以是闭合的，也可以是断开的，如图 3-43 所示。

图 3-43 修订的云线

执行"修订云线"命令主要有以下几种方式。

- ◇ 单击"默认"选项卡→"绘图"面板→"修订云线"按钮。
- ◇ 选择菜单栏中的"绘图"→"修订云线"命令。
- ◇ 在命令行输入 revcloud 后按 Enter 键。

下面以绘制如图 3-44 所示的修订云线为例,学习"修订云线"命令的使用方法,其命令行操作如下。

```
命令: revcloud
最小弧长: 15  最大弧长: 15  样式: 普通
指定起点或 [弧长(A)/对象(O)/样式(S)] <对象>:   //A Enter,激活"弧长"选项
指定最小弧长 <15>:                              //30 Enter,设置最小弧长
指定最大弧长 <30>:                              //60 Enter,设置最大弧长
```

小技巧

在设置弧长时需要注意,最大弧长不能超过最小弧长的 3 倍。

```
指定起点或 [弧长(A)/对象(O)/样式(S)] <对象>:   //在绘图区拾取点
沿云线路径引导十字光标...                        //按住鼠标左键不放,沿着所需闭合路径引导光标
```

绘制的修订云线如图 3-44 所示。

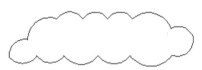

图 3-44 绘制的修订云线

小技巧

在绘制闭合云线时,需要移动光标,将端点放在起点处,系统会自动闭合云线。

● 选项解析

◇ "对象"选项用于将非云线图形,如直线、圆弧、矩形及圆等,按照当前的样式和尺寸转化为云线图形,如图 3-45 所示。

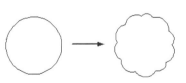

图 3-45 "对象"选项示例

◇ "样式"选项用于设置修订云线的样式。AutoCAD 为用户提供了"普通"和"手绘"两种样式,默认情况下为"普通"样式。如图 3-46 所示的云线就是在"手绘"样式下绘制的。

另外，在编辑过程中还可以修改弧线的方向，如图 3-47 所示。

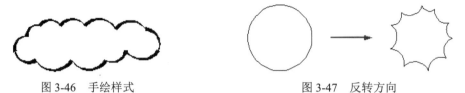

图 3-46　手绘样式　　　　　　　　　图 3-47　反转方向

3.3.6　样条曲线

所谓样条曲线，指的是由某些数据点（控制点）拟合生成的光滑曲线，如图 3-48 所示。

图 3-48　样条曲线

执行"样条曲线"命令主要有以下几种方式。

- ◆ 单击"默认"选项卡→"绘图"面板→"样条曲线"按钮 。
- ◆ 选择菜单栏中的"绘图"→"样条曲线"命令。
- ◆ 在命令行输入 spline 后按 Enter 键。
- ◆ 使用快捷键 SPL。

执行"样条曲线"命令后，其命令行操作如下。

```
命令：spline
当前设置：方式=拟合　　节点=弦
指定第一个点或 [方式(M)/节点(K)/对象(O)]：            //定位第一点
输入下一个点或 [起点切向(T)/公差(L)]：                //定位第二点
输入下一个点或 [端点相切(T)/公差(L)/放弃(U)]：        //定位第三点
输入下一个点或 [端点相切(T)/公差(L)/放弃(U)/闭合(C)]： //定位第四点
…
输入下一个点或 [端点相切(T)/公差(L)/放弃(U)/闭合(C)]： //Enter，结束命令
```

- 选项解析

  - ◆ "对象"选项用于把样条曲线拟合的多段线转变为样条曲线。激活此选项后，如果用户选择的是没有经过"编辑多段线"拟合的多段线，那么系统将无法转换选定的对象。
  - ◆ "公差"选项主要用来控制样条曲线对数据点的接近程度。拟合公差的大小直接影响当前图形的形状，公差越小，样条曲线越接近数据点，如果公差为 0，则样条曲线通过数据点；如果公差大于 0，那么样条曲线将在指定的公差范围内通过数据点，如图 3-49 所示。

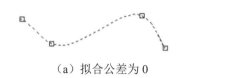

（a）拟合公差为 0　　　　　　　　　（b）拟合公差为 15

图 3-49　拟合公差

- "闭合"选项用于绘制闭合的样条曲线。激活此选项后，AutoCAD 将使样条曲线的起点和终点重合，并且共享相同的顶点和切向，此时系统只提示一次让用户给定切向点。

3.4　绘制多边形、面域与边界

本节将学习多边形、面域及边界等图元的绘制技能，具体有"矩形""面域""边界""正多边形"四个命令。

3.4.1　矩形

矩形是由四条直线元素组合而成的闭合对象，AutoCAD 将其看作一条闭合的多段线。执行"矩形"命令主要有以下几种方式。

- 单击"默认"选项卡→"绘图"面板→"矩形"按钮。
- 选择菜单栏中的"绘图"→"矩形"命令。
- 在命令行输入 rectang 后按 Enter 键。
- 使用快捷键 REC。

在默认设置下，绘制矩形的方式为"对角点"方式。下面通过绘制长度为 200、宽度为 100 的矩形，学习用此种方式绘制矩形，具体操作步骤如下。

Step 01 单击"默认"选项卡→"绘图"面板→"矩形"按钮，执行"矩形"命令。

Step 02 根据命令行的提示，使用默认"对角点"方式绘制矩形，命令行操作如下。

```
命令: rectang
指定第一个角点或 [倒角(C)/标高(E)/圆角(F)/厚度(T)/宽度(W)]:
                              //在适当位置拾取一点作为矩形角点
指定另一个角点或 [面积(A)/尺寸(D)/旋转(R)]:  //@200,100 Enter，指定对角点
```

Step 03 绘制结果如图 3-50 所示。

图 3-50　绘制结果

小技巧

由于矩形被看作一条多段线,当用户编辑某一条边时,需要事先使用"分解"命令将其分解。

- **绘制倒角矩形**

使用"矩形"命令中的"倒角"选项,可以绘制具有一定倒角的特征矩形,其命令行操作如下。

```
命令: rectang
指定第一个角点或 [倒角(C)/标高(E)/圆角(F)/厚度(T)/宽度(W)]:
                                                //C Enter,激活"倒角"选项
指定矩形的第一个倒角距离 <0.0000>:               //25 Enter,设置第一倒角距离
指定矩形的第二个倒角距离 <25.0000>:              //10 Enter,设置第二倒角距离
指定第一个角点或 [倒角(C)/标高(E)/圆角(F)/厚度(T)/宽度(W)]: //在适当位置拾取点
指定另一个角点或 [面积(A)/尺寸(D)/旋转(R)]:      //D Enter,激活"尺寸"选项
指定矩形的长度 <10.0000>:                       //200 Enter
指定矩形的宽度 <10.0000>:                       //100 Enter
指定另一个角点或 [面积(A)/尺寸(D)/旋转(R)]:      //在绘图区拾取点
```

倒角矩形绘制结果如图 3-51 所示。

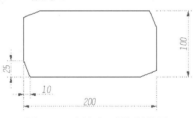

图 3-51　倒角矩形绘制结果

小技巧

"指定另一个角点"操作仅仅用来确定矩形的位置,具体就是确定另一个顶点相对于第一个顶点的位置。如果在第一个顶点的左侧拾取点,结果另一个顶点位于第一个顶点的左侧,反之位于右侧。

- **绘制圆角矩形**

使用"矩形"命令中的"圆角"选项,可以绘制具有一定圆角的特征矩形,其命令行操作如下。

```
命令: rectang
指定第一个角点或 [倒角(C)/标高(E)/圆角(F)/厚度(T)/宽度(W)]:
                                                //F Enter,激活"圆角"选项
指定矩形的圆角半径 <0.0000>:                    //20 Enter,设置圆角半径
```

```
指定第一个角点或 [倒角(C)/标高(E)/圆角(F)/厚度(T)/宽度(W)]:    //拾取一点作为起点
指定另一个角点或 [面积(A)/尺寸(D)/旋转(R)]:                    //A Enter,激活"面积"选项
输入以当前单位计算的矩形面积 <100.0000>:                      //20000 Enter,指定矩形面积
计算矩形标注时依据 [长度(L)/宽度(W)] <长度>:                   //L Enter,激活"长度"选项
输入矩形长度 <200.0000>:                                     //Enter
```

圆角矩形绘制结果如图 3-52 所示。

- **其他选项**

  ◇ "标高"选项用于设置矩形在三维空间内的基面高度,即距离当前坐标系的 XOY 坐标平面的高度。

  ◇ "厚度"和"宽度"选项用于设置矩形各边的厚度和宽度,以绘制具有一定厚度和宽度的矩形,如图 3-53 和图 3-54 所示。矩形的厚度指的是 Z 轴方向的高度。矩形的厚度和宽度也可以用"特性"命令来修改和设置。

图 3-52　圆角矩形绘制结果

图 3-53　厚度矩形

图 3-54　宽度矩形

> **小技巧**
>
> 用户在绘制一定厚度和标高的矩形时,要把当前视图转变为等轴测视图,才能显示出矩形的厚度和标高,否则在俯视图中看不出变化。

3.4.2　面域

面域其实就是实体的表面,是一个没有厚度的二维实心区域,具备实体模型的一切特性。它不但含有边的信息,还含有边界内的信息,可以利用这些信息计算工程属性,如面积、重心和惯性矩等。执行"面域"命令主要有以下几种方式。

  ◇ 单击"默认"选项卡→"绘图"面板→"面域"按钮。
  ◇ 选择菜单栏中的"绘图"→"面域"命令。
  ◇ 在命令行输入 region 后按 Enter 键。
  ◇ 使用快捷键 REG。

面域不能直接被创建,只能通过其他闭合图形转化而来。在执行"面域"命令后,只需选择封闭的图形对象,即可将其转化为面域,如圆、矩形、正多边形等。

封闭的图形对象在没有转化为面域之前,仅是一种线框模型,没有什么属性信息;而这些封闭图形一旦被创建为面域之后,它就转变为一种实体对象,它包含实体对象所

具有的一切属性。当闭合对象被转化为面域后，看上去并没有什么变化，只要对其进行着色就可以区分开，如图3-55所示。

图3-55 线框与面域

3.4.3 边界

所谓边界，指的是一条闭合的多段线。创建边界就是从多个相交对象中提取一条或多条闭合多段线，也可以提取一个或多个面域。执行"边界"命令主要有以下几种方式。

- ◆ 单击"默认"选项卡→"绘图"面板→"边界"按钮。
- ◆ 选择菜单栏中的"绘图"→"边界"命令。
- ◆ 在命令行输入 boundary 后按 Enter 键。
- ◆ 使用快捷键 BO。

下面通过具体实例，学习"边界"命令的使用方法和技巧，具体操作步骤如下。

Step 01 新建空白文件，并绘制如图 3-56 所示的矩形和对角线。

Step 02 选择菜单栏中的"绘图"→"边界"命令，打开如图 3-57 所示的"边界创建"对话框。

图3-56 绘制结果

图3-57 "边界创建"对话框

> **小技巧**
>
> "对象类型"下拉列表用于确定导出的是封闭边界还是面域，默认为多段线。如果需要导出面域，可选择"面域"选项。

Step 03 单击"拾取点"按钮，返回绘图区，在命令行"拾取内部点:"提示下，在矩形内部区域内单击拾取一点，系统自动分析出一个虚线边界，如图 3-58 所示。

Step 04 继续在命令行"拾取内部点:"提示下，在下侧区域内单击，创建另一个边界，如图 3-59 所示。

Step 05 继续在命令行"拾取内部点:"提示下按 Enter 键，完成两条闭合的多段线边界的创建。

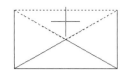
图 3-58 创建边界（1）

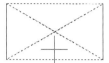
图 3-59 创建边界（2）

小技巧

使用"边界"命令创建的闭合边界或面域与原图形对象的轮廓边是重合的。

Step 06 使用快捷键 M 激活"移动"命令，将创建的两个闭合边界从原图形中移出，结果如图 3-60 所示。

图 3-60 移出边界

- 选项解析

"边界集"选项组用于定义从指定点定义边界时 AutoCAD 导出来的对象集合，共有"当前视口"和"现有集合"两种类型，其中前者用于从当前视口中可见的所有对象中定义边界集，后者用于从选择的所有对象中定义边界集。

单击"新建"按钮，在绘图区选择对象后，系统返回"边界创建"对话框，在"边界集"选项组中显示"现有集合"类型，用户可以从选择的现有对象中定义边界集。

3.4.4 正多边形

所谓正多边形，指的是由相等的边角组成的闭合图形，如图 3-61 所示。正多边形也是一个复合对象，不管其内部包含多少个直线元素，系统都将其看作单一的对象。

执行"正多边形"命令主要有以下几种方式。

图 3-61 正多边形

- ◇ 单击"默认"选项卡→"绘图"面板→"正多边形"按钮 。
- ◇ 选择菜单栏中的"绘图"→"正多边形"命令。
- ◇ 在命令行输入 polygon 后按 Enter 键。
- ◇ 使用快捷键 POL。

- "内接于圆"方式画正多边形

此种方式为系统默认方式，在指定了正多边形的边数和中心点后，直接输入正多边形外接圆的半径，即可精确绘制正多边形，其命令行操作如下。

```
命令: polygon
输入边的数目 <4>:              //5 Enter, 设置正多边形的边数
指定正多边形的中心点或 [边(E)]:  //在绘图区拾取一点作为中心点
输入选项 [内接于圆(I)/外切于圆(C)] <I>:  //I Enter, 激活"内接于圆"选项
指定圆的半径:                  //120 Enter, 输入外接圆半径
```

绘制结果如图 3-62 所示。

- **"外切于圆"方式画正多边形**

当确定了正多边形的边数和中心点之后，使用"外切圆"方式输入正多边形内切圆的半径，就可精确绘制正多边形，其命令行操作如下。

```
命令: polygon
输入边的数目 <4>:              //5 Enter, 设置正多边形的边数
指定正多边形的中心点或 [边(E)]:  //在绘图区拾取一点作为中心点
输入选项 [内接于圆(I)/外切于圆(C)] <C>:  //C Enter, 激活"外切于圆"选项
指定圆的半径:                  //120 Enter, 输入内切圆的半径
```

绘制结果如图 3-63 所示。

图 3-62　绘制结果（"内接于圆"方式）

图 3-63　绘制结果（"外切于圆"方式）

- **"边"方式画正多边形**

此种方式是在指定了正多边形的边数和中心点后，通过指定正多边形一条边的位置和边长，来精确绘制正多边形的。在具体确定边的位置和边长时，需要分别定位出边的两个端点，其命令行操作如下。

```
命令: polygon
输入边的数目 <4>:              //6 Enter, 设置正多边形的边数
指定正多边形的中心点或 [边(E)]:  //E Enter, 激活"边"选项
指定边的第一个端点:            //拾取一点作为边的一个端点
指定边的第二个端点:            //@100,0 Enter, 定位第二个端点
```

绘制结果如图 3-64 所示。

图 3-64　绘制结果
（"边"方式示例）

> **小技巧**
>
> 使用"边"方式绘制正多边形，在指定边的两个端点 A、B 时，系统按从 A 至 B 的顺序以逆时针方向绘制正多边形。

3.5 绘制点与等分点

本节将学习"单点""多点""定数等分""定距等分"四个命令,以绘制单个点、多个点及等分点。

3.5.1 单点

"单点"命令用于绘制一个点对象,如图 3-65 所示。

执行"单点"命令主要有以下几种方式。

- ◆ 选择菜单栏中的"绘图"→"点"→"单点"命令。
- ◆ 在命令行输入 point 后按 Enter 键。
- ◆ 使用快捷键 PO。

图 3-65 单点示例

当执行该命令绘制完单个点后,系统自动结束此命令。

默认设置下,绘制的点以一个小点显示,如果在某图形轮廓线上绘制了点,那么就会看不到所绘制的点。为此,AutoCAD 提供了多种点的样式,可以根据需要设置当前点的显示样式。

点样式及点尺寸的设置步骤如下。

Step 01 单击"默认"选项卡→"实用工具"面板→"点样式"按钮 ,或在命令行输入 ddptype 后按 Enter 键,打开如图 3-66 所示的"点样式"对话框。

Step 02 从"点样式"对话框中可以看出,AutoCAD 为用户提供了 20 种点样式,在所需样式上单击,即可将此样式设置为当前样式。在此设置"⊠"为当前点样式。

Step 03 在"点大小"文本框内输入点的尺寸。其中,"相对于屏幕设置大小"选项表示按照屏幕尺寸的百分比来显示点;"按绝对单位设置大小"选项表示按照点的实际尺寸来显示点。

Step 04 单击 确定 按钮,结果绘图区的点被更新,如图 3-67 所示。

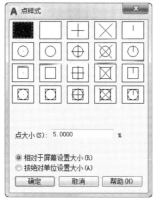

图 3-66 "点样式"对话框

图 3-67 更新点样式

3.5.2 多点

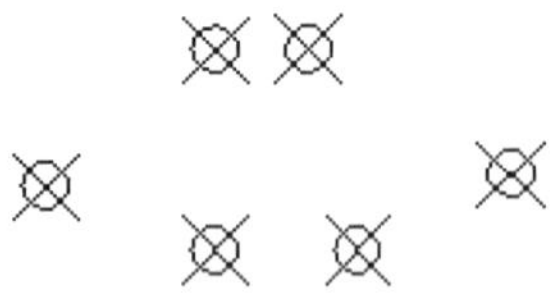

图 3-68 绘制多点

使用"多点"命令可以连续地绘制多个点对象,直到按 Esc 键结束命令为止。绘制的多点如图 3-68 所示。执行"多点"命令主要有以下几种方式。

◆ 单击"默认"选项卡→"绘图"面板→"多点"按钮 。
◆ 选择菜单栏中的"绘图"→"点"→"多点"命令。

执行"多点"命令后,AutoCAD 命令行提示如下。

```
命令: point
当前点模式: PDMODE=0 PDSIZE=0.0000 (Current point modes: PDMODE=0 PDSIZE=0.0000)
指定点:        //在绘图区给定点的位置
指定点:        //在绘图区给定点的位置
指定点:        //在绘图区给定点的位置
...
指定点:        //继续绘制点或按 Esc 键结束命令
```

3.5.3 定数等分

"定数等分"命令用于按照指定的等分数目来等分对象,对象被等分的结果仅仅是在等分点处放置了点的标记符号(或者是内部图块),而源对象并没有被等分为多个对象。执行"定数等分"命令主要有以下几种方式。

◆ 单击"默认"选项卡→"绘图"面板→"定数等分"按钮 。
◆ 选择菜单栏中的"绘图"→"点"→"定数等分"命令。
◆ 在命令行输入 divide 后按 Enter 键。
◆ 使用快捷键 DVI。

下面通过具体实例,学习"定数等分"命令的使用方法和技巧,具体操作步骤如下。

Step 01 新建空白文件。

Step 02 绘制一条长度为 200 的水平线段。

Step 03 选择菜单栏中的"格式"→"点样式"命令,将当前点样式设置为" "。

Step 04 选择菜单栏中的"绘图"→"点"→"定数等分"命令,然后根据 AutoCAD 命令行提示来定数等分线段,命令行操作如下。

```
命令:divide
选择要定数等分的对象:        //选择刚绘制的水平线段
输入线段数目或 [块(B)]:       //5 Enter,设置等分数目,同时结束命令
```

Step 05 定数等分结果如图 3-69 所示。

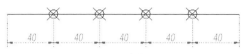

图 3-69　定数等分结果

> **小技巧**
>
> "块"选项用于在对象等分点处放置内部图块,以代替点标记。在激活此选项时,必须确保当前文件中存在所需使用的内部图块。

3.5.4　定距等分

"定距等分"命令用于按照指定的等分距离来等分对象。执行"定距等分"命令主要有以下几种方式。

- 单击"默认"选项卡→"绘图"面板→"定距等分"按钮。
- 选择菜单栏中的"绘图"→"点"→"定距等分"命令。
- 在命令行输入 measure 后按 Enter 键。
- 使用快捷键 ME。

下面通过典型实例,学习"定距等分"命令的使用方法和相关技巧,具体操作步骤如下。

Step 01 绘制长度为 200 的水平线段。

Step 02 选择菜单栏中的"格式"→"点样式"命令,设置点的显示样式为"⊗"。

Step 03 选择菜单栏中的"绘图"→"点"→"定距等分"命令,对线段进行定距等分,命令行操作如下。

```
命令: measure
选择要定距等分的对象:       //选择刚绘制的线段
指定线段长度或 [块(B)]:      //45 Enter,设置等分距离
```

Step 04 定距等分结果如图 3-70 所示。

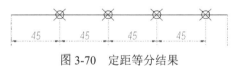

图 3-70　定距等分结果

3.6　图案填充

所谓图案,指的就是使用各种图线进行不同的排列组合而构成的图形元素。图案填充是指将此类图形元素作为一个独立的整体,填充到各种封闭的图形区域内,以表达各自的图形信息,如图 3-71 所示。

图 3-71 图案填充示例

执行"图案填充"命令主要有以下几种方式。

- ◆ 单击"默认"选项卡→"绘图"面板→"图案填充"按钮 。
- ◆ 选择菜单栏中的"绘图"→"图案填充"命令。
- ◆ 在命令行输入 bhatch 后按 Enter 键。
- ◆ 使用快捷键 H 或 BH。

3.6.1 绘制填充图案

Step 01 新建空白文件,并绘制如图 3-72 所示的矩形和圆,作为填充边界。

Step 02 选择菜单栏中的"绘图"→"图案填充"命令,并单击"图案填充创建"选项卡→"选项"面板→"图案填充设置"按钮 ,打开如图 3-73 所示的"图案填充和渐变色"对话框。

图 3-72 绘制结果   图 3-73 "图案填充和渐变色"对话框

Step 03 单击"样例"选项中的图案,或单击"图案"文本框右端的按钮 ,打开"填充图案选项板"对话框,选择需要填充的图案,如图 3-74 所示。

Step 04 返回"图案填充和渐变色"对话框,设置填充比例为 3,然后单击"添加:选择对象"按钮 ,选择矩形作为填充边界。填充结果如图 3-75 所示。

Step 05 重复执行"图案填充"命令,设置图案填充参数,如图 3-76 所示。然后单击"添加:拾取点"按钮 ,返回绘图区,在圆图形内单击,指定填充边界。

Step 06 按 Enter 键,返回"图案填充和渐变色"对话框,单击 按钮结束命令,填充结果如图 3-77 所示。

图 3-74 "填充图案选项板"对话框

图 3-75 填充结果

图 3-76 设置图案填充参数

图 3-77 填充结果

3.6.2 "图案填充"选项卡

在"图案填充和渐变色"对话框中，有"图案填充"和"渐变色"两个选项卡。"图案填充"选项卡用于设置填充图案的类型、样式、填充角度及填充比例等，各常用选项如下。

- ◆ "类型"下拉列表内包含"预定义""用户定义""自定义"三种图样类型，如图 3-78 所示。

图 3-78 "类型"下拉列表

> **小技巧**
>
> "预定义"图样只适用于封闭的填充边界；"用户定义"图样可以使用图形的当前线型创建填充图样；"自定义"图样就是使用自定义的 PAT 文件中的图样进行填充。

- ◆ "图案"文本框用于显示预定义类型的填充图案名称。用户可从下拉列表中选择所需的图案，也可单击 按钮，在打开的"填充图案选项板"对话框中选择所需的填充图案。
- ◆ "样例"文本框用于显示当前图案的预览图像。

- ◇ "角度"文本框用于设置图案的倾斜角度。
- ◇ "比例"文本框用于设置图案的填充比例。

> **小技巧**
>
> AutoCAD 提供的各图案都有默认的比例,如果此比例不合适(太稀或太密),可以通过输入数值设置新比例。

- ◇ "双向"复选框仅适用于用户定义的图案,勾选该复选框,将增加一组与原图线垂直的线。
- ◇ "相对图纸空间"复选框仅用于布局选项卡,用于相对图纸空间单位进行图案的填充。此选项用于根据适合于布局的比例显示填充图案。
- ◇ "间距"文本框用于设置用户定义的填充图案的直线间距。

> **小技巧**
>
> 只有选择"类型"下拉列表中的"用户自定义"选项,"间距"文本框才可用。

- ◇ "ISO 笔宽"文本框主要用于设置 ISO 剖面线图案的线与线之间的间隔,它只在选择 ISO 线型图案时才可用。

● **填充边界的拾取**

- ◇ "添加:拾取点"按钮用于在填充区域内部拾取任意一点,AutoCAD 将自动搜索包含该点的区域边界,并以虚线显示边界。

> **小技巧**
>
> 用户可以连续地拾取多个要填充的目标区域,如果选择了不需要的区域,可单击右键,从弹出的快捷菜单中选择"放弃上次选择/拾取"或"全部清除"选项。

- ◇ "添加:选择对象"按钮用于选择需要填充图案的闭合图形,作为填充边界。
- ◇ "删除边界"按钮用于删除位于选定填充区内但不填充的区域。
- ◇ "查看选择集"按钮用于查看所确定的边界。
- ◇ "关联"复选框与"创建独立的图案填充"复选框用于确定填充图形与边界的关系,分别用于创建关联和不关联的填充图案。
- ◇ "继承特性"按钮用于在当前图形中选择一个已填充的图案,系统将继承该图案类型的一切属性并将其设置为当前图案。

● **"渐变色"选项卡**

"渐变色"选项卡用于为指定的边界填充渐变色,如图 3-79 所示。

> **小技巧**
>
> 单击右下角的"更多选项"扩展按钮,即可展开右侧的"孤岛"选项。

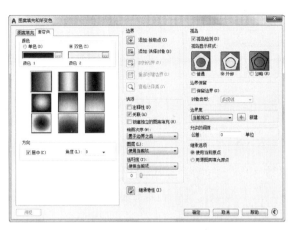

图 3-79　"渐变色"选项卡

◇ "单色"单选按钮用于以一种渐变色进行填充；■■■■■■显示框用于显示当前的填充颜色，双击该颜色显示框或单击其右侧的 […] 按钮，弹出如图 3-80 所示的"选择颜色"对话框，用户可根据需要选择所需颜色。

◇ "双色"单选按钮用于设置以两种颜色的渐变色作为填充色。

◇ ◀■■■▶ "暗—明"滑动条：拖动滑动块可以调整填充颜色的明暗度，如果选择"双色"单选按钮，此滑动条自动转换为颜色显示框。

◇ "角度"文本框用于设置渐变填充的倾斜角度。

◇ "孤岛显示样式"选项组提供了"普通""外部""忽略"三种方式，如图 3-81 所示。其中"普通"方式是从最外层的外边界向内边界填充，第一层填充，第二层不填充，如此交替进行；"外部"方式只填充从最外层边界向内第一边界之间的区域；"忽略"方式忽略最外层边界以内的其他任何边界，以最外层边界向内填充全部图形。

◇ "边界保留"选项组用于设置是否保留填充边界。系统默认不保留填充边界。

小技巧

孤岛是指在一个边界包围的区域内又定义了另一个边界，它可以实现对两个边界之间的区域进行填充，而内边界包围的内区域则不填充。

图 3-80　"选择颜色"对话框

图 3-81　孤岛填充样式

3.7 上机实训一——绘制扳手零件图

本例通过绘制扳手零件的轮廓图,对本章重点知识进行综合练习和巩固应用。扳手零件的最终绘制效果如图 3-82 所示。操作步骤如下。

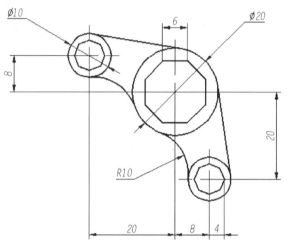

图 3-82 最终绘制效果

Step 01 单击"快速访问"工具栏→"新建"按钮,快速创建公制单位的空白文件。

Step 02 启用对象捕捉和对象捕捉追踪功能,并设置捕捉模式,如图 3-83 所示。

Step 03 执行"中心缩放"命令,将当前的视窗高度调整为 70,命令行操作如下。

```
命令:zoom
指定窗口的角点,输入比例因子 (nX 或 nXP),或者[全部(A)/中心(C)/动态(D)/范围(E)/
上一个(P)/比例(S)/窗口(W)/对象(O)] <实时>: _c
指定中心点:              //在绘图区拾取一点作为新视窗的中心点
输入比例或高度 <86.6904>:   //70 Enter,指定新视窗的高度
```

Step 04 单击"默认"选项卡→"绘图"面板→"正多边形"按钮,执行"正多边形"命令,绘制边长为 6 的正八边形,命令行操作如下。

```
命令: polygon
输入边的数目 <4>:              //8 Enter,设置边数
指定正多边形的中心点或 [边(E)]:   //E Enter
指定边的第一个端点:            //在绘图区拾取点
指定边的第二个端点:            //@6,0 Enter
```

正八边形绘制结果如图 3-84 所示。

Step 05 使用快捷键 C 激活"圆"命令,以正八边形的中心点作为圆心,绘制直径为 20 的圆,命令行操作如下。

第 3 章 机械平面元素的绘制功能

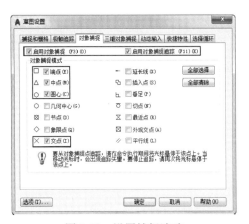

图 3-83 设置捕捉追踪

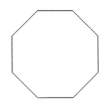

图 3-84 正八边形绘制结果

```
命令:circle                              //Enter，执行"圆"命令
指定圆的圆心或 [三点(3P)/两点(2P)/切点、切点、半径(T)]:
                                         //引出如图 3-85 所示的两条对象追踪虚线，然后捕捉追踪虚线的交点
指定圆的半径或 [直径(D)]:                  //D Enter
指定圆的直径:                              //20 Enter
```

绘制结果如图 3-86 所示。

图 3-85 引出追踪虚线 　　　　　　　　图 3-86 绘制结果

Step 06 按 Enter 键，重复执行"圆"命令，配合"捕捉自"功能绘制两个直径为 10 的圆，命令行操作如下。

```
命令:circle                              //Enter，重复执行"圆"命令
指定圆的圆心或 [三点(3P)/两点(2P)/切点、切点、半径(T)]:   //启用"捕捉自"功能
_from 基点:                              //捕捉圆的圆心
<偏移>:                                  //@8,-20 Enter
指定圆的半径或 [直径(D)] <10.0000>:        //D Enter
指定圆的直径 <20.0000>:                   //10 Enter，绘制结果如图 3-87 所示
命令:circle                              //Enter，重复执行"圆"命令
指定圆的圆心或 [三点(3P)/两点(2P)/切点、切点、半径(T)]:
_from 基点:                              //启用"捕捉自"功能，并捕捉大圆的圆心
<偏移>:                                  //@-20,8 Enter
指定圆的半径或 [直径(D)] <5.0000>:         //D Enter，激活"直径"选项
指定圆的直径 <10.0000>:                   //10 Enter，绘制结果如图 3-88 所示
```

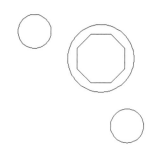

图 3-87 "圆心、直径"画圆　　　　　图 3-88 绘制结果（1）

Step 07 选择菜单栏中的"绘图"→"圆"→"相切、相切、半径"命令，绘制与大圆和小圆都相切的圆，命令行操作如下。

```
命令：circle
指定圆的圆心或[三点(3P)/两点(2P)/切点、切点、半径(T)]：_ttr
指定对象与圆的第一个切点：          //在如图 3-89 所示的圆位置上拾取相切点
指定对象与圆的第二个切点：          //在如图 3-90 所示的圆位置上拾取相切点
指定圆的半径 <5.0000>：             //10 Enter，绘制如图 3-91 所示相切圆
```

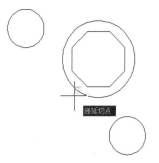 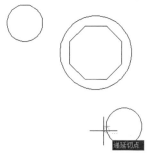 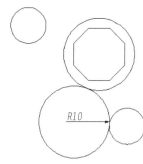

图 3-89 拾取大圆　　　　　图 3-90 拾取小圆　　　　　图 3-91 绘制结果（2）

Step 08 重复执行"相切、相切、半径"命令，绘制上端的相切圆，相切圆半径为 10，绘制结果如图 3-92 所示。

Step 09 选择菜单栏中的"修改"→"修剪"命令，以直径为 20 和直径为 10 的三个圆作为修剪边界，对两个相切圆进行修剪，命令行操作如下。

```
命令：trim
当前设置：投影=UCS，边=无
选择剪切边...
选择对象或 <全部选择>：              //选择直径为 20 的大圆
选择对象：                          //选择上端的直径为 10 的小圆
选择对象：          //选择下端的直径为 10 的小圆，边界的选择结果如图 3-93 所示
选择对象：                          //Enter，结束对象的选择
选择要修剪的对象，或按住 Shift 键选择要延伸的对象，或[栏选(F)/窗交(C)/投影(P)/边
(E)/删除(R)/放弃(U)]：               //在上侧相切圆的右下侧单击
```

选择要修剪的对象，或按住 Shift 键选择要延伸的对象，或[栏选(F)/窗交(C)/投影(P)/边(E)/删除(R)/放弃(U)]: //在下侧相切圆的右下侧单击
选择要修剪的对象，或按住 Shift 键选择要延伸的对象，或[栏选(F)/窗交(C)/投影(P)/边(E)/删除(R)/放弃(U)]: //Enter，修剪结果如图 3-94 所示

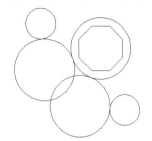
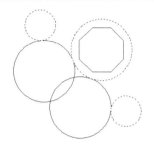
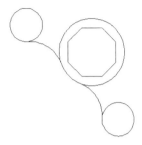

图 3-92　绘制相切圆　　　　图 3-93　选择修剪边界　　　　图 3-94　修剪结果

Step 10 在命令行输入 Line 并按 Enter 键，执行"直线"命令，配合切点捕捉功能绘制圆的公切线，命令行操作如下。

```
命令: line                        //Enter，执行"直线"命令
指定第一点:                        //单击"对象捕捉"按钮
_tan 到                           //在如图 3-95 所示的位置上单击
指定下一点或 [放弃(U)]:             //单击"对象捕捉"按钮
_tan 到                           //在如图 3-96 所示的位置上单击
指定下一点或 [放弃(U)]:             //Enter，结束命令，绘制结果如图 3-97 所示
```

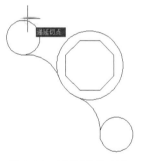
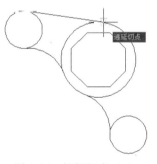
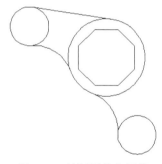

图 3-95　捕捉切点（1）　　　图 3-96　捕捉切点（2）　　　图 3-97　绘制圆的公切线

Step 11 重复执行第 10 步，绘制另外两圆的外公切线，结果如图 3-98 所示。

Step 12 单击"默认"选项卡→"绘图"面板，"正多边形"按钮，执行"正多边形"命令，绘制外接圆半径为 4 的正八边形，命令行操作如下。

```
命令: polygon
输入边的数目 <8>:                          //Enter，采用当前参数设置
指定正多边形的中心点或 [边(E)]:            //捕捉直径为 10 的圆的圆心
输入选项 [内接于圆(I)/外切于圆(C)] <I>:    //Enter，采用默认参数设置
指定圆的半径:                              //@4,0 Enter，绘制结果如图 3-99 所示
```

Step 13 重复执行第 12 步，以下侧小圆的圆心作为中心点，绘制外接圆半径为 4 的正八边形，绘制结果如图 3-100 所示。

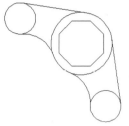

图 3-98　绘制另外两圆的外公切线　　图 3-99　绘制正八边形　　图 3-100　绘制结果

Step 14 选择菜单栏中的"标注"→"标注样式"命令，修改当前标注样式的圆心标记参数，如图 3-101 所示。

Step 15 选择菜单栏中的"标注"→"圆心标记"命令，分别标注直径为 20、10、10 的三个圆的圆心标记，结果如图 3-102 所示。

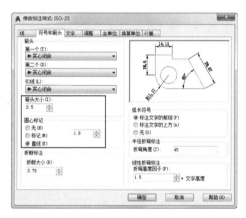
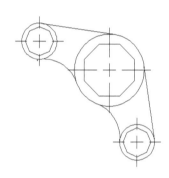

图 3-101　设置圆心标记参数　　　　图 3-102　标注结果

Step 16 单击"快速访问"工具栏→"保存"按钮，将图形另存为"上机实训一.dwg"。

3.8 上机实训二——绘制零件剖面线

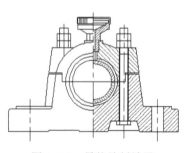

本例通过为组装零件图绘制剖面线，继续对本章重点知识进行综合练习和巩固应用。本例最终绘制效果如图 3-103 所示。操作步骤如下。

Step 01 单击"快速访问"工具栏→"打开"按钮，打开配套资源中的"\素材文件\组装图.dwg"，如图 3-104 所示。

图 3-103　最终绘制效果

Step 02 选择菜单栏中的"格式"→"颜色"命令，设置当前颜色为 142 号色，如图 3-105 所示。

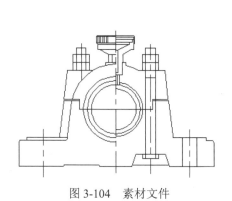

图 3-104 素材文件

图 3-105 设置当前颜色

Step 03 选择菜单栏中的"绘图"→"图案填充"命令，或单击"默认"选项卡→"绘图"面板→"图案填充"按钮，打开"图案填充和渐变色"对话框。

操作提示：如果在"草图与注释"工作空间内执行了"图案填充"命令，还需要激活命令中的"设置"选项，才可以打开"图案填充和渐变色"对话框。

Step 04 单击"图案"下拉列表右端的 按钮，打开"填充图案选项板"对话框，在 ANSI 选项卡中选择"ANSI31"图案。

Step 05 单击 确定 按钮，返回"图案填充和渐变色"对话框，该图案被设置为当前图案。同时设置填充角度、比例及其他参数，如图 3-106 所示。

Step 06 单击"添加：拾取点"按钮，返回绘图区，分别在如图 3-107 所示的 a、b、c 三个区域单击，拾取三个填充区域，同时被拾取的填充区域边界呈虚线显示。

图 3-106 设置填充参数

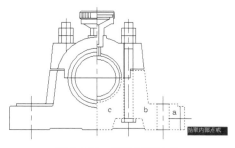

图 3-107 指定填充边界

Step 07 按 Enter 键，返回"图案填充和渐变色"对话框，单击 确定 按钮，填充结果如图 3-108 所示。

Step 08 重复执行"图案填充"命令，在打开的"图案填充和渐变色"对话框中设置填充图案和填充参数，如图 3-109 所示。

Step 09 单击"添加：拾取点"按钮，返回绘图区，将如图 3-110 所示的两个区域作为填充区域，为其填充图案，填充结果如图 3-111 所示。

Step 10 重复执行"图案填充"命令，在打开的"图案填充和渐变色"对话框中设置填充图案为 LINE，设置填充角度、比例及其他参数，如图 3-112 所示。

图 3-108　填充结果（1）　　　　　图 3-109　设置图案填充参数（1）

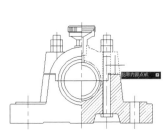

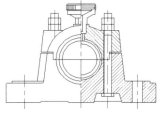

图 3-110　拾取填充区域（1）　　图 3-111　填充结果（2）　　图 3-112　设置图案填充参数（2）

Step 11 单击"添加：拾取点"按钮，返回绘图区，在图 3-113 所示的虚线区域内拾取一点，指定填充区域，为其填充图案，填充结果如图 3-114 所示。

Step 12 重复执行"图案填充"命令，设置图案填充参数如图 3-115 所示，为如图 3-116 所示的虚线区域填充图案，填充结果如图 3-117 所示。

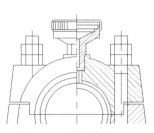

图 3-113　拾取填充区域（2）　　图 3-114　填充结果（3）　　图 3-115　设置图案填充参数（3）

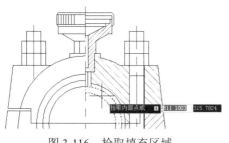
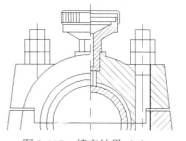

图 3-116　拾取填充区域　　　　　图 3-117　填充结果（1）

Step 13 重复执行"图案填充"命令，在打开的"图案填充和渐变色"对话框中设置图案填充参数，如图 3-118 所示，填充结果如图 3-119 所示。

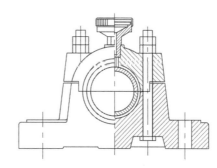

图 3-118　设置图案填充参数　　　　图 3-119　填充结果（2）

Step 14 单击"快速访问"工具栏→"另存为"按钮，将图形另存为"上机实训二.dwg"。

3.9　小结与练习

3.9.1　小结

本章主要学习了 AutoCAD 常用绘图工具的使用方法和操作技巧，具体有点、线、圆、弧、闭合边界及图案填充等。对于线命令，需要掌握直线、多段线、平行线、作图辅助线及样条曲线等图元的绘制方法和技巧。对于点命令，需要掌握点样式、点尺寸的设置方法；掌握单点与多点的绘制，以及定数等分和定距等分工具的操作方法和操作技巧。

除了各种线元素，还需要掌握闭合图元的绘制方法和技巧，如矩形、边界、圆、弧及多边形等；掌握图案的选择、参数的设置、填充区域的拾取等图案填充技能。

3.9.2　练习

1. 综合运用相关知识，绘制如图 3-120 所示的零件图。

2. 综合运用相关知识，绘制如图 3-121 所示的零件图。

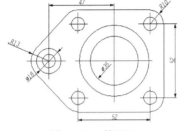

图 3-120　练习 1

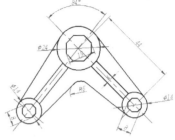

图 3-121　练习 2

机械平面元素的编辑功能

本章将学习 AutoCAD 机械平面元素的修改和编辑功能,以方便用户对其进行编辑和修饰完善,将有限的基本几何元素编辑组合为千变万化的复杂图形,从而满足设计需要。通过本章的学习,应了解和掌握图形的编辑细化工具,掌握图形位置、形状的变换工具及图形的夹点编辑功能。

内容要点

- ◆ 调整机械元素的位置
- ◆ 机械元素的细化编辑命令
- ◆ 上机实训一——绘制箱体底垫零件图
- ◆ 调整机械元素的形状
- ◆ 机械元素的其他编辑命令
- ◆ 上机实训二——绘制基板零件二视图

4.1 调整机械元素的位置

本节主要学习"移动""旋转""缩放""对齐"四个命令,以方便调整图形的位置及大小。

4.1.1 移动

"移动"命令用于将选择的图形对象从一个位置移动到另一个位置,移动的结果仅是图形位置上的改变,图形的形状及大小不会发生改变。

执行"移动"命令主要有以下几种方式。

- ◇ 单击"默认"选项卡→"修改"面板→"移动"按钮。
- ◇ 选择菜单栏中的"绘图"→"移动"命令。
- ◇ 在命令行输入 move 后按 Enter 键。
- ◇ 使用快捷键 M。

下面通过具体实例,学习"移动"命令的使用方法和相关技巧。具体操作步骤如下。

Step 01 新建空白文件。

Step 02 按 F3 功能键,启用对象捕捉功能,并将捕捉模式设置为端点捕捉。

Step 03 按 F10 功能键,启用极轴追踪功能,然后设置极轴角,如图 4-1 所示。

Step 04 分别执行"直线"和"矩形"命令,绘制如图 4-2 所示的矩形和直线。

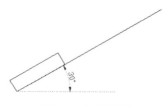

图 4-1 设置极轴角   图 4-2 绘制结果

Step 05 单击"默认"选项卡→"修改"面板→"移动"按钮,执行"移动"命令,移动矩形的位置,命令行操作如下。

```
命令:move
选择对象:                                      //选择矩形
选择对象:                                      //Enter,结束对象的选择
指定基点或 [位移(D)] <位移>:                    //捕捉如图 4-3 所示的端点
指定第二个点或 <使用第一个点作为位移>:
```

//捕捉倾斜直线的上端点作为目标点，同时结束命令

Step 06 移动结果如图 4-4 所示。

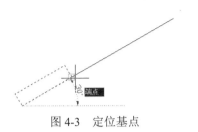

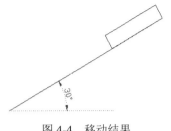

图 4-3　定位基点　　　　　　　　　　　图 4-4　移动结果

4.1.2　旋转

"旋转"命令用于将图形对象围绕指定的基点旋转一定的角度。执行"旋转"命令主要有以下几种方式。

- 单击"默认"选项卡→"修改"面板，"旋转"按钮 ○。
- 选择菜单栏中的"修改"→"旋转"命令。
- 在命令行输入 rotate 后按 Enter 键。
- 使用快捷键 RO。

下面通过具体实例，学习"旋转"命令的使用方法和技巧，具体操作步骤如下。

Step 01 打开配套资源中的"\素材文件\4-1.dwg"，如图 4-5 所示。

Step 02 单击"默认"选项卡→"修改"面板→"旋转"按钮 ○，执行"旋转"命令，对图形进行旋转，命令行操作如下。

```
命令: rotate
UCS 当前的正角方向: ANGDIR=逆时针  ANGBASE=0
选择对象：                              //选择如图 4-5 所示的零件图
选择对象：                              //Enter，结束选择
指定基点：                              //捕捉上侧中心线交点
指定旋转角度，或 [复制(C)/参照(R)] <0>:  //-90 Enter，输入倾斜角度
```

Step 03 旋转结果如图 4-6 所示。

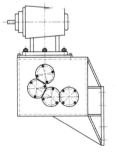

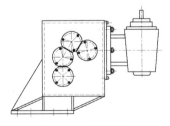

图 4-5　素材文件　　　　　　　　　　　图 4-6　旋转结果

> **小技巧**
>
> 在旋转对象时，若输入的角度为正值，系统将按逆时针方向旋转；若输入的角度为负值，系统将按顺时针方向旋转。另外，"参照"选项用于将对象进行参照旋转，即指定一个参照角度和新角度，两个角度的差值就是对象的实际旋转角度。

- **旋转复制对象**

所谓"旋转复制对象"，指的是在旋转图形对象的同时将其复制，而源对象保持不变，如图 4-7 所示。其命令行操作如下。

```
命令: rotate
UCS 当前的正角方向：ANGDIR=逆时针  ANGBASE=0
选择对象：                              //选择如图 4-5 所示的零件图
选择对象：                              //Enter，结束选择
指定基点：                              //捕捉上侧中心线交点
指定旋转角度，或 [复制(C)/参照(R)] <0>:  //C Enter
旋转一组选定对象
指定旋转角度，或 [复制(C)/参照(R)] <30>: //-90 Enter，输入角度
```

旋转复制结果如图 4-7 所示。

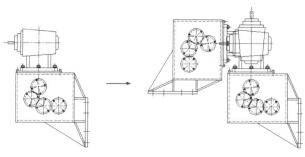

图 4-7 旋转复制示例

4.1.3 缩放

"缩放"命令用于将选定的图形对象进行等比例放大或缩小。使用此命令可以创建形状相同、大小不同的图形结构。执行"缩放"命令主要有以下几种方式。

- ◆ 单击"默认"选项卡→"修改"面板→"缩放"按钮 。
- ◆ 选择菜单栏中的"修改"→"缩放"命令。
- ◆ 在命令行输入 scale 后按 Enter 键。
- ◆ 使用快捷键 SC。

下面通过具体实例，学习"缩放"命令的使用方法和技巧，具体操作步骤如下。

Step 01 打开配套资源中的"\素材文件\4-2.dwg"，如图 4-8 所示。

Step 02 单击"默认"选项卡→"修改"面板→"缩放"按钮，执行"缩放"命令，将图形等比缩放 0.75 倍，命令行操作如下。

```
命令: scale
选择对象:                                    //拉出如图 4-9 所示的窗口选择框
选择对象:                                    //Enter，结束对象的选择
指定基点:                                    //捕捉同心圆的圆心
指定比例因子或 [复制(C)/参照(R)] <1.0000>:    //0.75 Enter，输入缩放比例
```

Step 03 缩放结果如图 4-10 所示。

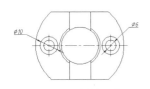 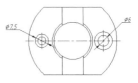

图 4-8　素材文件　　　　图 4-9　窗口选择（1）　　　　图 4-10　缩放结果（1）

Step 04 重复执行"缩放"命令，将另一侧的同心圆缩放 0.75 倍，命令行操作如下。

```
命令: scale
选择对象:                                    //拉出如图 4-11 所示的窗口选择框
选择对象:                                    //Enter，结束对象的选择
指定基点:                                    //捕捉同心圆的圆心
指定比例因子或 [复制(C)/参照(R)] <0.75>:      //0.75 Enter，输入缩放比例
```

Step 05 缩放结果如图 4-12 所示。

 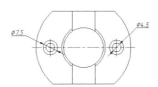

图 4-11　窗口选择（2）　　　　　　图 4-12　缩放结果（2）

小技巧

在等比例缩放对象时，如果输入的比例因子大于 1，对象将被放大；如果输入的比例因子小于 1，对象将被缩小。

● **缩放复制对象**

所谓"缩放复制对象"，指的就是在缩放对象的同时将其复制，如图 4-13 所示。其命令行操作如下。

```
命令: _scale
选择对象:                                    //选择如图 4-13 所示的圆
选择对象:                                    //Enter，结束对象的选择
指定基点:                                    //捕捉圆的圆心
```

```
指定比例因子或 [复制(C)/参照(R)] <0.75>:    //C Enter,缩放一组选定对象
指定比例因子或 [复制(C)/参照(R)] <0.75>:    //0.6 Enter
```

缩放复制结果如图 4-14 所示。

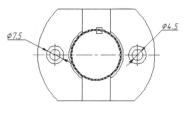
图 4-13　选择圆

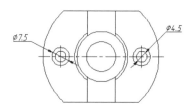
图 4-14　缩放复制结果

小技巧

"参照"选项用于对对象进行参照缩放,即指定一个参照长度和一个新长度,AutoCAD 将以参考长度和新长度的比值决定缩放的比例因子。

4.1.4　对齐

"对齐"命令用于将选定的图形对象与目标对象对齐。执行"对齐"命令主要有以下几种方式。

- ◇ 单击"默认"选项卡→"修改"面板→"对齐"按钮 。
- ◇ 选择菜单栏中的"修改"→"三维操作"→"对齐"命令。
- ◇ 在命令行输入 align 后按 Enter 键。
- ◇ 使用快捷键 AL。

下面通过具体实例,学习"对齐"命令的使用方法和技巧,具体操作步骤如下。

Step 01 打开配套资源中的"\素材文件\4-3.dwg 文件",如图 4-15 所示。

Step 02 启用对象捕捉功能,并将捕捉模式设置为圆心捕捉。

Step 03 使用快捷键 AL 激活"对齐"命令,对图形进行对齐操作,命令行操作如下。

```
命令:align                    //Enter,执行"对齐"命令
选择对象:
//使用框选方式从右向左拉出如图 4-16 所示的选择框,选择如图 4-17 所示的图形为对齐的源对象
选择对象:                     //Enter,结束选择
指定第一个源点:               //捕捉如图 4-18 所示的圆心作为对齐的第一个源点
```

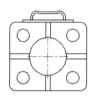
图 4-15　素材文件

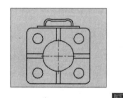
图 4-16　窗口选择框

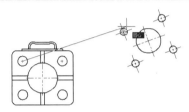

图 4-17 选择结果

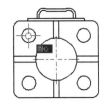

图 4-18 定位第一个源点

| 指定第一个目标点： | //捕捉如图 4-19 所示的圆心作为对齐的第一个目标点 |
| 指定第二个源点： | //捕捉如图 4-20 所示的圆心作为对齐的第二个源点 |

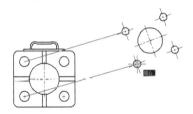

图 4-19 定位第一个目标点

图 4-20 定位第二个源点

| 指定第二个目标点： | //捕捉如图 4-21 所示的圆心作为对齐的第二个目标点 |
| 指定第三个源点或 <继续>： | //捕捉如图 4-22 所示的圆心作为对齐的第三个源点 |

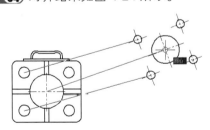

图 4-21 定位第二个目标点

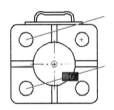

图 4-22 定位第三个源点

指定第三个目标点：
//捕捉如图 4-23 所示的圆心作为对齐的第三个目标点，将选择的源对象与目标对象对齐

Step 04 对齐结果如图 4-24 所示。

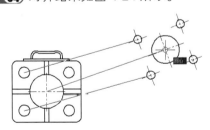

图 4-23 定位第三个目标点

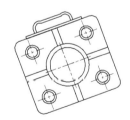

图 4-24 对齐结果

4.2 调整机械元素的形状

本节将学习"拉伸""拉长""打断""合并"四个命令，以方便对图形进行调整。

4.2.1 拉伸

"拉伸"命令主要用于将图形对象进行不等比缩放，进而改变对象的尺寸或形状，如图 4-25 所示。通常用于拉伸的对象有直线、圆弧、椭圆弧、多段线、样条曲线等。

执行"拉伸"命令主要有以下几种方式。

- 单击"默认"选项卡→"修改"面板→"拉伸"按钮 。
- 选择菜单栏中的"修改"→"拉伸"命令。
- 在命令行输入 stretch 后按 Enter 键。
- 使用快捷键 S。

下面通过具体实例，学习"拉伸"命令的使用方法和技巧。具体操作步骤如下。

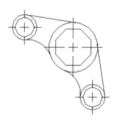

图 4-25 拉伸示例

Step 01 打开配套资源中的"\素材文件\4-4.dwg"文件，如图 4-26 所示。

Step 02 单击"默认"选项卡→"修改"面板→"拉伸"按钮 ，执行"拉伸"命令，对扳手上侧的结构进行水平拉伸，命令行操作如下。

```
命令: stretch
以交叉窗口或交叉多边形选择要拉伸的对象...
选择对象:                                //拉出如图 4-27 所示的窗交选择框
```

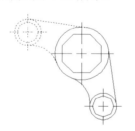

图 4-26 素材文件

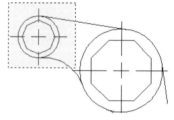

图 4-27 窗交选择框

```
选择对象:                                //Enter，选择结果如图 4-28 所示
指定基点或 [位移(D)] <位移>:              //捕捉同心圆的圆心
指定第二个点或 <使用第一个点作为位移>:    //@-5,0 Enter
```

拉伸结果如图 4-29 所示。

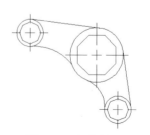

图 4-28 选择结果　　　　　　　　　　图 4-29 拉伸结果

> **小技巧**
> 如果图形对象完全处于选择框内，拉伸结果只能是图形对象相对于原位置上的平移。

Step 03 重复执行"拉伸"命令，将扳手下侧的结构进行垂直拉伸，命令行操作如下。

```
命令: stretch
以交叉窗口或交叉多边形选要拉伸的对象...
选择对象:                              //拉出如图 4-30 所示的窗交选择框
选择对象:                              //Enter，结束对象的选择
指定基点或 [位移(D)] <位移>:            //捕捉任一点
指定第二个点或 <使用第一个点作为位移>:   //@0,-5 Enter
```

拉伸结果如图 4-31 所示。

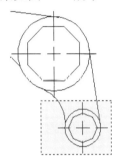

图 4-30　窗交选择框

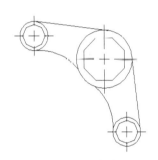

图 4-31　拉伸结果

4.2.2　拉长

"拉长"命令主要用于将图线拉长或缩短。在拉长的过程中，不仅可以改变线对象的长度，还可以更改弧对象的角度，如图 4-32 所示。但闭合的图形对象不能被拉长或缩短。

图 4-32　拉长示例

执行"拉长"命令主要有以下几种方式。

◇　单击"默认"选项卡→"修改"面板→"拉长"按钮 ／。
◇　选择菜单栏中的"修改"→"拉长"命令。
◇　在命令行输入 lengthen 后按 Enter 键。
◇　使用快捷键 LEN。

● "增量"拉长

所谓"增量"拉长,指的是按照事先指定的长度增量或角度增量来拉长或缩短对象。具体操作步骤如下。

Step 01 绘制长度为 200 的水平直线。

Step 02 单击"默认"选项卡→"修改"面板→"拉长"按钮,将水平直线水平向右拉长 50 个绘图单位,命令行操作如下。

```
命令: lengthen
选择对象或 [增量(DE)/百分数(P)/全部(T)/动态(DY)]: //DE Enter,激活"增量"选项
输入长度增量或 [角度(A)] <0.0000>:            //50 Enter,设置长度增量
选择要修改的对象或 [放弃(U)]:                  //在直线的右端单击
选择要修改的对象或 [放弃(U)]:                  //Enter,退出命令
```

Step 03 增量拉长结果如图 4-33 所示。

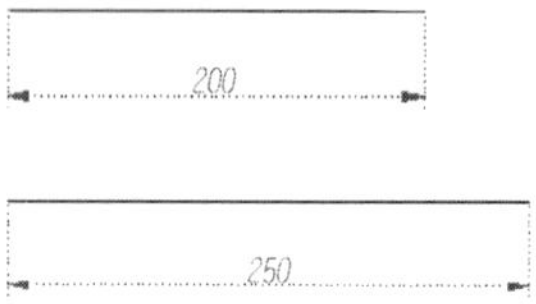

图 4-33 增量拉长结果

> **小技巧**
>
> 如果把增量值设置为正值,系统将拉长对象;反之则缩短对象。

● "百分数"拉长

所谓"百分数"拉长,指的是以总长的百分比进行拉长或缩短对象。"百分数"拉长中,长度的百分比值必须为正且非零,其命令行操作如下。

```
命令: lengthen
选择对象或 [增量(DE)/百分数(P)/全部(T)/动态(DY)]://P Enter,激活"百分比"选项
输入长度百分数 <100.0000>:     //200 Enter,设置拉长的百分比值
选择要修改的对象或 [放弃(U)]:   //在线段的一端单击
选择要修改的对象或 [放弃(U)]:   //Enter,结束命令
```

百分数拉长结果如图 4-34 所示。

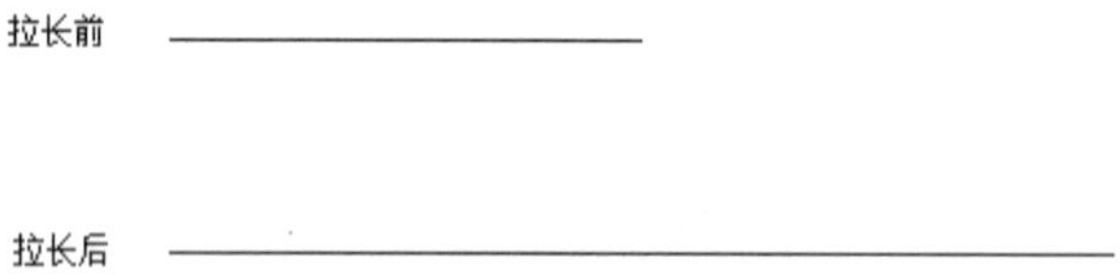

图 4-34 百分数拉长结果

> **小技巧**
>
> 当长度百分比值小于 100 时,将缩短对象;反之将拉长对象。

● "全部"拉长

所谓"全部"拉长，指的是根据指定的总长度或者总角度来拉长或缩短对象。其命令行操作如下。

```
命令: lengthen
选择对象或 [增量(DE)/百分数(P)/全部(T)/动态(DY)]://T Enter，激活"全部"选项
指定总长度或 [角度(A)] <1.0000>:            //500 Enter，设置总长度
选择要修改的对象或 [放弃(U)]:               //在线段的一端单击
选择要修改的对象或 [放弃(U)]:               //Enter
```

源对象被拉长为 500，如图 4-35 所示。

> **小技巧**
> 如果源对象的总长度或总角度大于所指定的总长度或总角度，则源对象将被缩短；反之，将被拉长。

图 4-35 全部拉长示例

● "动态"拉长

所谓"动态"拉长，指的是根据图形对象的端点位置动态改变对象的长度，如图 4-36 所示。

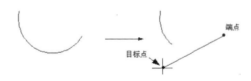

图 4-36 动态拉长

> **小技巧**
> "动态"选项不能应用于对样条曲线、多段线的拉长。

4.2.3 打断

"打断"命令用于将选定的图形对象打断为相连的两部分，或打断并删除图形对象上的一部分，如图 4-37 所示。打断对象与修剪对象都可以删除图形上的一部分，但是两者有着本质的区别，修剪对象必须有修剪边界的限制，而打断对象可以删除对象上任意两点之间的部分。

执行"打断"命令主要有以下几种方式。

图 4-37 打断示例

- 单击"默认"选项卡→"修改"面板→"打断"按钮。
- 选择菜单栏中的"修改"→"打断"命令。
- 在命令行输入 break 后按 Enter 键。
- 使用快捷键 BR。

下面通过具体实例,学习"打断"命令的使用方法和技巧。具体操作步骤如下。

Step 01 绘制长度为 500 的图线。

Step 02 单击"默认"选项卡→"修改"面板→"打断"按钮,在水平图线上删除 40 个绘图单位的图线,命令行操作如下。

```
命令: break
选择对象:                              //选择刚绘制的图线
指定第二个打断点 或 [第一点(F)]:       //F Enter,激活"第一点"选项
指定第一个打断点:                      //捕捉线段的中点作为第一断点
指定第二个打断点:                      //@40,0 Enter,定位第二断点
```

小技巧

"第一点"选项用于重新确定第一个断点。由于在选择对象时不可能拾取到准确的第一个点,所以需要执行该选项,以重新定位第一个断点。

Step 03 打断结果如图 4-38 所示。

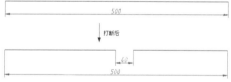

图 4-38 打断结果

小技巧

要将一个对象拆分为两个对象而不删除其中的任何部分,可以在指定第二个断点时输入相对坐标符号@,也可以直接单击"修改"工具栏上的 按钮。

4.2.4 合并

"合并"命令用于将同角度的两条或多条线段合并为一条线段,还可以将圆弧或椭圆弧合并为一个整圆或椭圆,如图 4-39 所示。

图 4-39 合并对象

执行"合并"命令主要有以下几种方式。

- ◆ 单击"默认"选项卡→"修改"面板→"合并"按钮。
- ◆ 选择菜单栏中的"修改"→"合并"命令。
- ◆ 在命令行输入 join 后按 Enter 键。
- ◆ 使用快捷键 J。

下面通过具体实例,学习"合并"命令的使用方法和技巧。具体操作步骤如下。

Step 01 新建空白文件。

Step 02 综合使用"直线""圆弧""椭圆弧"命令,绘制如图 4-39(a)所示的两条线段、圆弧和椭圆弧。

Step 03 单击"默认"选项卡→"修改"面板→"合并"按钮,将两条线段合并为一条线段,命令行操作如下。

```
命令:join
选择源对象或要一次合并的多个对象:    //选择左侧的线段作为源对象
选择要合并的对象:                    //选择右侧的线段
选择要合并的对象:                    //Enter
```

合并结果如图 4-40 所示,两条线段已合并为一条线段。

Step 04 重复执行"合并"命令,将圆弧合并为一个整圆,命令行操作如下。

```
命令:join
选择源对象或要一次合并的多个对象:    //选择上侧圆弧
选择要合并的对象:                    //Enter
选择圆弧,以合并到源或进行[闭合(L)]:  //L Enter,激活"闭合"选项
```

合并结果如图 4-41 所示,已将圆弧转换为圆。

Step 05 重复执行"合并"命令,将椭圆弧合并为一个椭圆,命令行操作如下。

```
命令:join
选择源对象或要一次合并的多个对象:    //选择上侧椭圆弧
选择要合并的对象:                    //Enter
选择圆弧,以合并到源或进行[闭合(L)]:  //L Enter,激活"闭合"选项
```

合并结果如图 4-42 所示,已将椭圆弧转换为椭圆。

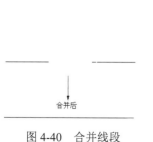

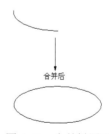

图 4-40 合并线段　　　　图 4-41 合并圆弧　　　　图 4-42 合并椭圆弧

4.3 机械元素的细化编辑命令

本节主要学习"修剪""延伸""倒角""圆角"四个修改命令,以方便用户对图形的边、角等结构进行细化和完善。

4.3.1 修剪

"修剪"命令主要用于修剪掉对象上指定的部分,以将对象编辑为符合设计要求的图样,如图 4-43 所示。

图 4-43 修剪示例

> **小技巧**
>
> 在修剪对象时,需要事先指定一个边界,该边界要与修剪对象相交,或与其延长线相交,才能成功修剪对象。

执行"修剪"命令主要有以下几种方式。

- ◇ 单击"默认"选项卡→"修改"面板→"修剪"按钮。
- ◇ 选择菜单栏中的"修改"→"修剪"命令。
- ◇ 在命令行输入 trim 后按 Enter 键。
- ◇ 使用快捷键 TR。

● "不延伸"模式下的修剪

系统为用户设定了两种修剪模式,即"延伸"模式和"不延伸"模式,默认模式为"不延伸"模式。下面通过具体实例,学习默认模式下的修剪操作。具体操作步骤如下。

Step 01 新建空白文件。

Step 02 使用"圆"和"直线"命令,绘制如图 4-44 所示的圆和直线。

Step 03 单击"默认"选项卡→"修改"面板→"修剪"按钮,执行"修剪"命令,以直线作为边界,对圆图形进行修剪,命令行操作如下。

```
命令: trim
当前设置:投影=UCS,边=无
选择剪切边...
选择对象或 <全部选择>:           //选择倾斜直线作为边界
选择对象:                        //Enter,结束选择
```

选择要修剪的对象，或按住 Shift 键选择要延伸的对象，或[栏选(F)/窗交(C)/投影式(P)/边(E)/删除(R)/放弃(U)]:   //在边界的上侧单击圆
选择要修剪的对象，或按住 Shift 键选择要延伸的对象，或[栏选(F)/窗交(C)/投影(P)/边(E)/删除(R)/放弃(U)]:   //Enter，结束命令

Step **04** 位于边界上侧的部分被修剪掉，修剪结果如图 4-45 所示。

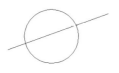

图 4-44　绘制结果　　　　　　　　　　图 4-45　修剪结果

小技巧

当修剪多个对象时，可使用"栏选"选项，通过绘制栅栏线，所有与栅栏线相交的对象都会被选择，如图 4-46 所示。

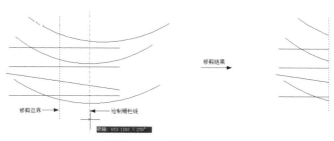

图 4-46　"栏选"示例

当修剪多个对象时，也可使用"窗交"选项，即以交叉窗口选择多个需要修剪的对象，这些被选择的对象会同时被修剪掉，如图 4-47 所示。

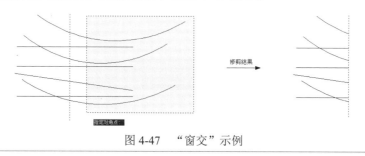

图 4-47　"窗交"示例

● "隐含交点"模式下的修剪

所谓"隐含交点"，指的是边界与对象没有实际的交点，但是边界被延长后，与对象存在一个交点。下面通过实例，学习此种模式下的修剪操作。具体操作步骤如下。

Step **01** 新建空白文件。

Step **02** 使用"直线"命令绘制如图 4-48 所示的两条图线。

Step **03** 单击"默认"选项卡→"修改"面板→"修剪"按钮，执行"修剪"命令，对水

平图线进行修剪，命令行操作如下。

```
命令: trim
当前设置:投影=UCS,边=无
选择剪切边...
选择对象或 <全部选择>:              //Enter,选择刚绘制的倾斜图线
选择对象:
选择要修剪的对象,或按住 Shift 键选择要延伸的对象,或[栏选(F)/窗交(C)/投影(P)/边
(E)/删除(R)/放弃(U)]:              //E Enter,激活"边"选项
输入隐含边延伸模式 [延伸(E)/不延伸(N)] <不延伸>:
                                   //E Enter,设置修剪模式为"延伸"模式
```

小技巧

在"隐含交点"模式下对图线进行修剪时，需要更改默认模式为"延伸"模式。

```
选择要修剪的对象,或按住 Shift 键选择要延伸的对象,或[栏选(F)/窗交(C)/投影(P)/边
(E)/删除(R)/放弃(U)]:              //在水平图线的右端单击
选择要修剪的对象,或按住 Shift 键选择要延伸的对象,或[栏选(F)/窗交(C)/投影(P)/边
(E)/删除(R)/放弃(U)]:              //Enter
```

修剪结果如图 4-49 所示。

图 4-48　绘制图线　　　　　　　　　图 4-49　修剪结果

小技巧

"边"选项用于确定修剪边的模式，其中"延伸"选项表示修剪边界可以无限延长，边界与被剪实体不必相交；"不延伸"选项指修剪边界只有与被剪实体相交时才有效。

- "投影"选项

"投影"选项用于设置三维空间剪切实体的不同投影方法。选择该选项后，AutoCAD 出现"输入投影选项[无（N）/UCS（U）/视图（V）]<无>:"的操作提示，其中选项的含义如下。

- ✧ "无"选项表示不考虑投影方式，按实际三维空间的相互关系修剪。
- ✧ UCS 选项指在当前 UCS 的 *XOY* 平面上修剪。
- ✧ "视图"选项表示在当前视图平面上修剪。

> **小技巧**
>
> 当系统提示"选择剪切边"时,直接按 Enter 键即可选择待修剪的对象。系统在修剪对象时将最靠近的候选对象作为剪切边。

4.3.2 延伸

"延伸"命令用于将图形对象延长到事先指定的边界上,如图 4-50 所示。用于延伸的对象有直线、圆弧、椭圆弧、非闭合的二维多段线和三维多段线及射线等。

图 4-50 延伸示例

执行"延伸"命令主要有以下几种方式。

- 单击"默认"选项卡→"修改"面板→"延伸"按钮 。
- 选择菜单栏中的"修改"→"延伸"命令。
- 在命令行输入 extend 后按 Enter 键。
- 使用快捷键 EX。

> **小技巧**
>
> 在指定边界时有两种情况,一种是对象被延长后与边界存在一个实际的交点,另一种就是对象与边界的延长线相交于一点。

● "不延伸"模式下的延伸

AutoCAD 为用户提供了两种延伸模式,即"延伸"模式和"不延伸"模式,系统默认模式为"不延伸"模式。下面学习默认模式下的延伸操作。具体操作步骤如下。

Step 01 绘制如图 4-51 所示的圆弧和直线。

Step 02 单击"默认"选项卡→"修改"面板→"延伸"按钮 ,执行"延伸"命令,以直线作为边界,对圆弧进行延伸,命令行操作如下。

```
命令: extend
当前设置:投影=UCS,边=无
选择边界的边...
选择对象或 <全部选择>:                    //选择直线作为边界
选择对象:                              //Enter,结束边界的选择
选择要延伸的对象,或按住 Shift 键选择要修剪的对象,或[栏选(F)/窗交(C)/投影(P)/边
(E)/放弃(U)]:                         //在圆弧的右端点处单击
```

选择要延伸的对象,或按住 Shift 键选择要修剪的对象,或[栏选(F)/窗交(C)/投影(P)/边(E)/放弃(U)]:   //Enter,结束命令

Step 03 圆弧的右端被延伸,延伸结果如图 4-52 所示。

图 4-51　绘制结果　　　　　　　　　　　　　图 4-52　延伸结果

小技巧

在选择延伸对象时,要在靠近延伸边界的一端选择需要延伸的对象,否则对象将不被延伸。

- **"隐含交点"模式下的延伸**

所谓"隐含交点",指的是边界与对象延长线没有实际的交点,而是边界被延长后,与对象延长线存在一个交点。在"隐含交点"模式下对图线进行延伸时,需要更改默认模式为"延伸"模式。具体操作步骤如下。

Step 01 新建空白文件。

Step 02 使用"直线"命令绘制如图 4-53(a)所示的两条图线。

Step 03 单击"默认"选项卡→"修改"面板→"延伸"按钮 ,执行"延伸"命令,将垂直图线的下端延长,使之与水平图线的延长线相交,命令行操作如下。

```
命令: extend
当前设置:投影=UCS,边=无
选择边界的边...
选择对象:                              //选择水平图线作为延伸边界
选择对象:                              //Enter,结束边界的选择
选择要延伸的对象,或按住 Shift 键选择要修剪的对象,或[栏选(F)/窗交(C)/投影(P)/边
(E)/放弃(U)]:                         //E Enter,激活"边"选项
输入隐含边延伸模式 [延伸(E)/不延伸(N)] <不延伸>: //E Enter,设置延伸模式
选择要延伸的对象,或按住 Shift 键选择要修剪的对象,或[栏选(F)/窗交(C)/投影(P)/边
(E)/放弃(U)]:                         //在垂直图线的下端单击
选择要延伸的对象,或按住 Shift 键选择要修剪的对象,或[栏选(F)/窗交(C)/投影(P)/边
(E)/放弃(U)]:                         //Enter,结束命令
```

Step 04 延伸结果如图 4-53(b)所示。

小技巧

"边"选项用来确定延伸边的模式,其中"延伸"选项表示将使用隐含的延伸边界来延伸对象;"不延伸"选项表示边界不延伸,而只有边界与延伸对象真正相交后才能完成延伸操作。

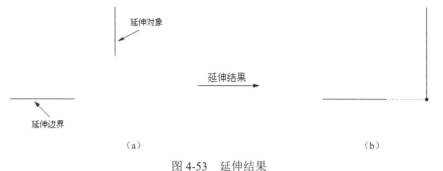

图 4-53 延伸结果

4.3.3 倒角

"倒角"命令主要用于为两条或多条图线倒角。倒角的结果是使用一条线段连接两个非平行的图线，如图 4-54 所示。

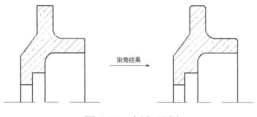

图 4-54 倒角示例

> **小技巧**
>
> 用于倒角的图线一般有直线、多段线等，不能倒角的图线有圆、圆弧、椭圆和椭圆弧等。

执行"倒角"命令主要有以下几种方式。

- ◇ 单击"默认"选项卡→"修改"面板→"倒角"按钮 。
- ◇ 选择菜单栏中的"修改"→"倒角"命令。
- ◇ 在命令行输入 chamfer 后按 Enter 键。
- ◇ 使用快捷键 CHA。

● 距离倒角

"距离倒角"指的就是直接输入两条图线上的倒角距离，对图线进行倒角。下面通过实例学习此种倒角方式，具体操作步骤如下。

Step 01 新建空白文件。

Step 02 绘制如图 4-55（a）所示的两条图线。

Step 03 单击"默认"选项卡→"修改"面板→"倒角"按钮 ，执行"倒角"命令，对两条图线进行距离倒角，命令行操作如下。

```
命令: chamfer
("修剪"模式) 当前倒角距离 1 = 0.0000, 距离 2 = 0.0000
选择第一条直线或 [放弃(U)/多段线(P)/距离(D)/角度(A)/修剪(T)/方式(E)/多个(M)]:
                                                    //D Enter, 激活"距离"选项
指定第一个倒角距离 <0.0000>:                        //150 Enter, 设置第一倒角长度
指定第二个倒角距离 <25.0000>:                       //100 Enter, 设置第二倒角长度
选择第一条直线或 [放弃(U)/多段线(P)/距离(D)/角度(A)/修剪(T)/方式(E)/多个(M)]:
                                                    //选择水平线段
选择第二条直线, 或按住 Shift 键选择直线以应用角点或 [距离(D)/角度(A)/方法(M)]:
                                                    //选择倾斜线段
```

Step 04 距离倒角的结果如图 4-55(b)所示。

(a) 图线倒角前　　　　　　　　　　　(b) 图线倒角后

图 4-55　距离倒角

小技巧

用于倒角的两个倒角距离值不能为负值,如果将两个倒角距离设置为零,那么倒角的结果就是两条图线被修剪或延长,直至相交于一点。

● 角度倒角

"角度倒角"指的是通过设置一条图线的倒角长度和倒角角度为图线倒角。使用此种方式为图线倒角时,首先需要设置对象的长度尺寸和角度尺寸。角度倒角操作步骤如下。

Step 01 新建空白文件。

Step 02 使用画线命令绘制如图 4-56(a)所示的两条垂直图线。

Step 03 单击"默认"选项卡→"修改"面板→"倒角"按钮，执行"倒角"命令,对两条图线进行角度倒角,命令行操作如下。

```
命令: chamfer
("修剪"模式) 当前倒角距离 1 = 25.0000, 距离 2 = 15.0000
选择第一条直线或 [放弃(U)/多段线(P)/距离(D)/角度(A)/修剪(T)/方式(E)/
多个(M)]:                                           //A Enter, 激活"角度"选项
指定第一条直线的倒角长度 <0.0000>:                  //100 Enter, 设置倒角长度
指定第一条直线的倒角角度 <0>:                       //30 Enter, 设置倒角角度
选择第一条直线或 [放弃(U)/多段线(P)/距离(D)/角度(A)/修剪(T)/方式(E)/多个(M)]:
                                                    //选择水平线段
选择第二条直线, 或按住 Shift 键选择直线以应用角点或 [距离(D)/角度(A)/方法(M)]:
                                                    //选择竖直线段
```

Step 04 角度倒角的结果如图 4-56（b）所示。

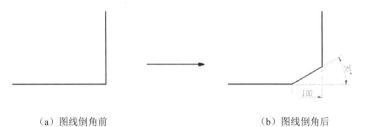

(a) 图线倒角前　　　　　　　　　　(b) 图线倒角后

图 4-56　角度倒角

小技巧

在此操作提示中，"方式"选项用于确定倒角的方式，要求选择"距离倒角"或"角度倒角"。另外，系统变量 CHAMMODE 控制着倒角的方式：当 CHAMMODE=0 时，系统支持"距离倒角"模式；当 CHAMMODE=1 时，系统支持"角度倒角"模式。

● 多段线倒角

"多段线"选项用于为整条多段线的所有相邻元素边进行同时倒角操作。在为多段线进行倒角操作时，可以使用相同的倒角距离值，也可以使用不同的倒角距离值。

多段线倒角操作步骤如下。

Step 01 新建空白文件。

Step 02 绘制如图 4-57（a）所示的多段线。

Step 03 单击"默认"选项卡→"修改"面板→"倒角"按钮，执行"倒角"命令，对多段线进行倒角，命令行操作如下。

```
命令：chamfer
（"修剪"模式）当前倒角距离 1 = 0.0000，距离 2 = 0.0000
选择第一条直线或 [放弃(U)/多段线(P)/距离(D)/角度(A)/修剪(T)/方式(E)/多个(M)]：
                                    //D Enter，激活"距离"选项
指定第一个倒角距离 <0.0000>：           //50 Enter，设置第一倒角长度
指定第二个倒角距离 <50.0000>：          //30 Enter，设置第二倒角长度
选择第一条直线或 [放弃(U)/多段线(P)/距离(D)/角度(A)/修剪(T)/方式(E)/多个(M)]：
                                    //P Enter，激活"多段线"选项
选择二维多段线或 [距离(D)/角度(A)/方法(M)]：  //选择刚绘制的多段线
6 条直线已被倒角
```

Step 04 多段线倒角的结果如图 4-57（b）所示。

(a) 多段线倒角前　　　　　　　　　　(b) 多段线倒角后

图 4-57　多段线倒角

小技巧

如果被倒角的两个对象同时处于一个图层上,那么倒角线将位于该图层,否则,倒角线将位于当前图层。此规则同样适用于倒角的颜色、线型和线宽等。

- 设置倒角模式

"修剪"选项用于设置倒角的修剪状态。系统提供了两种倒角边的修剪模式,即"修剪"和"不修剪"。当将倒角模式设置为"修剪"时,被倒角的两条直线被修剪到倒角的端点,系统默认的模式为"修剪"模式;当将倒角模式设置为"不修剪"时,用于倒角的图线将不被修剪,如图 4-58 所示。

图 4-58 "不修剪"模式下的倒角

小技巧

系统变量 TRIMMODE 控制倒角的修剪状态。当 TRIMMODE=0 时,系统保持对象不被修剪;当 TRIMMODE=1 时,系统支持倒角的修剪模式。

4.3.4 圆角

"圆角"命令是使用一段给定半径的圆弧光滑连接两条图线,如图 4-59 所示。一般情况下,用于圆角的图线有直线、多段线、样条曲线、构造线、射线、圆弧和椭圆弧等。

 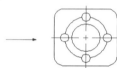

图 4-59 圆角示例

执行"圆角"命令主要有以下几种方式。

- ◆ 单击"默认"选项卡→"修改"面板→"圆角"按钮 。
- ◆ 选择菜单栏中的"修改"→"圆角"命令。
- ◆ 在命令行输入 fillet 后按 Enter 键。
- ◆ 使用快捷键 F。

下面通过对直线和圆弧进行圆角,学习"圆角"命令的使用方法和技巧。具体操作步骤如下。

Step 01 新建空白文件。

Step 02 使用"直线"和"圆弧"命令绘制如图 4-60(a)所示的直线和圆弧。

Step 03 单击"默认"选项卡→"修改"面板→"圆角"按钮 ,执行"圆角"命令,对直线和圆弧进行圆角。命令行操作如下:

```
命令: fillet
当前设置: 模式 = 修剪, 半径 = 0.0000
```

```
选择第一个对象或 [放弃(U)/多段线(P)/半径(R)/修剪(T)/多个(M)]: //R Enter
指定圆角半径 <0.0000>:                                    //100 Enter,
选择第一个对象或 [放弃(U)/多段线(P)/半径(R)/修剪(T)/多个(M)]: //选择倾斜线段
选择第二个对象，或按住 Shift 键选择对象以应用角点或 [半径(R)]:  //选择圆弧
```

Step 04 图线的圆角效果如图 4-60（b）所示。

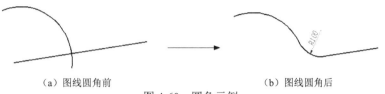

(a) 图线圆角前　　　　　　　　(b) 图线圆角后

图 4-60　圆角示例

小技巧

如果用于圆角的图线是相互平行的，那么在执行"圆角"命令后，AutoCAD 将不考虑当前的圆角半径，而是自动使用一条半圆弧连接两条平行图线，半圆弧的直径为两条平行线之间的距离，如图 4-61 所示。

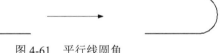

图 4-61　平行线圆角

- 选项解析

◇ "多段线"选项用于对多段线各相邻元素进行圆角处理，激活此选项后，AutoCAD 将以默认的圆角半径对整条多段线相邻各边进行圆角操作，如图 4-62 所示。

图 4-62　多段线圆角

◇ "修剪"选项用于设置圆角模式。与"倒角"命令一样，"圆角"命令也存在两种圆角模式，即"修剪"和"不修剪"。以上各例都是在"修剪"模式下进行圆角的，而"非修剪"模式下的圆角效果如图 4-63 所示。

图 4-63　非修剪模式下的圆角

小技巧

用户也可通过系统变量 TRIMMODE 设置圆角的修剪模式，当 TRIMMODE=0 时，保持对象不被修剪；当 TRIMMODE=1 时，表示圆角后修剪对象。

◆ "多个"选项用于为多个对象进行圆角处理,不需要重复执行命令。

> **小技巧**
>
> 如果用于圆角的图线处于同一图层中,那么圆角也处于同一图层上;如果两圆角对象不在同一图层中,那么圆角将处于当前图层上。同样,圆角的颜色、线型和线宽也都遵守这一规则。

4.4 机械元素的其他编辑命令

本节主要学习"分解""编辑多段线""夹点编辑""光顺曲线"等命令。

4.4.1 分解

"分解"命令用于将组合对象分解成各自独立的对象,以方便对分解后的各对象进行编辑。执行"分解"命令主要有以下几种方式。

◆ 单击"默认"选项卡→"修改"面板→"分解"按钮。
◆ 选择菜单栏中的"修改"→"分解"命令。
◆ 在命令行输入 explode 后按 Enter 键。
◆ 使用快捷键 X。

用于分解的组合对象有矩形、正多边形、多段线、边界及一些图块等。例如,正五边形是由五条直线元素组成的单个对象,如果用户需要对其中的一条边进行编辑,则首先将正五边形分解为五条线对象,如图 4-64 所示。

在执行命令后,只需选择需要分解的对象,按 Enter 键即可将对象分解。如果是对具有一定宽度的多段线进行分解,AutoCAD 将忽略其宽度并沿多段线的中心分解多段线,如图 4-65 所示。

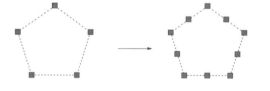

图 4-64　分解示例　　　　　图 4-65　分解具有一定宽度的多段线

> **小技巧**
>
> AutoCAD 一次只能删除一个编组级,如果一个块包含一个多段线或嵌套块,那么该块的分解就首先分解出多段线或嵌套块,然后分别分解该块中的各个对象。

4.4.2 编辑多段线

"编辑多段线"命令用于编辑多段线或具有多段线性质的图形,如矩形、正多边形、圆环、三维多段线、三维多边形网格等。

执行"多段线"命令主要有以下几种方式。

- ◇ 单击"默认"选项卡→"修改"面板→"编辑多段线"按钮。
- ◇ 选择菜单栏中的"修改"→"对象"→"多段线"命令。
- ◇ 在命令行输入 pedit 后按 Enter 键。
- ◇ 使用快捷键 PE。

使用"编辑多段线"命令可以闭合、打断、拉直、拟合多段线,还可以增加、移动、删除多段线顶点等。执行"编辑多段线"命令后,AutoCAD 命令行提示如下。

命令:pedit
选择多段线或 [多条(M)]:   //系统提示选择需要编辑的多段线

如果用户选择了直线或圆弧,而不是多段线,系统出现如下提示:

选定的对象不是多段线。
是否将其转换为多段线? <Y>:
                    //输入"Y",将选择的对象即直线或圆弧转换为多段线,再进行编辑。

如果选择的对象是多段线,系统出现如下提示:

输入选项 [闭合(C)/打开(O)/合并(J)/宽度(W)/拟合(F)/样条曲线(S)/非曲线化(D)/线型生成(L)/编辑顶点(E)/反转(R)/放弃(U)]:

- 选项解析

- ◇ "闭合"选项用于打开或闭合多段线。如果用户选中的多段线是非闭合的,使用该选项可使之封闭;如果用户选中的多段线是闭合的,该选项变成"打开",使用该选项可打开闭合的多段线。
- ◇ "合并"选项用于将其他的多段线、直线或圆弧连接到正在编辑的多段线上,形成一条新的多段线。
- ◇ "宽度"选项用于修改多段线的宽度,并将多段线的各段线宽度统一调整为新输入的线宽值。激活该选项后系统提示输入所有线段的新宽度。
- ◇ "拟合"选项用于对多段线进行曲线拟合,将多段线变成通过每个顶点的光滑连续的圆弧曲线,曲线经过多段线的所有顶点并使用任何指定的切线方向,如图 4-66 所示。
- ◇ "样条曲线"选项将用 B 样条曲线拟合多段线,生成由多段线顶点控制的样条曲线。变量 SPLINESEGS 控制样条曲线的精度,值越大,曲线越光滑。变量 SPLFRAME 决定是否显示原多段线,值设为 1 时,样条曲线与原多段线一同显示;值设为 0 时,不显示原多段线,如图 4-67 所示。变量 SPLINETYPE 控制样条曲线的类型,值设为 5 时,为二次 B 样条曲线;值设为 6 时,为三次 B 样条曲线。

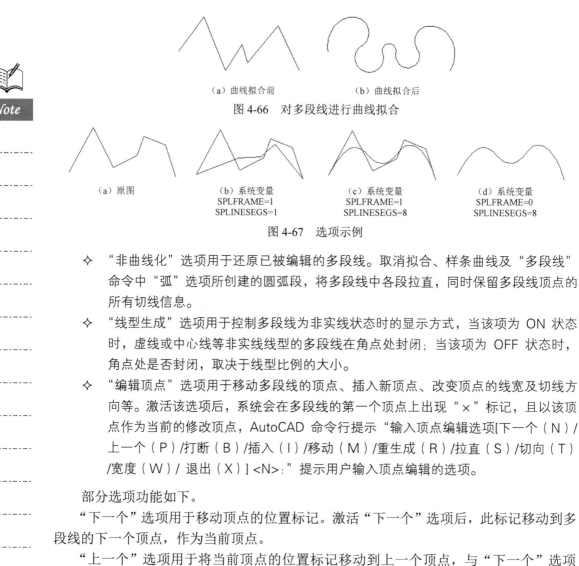

(a) 曲线拟合前　　　　　　(b) 曲线拟合后

图 4-66　对多段线进行曲线拟合

(a) 原图　　　(b) 系统变量
SPLFRAME=1
SPLINESEGS=1
　　(c) 系统变量
SPLFRAME=1
SPLINESEGS=8
　　(d) 系统变量
SPLFRAME=0
SPLINESEGS=8

图 4-67　选项示例

- ◆ "非曲线化"选项用于还原已被编辑的多段线。取消拟合、样条曲线及"多段线"命令中"弧"选项所创建的圆弧段，将多段线中各段拉直，同时保留多段线顶点的所有切线信息。
- ◆ "线型生成"选项用于控制多段线为非实线状态时的显示方式，当该项为 ON 状态时，虚线或中心线等非实线线型的多段线在角点处封闭；当该项为 OFF 状态时，角点处是否封闭，取决于线型比例的大小。
- ◆ "编辑顶点"选项用于移动多段线的顶点、插入新顶点、改变顶点的线宽及切线方向等。激活该选项后，系统会在多段线的第一个顶点上出现"×"标记，且以该顶点作为当前的修改顶点，AutoCAD 命令行提示"输入顶点编辑选项[下一个（N）/上一个（P）/打断（B）/插入（I）/移动（M）/重生成（R）/拉直（S）/切向（T）/宽度（W）/ 退出（X）] <N>:"提示用户输入顶点编辑的选项。

部分选项功能如下。

"下一个"选项用于移动顶点的位置标记。激活"下一个"选项后，此标记移动到多段线的下一个顶点，作为当前顶点。

"上一个"选项用于将当前顶点的位置标记移动到上一个顶点，与"下一个"选项相反。

"打断"选项用于删除多段线上两顶点之间的线段。激活该选项后，AutoCAD 把当前顶点作为第一个断点，并出现如下提示。

"输入选项[下一个（N）/上一个（P）/执行（G）/退出（X）] <N>"中"下一个"与"上一个"选项用于前后移动当前顶点，以确定第二个断点；"执行"选项用于执行对位于两个断点之间的多段线的删除操作；"退出"选项用于退出打断编辑状态，返回上一级提示。

"插入"选项用于为多段线增加新的顶点。激活该选项后，系统将在多段线的当前顶点的后面增加一个新顶点。

"移动"选项用于将当前顶点移动到新的位置。

"重生成"选项用于重新生成多段线，使其编辑的特性显示出来。

"拉直"选项用于将多段线两指定点之间的所有线段拉直。

"切向"选项用于改变当前顶点的切线方向，可用曲线拟合。激活该选项，系统提示

"指定顶点切向"，用于指定顶点的切线方向，可直接输入表示切线方向的角度值，也可以选取一点，该点与多段线上的当前顶点的连线方向为切线方向。

"宽度"选项用于为多段线的不同部分指定宽度，当起始宽度和终止宽度不同时，起始宽度用于当前顶点，终止宽度用于下一顶点。

4.4.3 夹点编辑

在没有命令执行的前提下选择图形，图形上会显示出一些蓝色实心的小方框，如图 4-68 所示，这些蓝色小方框即图形的夹点。

图 4-68 图形的夹点

"夹点编辑"功能是一种常用的编辑功能，就是将"移动""旋转""缩放""镜像""拉伸"等五种命令组合在一起，通过编辑图形上的夹点，来达到快速编辑图形的目的。用户只需单击图形上的任何一个夹点，即可进入夹点编辑模式，此时所单击的夹点以"红色"高亮显示，称为"热点"或者"夹基点"。在进入夹点编辑模式后，用户可以通过两种方式启用夹点编辑功能。

- **通过菜单启用夹点命令**

进入夹点编辑模式后，单击右键，即可打开夹点菜单，如图 4-69 所示。此菜单为用户提供了"移动""旋转""缩放"等五种命令，这些命令是平级的，其操作功能与"修改"工具栏上的各工具相同，用户只需单击相应的菜单项，即可启用相应的夹点编辑工具。

在夹点菜单的级联菜单中，有夹点命令中的一些选项，如"基点""复制""参照""放弃"等，不过这些选项只有在一级修改命令的前提下才能使用。

- **通过命令行用动夹点命令**

进入夹点编辑模式后，通过按 Enter 键，系统会在"移动""旋转""缩放""镜像""拉伸"五种命令中循环切换，用户可以根据命令行的步骤提示，选择相应的夹点命令及命令选项。

图 4-69 夹点菜单

> **小技巧**
>
> 如果用户在按住 Shift 键的同时单击多个夹点，那么所单击的夹点都被看作"夹基点"；如果用户需要从多个夹基点的选择集中删除特定对象，也要按住 Shift 键。

下面通过具体实例，学习夹点编辑工具的操作方法和技巧。具体操作步骤如下。

Step 01 绘制一条直线。

Step 02 在无命令执行的前提下选择直线段，使其夹点显示，如图4-70所示。

图4-70 夹点显示

Step 03 单击左侧的夹点，使其变为夹基点，进入夹点编辑模式。

Step 04 单击右键，从弹出的夹点菜单中选择"旋转"选项，执行夹点旋转功能。

Step 05 再次单击右键，从弹出的夹点菜单中选择"复制"选项，根据命令行的提示旋转和复制线段，命令行操作如下。

```
命令：
** 拉伸 **
指定拉伸点或 [基点(B)/复制(C)/放弃(U)/退出(X)]: _rotate
** 旋转 **
指定旋转角度或 [基点(B)/复制(C)/放弃(U)/参照(R)/退出(X)]: _copy
** 旋转 (多重) **
指定旋转角度或 [基点(B)/复制(C)/放弃(U)/参照(R)/退出(X)]:     //60 Enter
** 旋转 (多重) **
指定旋转角度或 [基点(B)/复制(C)/放弃(U)/参照(R)/退出(X)]:
                                              //Enter 退出夹点编辑模式
```

编辑结果如图4-71所示。

Step 06 单击线段右侧的夹点，使其变为夹基点，进入夹点编辑模式，然后根据命令行的提示，对夹点图线进行镜像复制，命令行操作如下。

```
命令：
** 拉伸 **
指定拉伸点或 [基点(B)/复制(C)/放弃(U)/退出(X)]:            //Enter
** 移动 **
指定移动点或 [基点(B)/复制(C)/放弃(U)/退出(X)]:            //Enter
** 旋转 **
指定旋转角度或 [基点(B)/复制(C)/放弃(U)/参照(R)/退出(X)]:   //C Enter
** 旋转 (多重) **
指定旋转角度或 [基点(B)/复制(C)/放弃(U)/参照(R)/退出(X)]:   //-60 Enter
** 旋转 (多重) **
指定旋转角度或 [基点(B)/复制(C)/放弃(U)/参照(R)/退出(X)]:
                                              //Enter，退出夹点编辑模式
```

镜像结果如图4-72所示。

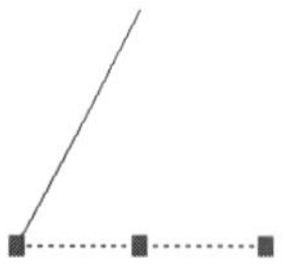

图4-71 编辑结果

图4-72 镜像结果

Step 07 按Esc键，取消对象的夹点显示。

4.4.4 光顺曲线

"光顺曲线"命令用于在两条选定的直线或曲线之间创建样条曲线,如图 4-73 所示。执行"光顺曲线"命令主要有以下几种方式。

- ◇ 单击"默认"选项卡→"修改"面板→"光顺曲线"按钮 ～。
- ◇ 选择菜单栏中的"修改"→"光顺曲线"命令。
- ◇ 在命令行输入 blend 后按 Enter 键。
- ◇ 使用快捷键 BL。

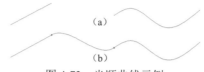

图 4-73 光顺曲线示例

使用"光顺曲线"命令在两图线之间创建样条曲线时,具体有两个过渡类型,分别是相切和平滑。下面通过实例学习"光顺曲线"命令的使用方法和技巧,具体操作步骤如下。

Step 01 绘制如图 4-73(a)所示的直线和样条曲线。

Step 02 单击"默认"选项卡→"修改"面板→"光顺曲线"按钮 ～,在直线和样条曲线之间创建一条过渡样条曲线,命令行操作如下。

```
命令: blend
连续性 = 相切
选择第一个对象或 [连续性(CON)]:    //在直线的右上端点单击
选择第二个点:   //在样条曲线的左端单击,创建如图 4-73(b)所示的光顺曲线
```

小技巧

图 4-73(b)所示的光顺曲线是在相切模式下创建的一条 3 阶样条曲线(其夹点显示效果如图 4-74 所示),在选定对象的端点处具有相切(G1)连续性。

图 4-74 相切模式下的 3 阶光顺曲线

Step 03 重复执行"光顺曲线"命令,在平滑模式下创建一条 5 阶样条曲线,命令行操作如下。

```
命令: blend
连续性 = 相切
选择第一个对象或 [连续性(CON)]:        //CON Enter
输入连续性 [相切(T)/平滑(S)] <切线>://S Enter,激活"平滑"选项
选择第一个对象或 [连续性(CON)]:    //在直线的右上端点单击
选择第二个点:        //在样条曲线的左端单击,创建如图 4-75 所示的光顺曲线
```

图 4-75 创建结果

小技巧

图 4-75 所示的光顺曲线是在平滑模式下创建的一条 5 阶样条曲线（其夹点显示效果如图 4-76 所示），在选定对象的端点处具有曲率(G2)连续性。

图 4-76 平滑模式下的 5 阶光顺曲线

小技巧

如果使用"平滑"选项，请勿将显示状态从控制点切换为拟合点。此操作将样条曲线更改为 3 阶，这会改变样条曲线的形状。

4.5 上机实训一——绘制箱体底垫零件图

本例通过绘制箱体底垫零件图，对本章重点知识进行综合练习和巩固应用。箱体底垫零件图的最终绘制效果如图 4-77 所示。操作步骤如下。

Step 01 单击"快速访问"工具栏→"新建"按钮，快速创建公制单位的空白文件。

Step 02 使用快捷键 Z 激活"视图缩放"命令，将新视图的高度调整为 180 个绘图单位，命令行操作如下。

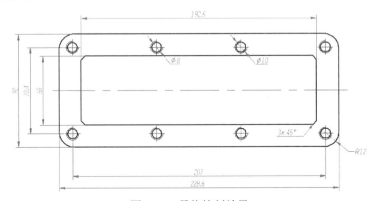

图 4-77 最终绘制效果

第 4 章　机械平面元素的编辑功能

```
命令:zoom                                    //执行"视图缩放"命令
指定窗口的角点，输入比例因子 (nX 或 nXP)，或者[全部(A)/中心(C)/动态(D)/范围(E)/
上一个(P)/比例(S)/窗口(W)/对象(O)] <实时>:       //C Enter
指定中心点：                                  //在绘图区拾取点
输入比例或高度 <182.81>:                      //180 Enter
```

Step 03 选择菜单栏中的"工具"→"绘图设置"命令，打开"草图设置"对话框。

Step 04 展开"对象捕捉"选项卡，然后勾选"启用对象捕捉"复选框，并设置对象捕捉模式，如图 4-78 所示。

Step 05 单击"默认"选项卡→"绘图"面板→"矩形"按钮 □，执行"矩形"命令，绘制垫片外轮廓线，命令行操作如下。

```
命令: rectang
指定第一个角点或 [倒角(C)/标高(E)/圆角(F)/厚度(T)/宽度(W)]:
                                   //在绘图区左下侧拾取一点作为左下角点
指定另一个角点或 [面积(A)/尺寸(D)/旋转(R)]:
                                   //228.6,92 Enter，绘制结果如图 4-79 所示
```

图 4-78　设置对象捕捉模式　　　　　图 4-79　绘制结果

Step 06 重复执行"矩形"命令，配合"捕捉自"功能绘制内部的矩形结构，命令行操作如下。

```
命令: rectang
指定第一个角点或 [倒角(C)/标高(E)/圆角(F)/厚度(T)/宽度(W)]://激活"捕捉自"功能
_from 基点：                //捕捉矩形的左下角点
<偏移>:                    //@10,8,10.8 Enter
指定另一个角点或 [面积(A)/尺寸(D)/旋转(R)]:
                          //@207,70.4 Enter，结果如图 4-80 所示
命令:rectang               //Enter
指定第一个角点或 [倒角(C)/标高(E)/圆角(F)/厚度(T)/宽度(W)]://激活"捕捉自"功能
_from 基点：                //捕捉矩形的左下角点
```

```
<偏移>:                    //@7.2,7.2 Enter
指定另一个角点或 [面积(A)/尺寸(D)/旋转(R)]:
                           //@192.6,56 Enter, 结果如图 4-81 所示
```

图 4-80　绘制结果（1） 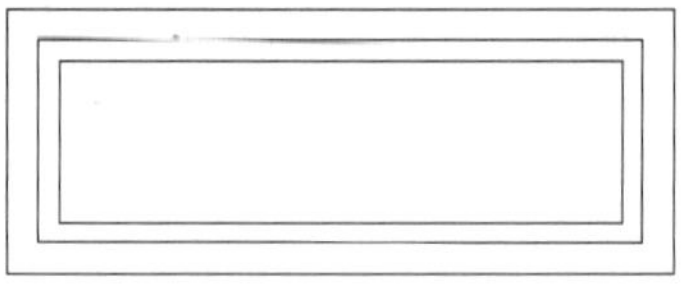　　　　　图 4-81　绘制结果（2）

Step 07 使用快捷键 F 激活"圆角"命令，对外侧的矩形进行圆角编辑，命令行操作如下。

```
命令:fillet                        //Enter, 执行"圆角"命令
当前设置: 模式 = 修剪, 半径 = 0.00
选择第一个对象或 [放弃(U)/多段线(P)/半径(R)/修剪(T)/多个(M)]:
                                   //R Enter, 激活"半径"选项
指定圆角半径 <0.00>:                //12 Enter, 设置圆角半径
选择第一个对象或 [放弃(U)/多段线(P)/半径(R)/修剪(T)/多个(M)]:
                                   //P Enter, 激活"多段线"选项
选择二维多段线或 [半径(R)]:         //选择外侧的矩形，圆角结果如图 4-82 所示
4 条直线已被圆角
```

Step 08 单击"默认"选项卡→"修改"面板→"倒角"按钮，执行"倒角"命令，对内侧的矩形进行倒角编辑，命令行操作如下。

```
命令: chamfer
("修剪"模式) 当前倒角长度 = 3.00, 角度 = 45.0
选择第一条直线或 [放弃(U)/多段线(P)/距离(D)/角度(A)/修剪(T)/方式(E)/多个(M)]:
                                   //A Enter, 激活"角度"选项
指定第一条直线的倒角长度 <0.00>:    //3 Enter
指定第一条直线的倒角角度 <0.0>:     //45 Enter
选择第一条直线或 [放弃(U)/多段线(P)/距离(D)/角度(A)/修剪(T)/方式(E)/多个(M)]:
                                   //P Enter, 激活"多段线"选项
选择二维多段线或 [距离(D)/角度(A)/方法(M)]:
               //选择最内侧的矩形，倒角结果如图 4-83 所示，4 条直线已被倒角
```

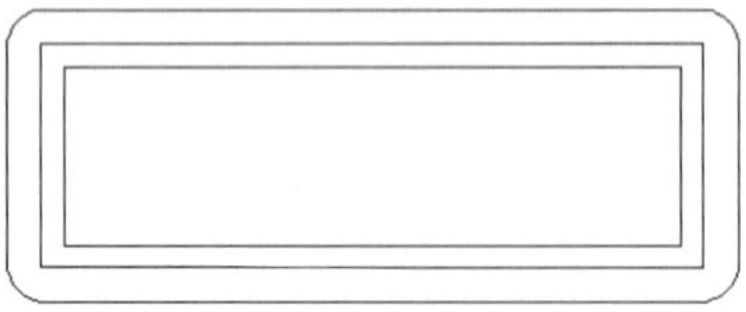

图 4-82　圆角结果 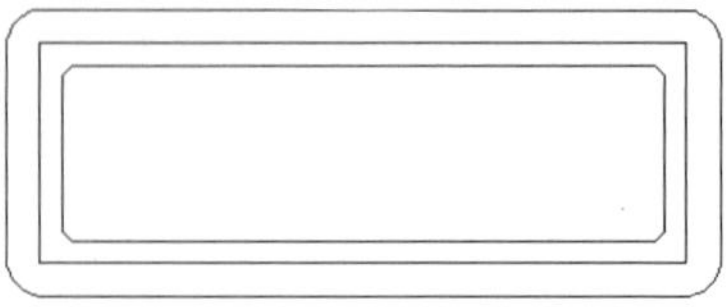　　　　　图 4-83　倒角结果

Step 09 单击"默认"选项卡→"绘图"面板→"圆"按钮，执行"圆"命令，绘制直径分别为 10 和 8 的同心圆，命令行操作如下。

```
命令: circle
指定圆的圆心或 [三点(3P)/两点(2P)/切点、切点、半径(T)]://捕捉中间矩形的左下角点
```

```
指定圆的半径或 [直径(D)]:           //D Enter
指定圆的直径:                      //10 Enter
命令:circle                       //Enter
指定圆的圆心或 [三点(3P)/两点(2P)/切点、切点、半径(T)]:
                                 //捕捉中间矩形的左下角点
指定圆的半径或 [直径(D)] <4.05>:    //D Enter
指定圆的直径 <8.10>:               //8 Enter,绘制结果如图 4-84 所示
```

Step 10 使用快捷键 E 激活"删除"命令,删除中间的辅助矩形,结果如图 4-85 所示。

图 4-84　绘制同心圆　　　　　　　　　图 4-85　删除结果

Step 11 选择菜单栏中的"格式"→"线型"命令,打开"线型管理器"对话框,加载 CENTER 线型,并将此线型设置为当前线型,如图 4-86 所示。

Step 12 选择菜单栏中的"格式"→"颜色"命令,打开"选择颜色"对话框,设置当前颜色为红色,如图 4-87 所示。

图 4-86　设置当前线型　　　　　　　　图 4-87　设置当前颜色

Step 13 单击"默认"选项卡→"绘图"面板→"直线"按钮,执行"直线"命令,配合中点捕捉、象限点捕捉功能绘制圆和矩形的中心线,结果如图 4-88 所示。

Step 14 单击"默认"选项卡→"修改"面板→"拉长"按钮,执行"拉长"命令,将圆的中心线拉长,命令行操作如下。

```
命令: lengthen
选择对象或 [增量(DE)/百分数(P)/全部(T)/动态(DY)]://DE Enter,激活"增量"选项
输入长度增量或 [角度(A)] <-0.50>:   //1.2 Enter,设置长度增量
选择要修改的对象或 [放弃(U)]:       //在水平中心线的左端单击
选择要修改的对象或 [放弃(U)]:       //在水平中心线的右端单击
选择要修改的对象或 [放弃(U)]:       //在垂直中心线的上端单击
选择要修改的对象或 [放弃(U)]:       //在垂直中心线的下端单击,结果如图 4-89 所示
```

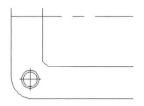

图 4-88 绘制中心线　　　　　　　　　图 4-89 拉长结果

Step 15 使用快捷键 TR 激活"修剪"命令,选择如图 4-90 所示的两条中心线作为边界,对外侧的圆进行修剪,命令行操作如下。

```
命令:_trim                        //Enter,执行"修剪"命令
当前设置:投影=UCS,边=延伸
选择剪切边…
选择对象或 <全部选择>:              //选择同心圆的垂直中心线和水平中心线
选择对象:                          //Enter,结束选择
选择要修剪的对象,或按住 Shift 键选择要延伸的对象,或[栏选(F)/窗交(C)/投影(P)/边
(E)/删除(R)/放弃(U)]:              //在如图 4-91 所示的位置单击
选择要修剪的对象,或按住 Shift 键选择要延伸的对象,或[栏选(F)/窗交(C)/投影(P)/边
(E)/删除(R)/放弃(U)]:              //Enter,结束命令,修剪结果如图 4-92 所示
```

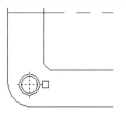
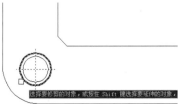
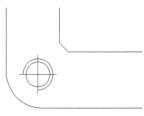

图 4-90 选择结果　　　　图 4-91 指定修剪位置　　　　图 4-92 修剪结果

Step 16 在有命令执行的前提下,拉出如图 4-93 所示的窗口选择框,使其夹点显示,如图 4-94 所示。

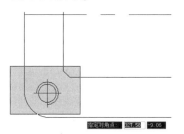
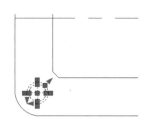

图 4-93 窗口选择　　　　　　　　　　图 4-94 夹点显示

Step 17 单击中间的夹点,进入夹点编辑模式,对显示夹点的所有对象进行移动并复制,命令行操作如下。

```
命令: ** 拉伸 **
指定拉伸点或 [基点(B)/复制(C)/放弃(U)/退出(X)]: //Enter
** 移动 **
指定移动点或 [基点(B)/复制(C)/放弃(U)/退出(X)]: //C Enter
** 移动 (多重) **
```

```
指定移动点或 [基点(B)/复制(C)/放弃(U)/退出(X)]: //@69,0 Enter
** 移动 (多重) **
指定移动点或 [基点(B)/复制(C)/放弃(U)/退出(X)]: //@138,0 Enter
** 移动 (多重) **
指定移动点或 [基点(B)/复制(C)/放弃(U)/退出(X)]: //@207,0 Enter
** 移动 (多重) **
指定移动点或 [基点(B)/复制(C)/放弃(U)/退出(X)]: //@0,70.4 Enter
** 移动 (多重) **
指定移动点或 [基点(B)/复制(C)/放弃(U)/退出(X)]: //@69,70.4 Enter
** 移动 (多重) **
指定移动点或 [基点(B)/复制(C)/放弃(U)/退出(X)]: //@138,70.4 Enter
** 移动 (多重) **
指定移动点或 [基点(B)/复制(C)/放弃(U)/退出(X)]: //@207,70.4 Enter
** 移动 (多重) **
指定移动点或 [基点(B)/复制(C)/放弃(U)/退出(X)]:
                              //Enter，退出夹点编辑模式，编辑结果如图 4-95 所示
```

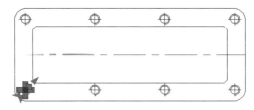

图 4-95　夹点编辑结果

Step 18 按 Esc 键，取消对象的夹点显示，结果如图 4-96 所示。

Step 19 单击"默认"选项卡→"修改"面板→"偏移"按钮，执行"偏移"命令，将外侧的矩形向外偏移 6 个绘图单位，命令行操作如下。

```
命令: offset
当前设置: 删除源=否  图层=源  OFFSETGAPTYPE=0
指定偏移距离或 [通过(T)/删除(E)/图层(L)] <3.00>: //6 Enter，设置偏移距离
选择要偏移的对象，或 [退出(E)/放弃(U)] <退出>:   //选择最外侧的矩形
指定要偏移的那一侧上的点，或 [退出(E)/多个(M)/放弃(U)] <退出>:
                                          //在所选矩形的外侧拾取点
选择要偏移的对象，或 [退出(E)/放弃(U)] <退出>:   //Enter，结果如图 4-97 所示
```

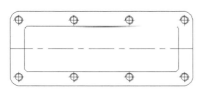

图 4-96　取消夹点显示

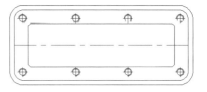

图 4-97　偏移结果

Step 20 单击"默认"选项卡→"修改"面板→"延伸"按钮，执行"延伸"命令，对水平中心线进行延伸，命令行操作如下。

```
命令: extend
当前设置:投影=UCS,边=延伸
```

选择边界的边...
选择对象或 <全部选择>：　　　　//选择外侧的矩形，如图 4-98 所示

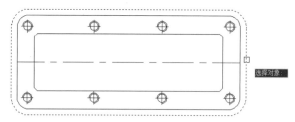

图 4-98　选择结果

选择对象：　　　　　　　　　　//Enter，结束选择
选择要延伸的对象，或按住 Shift 键选择要修剪的对象，或 [栏选(F)/窗交(C)/投影(P)/边(E)/放弃(U)]：　　　　　　　　//在水平中心线的左端单击
选择要延伸的对象，或按住 Shift 键选择要修剪的对象，或 [栏选(F)/窗交(C)/投影(P)/边(E)/放弃(U)]：　　　　　　　　//在水平中心线的右端单击
选择要延伸的对象，或按住 Shift 键选择要修剪的对象，或 [栏选(F)/窗交(C)/投影(P)/边(E)/放弃(U)]：　　　　　　　　//Enter，结束命令，延伸结果如图 4-99 所示

Step 21 使用快捷键 E 激活"删除"命令，将偏移出的矩形删除，结果如图 4-100 所示。

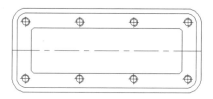
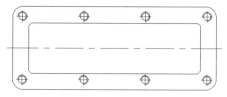

图 4-99　延伸结果　　　　　　　图 4-100　删除结果

Step 22 单击"快速访问"工具栏→"保存"按钮，将图形另存为"上机实训一.dwg"。

4.6　上机实训二——绘制基板零件二视图

本例通过绘制基板零件二视图，继续对所学重点知识进行综合练习和巩固应用。基板零件二视图的最终绘制效果如图 4-101 所示。操作步骤如下。

Step 01 单击"快速访问"工具栏→"新建"按钮，以配套资源中的"\绘图样板\机械样板.dwt"作为基础样板，新建空白文件。

Step 02 选择菜单栏中的"格式"→"图形界限"命令，设置绘图区域为 250×200，命令行操作如下。

命令：'limits
重新设置模型空间界限：

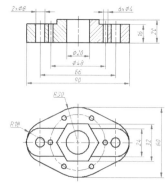

图 4-101　最终绘制效果

```
指定左下角点或 [开(ON)/关(OFF)] <0.0,0.0>:        //Enter
指定右上角点 <420.0,297.0>:                      //250,200 Enter
```

Step 03 使用快捷键 Z 激活"视图缩放"命令,将其最大化显示,命令行操作如下。

```
命令:zoom                                        //Enter
指定窗口的角点,输入比例因子 (nX 或 nXP),或者[全部(A)/中心(C)/动态(D)/范围(E)/
上一个(P)/比例(S)/窗口(W)/对象(O)] <实时>:        //A Enter
```

Step 04 展开"图层控制"下拉列表,设置"中心线"图层为当前图层。

Step 05 使用快捷键 XL 激活"构造线"命令,绘制如图 4-102 所示的构造线作为定位辅助线,垂直构造线之间的距离为 33。

图 4-102 绘制构造线

Step 06 展开"图层控制"下拉列表,将"轮廓线"图层设置为当前图层,并打开"线宽"功能。

Step 07 选择菜单栏中的"绘图"→"圆"→"圆心、直径"命令,以交点 A、B 为圆心,绘制直径分别为 8 和 24 的同心圆,结果如图 4-103 所示。

Step 08 使用快捷键 L 激活"直线"命令,分别连接两个大圆的象限点,绘制公切线,如图 4-104 所示。

Step 09 使用快捷键 C 激活"圆"命令,以交点 O 为圆心,绘制直径分别为 60、48 和 20 的同心圆,结果如图 4-105 所示。

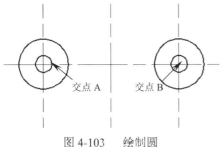

图 4-103 绘制圆

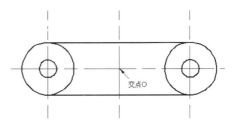

图 4-104 绘制公切线

Step 10 重复执行"圆"命令,以交点 Q 作为圆心,绘制直径为 4 的小圆。

Step 11 在无命令执行的前提下使刚绘制的小圆的夹点显示,进入夹点编辑模式,将小圆旋转并复制 6 份,命令行操作如下。

```
** 拉伸 **
指定拉伸点或 [基点(B)/复制(C)/放弃(U)/退出(X)]: //B Enter
指定基点:                                        //捕捉大同心圆的圆心
** 拉伸 **
指定拉伸点或 [基点(B)/复制(C)/放弃(U)/退出(X)]:
                                                //单击右键,从弹出的夹点菜单中选择"旋转"选项
```

```
** 旋转 **
指定旋转角度或 [基点(B)/复制(C)/放弃(U)/参照(R)/退出(X)]:    //C Enter
** 旋转 (多重) **
指定旋转角度或 [基点(B)/复制(C)/放弃(U)/参照(R)/退出(X)]:    //60 Enter
** 旋转 (多重) **
指定旋转角度或 [基点(B)/复制(C)/放弃(U)/参照(R)/退出(X)]:    //-60 Enter
** 旋转 (多重) **
指定旋转角度或 [基点(B)/复制(C)/放弃(U)/参照(R)/退出(X)]:    //120 Enter
** 旋转 (多重) **
指定旋转角度或 [基点(B)/复制(C)/放弃(U)/参照(R)/退出(X)]:    //-120 Enter
** 旋转 (多重) **
指定旋转角度或 [基点(B)/复制(C)/放弃(U)/参照(R)/退出(X)]:    //180 Enter
** 旋转 (多重) **
指定旋转角度或 [基点(B)/复制(C)/放弃(U)/参照(R)/退出(X)]:
//Enter,退出命令,并取消夹点显示,编辑结果如图 4-106 所示
```

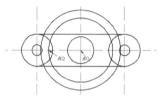   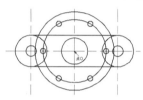

图 4-105　绘制同心圆　　　　　　　　图 4-106　编辑结果

Step 12 单击"默认"选项卡→"绘图"面板→"正多边形"按钮，执行"正多边形"命令，以交点 O 作为中心点，绘制正六边形，命令行操作如下。

```
命令: polygon
输入边的数目 <4>:                           //6 Enter
指定正多边形的中心点或 [边(E)]:             //捕捉交点 O 作为中心点
输入选项 [内接于圆(I)/外切于圆(C)] <I>:     //C Enter
指定圆的半径:                               //16 Enter,绘制结果如图 4-107 所示
```

Step 13 执行"圆"命令，以交点 1 和交点 2 为圆心，绘制半径为 18 的两个圆作为辅助圆，结果如图 4-108 所示。

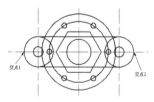   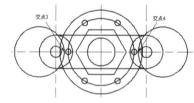

图 4-107　绘制正六边形　　　　　　　图 4-108　绘制辅助圆

Step 14 重复执行"圆"命令，以交点 3 和交点 4 为圆心，绘制两个半径为 18 的圆，如图 4-109 所示。

Step 15 使用快捷键 L 激活"直线"命令，配合切点捕捉功能绘制圆 1、圆 2 和圆 3 的公切线，结果如图 4-110 所示。

Step 16 执行"修剪"命令，修剪掉多余的线段及弧形轮廓，并删除所绘制的辅助圆，结果

如图 4-111 所示。

Step 17 使如图 4-111 所示的圆的夹点显示，然后展开"图层控制"下拉列表，修改其图层为"中心线"图层，结果如图 4-112 所示。

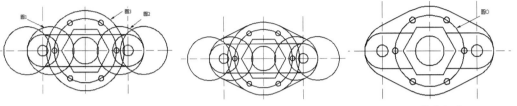

图 4-109　绘制圆　　　图 4-110　绘制圆的外公切线　　　图 4-111　修剪操作（1）

Step 18 单击"默认"选项卡→"绘图"面板→"构造线"按钮，执行"构造线"命令，分别通过俯视图中各定位圆及正六边形特征点绘制如图 4-113 所示的垂直构造线作为辅助线。

Step 19 重复执行"构造线"命令，在俯视图的上侧绘制三条水平构造线，如图 4-114 所示。

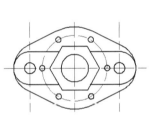 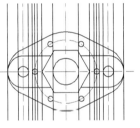 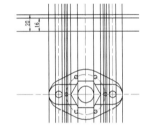

图 4-112　修改图层（1）　　图 4-113　绘制垂直构造线　　图 4-114　绘制水平构造线

Step 20 使用快捷键 TR 激活"修剪"命令，对各构造线进行修剪，编辑出基板主视图轮廓，结果如图 4-115 所示。

Step 21 使如图 4-115 所示的垂直轮廓线 L 和 M 的夹点显示，然后展开"图层控制"下拉列表，将其放到"中心线"图层上，结果如图 4-116 所示。

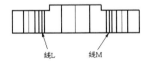

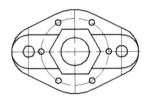 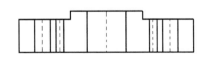

图 4-115　修剪操作（2）　　　　　　图 4-116　修改图层（2）

Step 22 使用快捷键 H 激活"图案填充"命令，在打开的"图案填充和渐变色"对话框中设置图案填充参数，如图 4-117 所示。对主视图填充剖面线，结果如图 4-118 所示。

131

图 4-117 设置图案填充参数

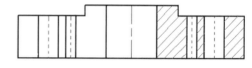

图 4-118 填充结果（1）

 重复执行"图案填充"命令，将填充角度设置为90°，其他参数不变，继续对主视图填充图案，填充结果如图 4-119 所示。

单击"默认"选项卡→"修改"面板→"拉长"按钮，执行"拉长"命令，将各位置的中心线分别向两端拉长 3 个绘图单位，结果如图 4-120 所示。

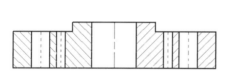

图 4-119 填充结果（2）

图 4-120 拉长结果

单击"快速访问"工具栏→"保存"按钮，将图形另存为"上机实训二.dwg"。

4.7 小结与练习

4.7.1 小结

本章主要讲解了 AutoCAD 的二维编辑功能，具体有对象的边角编辑功能、边角细化功能、更改对象位置、更改对象形状、更改对象大小及夹点编辑等功能。掌握这些基本的修改功能，就可以对图形进行编辑和修饰完善，将有限的基本几何元素编辑组合为千变万化的复杂图形，以满足设计的需要。

4.7.2 练习

1. 综合运用相关知识，绘制如图 4-121 所示的零件图。

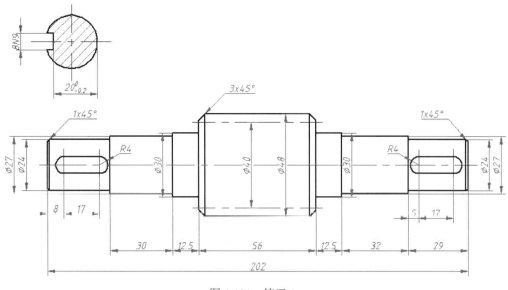

图 4-121　练习 1

2. 综合运用相关知识，绘制如图 4-122 所示的零件二视图。

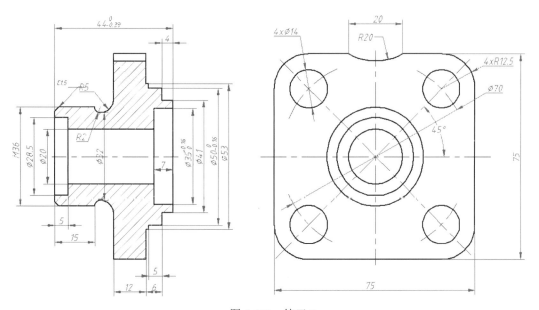

图 4-122　练习 2

3. 综合运用相关知识，绘制如图 4-123 所示的零件二视图。

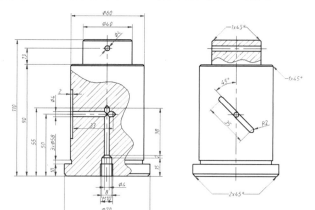

图 4-123　练习 3

第二篇　绘图技能篇

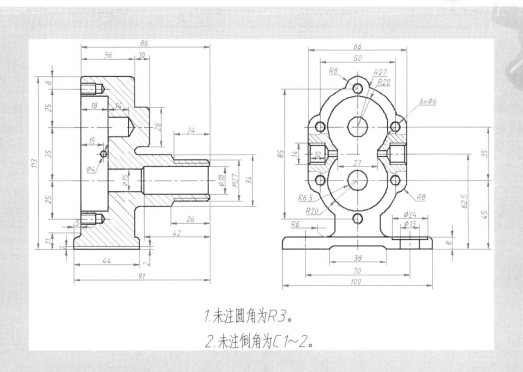

快速创建复合图形结构

通过前几章的学习，读者基本具备了图样的绘制能力和编辑能力。为了方便读者快速、高效地绘制设计图样，从本章开始，将陆续讲解 AutoCAD 的一些高级制图工具。灵活掌握这些工具，能使读者更加方便地对图形资源进行组织、管理、共享和完善等。本章将重点讲解复合图形结构的具体创建方法。

内容要点

- 复制、偏移与镜像
- 上机实训一——各种复合工具综合练习
- 应用图块
- 定义属性
- 复合图元的阵列功能
- 定制图块
- DWG 参照
- 上机实训二——图块与属性的综合应用

5.1 复制、偏移与镜像

本节将学习"复制""偏移""镜像"三个命令，以快速创建多重图形结构和对称图形结构。

5.1.1 复制图形

"复制"命令用于将选定的图形对象通过基点进行复制，复制的结果可以是一份，也可以是多份。通常使用"复制"命令创建结构相同、位置不同的复合结构。

执行"复制"命令主要有以下几种方式。

- ✧ 单击"默认"选项卡→"修改"面板→"复制"按钮。
- ✧ 选择菜单栏中的"修改"→"复制"命令。
- ✧ 在命令行输入 copy 后按 Enter 键。
- ✧ 使用快捷键 CO。

下面通过简单的实例，学习"复制"命令的使用方法和技巧，具体操作步骤如下。

Step 01 新建空白文件，并设置捕捉模式为端点捕捉。

Step 02 使用"矩形"命令绘制长度为 200、宽度为 100 的矩形。

Step 03 选择菜单栏中的"绘图"→"圆"→"圆心、半径"命令，以矩形的左下角点作为圆心，绘制半径为 20 的圆，结果如图 5-1 所示。

Step 04 单击"默认"选项卡→"修改"面板→"复制"按钮，执行"复制"命令，将圆复制到矩形其他角点处，命令行操作如下。

```
命令：copy
选择对象：                                        //选择刚绘制的圆形
选择对象：                                        //Enter，结束选择
当前设置：复制模式 = 多个
指定基点或 [位移(D)/模式(O)] <位移>：              //捕捉圆心作为基点
指定第二个点或 [阵列(A)] <使用第一个点作为位移>：   //捕捉矩形的左上角点
指定第二个点或 [阵列(A)/退出(E)/放弃(U)] <退出>：   //捕捉矩形的右上角点
指定第二个点或 [阵列(A)/退出(E)/放弃(U)] <退出>：   //捕捉矩形的右下角点
指定第二个点或 [阵列(A)/退出(E)/放弃(U)] <退出>：   //Enter，结束命令
```

Step 05 复制结果如图 5-2 所示。

图 5-1 绘制结果

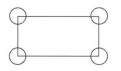

图 5-2 复制结果

小技巧

此命令只能用于在当前文件中复制对象。如果用户需要在多个文件之间复制对象，则必须选择菜单栏中的"编辑"→"复制"命令。

5.1.2 偏移图形

"偏移"命令用于将选定的图形对象按照一定的距离或指定的通过点进行偏移。执行"偏移"命令主要有以下几种方式。

- 单击"默认"选项卡→"修改"面板→"偏移"按钮 。
- 选择菜单栏中的"修改"→"偏移"命令。
- 在命令行输入 offset 后按 Enter 键。
- 使用快捷键 O。

小技巧

不同结构的对象，其偏移结果也会不同。例如，在对圆、椭圆等对象进行偏移后，对象的尺寸发生了变化，而对直线偏移后，直线的尺寸则保持不变。

● **距离偏移**

所谓"距离偏移"，指的就是根据事先指定的某一距离来偏移对象。在偏移过程中，可以单次偏移，也可以多次偏移。具体操作步骤如下。

Step 01 绘制如图 5-3 所示的圆、椭圆和直线。

 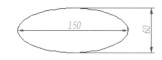 

图 5-3 绘制结果

Step 02 单击"默认"选项卡→"修改"面板→"偏移"按钮 ，执行"偏移"命令，对图形进行距离偏移，命令行操作如下。

```
命令：offset
当前设置：删除源=否  图层=源  OFFSETGAPTYPE=0
指定偏移距离或 [通过(T)/删除(E)/图层(L)] <10.0000>：//20 Enter，设置偏移距离
选择要偏移的对象，或 [退出(E)/放弃(U)] <退出>：      //单击圆作为偏移对象
指定要偏移的那一侧上的点，或 [退出(E)/多个(M)/放弃(U)] <退出>：
                                                //在圆的外侧拾取点
选择要偏移的对象，或 [退出(E)/放弃(U)] <退出>：      //单击椭圆
指定要偏移的那一侧上的点，或 [退出(E)/多个(M)/放弃(U)] <退出>：
                                                //在椭圆外侧拾取点
```

选择要偏移的对象，或 [退出(E)/放弃(U)] <退出>:   //单击直线作为偏移对象
指定要偏移的那一侧上的点，或 [退出(E)/多个(M)/放弃(U)] <退出>:
                                            //在直线上侧拾取点
选择要偏移的对象，或 [退出(E)/放弃(U)] <退出>:   //Enter，偏移结果如图 5-4 所示

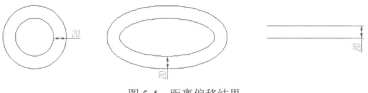

图 5-4　距离偏移结果

小技巧

在执行"偏移"命令时，只能以点选的方式选择对象，且每次只能偏移一个对象。

- 定点偏移

所谓"定点偏移"，指的就是根据指定的通过点来偏移选定的图形对象。下面继续对圆图形进行偏移，使偏移出的圆与大椭圆相切，命令行操作如下。

命令: offset
当前设置: 删除源=否　图层=源　OFFSETGAPTYPE=0
指定偏移距离或 [通过(T)/删除(E)/图层(L)] <20.0000>://T Enter，激活"通过"选项

小技巧

"通过"选项用于按照指定的通过点偏移对象，所偏移出的对象将通过事先指定的目标点。"删除"选项用于将源偏移对象删除。"图层"选项用于设置偏移对象所在图层。

选择要偏移的对象，或 [退出(E)/放弃(U)] <退出>:   //单击圆作为偏移对象
指定通过点或 [退出(E)/多个(M)/放弃(U)] <退出>:   //捕捉外侧椭圆的左象限点
选择要偏移的对象，或 [退出(E)/放弃(U)] <退出>:   //Enter，偏移结果如图 5-5 所示

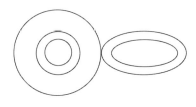

图 5-5　定点偏移

5.1.3　镜像图形

"镜像"命令用于将选定的图形对象沿着指定的两点进行对称复制。在镜像过程中，

源对象可以保留，也可以删除。此命令通常用于创建一些结构对称的复合图形，如图 5-6 所示。

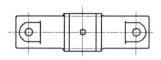

图 5-6　对称结构图形示例

执行"镜像"命令主要有以下几种方式。

- 单击"默认"选项卡→"修改"面板→"镜像"按钮 。
- 选择菜单栏中的"修改"→"镜像"命令。
- 在命令行输入 mirror 后按 Enter 键。
- 使用快捷键 MI。

下面通过具体实例，学习"镜像"命令的使用方法和技巧，具体操作步骤如下。

Step 01 执行"打开"命令，打开配套资源中的"\素材文件\5-1.dwg"，如图 5-7 所示。

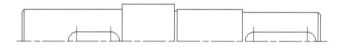

图 5-7　素材文件

Step 02 单击"默认"选项卡→"修改"面板→"镜像"按钮 ，执行"镜像"命令，对图形进行镜像复制，命令行操作如下。

```
命令: mirror
选择对象:                              //拉出如图 5-8 所示的窗交选择框
```

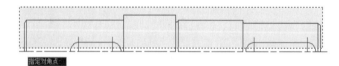

图 5-8　窗交选择框

```
选择对象:                              //Enter，结束对象的选择
指定镜像线的第一点:                    //捕捉下侧水平中心线的一个端点
指定镜像线的第二点:                    //@1,0 Enter
要删除源对象吗？[是(Y)/否(N)] <N>:     //Enter，结束命令
```

小技巧

如果用户激活了"是（Y）"选项，则源对象被自动删除。

Step 03 图形的镜像结果如图 5-9 所示。

图 5-9 镜像结果

小技巧

当图形对象中含有文本、属性时，镜像后的文本、属性等对象的可读性由系统变量 MIRRTEXT 决定。当 MIRRTEXT 的值为 1 时，镜像文本不可读；当 MIRRTEXT 的值为 0 时，镜像文本可读。

5.2 复合图元的阵列功能

本节继续学习复合图形的创建工具，具体有"矩形阵列""环形阵列""路径阵列"三个命令，使用这三个命令可以快速创建规则的多重图形结构。

5.2.1 矩形阵列

"矩形阵列"命令用于创建规则图形结构。使用此命令可以将图形按照指定的行数和列数，成"矩形"的排列方式进行大规模复制，以创建均布结构的图形，如图 5-10 所示。

图 5-10 矩形阵列示例

执行"矩形阵列"命令主要有以下几种方式。

- ◆ 单击"默认"选项卡→"修改"面板→"矩形阵列"按钮 。
- ◆ 选择菜单栏中的"修改"→"阵列"→"矩形阵列"命令。
- ◆ 在命令行输入 arrayrect 后按 Enter 键。
- ◆ 使用快捷键 AR。

下面通过具体实例，学习"矩形阵列"命令的使用方法和技巧，具体操作步骤如下。

Step 01 执行"打开"命令，打开配套资源中的"\素材文件\5-2.dwg 文件"，如图 5-11 所示。

Step 02 单击"默认"选项卡→"修改"面板→"矩形阵列"按钮 ，执行"矩形阵列"命令，对图形进行矩形阵列，命令行操作如下。

```
命令: arrayrect
选择对象：                    //拉出如图 5-12 所示的窗交选择框选择对象
选择对象：                    //Enter
类型 = 矩形  关联 = 否
```

```
选择夹点以编辑阵列或 [关联(AS)/基点(B)/计数(COU)/间距(S)/列数(COL)/行数(R)/层
数(L)/退出(X)] <退出>:                    //COU Enter
    输入列数或 [表达式(E)] <4>:              //2 Enter
    输入行数或 [表达式(E)] <3>:              //2 Enter
选择夹点以编辑阵列或 [关联(AS)/基点(B)/计数(COU)/间距(S)/列数(COL)/行数(R)/层
数(L)/退出(X)] <退出>:                    //S Enter
    指定列之间的距离或 [单位单元(U)] <46.6>: //120 Enter
    指定行之间的距离 <47.5>:                //80 Enter
选择夹点以编辑阵列或 [关联(AS)/基点(B)/计数(COU)/间距(S)/列数(COL)/行数(R)/层
数(L)/退出(X)] <退出>:                    //AS Enter
    创建关联阵列 [是(Y)/否(N)] <否>:        //Y Enter
选择夹点以编辑阵列或 [关联(AS)/基点(B)/计数(COU)/间距(S)/列数(COL)/行数(R)/层
数(L)/退出(X)] <退出>:                    //Enter，结束命令
```

Step 03 图形的矩形阵列结果如图 5-13 所示。

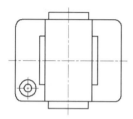
图 5-11 素材文件

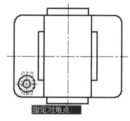
图 5-12 窗交选择框

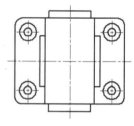
图 5-13 矩形阵列结果

● 选项解析

✧ "关联"选项用于设置阵列对象的关联特性。
✧ "基点"选项用于设置阵列对象的基点。
✧ "计数"选项用于设置阵列的行数或列数。
✧ "间距"选项用于设置对象的行偏移或列偏移距离。
✧ "列数"选项用于输入阵列的列数。
✧ "行数"选项用于输入阵列的行数。
✧ "层数"选项用于输入阵列的层数。

小技巧

如果在阵列图形时设置了关联特性，那么阵列出的所有对象被视为一个整体，其夹点显示效果如图 5-14 所示。

5.2.2 环形阵列

"环形阵列"命令用于将图形按照阵列中心点和数目成圆形排列，以快速创建聚心结构的图形，如图 5-15 所示。

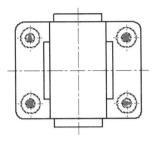
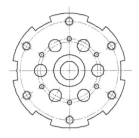

图 5-14 关联阵列对象的夹点显示效果　　　　图 5-15 环形阵列示例

执行"环形阵列"命令主要有以下几种方式。

- ◇ 单击"默认"选项卡→"修改"面板→"环形阵列"按钮。
- ◇ 选择菜单栏中的"修改"→"阵列"→"环形阵列"命令。
- ◇ 在命令行输入 arraypolar 后按 Enter 键。
- ◇ 使用快捷键 AR。

下面通过具体实例,学习"环形阵列"命令的使用方法和技巧,具体操作步骤如下。

Step 01 打开配套资源中的"\素材文件\5-3.dwg"文件,如图 5-16 所示。

Step 02 单击"默认"选项卡→"修改"面板→"环形阵列"按钮,执行"环形阵列"命令,配合窗口选择功能对零件图进行环形阵列,命令行操作如下。

```
命令: arraypolar
选择对象:                              //拉出如图 5-17 所示的窗口选择框
选择对象:                              //Enter
类型 = 极轴  关联 = 否
指定阵列的中心点或 [基点(B)/旋转轴(A)]:  //捕捉如图 5-18 所示的交点
```

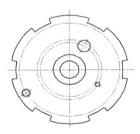
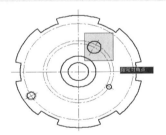
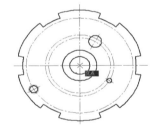

图 5-16 素材文件　　　　图 5-17 窗口选择框　　　　图 5-18 捕捉交点

```
选择夹点以编辑阵列或 [关联(AS)/基点(B)/项目(I)/项目间角度(A)/填充角度(F)/行
(ROW)/层(L)/旋转项目(ROT)/退出(X)] <退出>:   //I Enter
输入阵列中的项目数或 [表达式(E)] <6>:         //Enter
选择夹点以编辑阵列或 [关联(AS)/基点(B)/项目(I)/项目间角度(A)/填充角度(F)/行
(ROW)/层(L)/旋转项目(ROT)/退出(X)] <退出>:   //AS Enter
创建关联阵列 [是(Y)/否(N)] <否>:              //Y Enter
选择夹点以编辑阵列或 [关联(AS)/基点(B)/项目(I)/项目间角度(A)/填充角度(F)/行
(ROW)/层(L)/旋转项目(ROT)/退出(X)] <退出>:   //Enter,结束命令
```

Step 03 图形的环形阵列结果如图 5-19 所示。

Step 04 重复执行"环形阵列"命令,继续对内部的孔结构进行阵列,命令行操作如下。

```
命令: arraypolar
选择对象:                                    //拉出如图 5-20 所示的窗口选择框
选择对象:                                    //Enter
类型 = 极轴                                  关联 = 是
指定阵列的中心点或 [基点(B)/旋转轴(A)]:       //捕捉如图 5-21 所示的圆心
选择夹点以编辑阵列或 [关联(AS)/基点(B)/项目(I)/项目间角度(A)/填充角度(F)/行
(ROW)/层(L)/旋转项目(ROT)/退出(X)] <退出>:    //I Enter
输入阵列中的项目数或 [表达式(E)] <6>:         //Enter
选择夹点以编辑阵列或 [关联(AS)/基点(B)/项目(I)/项目间角度(A)/填充角度(F)/行
(ROW)/层(L)/旋转项目(ROT)/退出(X)] <退出>:    //Enter, 结束命令
```

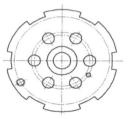 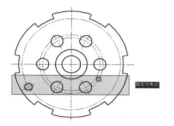 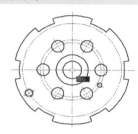

图 5-19　环形阵列结果　　　图 5-20　窗口选择框　　　图 5-21　捕捉圆心

Step 05 环形阵列后的效果如图 5-15 所示。

● **选项解析**

◇ "关联"选项用于设置阵列图形的关联特性，当设置了阵列的关联性后，阵列出的所有对象被视为一个整体，其夹点显示效果如图 5-22 所示。

◇ "基点"选项用于设置阵列对象的基点。

◇ "项目"选项用于输入环形阵列的数目。

◇ "项目间角度"选项用于设置阵列对象间的角度。

◇ "填充角度"选项用于输入环形阵列的角度，正值为逆时针阵列，负值为顺时针阵列。

◇ "行"选项用于设置阵列的行数。

◇ "层"选项用于设置阵列的层数。

◇ "旋转项目"选项用于指定阵列对象的旋转轴。

5.2.3　路径阵列

"路径阵列"命令用于将对象沿指定的路径或路径的某部分进行等距阵列。执行"路径阵列"命令主要有以下几种方式。

◇ 单击"默认"选项卡→"修改"面板→"路径阵列"按钮。

◇ 选择菜单栏中的"修改"→"阵列"→"路径阵列"命令。

◇ 在命令行输入 arraypath 后按 Enter 键。

◇ 使用快捷键 AR。

下面通过具体实例，学习"路径阵列"命令的使用方法和技巧，具体操作步骤如下。

Step 01 打开配套资源中的"\素材文件\5-4.dwg"文件,如图5-23所示。

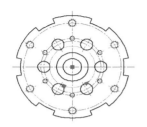

图5-22 环形阵列的关联效果

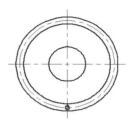

图5-23 素材文件

Step 02 单击"默认"选项卡→"修改"面板→"路径阵列"按钮,执行"路径阵列"命令,对零件图进行路径阵列,命令行操作如下。

```
命令: arraypath
选择对象:            //拉出如图5-24所示的窗口选择框
选择对象:            //Enter
类型 = 路径   关联 = 否
选择路径曲线:                          //选择如图5-25所示的中心圆
选择夹点以编辑阵列或 [关联(AS)/方法(M)/基点(B)/切向(T)/项目(I)/行(R)/层(L)/对
齐项目(A)/Z方向(Z)/退出(X)] <退出>:    //M Enter
输入路径方法 [定数等分(D)/定距等分(M)] <定距等分>: //D Enter
选择夹点以编辑阵列或 [关联(AS)/方法(M)/基点(B)/切向(T)/项目(I)/行(R)/层(L)/对
齐项目(A)/Z方向(Z)/退出(X)] <退出>:    //I Enter
输入沿路径的项目数或 [表达式(E)] <17>:  //12 Enter
选择夹点以编辑阵列或 [关联(AS)/方法(M)/基点(B)/切向(T)/项目(I)/行(R)/层(L)/对
齐项目(A)/Z方向(Z)/退出(X)] <退出>:    //AS Enter
创建关联阵列 [是(Y)/否(N)] <否>:       //Y Enter
选择夹点以编辑阵列或 [关联(AS)/方法(M)/基点(B)/切向(T)/项目(I)/行(R)/层(L)/对
齐项目(A)/Z方向(Z)/退出(X)] <退出>:    //Enter,结束命令
```

Step 03 图形的路径阵列结果如图5-26所示。

  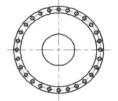

图5-24 窗口选择框　　　图5-25 选择中心圆　　　图5-26 路径阵列结果

● 选项设置

◇ "关联"选项用于设置阵列图形的关联特性。
◇ "方法"选项用于设置阵列对象沿路径的排列方式,有定数等分和定距等分两种。
◇ "基点"选项用于设置阵列对象的基点。
◇ "切向"选项用于设置切向矢量。

- "项目"选项用于输入环形阵列的数量。
- "行"选项用于设置阵列的行数。
- "层"选项用于设置阵列的层数。
- "对齐项目"选项用于设置阵列项目是否与阵列路径对齐。
- "Z方向"选项用于设置是否对阵列中的所有项目保持Z方向。

5.3 上机实训——各种复合工具综合练习

本例通过绘制如图 5-27 所示的零件轮廓图,对"复制""偏移""镜像""矩形阵列""环形阵列""路径阵列"等命令进行练习和巩固运用,操作步骤如下。

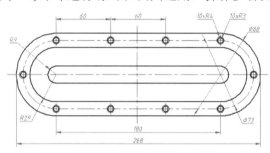

图 5-27 绘制效果

Step 01 单击"快速访问"工具栏→"新建"按钮,以配套资源中的"\绘图样板\机械样板.dwt"作为基础样板,新建绘图文件。

Step 02 启用对象捕捉功能,设置捕捉模式为交点捕捉、中点捕捉和圆心捕捉,如图 5-28 所示。

Step 03 按 F10 功能键,启用极轴追踪功能,并设置极轴角如图 5-29 所示。

图 5-28 设置捕捉模式

图 5-29 设置极轴追踪参数

Step 04 使用快捷键 Z 激活"视图缩放"功能,将视图高度调整为 200 个绘图单位,命令行操作如下。

```
命令:zoom                                    //Enter
指定窗口的角点,输入比例因子 (nX 或 nXP),或者[全部(A)/中心(C)/动态(D)/范围(E)/
上一个(P)/比例(S)/窗口(W)/对象(O)] <实时>:     //C
指定中心点:                                    //在绘图区拾取一点
输入比例或高度 <423.4>:                        //200 Enter
```

Step 05 展开"图层"面板→"图层控制"下拉列表,将"轮廓线"图层设置为当前图层,如图 5-30 所示。

Step 06 选择菜单栏中的"绘图"→"多段线"命令,配合极轴追踪功能绘制外轮廓线,命令行操作如下。

```
命令: pline
指定起点:                                    //在绘图区拾取一点作为起点
当前线宽为 0.0000
指定下一个点或 [圆弧(A)/半宽(H)/长度(L)/放弃(U)/宽度(W)]:
                                            //向右引出如图 5-31 所示的极轴追踪虚线,输入 180 Enter
指定下一点或 [圆弧(A)/闭合(C)/半宽(H)/长度(L)/放弃(U)/宽度(W)]:
                                            //A Enter,转入画弧模式
指定圆弧的端点或[角度(A)/圆心(CE)/闭合(CL)/方向(D)/半宽(H)/直线(L)/半径(R)/第
二个点(S)/放弃(U)/宽度(W)]:   //向上引出如图 5-32 所示的极轴虚线,输入 88 Enter
指定圆弧的端点或[角度(A)/圆心(CE)/闭合(CL)/方向(D)/半宽(H)/直线(L)/半径(R)/第
二个点(S)/放弃(U)/宽度(W)]:   //L Enter,转入画线模式
指定下一点或 [圆弧(A)/闭合(C)/半宽(H)/长度(L)/放弃(U)/宽度(W)]:
                                            //向左引出如图 5-33 所示的极轴追踪虚线,输入 180 Enter
```

图 5-30 设置当前图层

图 5-31 引出 0°极轴追踪虚线

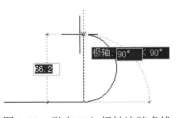
图 5-32 引出 90°极轴追踪虚线

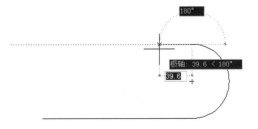
图 5-33 引出 180°极轴追踪虚线

```
指定下一点或 [圆弧(A)/闭合(C)/半宽(H)/长度(L)/放弃(U)/宽度(W)]:   //A Enter
指定圆弧的端点或[角度(A)/圆心(CE)/闭合(CL)/方向(D)/半宽(H)/直线(L)/半径(R)/第
二个点(S)/放弃(U)/宽度(W)]:   //向下引出如图 5-34 所示的极轴追踪虚线,输入 88 Enter
```

指定圆弧的端点或[角度(A)/圆心(CE)/闭合(CL)/方向(D)/半宽(H)/直线(L)/半径(R)/第二个点(S)/放弃(U)/宽度(W)]:　　//Enter，绘制结果如图5-35所示

图5-34　引出270°极轴虚线　　　　　　　图5-35　绘制结果

Step 07 单击"默认"选项卡→"修改"面板→"偏移"按钮，执行"偏移"命令，将刚绘制的多段线向内偏移，命令行操作如下。

命令：offset

当前设置：删除源=否　图层=源　OFFSETGAPTYPE=0

指定偏移距离或 [通过(T)/删除(E)/图层(L)] <5.0>: //7.5 Enter，设置偏移距离

选择要偏移的对象，或 [退出(E)/放弃(U)] <退出>: //选择绘制的多段线

指定要偏移的那一侧上的点，或 [退出(E)/多个(M)/放弃(U)] <退出>:
　　　　　　　　　　　　　　　　　　　　　　　　//在所选多段线的内侧拾取点

选择要偏移的对象，或 [退出(E)/放弃(U)] <退出>: //Enter，结束命令

命令：offset　　　　　　　　　　　　　　　　//Enter，重复执行命令

当前设置：删除源=否　　　　　　　　　　　　图层=源　OFFSETGAPTYPE=0

指定偏移距离或 [通过(T)/删除(E)/图层(L)] <7.5>: //15 Enter，设置偏移距离

选择要偏移的对象，或 [退出(E)/放弃(U)] <退出>: //选择绘制的多段线

指定要偏移的那一侧上的点，或 [退出(E)/多个(M)/放弃(U)] <退出>:
　　　　　　　　　　　　　　　　　　　　　　　　//在所选多段线的内侧拾取点

选择要偏移的对象，或 [退出(E)/放弃(U)] <退出>: //Enter，结束命令

命令：offset

当前设置：删除源=否　图层=源　OFFSETGAPTYPE=0

指定偏移距离或 [通过(T)/删除(E)/图层(L)] <15.0>: //35 Enter，设置偏移距离

选择要偏移的对象，或 [退出(E)/放弃(U)] <退出>: //选择绘制的多段线

指定要偏移的那一侧上的点，或 [退出(E)/多个(M)/放弃(U)] <退出>:
　　　　　　　　　　　　　　　　　　　　　　　　//在所选多段线的内侧拾取点

选择要偏移的对象，或 [退出(E)/放弃(U)] <退出>: //Enter，结果如图5-36所示

Step 08 选择菜单栏中的"绘图"→"圆"→"圆心、直径"命令，绘制两个同心圆，命令行操作如下。

命令：circle

指定圆的圆心或 [三点(3P)/两点(2P)/相切、相切、半径(T)]:
　　　　　　　　　　　　　　　　　//捕捉如图5-37所示的交点作为圆心

指定圆的半径或 [直径(D)]:　　　　//D Enter

指定圆的直径:　　　　　　　　　　//6 Enter，输入小圆的直径

```
命令:circle                                    //Enter，重复执行命令
指定圆的圆心或 [三点(3P)/两点(2P)/相切、相切、半径(T)]:   //捕捉刚绘制的圆的圆心
指定圆的半径或 [直径(D)] <5.5000>:              //D Enter
指定圆的直径 <11.0000>:                         //8 Enter，绘制结果如图5-38所示
```

图5-36　偏移结果 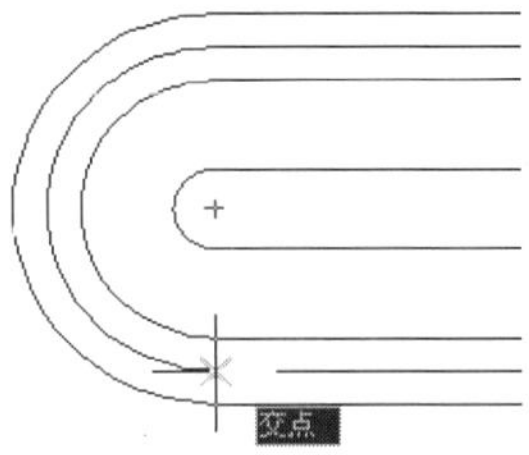　　　　　　　　　　图5-37　捕捉交点

Step 09 展开"图层"面板→"图层控制"下拉列表，将"中心线"图层设置为当前图层。

Step 10 使用快捷键L激活"直线"命令，配合象限点捕捉或中点捕捉功能，绘制如图5-39所示的两条中心线。

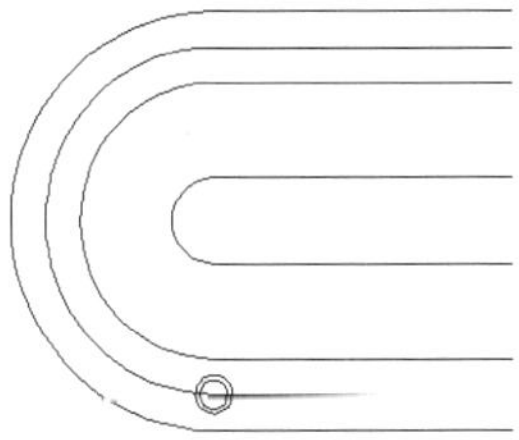

图5-38　绘制结果（1） 　　　　　　　图5-39　绘制结果（2）

Step 11 使用快捷键LEN激活"拉长"命令，将水平中心线和垂直中心线的两端拉长，命令行操作如下。

```
命令:lengthen                                  //Enter，执行命令
选择对象或 [增量(DE)/百分数(P)/全部(T)/动态(DY)]: //DE Enter，激活"增量"选项
输入长度增量或 [角度(A)] <0.0>:                 //8 Enter
选择要修改的对象或 [放弃(U)]:                    //在水平中心线的左端单击
选择要修改的对象或 [放弃(U)]:                    //在水平中心线的右端单击
选择要修改的对象或 [放弃(U)]:                    //Enter，结束命令
命令:lengthen                                  //Enter，重复执行命令
选择对象或 [增量(DE)/百分数(P)/全部(T)/动态(DY)]: //DE Enter，激活"增量"选项
输入长度增量或 [角度(A)] <8.0>:                 //2 Enter
选择要修改的对象或 [放弃(U)]:                    //在垂直中心线的上端单击
选择要修改的对象或 [放弃(U)]:                    //在垂直中心线的下端单击
选择要修改的对象或 [放弃(U)]:                    //Enter，结束命令，拉长结果如图5-40所示
```

Step 12 在无命令执行的前提下，使如图5-41所示的轮廓线的夹点显示，将其放置到"中心线"图层上。

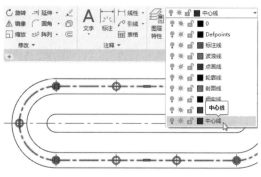

图 5-40 拉长结果　　　　　　　　图 5-41 更改图层（1）

Step 13 取消多段线的夹点显示，然后将直径为 8 的圆放到细实线图层上，如图 5-42 所示。

Step 14 取消图线的夹点显示，然后启用状态栏上的线宽显示功能，结果如图 5-43 所示。

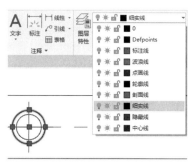

图 5-42 更改图层（2）　　　　　　图 5-43 启用线宽显示功能

Step 15 单击"默认"选项卡→"修改"面板→"复制"按钮，执行"复制"命令，将下侧的同心圆进行复制，命令行操作如下。

```
命令：copy
选择对象：                                      //拉出如图 5-44 所示的窗交选择框
选择对象：                                      //Enter，结束选择
指定基点或 [位移(D)] <位移>：                    //捕捉同心圆的圆心
指定第二个点或 [阵列(A)] <使用第一个点作为位移>：//@60,0 Enter
指定第二个点或 [阵列(A)/退出(E)/放弃(U)] <退出>：
                                                //Enter，复制结果如图 5-45 所示
```

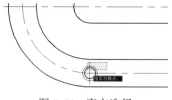

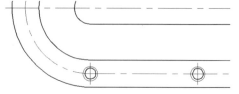

图 5-44 窗交选择　　　　　　　　图 5-45 复制结果

Step 16 单击"默认"选项卡→"修改"面板→"环形阵列"按钮，执行"环形阵列"命令，配合窗口选择功能对螺孔进行环形阵列，命令行操作如下。

```
命令：arraypolar
```

选择对象:	//拉出如图 5-46 所示的窗口选择框
选择对象:	//Enter
类型 = 极轴 关联 = 是	
指定阵列的中心点或 [基点(B)/旋转轴(A)]:	//捕捉如图 5-47 所示的交点

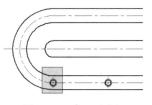

图 5-46 窗口选择

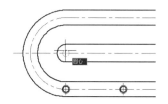

图 5-47 捕捉交点

选择夹点以编辑阵列或 [关联(AS)/基点(B)/项目(I)/项目间角度(A)/填充角度(F)/行(ROW)/层(L)/旋转项目(ROT)/退出(X)] <退出>:　　　　　　//F Enter
指定填充角度(+=逆时针,-=顺时针)或 [表达式(EX)] <360>: //-180 Enter
选择夹点以编辑阵列或 [关联(AS)/基点(B)/项目(I)/项目间角度(A)/填充角度(F)/行(ROW)/层(L)/旋转项目(ROT)/退出(X)] <退出>:　　　　　　//I Enter
输入阵列中的项目数或 [表达式(E)] <6>:　　　　　　//3 Enter
选择夹点以编辑阵列或 [关联(AS)/基点(B)/项目(I)/项目间角度(A)/填充角度(F)/行(ROW)/层(L)/旋转项目(ROT)/退出(X)] <退出>:　　　　　　//AS Enter
创建关联阵列 [是(Y)/否(N)] <是>:　　　　　　//N Enter
选择夹点以编辑阵列或 [关联(AS)/基点(B)/项目(I)/项目间角度(A)/填充角度(F)/行(ROW)/层(L)/旋转项目(ROT)/退出(X)] <退出>: //X Enter，阵列结果如图 5-48 所示

图 5-48 阵列结果

Step 17 单击"默认"选项卡→"修改"面板→"矩形阵列"按钮，执行"矩形阵列"命令，继续对螺孔进行矩形阵列，命令行操作如下。

命令: arrayrect
选择对象:　　　　　　//拉出如图 5-49 所示的窗交选择框
选择对象:　　　　　　//Enter
类型 = 矩形　　关联 = 否
选择夹点以编辑阵列或 [关联(AS)/基点(B)/计数(COU)/间距(S)/列数(COL)/行数(R)/层数(L)/退出(X)] <退出>:　　　　　　//COU Enter
输入列数或 [表达式(E)] <4>:　　　　　　//2 Enter
输入行数或 [表达式(E)] <3>:　　　　　　//2 Enter
选择夹点以编辑阵列或 [关联(AS)/基点(B)/计数(COU)/间距(S)/列数(COL)/行数(R)/层数(L)/退出(X)] <退出>:　　　　　　//S Enter
指定列之间的距离或 [单位单元(U)] <46.6>:　　　　　　//60 Enter
指定行之间的距离 <47.5>:　　　　　　//73 Enter

选择夹点以编辑阵列或 [关联(AS)/基点(B)/计数(COU)/间距(S)/列数(COL)/行数(R)/层
数(L)/退出(X)] <退出>:   //Enter,结束命令,阵列结果如图5-50所示

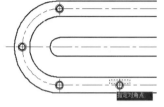

图5-49 窗交选择

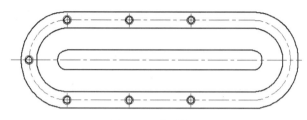

图5-50 阵列结果

Step 18 单击"默认"选项卡→"修改"面板→"镜像"按钮，执行"镜像"命令，对左侧的同心圆进行镜像，命令行操作如下。

命令: mirror
选择对象: //拉出如图5-51所示的窗口选择框
选择对象: //Enter,结束选择
指定镜像线的第一点: //捕捉如图5-52所示的中点
指定镜像线的第二点: //@0,1 Enter
要删除源对象吗?[是(Y)/否(N)] <N>: //Enter,镜像结果如图5-53所示

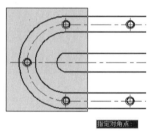

图5-51 窗口选择

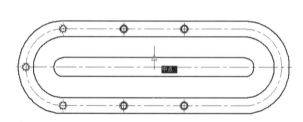

图5-52 捕捉中点

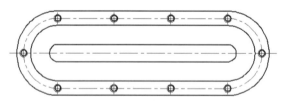

图5-53 镜像结果

Step 19 单击"快速访问"工具栏→"保存"按钮，将图形另存为"上机实训一.dwg"。

5.4 定制图块

所谓"图块"，指的就是将多个图形对象集合起来，形成一个单独的组合对象，这样不仅方便选择，还可以对其进行多次引用。

5.4.1 创建内部块

"创建块"命令用于将单个或多个图形对象集合成一个整体图形单元,保存于当前图形文件内,以供当前文件重复使用。使用此命令创建的图块被称为"内部块"。

执行"创建块"命令主要有以下几种方式。

- ◇ 单击"默认"选项卡→"块"面板→"创建"按钮。
- ◇ 选择菜单栏中的"绘图"→"块"→"创建"命令。
- ◇ 在命令行输入 block 或 bmake 后按 Enter 键。
- ◇ 使用快捷键 B。

下面通过具体实例,学习"创建块"命令的使用方法和技巧。图形被创建为块前后的显示效果如图 5-54 所示,具体操作步骤如下。

Step 01 打开配套资源中的"\素材文件\5-5.dwg"文件,如图 5-55 所示。

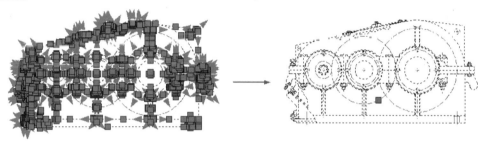

(a)创建块前的夹点显示效果　　　　　(b)创建块后的夹点显示效果

图 5-54　创建内部块

Step 02 单击"默认"选项卡→"块"面板→"创建"按钮,执行"创建块"命令,打开如图 5-56 所示的"块定义"对话框。

Step 03 在"名称"文本框内输入 block01 作为块的名称,在"对象"选项组中单击"保留"单选按钮,其他参数采用默认设置。

Step 04 在"基点"选项组中单击"拾取点"按钮,返回绘图区捕捉一点作为块的基点。

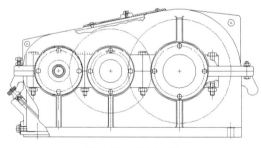

图 5-55　素材文件

图 5-56　"块定义"对话框

> **小技巧**
>
> 在定位图块的基点时,最好是在图形上的特征点中进行捕捉。

Step 05 单击"选择对象"按钮，返回绘图区，框选如图 5-57 所示的所有图形对象。

Step 06 按 Enter 键，返回"块定义"对话框，则在此对话框内出现图块的预览图标，如图 5-58 所示。

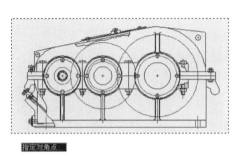
图 5-57 窗交选择

图 5-58 出现图块的预览图标

Step 07 单击 确定 按钮，关闭"块定义"对话框，结果所创建的内部块存在于文件内部，将会与文件一起被保存。

小技巧

使用 wbolck 命令，可以将图形以指定的路径保存为外部块，以供所有文件引用。

● 选项解析

◇ "名称"文本框用于为新块命名。图块名是一个不超过 255 个字符的字符串，可以包含字母、数字及"$""-""_"等符号。

◇ "基点"选项组主要用于确定图块的插入基点。用户可以直接在 X、Y、Z 文本框中输入基点坐标值，也可以在绘图区直接捕捉图形上的特征点。AutoCAD 默认基点为原点。

◇ 单击"快速选择"按钮，将打开"快速选择"对话框，用户可以按照一定的条件定义一个选择集。

◇ "转换为块"单选按钮用于将创建块的源图形转化为图块。

◇ "删除"单选按钮用于将组成图块的图形对象从当前绘图区中删除。

5.4.2 创建外部块

由于"内部块"仅供当前文件引用，为了弥补内部块给绘图过程带来的不便，AutoCAD 提供了"写块"命令。使用此命令创建的图块，不但可以被当前文件使用，还可以供其他文件重复引用。

下面通过将 5.4.1 节创建的内部块创建为外部块，来学习"写块"命令的使用方法和技巧，具体操作步骤如下。

Step 01 继续 5.4.1 节的操作。在命令行输入 wblock 或 W 后按 Enter 键，执行"写块"命令，打开如图 5-59 所示的"写块"对话框。

Step 02 在"源"选项组内单击"块"单选按钮，然后展开"块"下拉列表，选择 block01 内部块，如图 5-60 所示。

图 5-59 "写块"对话框

> **小技巧**
> "块"单选按钮用于将当前文件中的内部块转换为外部块，进行存盘。当单击该选项时，其右侧的下拉列表被激活，可从中选择需要被写入块文件的内部块。

Step 03 在"文件名或路径"文本框内，设置外部块的存盘路径、名称和单位，如图 5-61 所示。

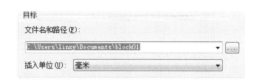

图 5-60 选择内部块   图 5-61 创建外部块

> **小技巧**
> 在默认状态下，系统将继续使用源内部块的名称作为外部块的新名称进行存盘。

Step 04 单击 按钮，结果 block01 内部块被转化为外部块，以独立文件形式存盘。

> **小技巧**
> "整个图形"单选按钮用于将当前文件中的所有图形对象集合为一个整体图块，进行存盘；"对象"单选按钮是系统默认选项，用于有选择性地将当前文件中的部分图形或全部图形创建为一个独立的外部块。具体操作与创建内部块相同。

5.4.3 创建动态块

所谓"动态块"，是建立在"块"基础之上的，是事先预设好数据，在使用时可以随设置的数值实现动态功能的块。动态块不仅具有块的一切特性，还具有其独特的特性。动态块是在块编辑器中创建的，块编辑器是一个专门的编写区域，如图 5-62 所示。通过添加参数和动作等元素，可以使块升级为动态块。

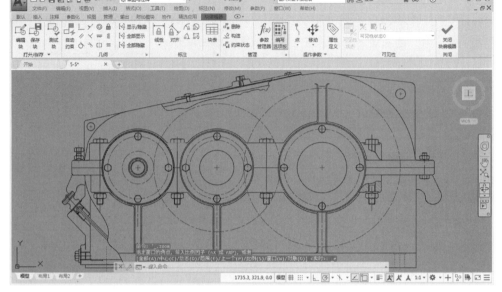

图 5-62 块编辑器

参数和动作是实现动态块动态功能的两个内部因素，如果将参数比作"原材料"，那么动作可以比作"加工工艺"，块编辑器则可以形象地比作"生产车间"，动态块则是"产品"。原材料在生产车间里按照某种加工工艺就可以形成产品，即"动态块"。

● 参数

参数用来指定其关联对象的变化方式。例如，点参数的关联对象可以向任意方向发生变化；线性参数和 X、Y 参数的关联对象只能在参数所指定的方向上发生变化；极轴参数的关联对象可以按照极轴方式发生旋转、拉伸或移动；翻转、可见性、对齐参数的关联对象可以发生翻转、隐藏与显示、自动对齐等。

将参数添加到动态块定义中后，系统会自动向块中添加自定义夹点和特性，使用这些自定义夹点和特性可以操作图形中的块参照。而夹点将添加到该参数的关键点，关键点是用于操作块参照的参数部分。例如，线性参数在其基点和端点具有关键点，可以从任一关键点操作参数距离。添加到动态块中的参数类型决定了添加的夹点类型。每种参数类型仅支持特定类型的动作。

● 动作

动作定义了在图形中操作动态块时，该块参照中的几何图形将如何移动或更改。所有动作必须与参数配对才能发挥作用，参数用来指定对象变化的方式，而动作则可以指定变化的对象。

向块中添加动作后，必须将这些动作与参数相关联，并且通常情况下要与几何图形相关联；当向块中添加参数和动作这些元素后，也就为块几何图形增添了灵活性和智能性。通过参数和动作的配合，动态块就可以轻松地实现旋转、翻转、查询等动态功能。

> **小技巧**
>
> 参数和动作仅显示在块编辑器中,将动态块插入图形中时,将不会显示动态块定义中包含的参数和动作。

- 动态块的制作步骤

为了制作高质量的动态块,可以按照如下步骤进行操作。

Step 01 在创建动态块之前,首先规划动态块的内容。例如,要创建一个可调整大小的动态块,但是在调整块的大小时还需要显示出其他几何图形,那么这些因素决定了添加到块定义中的参数和动作的类型,以及如何使参数、动作和几何图形共同作用。

Step 02 绘制几何图形。用户可以在绘图区域或块编辑器中绘制动态块中的几何图形,也可以在现有几何图形或图块的基础上进行操作。

Step 03 了解块元素间的关联性。例如,要创建一个包含若干对象的动态块,其中一些对象关联了拉伸动作,同时用户还希望将所有对象围绕同一基点旋转,那么在添加其他所有参数和动作之后,还需要添加旋转动作。

> **小技巧**
>
> 如果旋转动作并非与块定义中的其他所有对象(几何图形、参数和动作)相关联,那么块参照的某些部分就可能不旋转。

Step 04 添加参数。按照命令行的提示及用户要求,向动态块定义中添加适当的参数。

Step 05 添加动作。根据需要向动态块定义中添加适当的动作。按照命令行的提示进行操作,确保将动作与正确的参数和几何图形相关联。

Step 06 指定动态块的操作方式。在为动态块添加动作之后,还需指定动态块在图形中的操作方式。用户可以通过自定义夹点和自定义特性来操作动态块。

Step 07 保存动态块定义并在图形中进行测试。

5.5 应用图块

定义图块之后,可以使用"插入块"命令将图块以不同的缩放比例和旋转角度应用到当前文件中,以组合成更为复杂的图形。本节讲解图块的应用技能。

5.5.1 插入块

"插入块"命令主要用于将内部块、外部块和已存盘的 DWG 文件,引用到当前图形中，以组合成更为复杂的图形。

执行"插入块"命令主要有以下几种方式。

- ◆ 单击"默认"选项卡→"块"面板→"插入"按钮 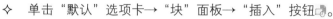。
- ◆ 选择菜单栏中的"插入"→"块选项板"命令。
- ◆ 在命令行输入 insert 后按 Enter 键。
- ◆ 使用快捷键 I。

下面通过将 block01 图块以 0.5 倍的缩放比例插入，学习"插入块"命令的使用方法和技巧，具体操作步骤如下。

Step 01 单击"默认"选项卡→"块"面板→"插入"按钮，打开"块"选项板。

Step 02 在"插入"面板中勾选"统一比例"复选框，同时设置图块的缩放比例为 0.5，如图 5-63 所示。

图 5-63　设置插入参数

小技巧

如果勾选了"分解"复选框，那么插入的图块将不是一个独立的对象，而是被还原成一个个单独的图形对象。

Step 03 其他参数采用默认设置，单击图形区中的"block01"图形，在命令行"指定插入点或 [基点(B)/比例(S)/旋转(R)]:"提示下，拾取一点作为块的插入点，插入结果如图 5-64 所示。

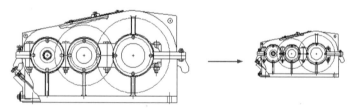

图 5-64　插入结果

- ● 选项解析

◆ "插入点"复选框用于确定图块插入点的坐标。用户可以勾选复选框，直接在屏幕绘图区拾取一点。
- "比例"复选框用于确定图块的插入比例。
- "旋转"复选框用于确定图块插入时的旋转角度。

5.5.2 嵌套块

用户可以在一个图块中引用其他图块，称之为"嵌套块"，如可以将厨房作为插入每一个房间的图块，而在厨房块中又包含水池、冰箱、炉具等其他图块。

使用嵌套块需要注意以下两点。

（1）块的嵌套深度没有限制。

（2）块定义不能嵌套自身，即不能使用嵌套块的名称作为将要定义的新块的名称。

总之，AutoCAD 对嵌套块的复杂程度没有限制，只是不可以引用自身。

5.6 DWG 参照

"DWG 参照"命令用于为当前文件中的图形附着外部参照，使附着的对象与当前图形文件存在一种参照关系。执行此命令主要有以下几种方式。

- 选择菜单栏中的"插入"→"DWG 参照"命令。
- 在命令行输入 xattach 后按 Enter 键。
- 使用快捷键 XA。

执行"DWG 参照"命令后，从打开的"选择参照文件"对话框中选择所要附着的图形文件，如图 5-65 所示。然后单击 按钮，系统将弹出如图 5-66 所示的"附着外部参照"对话框。

图 5-65　"选择参照文件"对话框

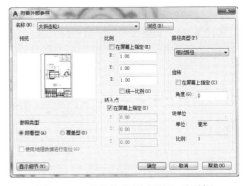

图 5-66　"附着外部参照"对话框

- **"名称"文本框**

当附着了外部参照后，该参照的名称将出现在此文本框内。如果当前图形文件含有多个参照，则这些参照的文件名都排列在"名称"下拉列表中。

> **小技巧**
>
> 单击"名称"文本框右侧的 浏览(B)... 按钮，可以打开"选择参照文件"对话框，用户可以从中为当前图形选择新的外部参照。

● "参照类型"选项组

"参照类型"选项组用于指定外部参照图形文件的引用类型。引用类型主要影响嵌套参照图形的显示。系统提供了"附着型"和"覆盖型"两种参照类型。

如果一个图形文件以"附着型"的方式引用了外部参照图形，当这个图形文件又被参照在另一个图形文件中时，AutoCAD 仍显示这个图形文件中嵌套的参照图形；如果一个图形文件以"覆盖型"的方式引用了外部参照图形，当这个图形文件又被参照在另一个图形文件中时，AutoCAD 将不再显示这个图形文件中嵌套的参照图形。

> **小技巧**
>
> 若 A 图形以外部参照的形式被引用到 B 图形，而 B 图形又以外部参照的形式被引用到 C 图形，则相对 C 图形来说，A 图形就是一个嵌套参照图形，它在 C 图形中显示与否，取决于它被引用到 B 图形时的参照类型。

● "路径类型"下拉列表

"路径类型"下拉列表用于指定外部参照的保存路径，AutoCAD 提供了"完整路径""相对路径""无路径"三种路径类型。将路径类型设置为"相对路径"之前，必须保存当前图形。对于嵌套的外部参照，相对路径通常是指其直接宿主的位置，而不一定是当前打开图形的位置。如果参照的图形位于另一个本地磁盘驱动器或网络服务器上，则"相对路径"选项不可用。

> **小技巧**
>
> 一个图形可以作为外部参照同时附着到多个图形中，同样，也可以将多个图形作为外部参照附着到单个图形中。如果一个被定义属性的图形以外部参照的形式被引用到另一个图形中，那么 AutoCAD 将把参照的属性忽略掉，仅显示参照图形，不显示图形的属性。

5.7 定义属性

"属性"实际上就是"块的文字信息"，它不能独立存在，只能附属于图块，用于对图块进行文字说明。

5.7.1 定义属性

"定义属性"命令用于为几何图形定制文字属性,以表达几何图形无法表达的一些内容。执行"定义属性"命令主要有以下几种方式。

- ◇ 单击"默认"选项卡→"块"面板→"定义属性"按钮 。
- ◇ 选择菜单栏中的"绘图"→"块"→"定义属性"命令。
- ◇ 在命令行输入 attdef 后按 Enter 键。
- ◇ 使用快捷键 ATT。

下面通过具体实例,学习"定义属性"命令的使用方法和技巧,具体操作步骤如下。

Step 01 新建文件,并设置捕捉模式为圆心捕捉。

Step 02 使用快捷键 C 激活"圆"命令,绘制半径为 4 的圆。

Step 03 选择菜单栏中的"绘图"→"块"→"定义属性"命令,打开"属性定义"对话框,然后设置属性的内容及参数,如图 5-67 所示。

Step 04 单击 确定 按钮返回绘图区,在命令行"指定起点:"提示下,捕捉圆心作为属性插入点,定义结果如图 5-68 所示。

图 5-67 设置属性的内容及参数

图 5-68 定义结果

> **小技巧**
> 定义了文字属性之后,所定义的文字属性暂时以属性标记名显示。

● **属性的模式**

"模式"选项组主要用于控制属性的显示模式,具体选项功能如下。

- ◇ "不可见"复选框用于设置插入属性块后是否显示其属性值。

> **小技巧**
> 也可使用系统变量 ATTDISP 直接在命令行设置或修改属性的显示状态。

- "固定"复选框用于设置属性是否为固定值。
- "验证"复选框用于设置在插入块时提示确认属性值的正确性。
- "预设"复选框用于将属性值设定为默认值。
- "锁定位置"复选框用于固定属性位置。
- "多行"复选框用于设置多行的属性文本。

小技巧

当重复定义属性时,可勾选"在上一个属性定义下对齐"复选框,系统将自动沿用上次设置的各属性的文字样式、对正方式及高度等参数的设置。

5.7.2 编辑属性

当为几何图形定义属性之后,还需要将属性和几何图形一起创建为"属性块",方可体现出"属性"的作用。当插入带有属性的图块后,使用"编辑属性"命令可以对属性进行修改。执行"编辑属性"命令主要有以下几种方式。

- 单击"默认"选项卡→"块"面板→"编辑属性"按钮 。
- 选择菜单栏中的"修改"→"对象"→"属性"→"单个"命令。
- 在命令行输入 eattedit 后按 Enter 键。

下面通过具体实例,学习属性块的定制、插入及编辑等操作,具体操作步骤如下。

Step 01 继续 5.7.1 节的操作。使用快捷键 B 激活"创建块"命令,将圆及其属性一起创建为属性块,基点为圆心,其他参数设置如图 5-69 所示。

图 5-69 设置块参数

小技巧

如果定制的属性块需要被引用到其他图形文件中,则需要使用"写块"命令,将其创建为外部块。

Step 02 单击 确定 按钮,打开"编辑属性"对话框,将属性值设为 3,如图 5-70 所示。

Step 03 单击 确定 按钮,结果创建了一个属性值为 3 的块,如图 5-71 所示。

Step 04 选择菜单栏中的"修改"→"对象"→"属性"→"单个"命令,在"选择块:"提示下,选择属性块,打开"增强属性编辑器"对话框。修改属性值,如图 5-72 所示,结果属性值被更改,如图 5-73 所示。

Step 05 展开"文字选项"选项卡,修改属性的高度和宽度比例,如图 5-74 所示。属性块的显示效果如图 5-75 所示。

图 5-70 "编辑属性"对话框

图 5-71 定义属性块

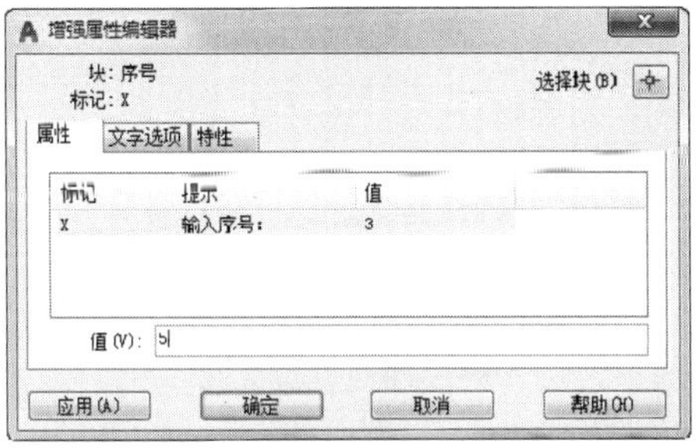

图 5-72 "增强属性编辑器"对话框

图 5-73 修改结果（1）

图 5-74 "文字选项"选项卡

图 5-75 修改结果（2）

Step 06 展开如图 5-76 所示的"特性"选项卡，可以修改属性所在的图层、线型、颜色和线宽等特性。

小技巧

"属性"选项卡用于显示当前文件中所有属性块的标记、提示和默认值，还可以修改属性块的属性值。通过单击右上角的"选择块"按钮，可以对其他属性块进行修改。

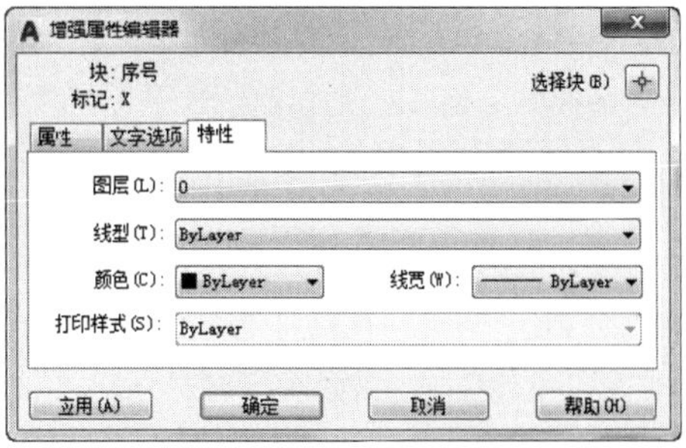

图 5-76 "特性"选项卡

Step 07 单击 确定 按钮,关闭"增强属性编辑器"对话框。

5.8 上机实训二——图块与属性的综合应用

本例通过快速为零件组装图编写序号,对"定义属性""创建块""写块""插入块""编辑属性"等命令进行综合练习和巩固应用。本例最终绘制效果如图5-77所示。操作步骤如下。

Step 01 打开配套资源中的"\素材文件\5-6.dwg"文件,如图5-78所示。

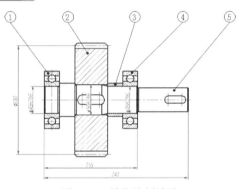

图5-77 最终绘制效果

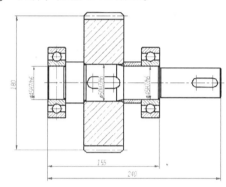

图5-78 素材文件

Step 02 按F3功能键,启用对象捕捉功能,并设置对象捕捉模式,如图5-79所示。

Step 03 展开"图层"面板→"图层控制"下拉列表,将"0"图层设为当前图层,如图5-80所示。

Step 04 使用快捷键C激活"圆"命令,绘制半径为9的圆,结果如图5-81所示。

图5-79 设置对象捕捉模式

图5-80 设置当前图层

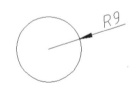

图5-81 绘制结果

Step 05 选择菜单栏中的"绘图"→"块"→"定义属性"命令,打开"属性定义"对话框,设置标记名、提示说明、默认值及文本参数,如图5-82所示。

Step 06 单击 确定 按钮,在命令行"指定起点:"提示下,捕捉圆的圆心作为属性的起点,结果如图5-83所示。

Step **07** 选择菜单栏中的"绘图"→"块"→"创建"命令,将圆及定义的属性一起创建为图块,块参数设置如图 5-84 所示,基点为如图 5-85 所示的象限点。

图 5-82 "属性定义"对话框

图 5-83 定义属性块

图 5-84 设置属性块参数

图 5-85 定义块基点

Step **08** 使用快捷键 LE 激活"快速引线"命令,在"指定第一个引线点或 [设置(S)] <设置>:"提示下激活"设置"选项,设置注释类型和其他参数,如图 5-86 和图 5-87 所示。

图 5-86 设置注释类型

图 5-87 设置引线和箭头参数

Step **09** 单击 确定 按钮,然后根据命令行的提示,为零件图编写序号。命令行操作如下:

指定第一个引线点或 [设置(S)] <设置>:　　　　　//在图形上拾取第一个引线点

```
指定下一点：                                    //在适当位置拾取第二个引线点，绘制如图 5-88 所示的指示线
输入块名或 [?]：                                //Enter，输入块名
指定插入点或 [基点(B)/比例(S)/X/Y/Z/旋转(R)]：  //捕捉指示线的上端点
输入 X 比例因子，指定对角点，或 [角点(C)/XYZ(XYZ)] <1>：
                                                //Enter，采用默认设置
输入 Y 比例因子或 <使用 X 比例因子>：            //Enter，采用默认设置
指定旋转角度 <0>：                              //Enter，采用默认设置
输入属性值 输入零件序号：<1>：                  //Enter，标注结果如图 5-89 所示
```

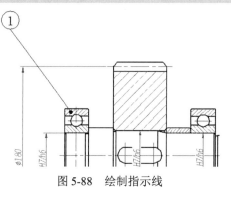
图 5-88　绘制指示线

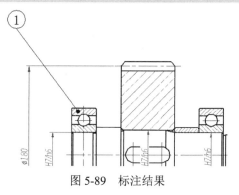
图 5-89　标注结果

Step 10 按 Enter 键，重复执行"快速引线"命令，分别标注其他位置的零件序号，标注结果如图 5-90 所示。

Step 11 选择菜单栏中的"修改"→"对象"→"属性"→"单个"命令，在"选择块："提示下，选择刚标注的第二个零件序号。

Step 12 打开"增强属性编辑器"对话框，在"属性"选项卡内修改该零件的序号为 2，如图 5-91 所示。

Step 13 单击 应用(A) 按钮，该块的属性值被更改，如图 5-92 所示。

Step 14 单击对话框右上角的"选择块"按钮，返回绘图区，分别选择其他位置的零件序号，修改相应的编号，结果如图 5-93 所示。

Step 15 使用视窗的缩放功能调整视图，使图形全部显示，最终结果如图 5-77 所示。

Step 16 单击"快速访问"工具栏→"另存为"按钮，将图形另存为"上机实训二.dwg"。

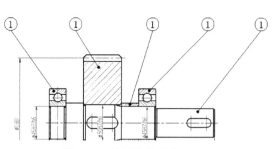
图 5-90　编写其他序号

图 5-91　修改属性值

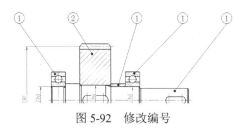

图 5-92 修改编号

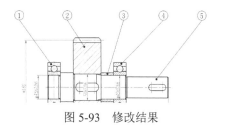

图 5-93 修改结果

5.9 小结与练习

5.9.1 小结

本章主要学习了复制图形的创建功能、图块的创建和插入功能、参照的引用功能，以及属性的定义和编辑功能。通过这些高效制图功能，用户可以非常方便地创建具有复杂结构的图形。通过本章的学习，重点掌握如下技能。

（1）在偏移图形时，要理解和掌握距离偏移和定点偏移两种操作技能。

（2）在镜像图形时，要注意镜像点的定位技能，以创建对称结构的图形。

（3）在阵列图形时，要理解和掌握矩形阵列、环形阵列和路径阵列三种技能。

（4）在创建图块时，要理解和掌握内部块、外部块的功能和概念，以及具体的定制过程。

（5）在插入图块时，要注意图块的缩放比例、旋转角度等参数的设置技巧，以创建不同角度和不同尺寸的图形。

（6）掌握属性块的定制技巧和编辑技巧，将属性与块结合在一起，以真正发挥属性块的功效。

5.9.2 练习

1. 综合运用所学知识，为零件图标注如图 5-94 所示的粗糙度。

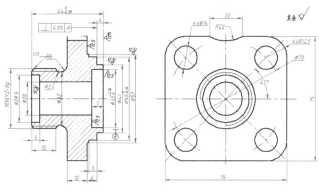

图 5-94 练习 1

> **操作提示：**
> 本例素材文件位于配套资源中的"\素材文件\"目录下，文件名为"5-7.dwg"。

2. 综合运用所学知识，绘制如图 5-95 所示的零件三视图。

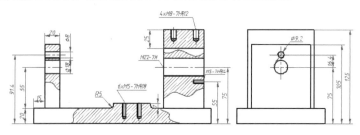

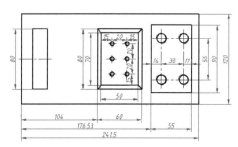

图 5-95　练习 2

零件图中的文字与表格

在 AutoCAD 制图中，文字是另外一种表达施工图样信息的方式，是图样中不可缺少的一项内容。本章将讲述 AutoCAD 的文字创建功能和图形信息的查询功能，以便向读者详细表达图形无法传递的一些图样信息，使图样更直观。

内容要点

- ◆ 文字样式
- ◆ 多行文字
- ◆ 上机实训二——绘制并填充零件图表格
- ◆ 查询图形信息
- ◆ 单行文字
- ◆ 上机实训一——为零件图标注技术要求
- ◆ 表格与表格样式
- ◆ 上机实训三——创建并填充机械明细表

6.1 文字样式

"文字样式"命令主要用于控制文字外观效果,如字体、字号、倾斜角度、旋转角度及其他特殊效果等,如图6-1所示。

技术培训基地　　*技术培训基地*　　技术培训基地

图6-1 文字示例

执行"文字样式"命令主要有以下几种方式。

- ✧ 单击"默认"选项卡→"注释"面板→"文字样式"按钮 。
- ✧ 选择菜单栏中的"格式"→"文字样式"命令。
- ✧ 在命令行输入 style 后按 Enter 键。
- ✧ 使用快捷键 ST。

相同内容的文字,如果使用不同的文字样式,其外观效果也不相同。下面将学习文字样式的设置过程,具体操作步骤如下。

Step 01 新建空白文件。

Step 02 单击"默认"选项卡→"注释"面板→"文字样式"按钮 ,执行"文字样式"命令,打开如图6-2所示的"文字样式"对话框。

图6-2 "文字样式"对话框

Step 03 单击 新建(N)... 按钮,在打开的"新建文字样式"对话框中为新样式命名,如图6-3所示。

小技巧

默认设置下,系统以"样式1"作为新样式名。

Step 04 设置字体。在"文字样式"对话框的"字体"选项组中展开"字体名"下拉列表,选择所需的字体,如图6-4所示。

图 6-3 "新建文字样式"对话框　　　　　图 6-4 "字体名"下拉列表

Step 05 在"字体"选项组中取消勾选"使用大字体"复选框,结果所有 AutoCAD 编译型(.shx)字体和已注册的 TrueType 字体都显示在"字体名"下拉列表内,用户可以选择某种字体作为当前样式的字体。

> **小技巧**
>
> 若选择 Times New Roman 字体,那么可在右侧的"字体样式"文本框中设置当前字体样式,如图 6-5 所示;若选择了编译型(.shx)字体,且勾选了"使用大字体"复选框,则右端的文本框变为如图 6-6 所示的状态,可以选择所需的大字体。

图 6-5 选择 Times New Roman 字体　　　　图 6-6 选择编译型(.shx)字体

Step 06 设置字体高度。在"高度"文本框中设置文字的高度。

> **小技巧**
>
> 如果设置了字体高度,那么当创建文字时,命令行就不会提示输入文字的高度。建议在此不设置字体的高度。

Step 07 设置文字的效果。勾选"颠倒"复选框可设置文字为倒置状态;勾选"反向"复选框可设置文字为反向状态;勾选"垂直"复选框可控制文字呈垂直排列状态;在"倾斜角度"文本框中设置文字的倾斜角度,如图 6-7 所示。

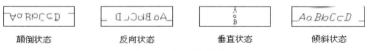

图 6-7 设置字体效果

Step 08 设置宽度比例。在"宽度因子"文本框内设置字体的宽高比。

> **小技巧**
>
> 国家标准规定工程图样中的汉字应采用长仿宋体,宽高比为 0.7,当此比值大于 1 时,文字宽度放大,否则将缩小。

Step 09 单击 删除(D) 按钮，可以将多余的文字样式删除。

Note

小技巧

默认的 Standard 样式、当前文字样式，以及在当前文件中已使用过的文字样式，都不能被删除。

Step 10 单击 应用(A) 按钮，最后设置的文字样式被看作当前样式。

Step 11 单击“关闭”按钮，关闭“文字样式”对话框。

6.2 单行文字

本节主要学习单行文字的创建、单行文字的对正及单行文字的编辑等操作技能。

6.2.1 创建单行文字

AutoCAD 2020中文版
机械设计从入门到精通

图 6-8 单行文字示例

“单行文字”命令主要通过命令行创建单行或多行的文字对象。该命令所创建的每一行文字，都被看作一个独立的对象，如图 6-8 所示。

执行“单行文字”命令主要有以下几种方式。

- ✧ 单击“默认”选项卡→“注释”面板→“单行文字”按钮A。
- ✧ 选择菜单栏中的“绘图”→“文字”→“单行文字”命令。
- ✧ 在命令行输入 dtext 后按 Enter 键。
- ✧ 使用快捷键 DT。

下面通过创建如图 6-8 所示的两行单行文字，学习“单行文字”命令的使用方法和技巧，具体操作步骤如下。

Step 01 新建空白文件。

Step 02 单击“默认”选项卡→“注释”面板→“单行文字”按钮A，在命令行“指定文字的起点或 [对正(J)/样式(S)]:”提示下，在绘图区拾取一点作为文字的插入点。

小技巧

“样式”选项用于设置当前使用的文字样式。

Step 03 在命令行“指定高度 <2.5000>:”提示下输入 7 并按 Enter 键，为文字设置高度。

Step 04 在“指定文字的旋转角度 <0>:”提示下按 Enter 键，采用当前设置。

> **小技巧**
>
> 如果在文字样式中定义了字体高度，那么在此就不会出现"指定高度<2.5>:"提示，AutoCAD 会按照定义的字体高度来创建文字。

Step 05 绘图区出现如图 6-9 所示的单行文字输入框，这时在命令行输入"AutoCAD 2020 中文版"，如图 6-10 所示。

AutoCAD 2020中文版

图 6-9　单行文字输入框　　　　　　　图 6-10　输入文字

Step 06 按 Enter 键换行，再输入"机械设计从入门到精通"。

Step 07 连续两次按 Enter 键，结束"单行文字"命令，结果如图 6-11 所示。

AutoCAD 2020中文版
机械设计从入门到精通

图 6-11　创建结果

6.2.2　文字的对正

"文字的对正"指的就是文字的哪一位置与插入点对齐。文字的对正方式是基于如图 6-12 所示的四条参考线而言的，这四条参考线分别为顶线、中线、基线和底线。文字的各种对正方式如图 6-13 所示。

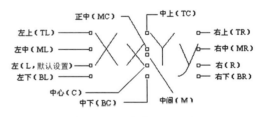

图 6-12　文字对正参考线　　　　　　　图 6-13　文字的对正方式

图 6-12 所示的中线是大写字母高度的水平中心线（顶线至基线的中间），不是小写字母高度的水平中心线。执行"单行文字"命令后，在命令行"指定文字的起点或 [对正(J)/样式(S)]:"提示下激活"对正"选项，命令行将显示如下提示。

　　输入选项 [左(L)/居中(C)/右(R)/对齐(A)/中间(M)/布满(F)/左上(TL)/中上(TC)/右上(TR)/左中(ML)/正中(MC)/右中(MR)/左下(BL)/中下(BC)/右下(BR)]:

各种对正选项的含义如文字所述，这里就不再赘述，其中"中间"与"正中"的含义略有不同。

- ✧ “中间”选项用于提示用户拾取文字串的中间点，此中间点就是文字串基线的垂直中线和文字串水平中线的交点。
- ✧ “正中”选项用于提示用户拾取文字串的中间点，此中间点就是文字串中线的中点，即以中线的中点对齐文字。

小技巧

虽然“正中”和“中间”两种对正方式拾取的都是中间点，但这两个中间点的位置并不一定完全重合，只有输入的字符为大写字母或汉字时，此两点才重合。

6.2.3 编辑单行文字

“编辑文字”命令主要用于修改编辑现有的文字对象内容，或者为文字对象添加前缀或后缀等内容。执行“编辑文字”命令主要有以下几种方式。

- ✧ 选择菜单栏中的“修改”→“对象”→“文字”→“编辑”命令。
- ✧ 在命令行输入 ddedit 后按 Enter 键。
- ✧ 使用快捷键 ED。

如果需要编辑的文字是使用“单行文字”命令创建的，那么在执行“编辑文字”命令后，命令行会出现“选择注释对象或 [放弃（U）]”的操作提示。此时只需要单击需要编辑的单行文字，系统即可弹出如图 6-14 所示的单行文字编辑框，在此编辑框中输入正确的文字内容即可。

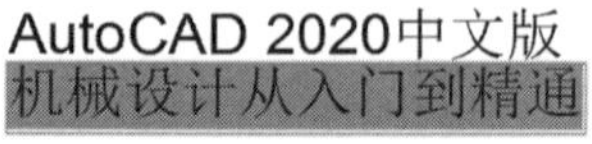
AutoCAD 2020中文版
机械设计从入门到精通

图 6-14　单行文字编辑框

6.3 多行文字

本节主要学习多行文字的创建、编辑及特殊字符的输入等操作技能。

6.3.1 创建多行文字

“多行文字”命令用于标注较为复杂的文字注释，如段落性文字。与“单行文字”命令不同，用“多行文字”命令创建的文字无论包含多少行、多少段，AutoCAD 都将其作为一个独立的对象，如图 6-15 所示。

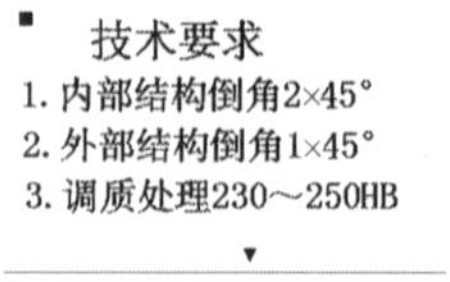
技术要求
1. 内部结构倒角2×45°
2. 外部结构倒角1×45°
3. 调质处理230～250HB

图 6-15　多行文字

执行“多行文字”命令主要有以下几种方式。

- ✧ 单击“默认”选项卡→“注释”面板→“多行文字”按钮 A。
- ✧ 选择菜单栏中的“绘图”→“文字”→“多行文字”命令。
- ✧ 在命令行输入 mtext 后按 Enter 键。

◆ 使用快捷键 T。

下面通过创建如图 6-15 所示的段落文字，学习"多行文字"命令的使用方法和技巧，具体操作步骤如下。

Step 01 新建空白文件。

Step 02 单击"默认"选项卡→"注释"面板→"多行文字"按钮 A，执行"多行文字"命令，在命令行"指定第一角点:"提示下在绘图区拾取一点。

Step 03 在"指定对角点或 [高度(H)/对正(J)/行距(L)/旋转(R)/样式(S)/宽度(W)/栏(C)]]:"提示下拾取对角点，打开如图 6-16 所示的文字编辑器。

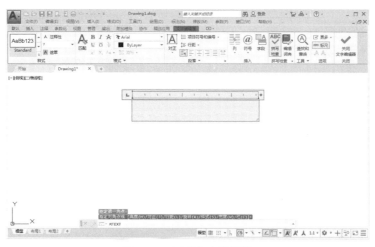

图 6-16 打开文字编辑器

小技巧

在"样式"面板中可以设置当前文字样式及字体高度；在"格式"面板中可以设置字体及字体效果；在"段落"面板中可以设置文字的对正方式及段落特性等。

Step 04 在"文字编辑器"选项卡→"样式"面板→"字体高度"文本框中设置字体高度为 7。

Step 05 在"文字编辑器"选项卡→"格式"面板→"字体"下拉列表中设置字体为宋体，如图 6-17 所示。

Step 06 在下侧文字输入框内单击，指定文字的输入位置，然后输入如图 6-18 所示的标题文字。

Step 07 单击输入框下侧的下三角按钮，调整列高。

Step 08 按 Enter 键换行，然后输入第一行文字，结果如图 6-19 所示。

Step 09 按 Enter 键，分别输入其他行文字对象，如图 6-20 所示。

图 6-17 设置字体

图6-18　输入文字

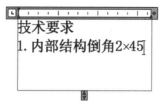
图6-19　输入第一行文字

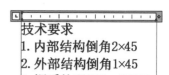
图6-20　输入其他行文字

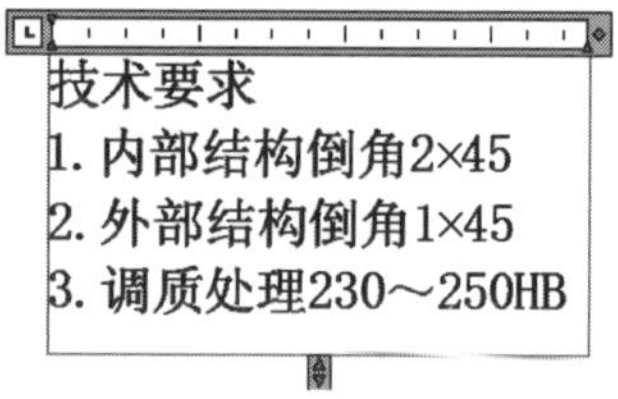

Step 10　将光标移至标题前，添加空格，结果如图6-21所示。

Step 11　关闭文字编辑器，文字的创建结果如图6-22所示。

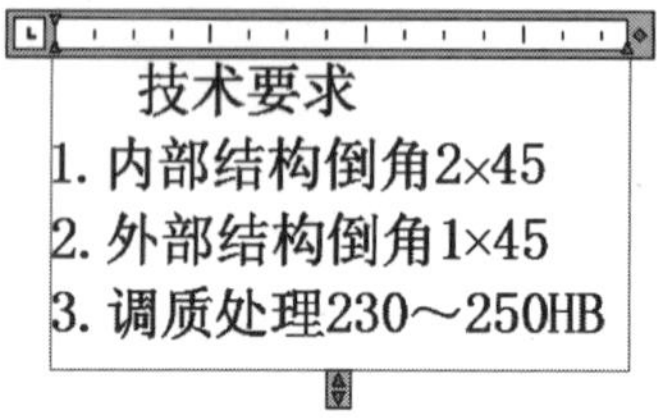

图6-21　添加空格 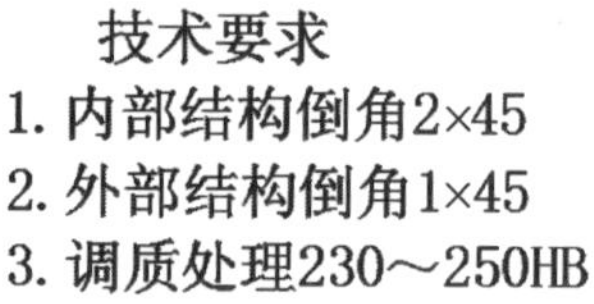　　　　　　　　　　图6-22　创建结果

6.3.2　文字格式编辑器

通过单击"文字编辑器"选项卡→"选项"面板→"更多"按钮，在弹出的菜单中选择"编辑器设置"→"显示工具栏"命令，可以打开如图6-23所示的"文字格式"编辑器。

图6-23　"文字格式"编辑器

"文字格式"编辑器包括工具栏、顶部带标尺的文本输入框两部分，这两部分的重要功能如下。

- **工具栏**

工具栏主要用于控制多行文字对象的文字样式和选定文字的各种字符格式、对正方式、项目编号等，说明如下。

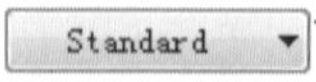

◇　Standard 下拉列表用于设置当前的文字样式。

◇　宋体 下拉列表用于设置或修改文字的字体。

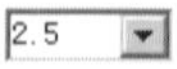

◇　2.5 下拉列表用于设置新字符高度或更改选定文字的高度。

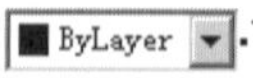

◇　ByLayer 下拉列表用于为文字指定颜色或修改选定文字的颜色。

- "粗体"按钮 B 用于为输入的文字对象或所选定的文字对象设置粗体格式。"斜体"按钮 I 用于为新输入文字对象或所选定的文字对象设置斜体格式。这两个选项仅适用于使用 TrueType 字体的字符。
- "下画线"按钮 U 用于为输入的文字或所选定的文字对象设置下画线格式。
- "上画线"按钮 O 用于为输入的文字或所选定的文字对象设置上画线格式。
- "堆叠"按钮 用于为输入的文字或所选定的文字对象设置堆叠格式。要使文字堆叠,文字中必须包含插入符(^)、正向斜杠(/)或磅符号(#),堆叠字符左侧的文字将堆叠在堆叠字符右侧的文字之上。

小技巧

默认情况下,包含插入符(^)的文字转换为左对正的公差值;包含正向斜杠(/)的文字转换为居中对正的分数值,斜杠被转换为一条与较长的字符串长度相同的水平线;包含磅符号(#)的文字转换为被斜线(高度与两个字符串高度相同)分开的分数。

- "标尺"按钮 用于控制文字输入框顶端标心的开关状态。
- "栏数"按钮 用于对段落文字进行分栏排版。
- "多行文字对正"按钮 用于设置文字的对正方式。
- "段落"按钮 用于设置段落文字的制表位、缩进量、对齐方式、间距等。
- "左对齐"按钮 用于设置段落文字为左对齐方式。
- "居中"按钮 用于设置段落文字为居中对齐方式。
- "右对齐"按钮 用于设置段落文字为右对齐方式。
- "对正"按钮 用于设置段落文字为两站对齐方式。
- "分布"按钮 用于设置段落文字为分布排列方式。
- "行距"按钮 用于设置段落文字的行间距。
- "编号"按钮 用于对段落文字进行编号。
- "插入字段"按钮 用于为段落文字插入一些特殊字段。
- "全部大写"按钮 用于修改英文字符为大写。
- "全部小写"按钮 用于修改英文字符为小写。
- "符号"按钮 用于添加一些特殊符号。
- "倾斜角度"数值框 0/0.0000 用于修改文字的倾斜角度。
- "追踪"数值框 a-b 1.0000 用于修改文字间的距离。
- "宽度因子"数值框 o 1.0000 用于修改文字的宽度比例。

● 文本输入框

如图 6-24 所示的文本输入框位于工具栏下侧,主要用于输入和编辑文字对象。它是由标尺和文本框两部分组成的。在文本输入框内单击右键,可弹出如图 6-25 所示的快捷菜单,用于对输入的多行文字进行调整。

图 6-24　文本输入框

图 6-25　快捷菜单

6.3.3　编辑多行文字

如果编辑的文字是使用"多行文字"命令创建的,那么在执行"编辑文字"命令后,命令行会出现"选择注释对象或[放弃(U)]"的操作提示。此时用户单击需要编辑的文字对象,将会打开"文字格式"编辑器。在此编辑器内不但可以修改文字的内容,还可以修改文字的样式、字体、字高及对正方式等特性。

6.3.4　输入特殊字符

使用"多行文字"命令中的字符功能,可以非常方便地创建一些特殊符号,如度数、直径符号、正负号、平方、立方等。下面通过插入度数符号来学习特殊字符的创建技巧。具体操作步骤如下。

Step 01 继续 6.3.1 节的操作。在段落文字对象上双击,打开文字编辑器。

Step 02 将光标定位到 2×45 后,单击"文字编辑器"选项卡→"插入"面板→"符号"按钮 @,在打开的符号菜单中选择"度数"选项,如图 6-26 所示。

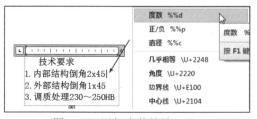

图 6-26　添加度数符号(1)

第 6 章　零件图中的文字与表格

Step 03 将光标定位到 1×45 后，单击 @ 按钮，在打开的符号菜单中选择"度数"选项，继续添加度数符号，如图 6-27 所示。

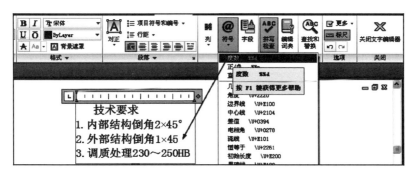

图 6-27　添加度数符号（2）

Step 04 选择三行技术要求内容，然后在"文字编辑器"选项卡→"样式"面板→"字体高度"文本框内修改字体高度为 6，如图 6-28 所示。

图 6-28　修改字体高度

Step 05 关闭文字编辑器，完成特殊符号的添加，结果如图 6-29 所示。

技术要求
1. 内部结构倒角2×45°
2. 外部结构倒角1×45°
3. 调质处理230～250HB

图 6-29　修改结果

6.4　上机实训——为零件图标注技术要求

本例通过为齿轮零件二视图标注技术要求，对"文字样式"和"多行文字"等命令进行综合练习和巩固应用。本例最终标注效果如图 6-30 所示，操作步骤如下。

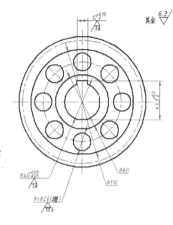

图 6-30 最终标注效果

Step 01 打开配套资源中的"\素材文件\6-1.dwg"文件,如图 6-31 所示。

Step 02 展开"图层"面板→"图层控制"下拉列表,将"细实线"图层设置为当前图层。

Step 03 单击"默认"选项卡→"注释"面板→"文字样式"按钮 ,执行"文字样式"命令,打开"文字样式"对话框,设置文字样式如图 6-32 所示。

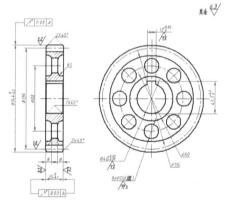

图 6-31 素材文件   图 6-32 设置文字样式

Step 04 单击"默认"选项卡→"注释"面板→"多行文字"按钮 A,执行"多行文字"命令,然后在命令行"指定第一角点:"提示下,在绘图区拾取一点。

Step 05 在命令行"指定对角点或 [高度(H)/对正(J)/行距(L)/旋转(R)/样式(S)/宽度(W)/栏(C)]:"提示下拾取对角点,打开如图 6-33 所示的"文字格式"编辑器。

Step 06 在"文字编辑器"选项卡→"样式"面板→"字体高度"文本框中设置字体高度为 8。

Step 07 在下侧文本输入框内单击,指定文字的输入位置,然后输入如图 6-34 所示的标题文字。

Step 08 按 Enter 键换行,在"文字编辑器"选项卡→"样式"面板→"字体高度"文本框中设置字体高度为 7,然后输入第一行文字,结果如图 6-35 所示。

第 6 章 零件图中的文字与表格

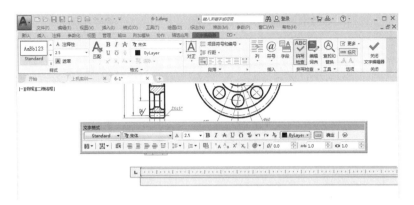

图 6-33 打开"文字格式"编辑器

Step 09 按 Enter 键,分别输入其他行文字对象,如图 6-36 所示。

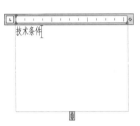

图 6-34 输入标题文字　　图 6-35 输入第一行文字　　图 6-36 输入其他行文字

Step 10 将光标移至标题前,添加空格,结果如图 6-37 所示。

Step 11 关闭"文字格式"编辑器,文字的创建结果如图 6-38 所示。

图 6-37 添加空格　　　　　　图 6-38 创建结果

Step 12 选择菜单栏中的"文件"→"另存为"命令,将图形另存为"上机实训一.dwg"。

6.5 上机实训二——绘制并填充零件图表格

本例通过为齿轮零件二视图绘制并填充明细表,对"文字样式"、"编辑文字"和"多行文字"等命令进行综合练习和巩固应用。本例最终绘制效果如图 6-39 所示,操作步骤如下。

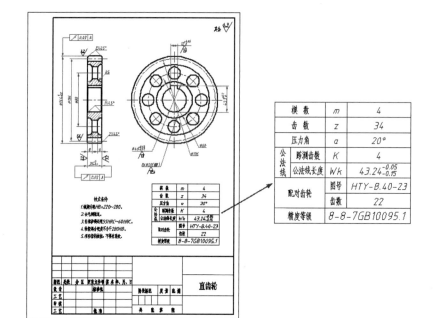

图 6-39　最终绘制效果

Step 01 打开配套资源中的"\素材文件\6-2.dwg"文件。

Step 02 使用快捷键 REC 激活"矩形"命令，绘制长度为 113、宽度为 100 的矩形作为明细表外框。

Step 03 使用快捷键 X 激活"分解"命令，将刚绘制的矩形分解。

Step 04 使用快捷键 O 激活"偏移"命令，对分解后的矩形边进行偏移，结果如图 6-40 所示。

Step 05 使用快捷键 TR 激活"修剪"命令，对偏移出的图线进行修剪，编辑出明细表内部方格，结果如图 6-41 所示。

图 6-40　偏移结果

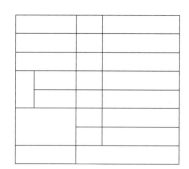

图 6-41　修改结果

Step 06 使用快捷键 L 激活"直线"命令，配合端点捕捉功能绘制如图 6-42 所示的方格对角线。

Step 07 单击"默认"选项卡→"注释"面板→"多行文字"按钮 A ，执行"多行文字"命令，根据命令行的提示分别捕捉左上角方格的对角点，打开文字编辑器。

Step 08 在"文字编辑器"选项卡→"样式"面板→"字体高度"文本框中设置字体高度为 7。

Step 09 在"文字编辑器"选项卡→"段落"面板中设置字体对正方式为"正中",如图 6-43 所示。

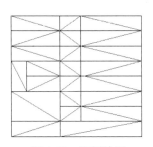

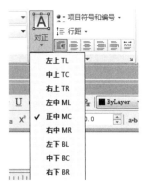

图 6-42 绘制结果　　　　　　图 6-43 设置字体对正方式

Step 10 在多行文本输入框内输入如图 6-44 所示表格文字。

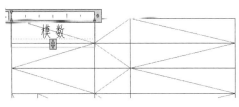

图 6-44 输入表格文字

Step 11 使用快捷键 CO 激活"复制"命令,配合中点捕捉功能,将刚填充的表格文字分别复制到其他方格对角线中点处,结果如图 6-45 所示。

Step 12 选择菜单栏中的"修改"→"对象"→"文字"→"编辑"命令,对复制出的文字对象进行修改,输入正确的内容,如图 6-46 所示。

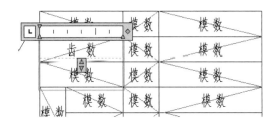

图 6-45 复制结果　　　　　　图 6-46 编辑文字

Step 13 在命令行"选择注释对象或 [放弃(U)]:"提示下,分别修改其他位置的文字对象,并删除方格对角线,结果如图 6-47 所示。

Step 14 调整明细表、技术要求等的位置,然后使用"插入块"命令,以 1.7 倍的缩放比例插入配套资源中的"\素材文件\A 4-V.dwg"文件,结果如图 6-48 所示。

模数	m	4
齿数	z	34
压力角	a	20°
公法线	跨测齿数 K	4
	公法线长度 Wk	$43.24_{-0.15}^{-0.05}$
配对齿轮	图号	HTY-B.40-23
	齿数	22
精度等级		8-8-7GB10095.1

图 6-47 修改其他文字

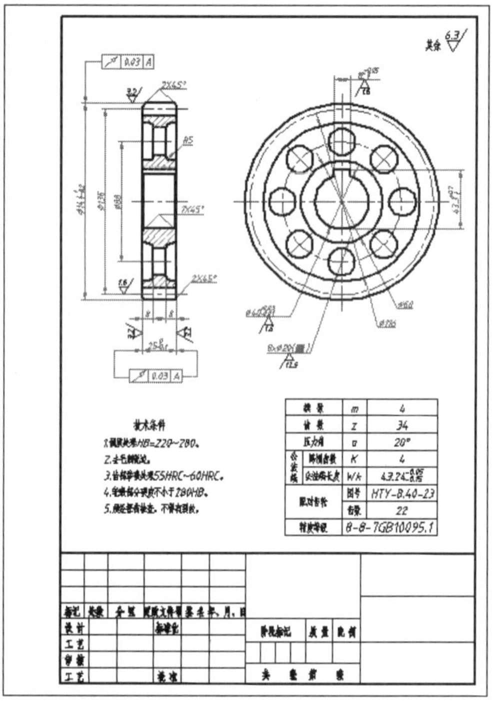

图 6-48 插入结果

Step 15 填写标题栏。重复执行"多行文字"命令,分别捕捉如图 6-49 所示的点 A 和点 B,打开文字编辑器。

图 6-49 定位点

Step 16 在"文字编辑器"选项卡内设置字体和对正方式,如图 6-50 所示。

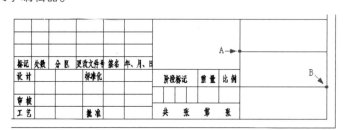

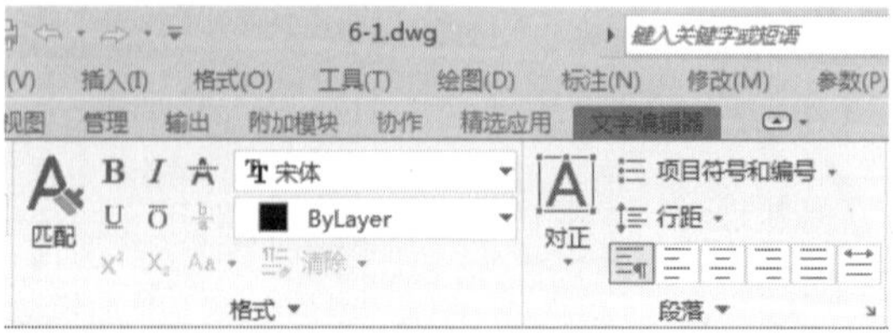

图 6-50 设置参数

Step 17 在下侧的多行文本输入框内输入如图 6-51 所示的文字内容。

Step 18 关闭文字编辑器,最终结果如图 6-39 所示。

Step 19 选择菜单栏中的"文件"→"另存为"命令,将图形另存为"上机实训二.dwg"。

图 6-51 输入文字

6.6 表格与表格样式

AutoCAD 为用户提供表格的创建与填充功能。使用"表格"命令，不但可以创建表格、填充表格内容，而且可以将表格链接至 Microsoft Excel 电子表格中的数据。

执行"表格"命令主要有以下几种方式。

- ◇ 单击"默认"选项卡→"注释"面板→"表格"按钮。
- ◇ 选择菜单栏中的"绘图"→"表格"命令。
- ◇ 在命令行输入 table 后按 Enter 键。
- ◇ 使用快捷键 TB。

下面通过创建如图 6-52 所示的简单表格，学习"表格"命令的使用方法和技巧。操作步骤如下。

Step 01 执行"表格"命令，打开如图 6-53 所示的"插入表格"对话框。

图 6-52 创建表格　　　　图 6-53 "插入表格"对话框

Step 02 在"列数"文本框中输入 3，设置表格列数为 3；在"列宽"文本框中输入 20，设置表格列宽为 20。

Step 03 在"数据行数"文本框中输入 3，设置表格行数为 3，其他参数不变，然后单击 确定 按钮，返回绘图区，在命令行"指定插入点："提示下，拾取一点作为插入点。

Step 04 系统打开如图 6-54 所示的"文字格式"编辑器，用于填写表格内容。

图 6-54 "文字格式"编辑器

Step 05 在反白显示的表格框内输入"标题",如图 6-55 所示。

Step 06 按右方向键或 Tab 键,光标跳至左下侧的列标题栏中,如图 6-56 所示。

Step 07 在反白显示的列标题栏中输入文字,如图 6-57 所示。

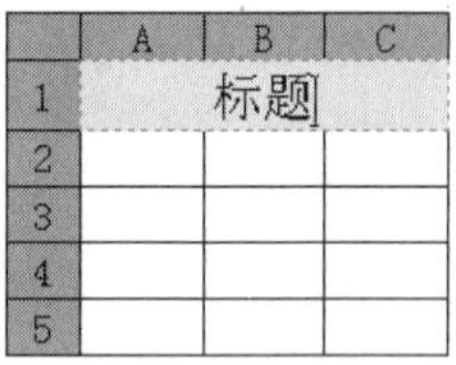

图 6-55 输入标题文字 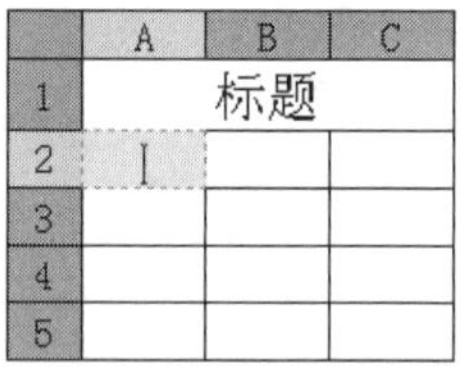　　　图 6-56 定位光标 　　　图 6-57 输入文字

Step 08 继续按右方向键或 Tab 键,分别在其他列标题栏中输入表格文字,结果如图 6-52 所示。

小技巧

以默认设置创建的表格,不仅包含标题行,还包含表头行、数据行,用户可以根据实际情况进行取舍。

- 选项解析

  ◇ "表格样式"选项组主要用于设置、新建或修改当前表格样式,还可以对样式进行预览。

  ◇ "插入选项"选项组用于设置表格的填充方式,具体有"从空表格开始"、"自数据链接"和"自图形中的对象数据(数据提取)"三种方式。

  ◇ "插入方式"选项组用于设置表格的插入方式,具体有"指定插入点"和"指定窗口"两种方式,默认方式为"指定插入点"方式。

小技巧

如果使用"指定窗口"方式,系统将表格的行数设为自动,即按照指定的窗口区域自动生成表格的数据行,而表格的其他参数仍使用当前的设置。

- ◆ "列和行设置"选项组用于设置表格的列数、行数及列宽和行高。系统默认的列数为 5、行数为 1。
- ◆ "设置单元样式"选项组用于设置第一行、第二行或其他行的单元样式。

- **表格样式**

在"插入表格"对话框中,单击 Standard 右侧的按钮,打开如图 6-58 所示的"表格样式"对话框。在此对话框中可设置、修改表格样式。

执行"表格样式"命令主要有以下几种方式。

- ◆ 单击"默认"选项卡→"注释"面板→"表格样式"按钮。
- ◆ 选择菜单栏中的"格式"→"表格样式"命令。
- ◆ 在命令行输入 tablestyle 后按 Enter 键。
- ◆ 使用快捷键 TS。

图 6-58 "表格样式"对话框

6.7 查询图形信息

本节主要学习几个查询图形信息的工具,具体有"点坐标"、"距离"、"面积"和"列表"四个命令。

6.7.1 查询坐标

"点坐标"命令用于查询点的 X 轴向坐标值和 Y 轴向坐标值,所查询出的坐标值为点的绝对坐标值。执行"点坐标"命令主要有以下几种方式。

- ◆ 单击"默认"选项卡→"实用工具"面板→"点坐标"按钮。
- ◆ 选择菜单栏中的"工具"→"查询"→"点坐标"命令。
- ◆ 在命令行输入 id 后按 Enter 键。

执行"点坐标"命令后,命令行操作提示如下。

```
命令: id
指定点:              //捕捉需要查询的坐标点
AutoCAD 报告如下信息:
X = <X 坐标值>    Y =<Y 坐标值>    Z = <Z 坐标值>
```

6.7.2 查询距离

使用"距离"命令不但可以查询任意两点之间的距离,还可以查询两点间的连线与 X 轴或 XY 平面的夹角等参数信息。执行"距离"命令主要有以下几种方式。

- ◆ 单击"默认"选项卡→"实用工具"面板→"距离"按钮。
- ◆ 选择菜单栏中的"工具"→"查询"→"距离"命令。
- ◆ 在命令行输入 dist 或 measuregeom 后按 Enter 键。
- ◆ 使用快捷键 DI。

下面通过具体实例,学习"距离"命令的使用方法和技巧,具体操作步骤如下。

Step 01 新建空白文件。启用极轴追踪功能,并设置极轴角为 45°。

Step 02 绘制长度为 100、角度为 135° 的倾斜线段,如图 6-59 所示。

Step 03 单击"默认"选项卡→"实用工具"面板→"距离"按钮,在命令行"指定第一点:"提示下,捕捉线段的下端点。

Step 04 在命令行"指定第二个点或 [多个点(M)]:"提示下捕捉线段上端点。此时系统自动查询出这两点之间的信息,具体如下。

图 6-59 绘制结果

```
距离 =100.0000
XY 平面中的倾角 = 135
与 XY 平面的夹角 = 0        X 增量 = -70.7107,
Y 增量 = 70.7107,          Z 增量 = 0.0000
```

小技巧

"距离"表示所拾取的两点之间的实际长度;"XY 平面中的倾角"表示所拾取的两点边线与 X 轴正方向的夹角;"与 XY 平面的夹角"表示拾取的两点间连线与当前坐标系 XY 平面的夹角;"X 增量"表示所拾取的两点在 X 轴方向上的坐标差;"Y 增量"表示所拾取的两点在 Y 轴方向上的坐标差。

Step 05 在"输入选项 [距离(D)/半径(R)/角度(A)/面积(AR)/体积(V)/退出(X)] <距离>:"提示下,输入 X 后按 Enter 键,结束命令。

- 选项解析

  - ◆ "半径"选项用于查询圆弧或圆的半径、直径等。
  - ◆ "角度"选项用于查询圆弧、圆或直线等对象的角度。
  - ◆ "面积"选项用于查询单个封闭对象或由若干点围成区域的面积及周长。
  - ◆ "体积"选项用于查询对象的体积。

6.7.3 查询面积

使用"面积"命令不但可以查询单个封闭对象或由若干点围成区域的面积及周长,

而且可以对面积进行加减运算。

执行"面积"命令主要有以下几种方式。

- 单击"默认"选项卡→"实用工具"面板→"面积"按钮。
- 选择菜单栏中的"工具"→"查询"→"面积"命令。
- 在命令行输入 measuregeom 或 area 后按 Enter 键。

下面通过查询正六边形的面积和周长，学习"面积"命令的使用方法和技巧，具体操作步骤如下。

Step 01 绘制边长为 150 的正六边形。

Step 02 单击"默认"选项卡→"实用工具"面板→"面积"按钮，执行"面积"命令，查询正六边形的面积和周长，命令行操作如下。

```
命令：measuregeom
输入选项 [距离(D)/半径(R)/角度(A)/面积(AR)/体积(V)] <距离>: _area
指定第一个角点或 [对象(O)/增加面积(A)/减少面积(S)/退出(X)] <对象(O)>:
                                      //捕捉正六边形的左上角点
指定下一个点或 [圆弧(A)/长度(L)/放弃(U)]:        //捕捉正六边形的左角点
指定下一个点或 [圆弧(A)/长度(L)/放弃(U)]:        //捕捉正六边形的左下角点
指定下一个点或 [圆弧(A)/长度(L)/放弃(U)/总计(T)] <总计>://捕捉正六边形的右下角点
指定下一个点或 [圆弧(A)/长度(L)/放弃(U)/总计(T)] <总计>://捕捉正六边形的右角点
指定下一个点或 [圆弧(A)/长度(L)/放弃(U)/总计(T)] <总计>://捕捉正六边形的右上角点
指定下一个点或 [圆弧(A)/长度(L)/放弃(U)/总计(T)] <总计>:
                                      // Enter，结束面积的查询过程，观看查询结果
面积 = 58456.7148，周长 = 900.0000
```

Step 03 在命令行"输入选项 [距离(D)/半径(R)/角度(A)/面积(AR)/体积(V)/退出(X)] <面积>:"提示下，输入 X 并按 Enter 键，结束命令。

● 选项解析

- "对象"选项用于查询单个闭合图形的面积和周长，如圆、椭圆、矩形、多边形、面域等。另外，使用此选项也可以查询由多段线或样条曲线所围成的区域的面积和周长。

小技巧

对于线宽大于零的多段线或样条曲线，将按其中心线来计算面积和周长；对于非封闭的多段线或样条曲线，AutoCAD 将假想已有一条直线连接多段线或样条曲线的首尾，然后计算该封闭曲线所围成的区域的面积，但周长并不包括那条假想的连线，即周长是多段线的实际长度。

- "增加面积"选项主要用于将新选图形实体的面积加入总面积中，此功能属于面积的加法运算。另外，如果用户需要执行面积的加法运算，则必须先将当前的操作模式转换为加法运算模式。
- "减少面积"选项用于将新选图形实体的面积从总面积中减去，此功能属于面积的

减法运算。另外,如果用户需要执行面积的减法运算,则必须先将当前的操作模式转换为减法运算模式。

6.7.4 列表查询

使用 AutoCAD 提供的"列表"命令,可以快速地查询图形所包含的众多的内部信息,如图层、面积、点坐标及其他的空间特性参数。

执行"列表"命令主要有以下几种方式。

- 选择菜单栏中的"工具"→"查询"→"列表"命令。
- 在命令行输入 list 后按 Enter 键。
- 使用快捷键 LI 或 LS。

当执行"列表"命令后,选择需要查询信息的图形对象,AutoCAD 会自动切换到文本窗口,并滚动显示所有选择对象的有关特性参数。下面通过具体实例,学习"列表"命令的使用方法和技巧,具体操作步骤如下。

Step 01 新建空白文件。

Step 02 使用快捷键 C 激活"圆"命令,绘制半径为 200 的圆。

Step 03 选择菜单栏中的"工具"→"查询"→"列表"命令。

Step 04 在命令行"选择对象:"提示下,选择刚绘制的圆。

Step 05 继续在命令行"选择对象:"提示下按 Enter 键,系统将以文本窗口的形式直观显示查询出的信息,如图 6-60 所示。

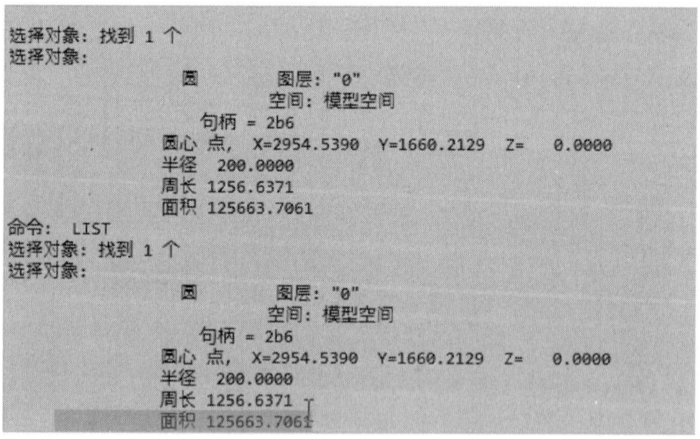

图 6-60　列表查询结果

6.8 上机实训三——创建并填充机械明细表

本例通过创建并填充如图 6-61 所示的机械零件明细表,对"表格样式"、"表格"和"编辑文字"等命令进行综合练习和巩固应用,操作步骤如下。

第 6 章　零件图中的文字与表格

序号	代号	名称	数量	材料
1	W27Y-108.20.01-1	轴承座	1	Q235A
2	W27Y-108.20.01-2	横筋板	2	Q235A
3	W27Y-108.20.01-3	连接板	3	Q235A
4	W27Y-108.20.01-4	纵筋板	4	Q235A
5	W27Y-108.20.01-5	轴承盖	5	Q235A
6	W27Y-108.20.01-6	上板	6	Q235A

图 6-61　机械零件明细表

Step 01　新建空白文件。

Step 02　单击"默认"选项卡→"注释"面板→"文字样式"按钮，执行"文字样式"命令，在打开的"文字样式"对话框中修改字体的宽度比例，如图 6-62 所示。

Step 03　单击"默认"选项卡→"注释"面板→"表格样式"按钮，执行"表格样式"命令，打开"表格样式"对话框。

Step 04　单击 新建(N)... 按钮，打开"创建新的表格样式"对话框，在"新样式名"文本框内输入"明细表"作为新表格样式的名称，如图 6-63 所示。

图 6-62　"文字样式"对话框

图 6-63　为新样式命名

Step 05　单击 继续 按钮，打开"新建表格样式：明细表"对话框，设置数据的常规参数如图 6-64 所示。

Step 06　在"新建表格样式：明细表"对话框中展开"文字"选项卡，设置数据的文字参数，如图 6-65 所示。

图 6-64　设置数据的常规参数

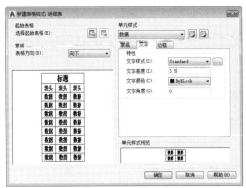

图 6-65　设置数据的文字参数

Step 07 在"新建表格样式:明细表"对话框中展开"单元样式"下拉列表,选择"表头"选项,并设置表头的常规参数,如图 6-66 所示。

Step 08 在"新建表格样式:明细表"对话框中展开"文字"选项卡,设置表头文字参数,如图 6-67 所示。

图 6-66　设置表头的常规参数　　　　　图 6-67　设置表头文字参数

Step 09 在"新建表格样式:明细表"对话框中展开"单元样式"下拉列表,选择"标题"选项,并设置标题的常规参数,如图 6-68 所示。

Step 10 在"新建表格样式:明细表"对话框中展开"文字"选项卡,设置标题文字参数,如图 6-69 所示。

 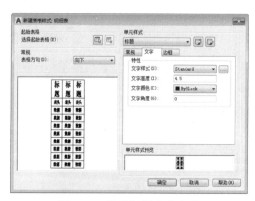

图 6-68　设置标题的常规参数　　　　　图 6-69　设置标题文字参数

Step 11 单击 确定 按钮,返回"表格样式"对话框,将新建的表格样式设置为当前表格样式,如图 6-70 所示。

● 插入表格

Step 12 单击"默认"选项卡→"注释"面板→"表格"按钮,执行"表格"命令,在打开的"插入表格"对话框中设置参数,如图 6-71 所示。

Step 13 单击 确定 按钮,在命令行"指定插入点:"提示下,在绘图区拾取一点,插入表格,系统同时打开"文字格式"编辑器,用于输入表格内容,如图 6-72 所示。

第 6 章 　零件图中的文字与表格

图 6-70 "表格样式"对话框

图 6-71 "插入表格"对话框

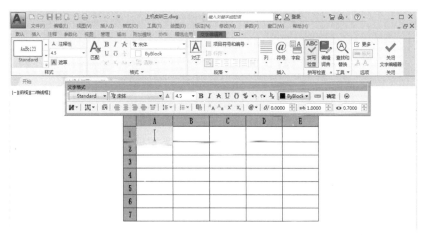

图 6-72 插入表格并打开"文字格式"编辑器

Step 14 在反白显示的表格框内输入"序号",如图 6-73 所示。

Step 15 按 Tab 键,在右侧的单元格内输入"代号",如图 6-74 所示。

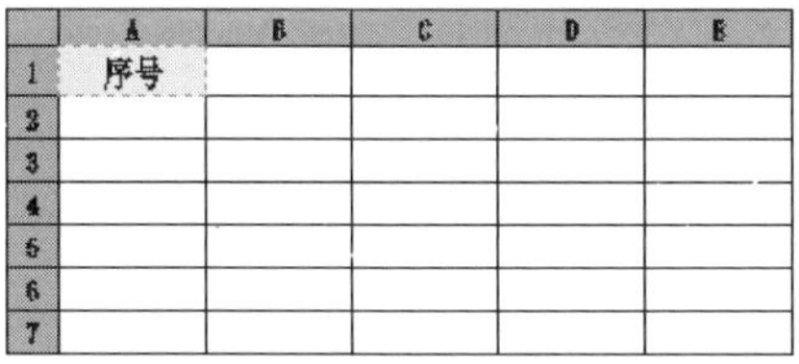

图 6-73 输入表格文字（1） 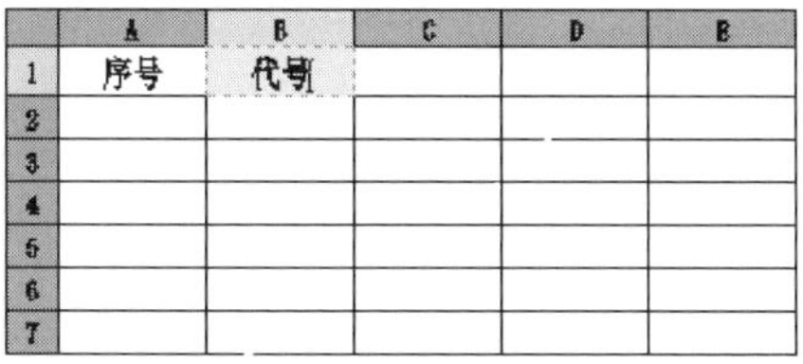　　　　图 6-74 输入表格文字（2）

Step 16 通过按 Tab 键,分别在其他单元格内输入文字内容,结果如图 6-75 所示。

Step 17 关闭"文字格式"编辑器,所创建的明细表及表格列表题内容如图 6-76 所示。

● 编辑表格

Step 18 在无命令执行的前提下,选择刚创建的明细表,使其夹点显示,如图 6-77 所示。

Step 19 单击夹点 2,进入夹点拉伸编辑模式,在命令行"** 拉伸 **指定拉伸点或 [基点(B)/复制(C)/放弃(U)/退出(X)]:"提示下,输入"@8,0"并按 Enter 键,夹点拉伸结果如图 6-78 所示。

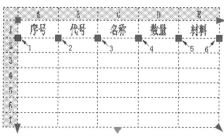

	A	B	C	D	E
1	序号	代号	名称	数量	材料
2					
3					
4					
5					
6					
7					

图 6-75 输入列表题内容

序号	代号	名称	数量	材料

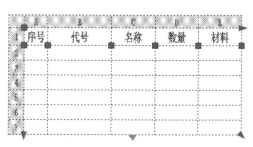

图 6-76 创建的明细表

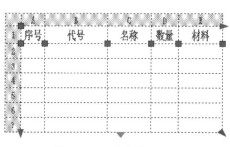

图 6-77 表格的夹点显示

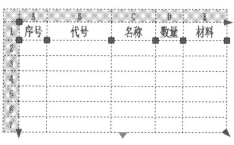

图 6-78 拉伸结果

Step 20 按住 Shift 键的同时分别单击夹点 5 和夹点 6，进入夹点拉伸编辑模式，然后单击夹点 5，将其水平向左拉伸 8 个绘图单位，结果如图 6-79 所示。

Step 21 单击夹点 1，进入夹点拉伸编辑模式，然后将其水平向左拉伸 2 个绘图单位，结果如图 6-80 所示。

图 6-79 夹点拉伸（1）

图 6-80 夹点拉伸（2）

Step 22 按住 Shift 键的同时分别单击夹点 4、夹点 5 和夹点 6，进入夹点拉伸编辑模式，然后单击夹点 4，将其水平向右拉伸 10 个绘图单位，结果如图 6-81 所示。

Step 23 按 Esc 键，取消表格的夹点显示，编辑结果如图 6-82 所示。

图 6-81 夹点拉伸（3）

序号	代号	名称	数量	材料

图 6-82 编辑结果

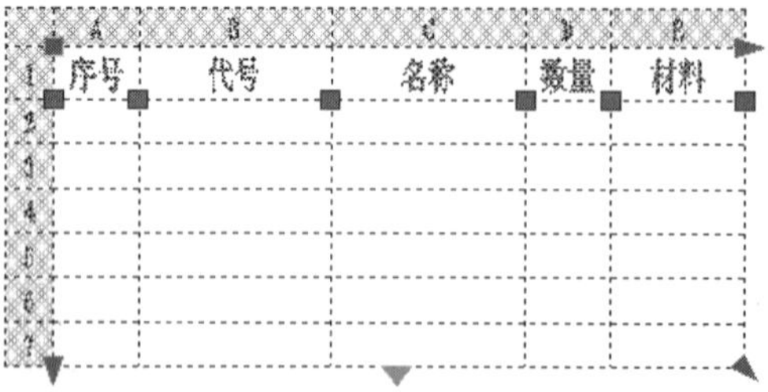

Note

- **填充文字**

Step 24 在左侧列标题下的第一个单元格内双击，打开文字编辑器，然后输入序号 1，如图 6-83 所示。

Step 25 按 Tab 键，输入如图 6-84 所示的表格内容。

	A	B	C	D	E
1	序号	代号	名称	数量	材料
2	1				
3					
4					
5					
6					
7					

图 6-83　输入序号 1

	A	B	C	D	E
1	序号	代号	名称	数量	材料
2	1	W27Y-108.20.01-1			
3					
4					
5					
6					
7					

图 6-84　输入代号

Step 26 通过按 Tab 键，依次在其他单元格内输入明细表内容，结果如图 6-85 所示。

	A	B	C	D	E
1	序号	代号	名称	数量	材料
2	1	W27Y-108.20.01-1	轴承座	1	Q235A
3	2	W27Y-108.20.01-2	横筋板	2	Q235A
4	3	W27Y-108.20.01-3	连接板	3	Q235A
5	4	W27Y-108.20.01-4	纵筋板	4	Q235A
6	5	W27Y-108.20.01-5	轴承盖	5	Q235A
7	6	W27Y-108.20.01-6	上板	6	Q235A

图 6-85　输入其他单元格的内容

Step 27 关闭文字编辑器，并执行“保存”命令，将图形另存为“上机实训三.dwg”。

6.9　小结与练习

6.9.1　小结

本章主要讲述了文字、字符、表格等的创建功能和图形信息的查询功能。通过本章的学习，应了解和掌握单行文字与多行文字的区别、创建方式及修改技巧；掌握文字样式的设置及特殊字符的输入技巧。此外，还要熟练掌握表格的设置、创建、填充以及一些图形信息的查询功能。

6.9.2　练习

1. 综合运用所学知识，为零件图标注技术要求，如图 6-86 所示。

图 6-86 练习 1

操作提示：

本例素材文件位于配套资源中的"\素材文件\"目录下，文件名为"6-3.dwg"。

2. 综合运用所学知识，为齿轮零件图标注技术条件与明细，如图 6-87 所示。

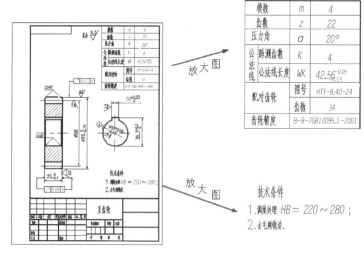

图 6-87 练习 2

操作提示：

本例素材文件位于配套资源中的"\素材文件\"目录下，文件名为"6-4.dwg"。

第7章

零件图中的尺寸与公差标注

  与几何图形、文字注释一样，尺寸标注也是图样的重要组成部分。它能将图形间的相互位置关系及形状等进行数字化、参数化，以更直观地表达图形的尺寸，是工人加工零件的主要依据。本章主要讲述各类常用尺寸的标注方法。

内容要点

- 标注基本尺寸
- 公差与圆心标记
- 标注样式管理器
- 图形参数化
- 标注复合尺寸
- 标注引线尺寸
- 编辑尺寸标注
- 上机实训——标注轴类零件图尺寸与公差

7.1 标注基本尺寸

所谓基本尺寸,是指一些常见的尺寸,如线性尺寸、对齐尺寸、半径尺寸、直径尺寸等。这些尺寸都位于"标注"菜单中,如图 7-1 所示。本节首先学习这些基本尺寸的标注方法和技巧。

7.1.1 线性标注

图 7-1 "标注"菜单

"线性"命令是一个常用的尺寸标注命令,主要用于标注两点之间的水平尺寸或垂直尺寸。执行"线性"命令主要有以下几种方式。

- ◇ 单击"注释"选项卡→"标注"面板→"线性"按钮 ⊢。
- ◇ 选择菜单栏中的"标注"→"线性"命令。
- ◇ 在命令行输入 dimlinear 或 dimlin 后按 Enter 键。

下面通过为零件图标注长度尺寸和垂直尺寸,学习"线性"命令的使用方法和技巧,具体操作步骤如下。

Step 01 打开配套资源中的"\素材文件\7-1.dwg"文件,如图 7-2 所示。

Step 02 单击"注释"选项卡→"标注"面板→"线性"按钮 ⊢,执行"线性"命令,配合端点捕捉功能标注下侧的长度尺寸,命令行操作如下。

```
命令: dimlinear
指定第一个尺寸界线原点或 <选择对象>:        //捕捉如图 7-3 所示的端点
指定第二条尺寸界线原点:                     //捕捉如图 7-4 所示的端点
指定尺寸线位置或[多行文字(M)/文字(T)/角度(A)/水平(H)/垂直(V)/旋转(R)]:
        //向下移动光标,在适当位置拾取一点,以指定尺寸线的位置,标注结果如图 7-5 所示
标注文字 = 156
```

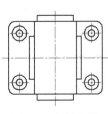   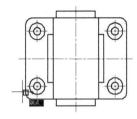   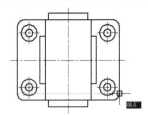

图 7-2 素材文件　　　图 7-3 捕捉端点(1)　　　图 7-4 捕捉端点(2)

Step 03 重复执行"线性"命令,配合端点捕捉功能标注零件图的宽度尺寸,命令行操作如下。

```
命令:dimlinear                              //Enter,重复执行"线性"命令
指定第一个尺寸界线原点或 <选择对象>:         //Enter
选择标注对象:                               //选择如图 7-6 所示的垂直边
指定尺寸线位置或[多行文字(M)/文字(T)/角度(A)/水平(H)/垂直(V)/旋转(R)]:
```

//水平向右移动光标,然后在适当位置拾取一点,以指定尺寸线位置,标注结果如图 7-7 所示
标注文字 = 118

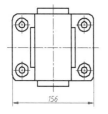

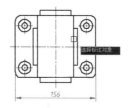

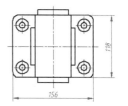

图 7-5　标注结果(1)　　　　图 7-6　选择对象　　　　图 7-7　标注结果(2)

● 选项解析

◇ "多行文字"选项用于在如图 7-8 所示的"文字格式"编辑器内手动输入尺寸文字内容,或者为尺寸文字添加前后缀等。

图 7-8　"文字格式"编辑器

◇ "文字"选项用于通过命令行手动输入尺寸文字的内容,以方便添加尺寸前缀和后缀。
◇ "角度"选项用于设置尺寸文字的旋转角度。
◇ "水平"选项用于标注两点之间的水平尺寸。
◇ "垂直"选项用于标注两点之间的垂直尺寸。
◇ "旋转"选项用于设置尺寸线的旋转角度。

7.1.2　对齐标注

"对齐"命令用于标注平行于所选对象或平行于两尺寸界线原点连线的尺寸,此命令比较适合于标注倾斜图线的尺寸。执行"对齐"命令主要有以下几种方式。

◇ 单击"注释"选项卡→"标注"面板→"对齐"按钮。
◇ 选择菜单栏中的"标注"→"对齐"命令。
◇ 在命令行输入 dimaligned 或 dimali 后按 Enter 键。

下面通过标注对齐尺寸,学习"对齐"命令的使用方法和标注技巧,具体操作步骤如下。

Step 01　打开配套资源中的"\素材文件\7-2.dwg"文件,如图 7-9 所示。

Step 02 单击"注释"选项卡→"标注"面板→"对齐"按钮,执行"对齐"命令,配合交点捕捉功能标注对齐尺寸,命令行操作如下。

```
命令: dimaligned
指定第一个尺寸界线原点或 <选择对象>:     //捕捉如图 7-10 所示的交点
指定第二条尺寸界线原点:                   //捕捉如图 7-11 所示的交点
指定尺寸线位置或[多行文字(M)/文字(T)/角度(A)]:
                                       //在适当位置拾取一点,以指定尺寸线位置
标注文字 = 44.08
```

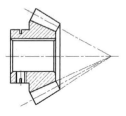
图 7-9　素材文件

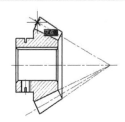
图 7-10　捕捉交点(1)

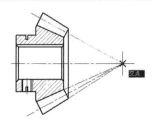
图 7-11　捕捉交点(2)

Step 03 对齐尺寸的标注结果如图 7-12 所示。

Step 04 重复执行"对齐"命令,标注下侧的对齐尺寸,命令行操作如下。

```
命令: dimaligned
指定第一个尺寸界线原点或 <选择对象>:     // Enter
选择标注对象:                             //选择如图 7-13 所示的轮廓线
指定尺寸线位置或[多行文字(M)/文字(T)/角度(A)]:
                                       //在适当位置拾取一点,以指定尺寸线位置,标注结果如图 7-14 所示
标注文字 = 14.04
```

> **提示:**
>
> "对齐"命令中的三个选项功能与"线性"命令中的选项功能相同,在此不再讲述。

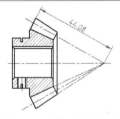
图 7-12　标注结果(1)

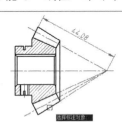
图 7-13　选择对象

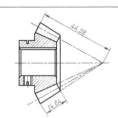
图 7-14　标注结果(2)

7.1.3　坐标标注

"坐标"命令用于标注点的 X 坐标值和 Y 坐标值,所标注的坐标为点的绝对坐标。执行"坐标"命令主要有以下几种方式。

- 单击"注释"选项卡→"标注"面板→"坐标"按钮。
- 选择菜单栏中的"标注"→"坐标"命令。

- 在命令行输入 dimordinate 或 dimord 后按 Enter 键。

执行"坐标"命令后,命令行操作提示如下。

```
命令: dimordinate
指定点坐标:                                            //捕捉点
指定引线端点或 [X 基准(X)/Y 基准(Y)/多行文字(M)/文字(T)/角度(A)]: //定位引线端点
```

小技巧

上下移动光标,可以标注点的 X 坐标值;左右移动光标,可以标注点的 Y 坐标值。另外,使用"X 基准"选项,可以强制标注点的 X 坐标值,不受光标引导方向的限制;使用"Y 基准"选项,则可以标注点的 Y 坐标值。

7.1.4 角度标注

"角度"命令用于标注两条图线间的角度尺寸或者圆弧的圆心角。执行"角度"命令主要有以下几种方式。

- 单击"注释"选项卡→"标注"面板→"角度"按钮 △。
- 选择菜单栏中的"标注"→"角度"命令。
- 在命令行输入 dimangular 或 dimang 后按 Enter 键。

下面通过标注零件图中的角度尺寸,学习"角度"命令的使用方法和标注技巧,具体操作步骤如下。

Step 01 打开配套资源中的"\素材文件\7-3.dwg"文件。

Step 02 单击"注释"选项卡→"标注"面板→"角度"按钮 △,执行"角度"命令,标注零件图中的角度尺寸,命令行操作如下。

```
命令: dimangular
选择圆弧、圆、直线或 <指定顶点>:      //选择如图 7-15 所示的图线
选择第二条直线:                      //选择如图 7-16 所示的图线
指定标注弧线位置或 [多行文字(M)/文字(T)/角度(A) /象限点(Q)]:
                                    //在适当位置拾取一点,以指定尺寸线位置
```

Step 03 标注结果如图 7-17 所示。

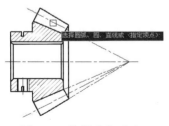
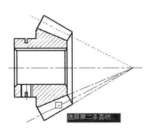
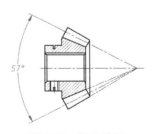

图 7-15 选择对象(1)　　图 7-16 选择对象(2)　　图 7-17 标注结果

7.1.5 半径标注

"半径"命令用于标注圆、圆弧的半径尺寸。当用户采用系统的实际测量值标注半径尺寸时，系统会在测量数值前自动添加"R"符号，如图7-18所示。

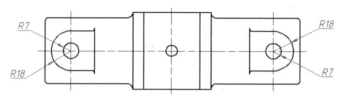

图 7-18 标注半径尺寸

执行"半径"命令主要有以下几种方式.

- ◇ 单击"注释"选项卡→"标注"面板→"半径"按钮。
- ◇ 选择菜单栏中的"标注"→"半径"命令。
- ◇ 在命令行输入 dimradius 或 dimrad 后按 Enter 键。

执行"半径"命令后，命令行操作提示如下。

```
命令：dimradius
选择圆弧或圆：                              //选择需要标注的圆或圆弧
指定尺寸线位置或 [多行文字(M)/文字(T)/角度(A)]：   //指定尺寸线的位置
```

7.1.6 直径标注

"直径"命令用于标注圆或圆弧的直径尺寸。当用户采用系统的实际测量值标注直径尺寸时，系统会在测量数值前自动添加"ϕ"符号，如图7-19所示。

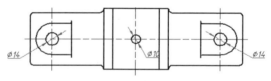

图 7-19 标注直径尺寸

执行"直径"命令主要有以下几种方式。

- ◇ 单击"注释"选项卡→"标注"面板→"直径"按钮。
- ◇ 选择菜单栏中的"标注"→"直径"命令。
- ◇ 在命令行输入 dimdiameter 或 dimdia 后按 Enter 键。

执行"直径"命令后，命令行操作提示如下。

```
命令：dimdiameter
选择圆弧或圆：                              //选择需要标注的圆或圆弧
指定尺寸线位置或 [多行文字(M)/文字(T)/角度(A)]：   //指定尺寸线的位置
```

7.1.7 弧长标注

"弧长"命令用于标注圆弧或多段线弧的长度尺寸,默认设置下,系统会在尺寸数字的一端添加弧长符号。执行"弧长"命令主要有以下几种方式。

- ◇ 单击"注释"选项卡→"标注"面板→"弧长"按钮。
- ◇ 选择菜单栏中的"标注"→"弧长"命令。
- ◇ 在命令行输入 dimarc 后按 Enter 键。

执行"弧长"命令后,命令行操作提示如下。

```
命令: dimarc
选择弧线段或多段线弧线段:            //选择需要标注的弧线段
指定弧长标注位置或 [多行文字(M)/文字(T)/角度(A)/部分(P)/引线(L)]:
                                   //指定弧长尺寸的位置,结果如图 7-20 所示
```

> **小技巧**
>
> 使用"部分"选项可以标注圆弧或多段线弧上的部分弧长,如图 7-21 所示;使用"引线"选项可以为圆弧的弧长尺寸添加指示线,如图 7-22 所示。

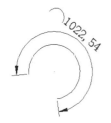

图 7-20 标注弧长

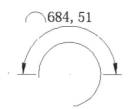

图 7-21 标注部分弧长

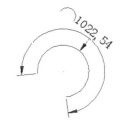

图 7-22 添加指示线的弧长标注

7.1.8 折弯线性标注

"折弯线性"命令用于在线性标注或对齐标注上添加或删除拆弯线。折弯线指的是所标注对象中的折断标记,标注值代表实际距离,而不是图形中测量的距离。执行"折弯线性"命令主要有以下几种方式。

- ◇ 单击"注释"选项卡→"标注"面板→"折弯线性"按钮。
- ◇ 选择菜单栏中的"标注"→"折弯线性"命令。
- ◇ 在命令行输入 dimjogline 后按 Enter 键。

执行"折弯线性"命令后,命令行操作提示如下。

```
命令: dimjogline
选择要添加折弯的标注或 [删除(R)]:    //选择需要添加折弯线的标注
指定折弯位置(或按 Enter 键):         //指定折弯线的位置,结果如图 7-23 所示
```

图 7-23　线性标注与折弯标注比较

> **小技巧**
>
> "删除"选项主要用于删除标注中的折弯线。

7.2　标注复合尺寸

除了前面所讲的常见基本尺寸标注命令，还有"基线"、"连续"和"快速标注"三个复合标注命令。这一节就来学习这些复合尺寸的标注方法和技巧。

7.2.1　标注基线尺寸

"基线"命令用于在现有尺寸的基础上，以选择的线性尺寸界线作为基线尺寸的尺寸界线，进行快速标注。执行"基线"命令主要有以下几种方式。

- ◇ 单击"注释"选项卡→"标注"面板→"基线"按钮 。
- ◇ 选择菜单栏中的"标注"→"基线"命令。
- ◇ 在命令行输入 dimbaseline 或 dimbase 后按 Enter 键。

下面通过标注基线尺寸，学习"基线"命令的使用方法和技巧，具体操作步骤如下。

Step 01 打开配套资源中的"\素材文件\7-4.dwg"文件，如图 7-24 所示。

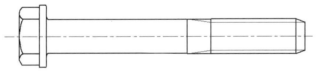

图 7-24　素材文件

Step 02 单击"注释"选项卡→"标注"面板→"基线"按钮 ，执行"基线"命令，标注线性尺寸并将其作为基准尺寸，命令行操作如下。

```
命令: dimbaseline
指定第一条尺寸界线原点或 <选择对象>:      //捕捉如图 7-25 所示的端点
指定第二条尺寸界线原点:                   //捕捉如图 7-26 所示的端点
```

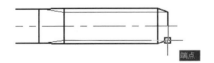

图 7-25　定位第一个原点

图 7-26　定位第二个原点

指定尺寸线位置或[多行文字(M)/文字(T)/角度(A)/水平(H)/垂直(V)/旋转(R)]:
　　　　　　//向下移动光标,在适当位置拾取一点,以指定尺寸线位置,结果如图7-27所示
标注文字 = 40

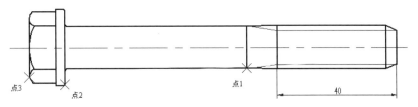

图7-27　标注结果(1)

Step 03 单击"注释"选项卡→"标注"面板→"基线"按钮,执行"基线"命令,标注零件图的基线尺寸,命令行操作如下。

命令: dimbaseline
指定第二条尺寸界线原点或 [放弃(U)/选择(S)] <选择>:
　　　　　　//捕捉如图7-27所示的交点1,系统自动测量并标注出如图7-28所示的基线尺寸
标注文字 = 50
指定第二条尺寸界线原点或 [放弃(U)/选择(S)] <选择>: //捕捉如图7-27所示的交点2
标注文字 = 110
指定第二条尺寸界线原点或 [放弃(U)/选择(S)] <选择>: //捕捉如图7-27所示的交点3
标注文字 = 122
指定第二条尺寸界线原点或 [放弃(U)/选择(S)] <选择>: //Enter
选择基准标注:　　　　　　　　　　　　　　//Enter,结束命令,标注结果如图7-29所示

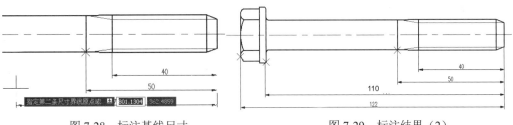

图7-28　标注基线尺寸　　　　　　图7-29　标注结果(2)

小技巧

当执行"基线"命令后,AutoCAD会自动以刚创建的线性尺寸作为基准尺寸,进入基线尺寸的标注状态。

7.2.2　标注连续尺寸

"连续"命令用于在现有的尺寸基础上创建连续的尺寸对象,所创建的连续尺寸位于同一个方向矢量上。执行"连续"命令主要有以下几种方式。

- ◇ 单击"注释"选项卡→"标注"面板→"连续"按钮。
- ◇ 选择菜单栏中的"标注"→"连续"命令。

◆ 在命令行输入 dimcontinue 或 dimcont 后按 Enter 键。

下面通过标注如图 7-30 所示的连续尺寸，学习"连续"命令的使用方法和技巧，具体操作步骤如下。

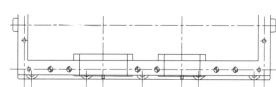

图 7-30 连续标注示例

Step 01 打开配套资源中的"\素材文件\7-5.dwg"文件。

Step 02 执行"线性"命令，配合端点捕捉功能标注如图 7-31 所示的线性尺寸，将其作为基准尺寸。

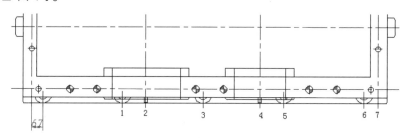

图 7-31 标注线性尺寸

Step 03 单击"注释"选项卡→"标注"面板→"连续"按钮 |⊢⊢| ，执行"连续"命令，根据命令行的提示标注连续尺寸，命令行操作如下。

```
命令: dimcontinue
指定第二条尺寸界线原点或 [放弃(U)/选择(S)] <选择>:      //捕捉如图 7-31 所示的端点 1
标注文字 = 470
指定第二条尺寸界线原点或 [放弃(U)/选择(S)] <选择>:      //捕捉端点 2
标注文字 = 140
指定第二条尺寸界线原点或 [放弃(U)/选择(S)] <选择>:      //捕捉端点 3
标注文字 = 330
指定第二条尺寸界线原点或 [放弃(U)/选择(S)] <选择>:      //捕捉端点 4
标注文字 = 330
指定第二条尺寸界线原点或 [放弃(U)/选择(S)] <选择>:      //捕捉端点 5
标注文字 = 140
指定第二条尺寸界线原点或 [放弃(U)/选择(S)] <选择>:      //捕捉端点 6
标注文字 = 470
指定第二条尺寸界线原点或 [放弃(U)/选择(S)] <选择>:      //捕捉端点 7
标注文字 = 82
指定第二条尺寸界线原点或 [放弃(U)/选择(S)] <选择>:      //Enter，退出连续尺寸状态
选择连续标注:                                          //Enter，标注结果如图 7-30 所示
```

7.2.3 快速标注

"快速标注"命令用于一次标注多个对象间的水平尺寸或垂直尺寸,是一种比较常用的复合标注工具。执行"快速标注"命令主要有以下几种方式。

- ◇ 单击"注释"选项卡→"标注"面板→"快速标注"按钮。
- ◇ 选择菜单栏中的"标注"→"快速标注"命令。
- ◇ 在命令行输入 qdim 后按 Enter 键。

下面通过具体实例,学习"快速标注"命令的使用方法和技巧,具体操作步骤如下。

Step 01 打开配套资源中的"\素材文件\7-6.dwg"文件。

Step 02 单击"注释"选项卡→"标注"面板→"快速标注"按钮,执行"快速标注"命令,根据命令行的提示快速标注尺寸,命令行操作如下。

```
命令: qdim
选择要标注的几何图形:        //拉出如图 7-32 所示的窗交选择框
选择要标注的几何图形:        //单击最左端的垂直轮廓线,选择结果如图 7-33 所示
```

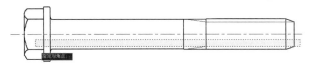

图 7-32　窗交选择

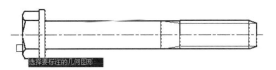

图 7-33　选择结果

```
选择要标注的几何图形:        //Enter
指定尺寸线位置或 [连续(C)/并列(S)/基线(B)/坐标(O)/半径(R)/直径(D)/基准点(P)/
编辑(E)/设置(T)] <连续>:
            //向下移动光标,进入如图 7-34 所示标注状态,在适当位置单击,结果如图 7-35 所示
```

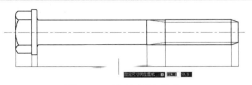 

图 7-34　快速标注状态　　　　　　图 7-35　快速标注结果

● 选项解析

- ◇ "连续"选项用于标注对象的连续尺寸。
- ◇ "并列"选项用于标注并列尺寸。
- ◇ "基线"选项用于标注基线尺寸。
- ◇ "坐标"选项用于标注对象的绝对坐标。

- "半径"选项用于标注圆或弧的半径尺寸。
- "直径"选项用于标注圆或弧的直径尺寸。
- "基准点"选项用于设置新的标注点。
- "编辑"选项用于添加或删除标注点。

7.3 公差与圆心标记

本节主要学习"公差"与"圆心标记"两个命令。

7.3.1 公差

"公差"命令主要用于为零件图标注形状公差和位置公差,如图 7-36 所示。执行"公差"命令主要有以下几种方式。

- 单击"注释"选项卡→"标注"面板→"公差"按钮 。
- 选择菜单栏中的"标注"→"公差"命令。
- 在命令行输入 tolerance 后按 Enter 键。
- 使用快捷键 TOL。

执行"公差"命令后,可打开如图 7-37 所示的"形位公差"对话框。单击"符号"选项组中的颜色块,可以打开如图 7-38 所示的"特征符号"对话框,用户可以从中选择相应的形位公差符号。

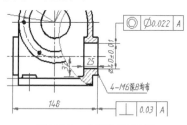

图 7-36 公差标注示例

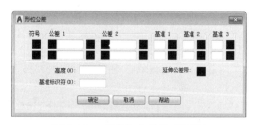

图 7-37 "形位公差"对话框

在"形位公差"对话框的"公差 1"或"公差 2"选项组中单击右侧的颜色块,打开如图 7-39 所示的"附加符号"对话框,以设置公差的包容条件。

图 7-38 "特征符号"对话框

图 7-39 "附加符号"对话框

- 符号 Ⓜ 表示最大包容条件,规定零件在极限尺寸内的最大包容量。

- 符号 ⓛ 表示最小包容条件，规定零件在极限尺寸内的最小包容量。
- 符号 ⓢ 表示不考虑特征条件，不规定零件在极限尺寸内的任意几何大小。

7.3.2 圆心标记

"圆心标记"命令主要用于标注圆或圆弧的圆心标记，也可以标注圆或圆弧的中心线，如图 7-40 和图 7-41 所示。

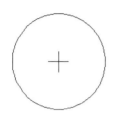
图 7-40 标注圆心标记

图 7-41 标注中心线

执行"圆心标记"命令主要有以下几种方式。

- 单击"注释"选项卡→"标注"面板→"圆心标记"按钮 。
- 选择菜单栏中的"标注"→"圆心标记"命令。
- 在命令行输入 dimcenter 后按 Enter 键。

7.4 标注引线尺寸

所谓引线尺寸，指的就是一端带有引线、另一端带有注释的尺寸。本节主要学习引线尺寸的标注工具，具体有"快速引线"和"多重引线"两个命令。

7.4.1 快速引线

"快速引线"命令用于创建一端带有箭头、另一端带有文字注释的引线尺寸，其中，引线可以为直线段，也可以为平滑的样条曲线，如图 7-42 所示。

图 7-42 引线标注示例

在命令行输入 qleader 或 LE 后按 Enter 键，执行"快速引线"命令。然后在命令行"指定第一个引线点或 [设置(S)] <设置>:"提示下，激活"设置"选项，打开"引线设置"对话框，如图 7-43 所示，在该对话框中可设置引线参数。

图 7-43 "引线设置"对话框

- "注释"选项卡

在"引线设置"对话框中展开"注释"选项卡，如图 7-43 所示，此选项卡主要用于设置引线文字的注释类型及其相关的一些选项。

➢ "注释类型"选项组。

◇ "多行文字"单选按钮用于在引线末端创建多行文字注释。

◇ "复制对象"单选按钮用于复制已有引线注释作为需要创建的引线注释。

◇ "公差"单选按钮用于在引线末端创建公差注释。

◇ "块参照"单选按钮用于以内部块作为注释对象。

◇ "无"单选按钮用于创建无注释的引线。

➢ "多行文字选项"选项组。

◇ "提示输入宽度"复选框用于提示用户指定多行文字注释的宽度。

◇ "始终左对齐"复选框用于自动设置多行文字使用左对齐方式。

◇ "文字边框"复选框主要用于为引线注释添加边框。

➢ "重复使用注释"选项组。

◇ "无"单选按钮表示不对当前所设置的引线注释进行重复使用。

◇ "重复使用下一个"单选按钮用于重复使用下一个引线注释。

◇ "重复使用当前"单选按钮用于重复使用当前的引线注释。

- "引线和箭头"选项卡

如图 7-44 所示的"引线和箭头"选项卡，主要用于设置引线的类型、点数、箭头及引线段的角度约束等参数。

◇ "直线"单选按钮用于在指定的引线点之间创建直线段。

◇ "样条曲线"单选按钮用于在引线点之间创建样条曲线，即引线为样条曲线。

◇ "箭头"选项组用于设置引线箭头的形式。单击 实心闭合 下拉按钮，在下拉列表中选择一种箭头形式。

◇ "无限制"复选框表示系统不限制引线点的数量，用户可以通过按 Enter 键来手动结束引线点的设置过程。

◇ "最大值"数值框用于设置引线点数的最大值。

◇ "角度约束"选项组用于设置第一条引线与第二条引线的角度约束。

- "附着"选项卡

如图 7-45 所示的"附着"选项卡，主要用于设置引线和多行文字注释之间的附着位置。只有在"注释"选项卡内选择了"多行文字"单选按钮，此选项卡才可用。

图 7-44 "引线和箭头"选项卡

图 7-45 "附着"选项卡

- ◇ "第一行顶部"单选按钮用于将引线放置在多行文字第一行的顶部。
- ◇ "第一行中间"单选按钮用于将引线放置在多行文字第一行的中间。
- ◇ "多行文字中间"单选按钮用于将引线放置在多行文字的中部。
- ◇ "最后一行中间"单选按钮用于将引线放置在多行文字最后一行的中间。
- ◇ "最后一行底部"单选按钮用于将引线放置在多行文字最后一行的底部。
- ◇ "最后一行加下画线"复选框用于为最后一行文字添加下画线。

7.4.2 多重引线

与"快速引线"命令相同,使用"多重引线"命令也可以创建具有多个选项的引线对象,只是其选项没有"快速引线"命令那么直观,需要通过命令行进行设置。

执行"多重引线"命令主要有以下几种方式。

- ◇ 单击"默认"选项卡→"注释"面板→"多重引线"按钮 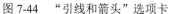。
- ◇ 选择菜单栏中的"标注"→"多重引线"命令。
- ◇ 在命令行输入 mleader 后按 Enter 键。

执行"多重引线"命令后,其命令行操作如下。

```
命令: mleader
指定引线基线的位置或 [引线箭头优先(H)/内容优先(C)/选项(O)] <选项>://Enter
输入选项 [引线类型(L)/引线基线(A)/内容类型(C)/最大节点数(M)/第一个角度(F)/第二
个角度(S)/退出选项(X)] <退出选项>:                              //输入一个选项
指定引线基线的位置或 [引线箭头优先(H)/内容优先(C)/选项(O)] <选项>://指定基线位置
指定引线箭头的位置:              //指定箭头位置,打开"文字格式"编辑器,输入注释内容
```

另外,使用"多重引线样式"命令也可以创建或修改多重引线样式。执行"多重引线样式"命令主要有以下几种方式。

- ◇ 单击"默认"选项卡→"注释"面板→"多重引线样式"按钮 。
- ◇ 选择菜单栏中的"格式"→"多重引线样式"命令。
- ◇ 在命令行输入 mleader 后按 Enter 键。

7.5 标注样式管理器

一个完整的尺寸标注包括标注文字、尺寸线、尺寸界线和箭头等尺寸元素，而这些尺寸元素都是通过"标注样式"命令进行协调的。

执行"标注样式"命令主要有以下几种方式。

- ◆ 单击"默认"选项卡→"注释"面板→"标注样式"按钮 。
- ◆ 选择菜单栏中的"标注"→"标注样式"命令。
- ◆ 在命令行输入 dimstyle 后按 Enter 键。
- ◆ 使用快捷键 D。

执行此命令后可打开如图 7-46 所示的"标注样式管理器"对话框。此对话框控制着尺寸元素的外观形式，它是所有尺寸变量的集合。这些变量决定了尺寸中各元素的外观，只要用户调整尺寸样式中的某些尺寸变量，就能灵活修改尺寸标注的外观。

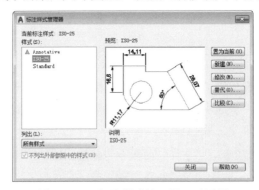

图 7-46 "标注样式管理器"对话框

● 标注样式选项

- ◆ 置为当前(U) 按钮用于把选定的标注样式设置为当前标注样式。
- ◆ 新建(N)... 按钮用于设置新的标注样式。
- ◆ 修改(M)... 按钮用于修改当前选择的标注样式。当用户修改了标注样式后，当前图形中的所有标注都会自动更新为当前标注样式。
- ◆ 替代(O)... 按钮用于设置当前使用的标注样式的临时替代值。

小技巧

当用户创建了替代样式后，当前标注样式将被应用到以后所有尺寸标注中，直到用户删除替代样式为止。

- ◆ 比较(C)... 按钮用于比较两种标注样式的特性或预览一种标注样式的全部特性，并将比较结果输出到 Windows 剪贴板上，然后粘贴到其他 Windows 应用程序中。

第 7 章 零件图中的尺寸与公差标注

- 新建标注样式

在如图 7-46 所示的"标注样式管理器"对话框中,单击 新建(N)... 按钮后可打开如图 7-47 所示的"创建新标注样式"对话框,其中"新样式名"文本框用于为新样式命名;"基础样式"下拉列表用于设置新样式的基础样式;"注释性"复选框用于为新样式添加注释;"用于"下拉列表用于设置新样式的适用范围。

单击 继续 按钮后打开如图 7-48 所示的"新建标注样式:副本 ISO-25"对话框。此对话框包括"线"、"符号和箭头"、"文字"、"调整"、"主单位"、"换算单位"和"公差"7 个选项卡。

图 7-47 "创建新标注样式"对话框

7.5.1 设置"线"参数

如图 7-48 所示的"线"选项卡,主要用于设置尺寸线、尺寸界线的格式和特性等变量,具体如下。

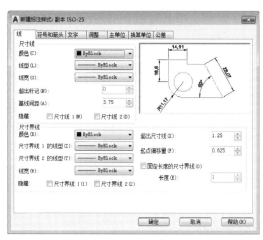

图 7-48 "新建标注样式:副本 ISO-25"对话框

➢ "尺寸线"选项组。

◇ "颜色"下拉列表用于设置尺寸线的颜色。

◇ "线型"下拉列表用于设置尺寸线的线型。

◇ "线宽"下拉列表用于设置尺寸线的线宽。

◇ "超出标记"数值框用于设置尺寸线超出尺寸界线的长度。在默认状态下,该数值框处于不可用状态,只有在用户选择建筑标记箭头时,此数值框才处于可用状态。

◇ "基线间距"数值框用于设置在标注基线尺寸时两条尺寸线之间的距离。

➢ "尺寸界线"选项组。

◇ "颜色"下拉列表用于设置尺寸界线的颜色。

◇ "尺寸界线 1 的线型"下拉列表用于设置尺寸界线 1 的线型。

◇ "尺寸界线 2 的线型"下拉列表用于设置尺寸界线 2 的线型。

◇ "线宽"下拉列表用于设置尺寸界线的线宽。

◇ "超出尺寸线"数值框用于设置尺寸界线超出尺寸线的长度。

◇ "起点偏移量"数值框用于设置尺寸界线起点与被标注对象间的距离。

7.5.2 设置"符号和箭头"

如图 7-49 所示的"符号和箭头"选项卡，主要用于设置箭头、圆心标记、弧长符号和折弯标注等参数。

- ➢ "箭头"选项组。
  - ◆ "第一个" / "第二个"下拉列表用于设置箭头的形状。
  - ◆ "引线"下拉列表用于设置引线箭头的形状。
  - ◆ "箭头大小"数值框用于设置箭头的大小。

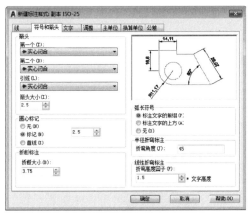

- ➢ "圆心标记"选项组。
  - ◆ "无"单选按钮表示不添加圆心标记。
  - ◆ "标记"单选按钮用于为圆添加十字形标记。
  - ◆ "直线"单选按钮用于为圆添加直线型标记。
  - ◆ 2.5 数值框用于设置圆心标记的大小。
- ➢ "折断标注"选项组用于设置打断标注的大小。
- ➢ "弧长符号"选项组。

图 7-49 "符号和箭头"选项卡

- ◆ "标注文字的前缀"单选按钮用于为弧长标注添加前缀。
- ◆ "标注文字的上方"单选按钮用于设置标注文字的位置。
- ◆ "无"单选按钮表示在弧长标注上不出现弧长符号。
- ➢ "半径折弯标注"选项组用于设置半径折弯的角度。
- ➢ "线性折弯标注"选项组用于设置线性折弯的高度因子。

7.5.3 设置"文字"参数

如图 7-50 所示的"文字"选项卡，主要用于设置尺寸文字的样式、颜色、位置及对齐方式等变量。

- ➢ "文字外观"选项组。
  - ◆ "文字样式"下拉列表用于设置尺寸文字的样式。
  - ◆ "文字颜色"下拉列表用于设置尺寸文字的颜色。
  - ◆ "填充颜色"下拉列表用于设置尺寸文本的背景色。
  - ◆ "文字高度"数值框用于设置尺寸文字的高度。
  - ◆ "分数高度比例"数值框用于设置标注分数的高度比例。只有在选择分数标注单位时，此选项才可用。
- ✧ "绘制文字边框"复选框用于设置是否为尺寸文字加上边框。
- ➢ "文字位置"选项组。
- ✧ "垂直"下拉列表用于设置尺寸文字相对于尺寸线垂直方向的放置位置。
- ✧ "水平"下拉列表用于设置尺寸文字相对于尺寸线水平方向的放置位置。
- ✧ "观察方向"下拉列表用于设置尺寸文字的观察方向。
- ✧ "从尺寸线偏移"数值框用于设置尺寸文字与尺寸线之间的距离。
- ➢ "文字对齐"选项组。
- ✧ "水平"单选按钮用于设置尺寸文字以水平方向放置。
- ✧ "与尺寸线对齐"单选按钮用于设置尺寸文字以与尺寸线平行的方向放置。
- ✧ "ISO 标准"单选按钮用于根据 ISO 标准设置尺寸文字。

图 7-50　"文字"选项卡

7.5.4　设置"调整"参数

如图 7-51 所示的"调整"选项卡，主要用于设置尺寸文字与尺寸线、尺寸界线之间的位置。

- ➢ "调整选项"选项组。
- ✧ "文字或箭头（最佳效果）"单选按钮用于自动调整文字与箭头的位置，使二者达到最佳效果。

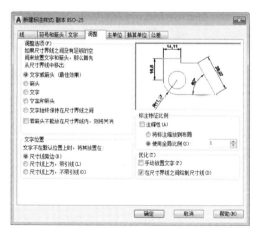

图 7-51　"调整"选项卡

- ✧ "箭头"单选按钮用于将箭头移到尺寸界线外。
- ✧ "文字"单选按钮用于将文字移到尺寸界线外。
- ✧ "文字和箭头"单选按钮用于将文字与箭头都移到尺寸界线外。
- ✧ "文字始终保持在尺寸界线之间"单选按钮用于将文字放置在尺寸界线之间。
- ➢ "文字位置"选项组。
- ✧ "尺寸线旁边"单选按钮用于将文字放置在尺寸线旁边。
- ✧ "尺寸线上方，带引线"单选按钮用于将文字放置在尺寸线上方，并加引线。
- ◆ "尺寸线上方，不带引线"单选按钮用于将文字放置在尺寸线上方，但不加引线。
- ➤ "标注特征比例"选项组。
- ◆ "注释性"复选框用于设置标注为注释性标注。
- ◆ "将标注缩放到布局"单选按钮用于根据当前模型空间的视窗与布局空间的大小来确定比例因子。
- ◆ "使用全局比例"单选按钮用于设置标注的比例因子。
- ➤ "优化"选项组。
- ◆ "手动放置文字"复选框用于手动放置标注文字。
- ◆ "在尺寸界线之间绘制尺寸线"复选框表示在标注圆弧或圆时，尺寸线始终在尺寸界线之间。

7.5.5 设置"主单位"

如图7-52所示为"主单位"选项卡，主要用于设置线性标注和角度标注的单位格式及精度等参数变量。

- ➤ "线性标注"选项组。
- ◆ "单位格式"下拉列表用于设置线性标注的单位格式，默认值为小数。
- ◆ "精度"下拉列表用于设置尺寸的精度。

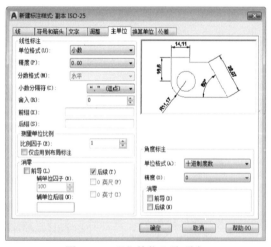

图7-52 "主单位"选项卡

- ◆ "分数格式"下拉列表用于设置分数的格式。
- ◆ "小数分隔符"下拉列表用于设置小数的分隔符号。
- ◆ "舍入"数值框用于设置除了角度的标注测量值的四舍五入规则。
- ◆ "前缀"文本框用于设置尺寸文字的前缀，可以为数字、文字、符号。
- ◆ "后缀"文本框用于设置尺寸文字的后缀，可以为数字、文字、符号。
- ➤ "测量单位比例"选项组。
- ◆ "比例因子"数值框用于设置除了角度的标注比例因子。
- ◆ "仅应用到布局标注"复选框用于设置仅对在布局里创建的标注应用线性比例值。
- ➤ "消零"选项组。
- ◆ "前导"复选框用于消除小数点前面的零。当尺寸文字小于1时（如为"0.5"），勾选此复选框后，此"0.5"将变为".5"，前面的零已消除。

- ◆ "后续"复选框用于消除小数点后面的零。
- ◆ "0 英尺"复选框用于消除英尺前的零。
- ◆ "0 英寸"复选框用于消除英寸后的零。如"2′,-1.400″"表示为"2′,-1.4″"。
- ➢ "角度标注"选项组。
- ◆ "单位格式"下拉列表用于设置角度标注的单位格式。
- ◆ "精度"下拉列表用于设置角度的小数位数。
- ➢ "消零"选项组。
- ◆ "前导"复选框用于消除角度标注前面的零。
- ◆ "后续"复选框用于消除角度标注后面的零。

7.5.6 设置"换算单位"

如图 7-53 所示为"换算单位"选项卡,主要用于显示和设置尺寸文字的换算单位、精度等变量。只有勾选了"显示换算单位"复选框,"换算单位"选项卡中所有的选项组才可用。

- ➢ "换算单位"选项组。
- ◆ "单位格式"下拉列表用于设置换算单位的格式。
- ◆ "精度"下拉列表用于设置换算单位的小数位数。
- ◆ "换算单位倍数"数值框用于设置主单位与换算单位间的换算因子的倍数。
- ◆ "舍入精度"数值框用于设置换算单位的四舍五入规则。
- ◆ "前缀"文本框中输入的值将显示在换算单位的前面。

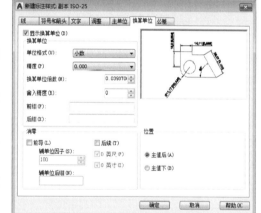

图 7-53 "换算单位"选项卡

- ◆ "后缀"文本框中输入的值将显示在换算单位的后面。
- ➢ "消零"选项组用于消除换算单位的前导零和后续零及英尺、英寸前后的零。
- ➢ "位置"选项组。
- ◆ "主值后"单选按钮用于将换算单位放在主单位之后。
- ◆ "主值下"单选按钮用于将换算单位放在主单位之下。

7.5.7 设置公差

在"新建标注样式:副本 ISO-25"对话框中展开"公差"选项卡,该选项卡主要用于设置尺寸的公差格式和换算单位，如图 7-54 所示。

- "方式"下拉列表用于设置公差的形式。在此列表内共有"无"、"对称"、"极限偏差"、"极限尺寸"和"基本尺寸"五个选项，如图 7-55 所示。
- "精度"下拉列表用于设置公差值的小数位数。
- "上偏差"/"下偏差"数值框用于设置上下偏差值。
- "高度比例"数值框用于设置公差文字与基本尺寸文字的高度比例。
- "垂直位置"下拉列表用于设置基本尺寸文字与公差文字的相对位置。

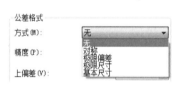

图 7-54 "公差"选项卡　　　　图 7-55 "方式"下拉列表

7.6 编辑尺寸标注

本节学习编辑尺寸标注的相关命令，主要有"标注打断"、"标注间距"、"倾斜标注"和"编辑标注文字"，以便于对尺寸标注进行编辑和更新。

7.6.1 标注打断

"标注打断"命令主要用于在尺寸线、尺寸界线与几何对象或其他标注相交的位置将其打断。执行"标注打断"命令主要有以下几种方式。

- 单击"注释"选项卡→"标注"面板→"打断"按钮 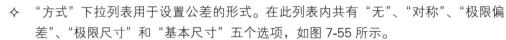。
- 选择菜单栏中的"标注"→"标注打断"命令。
- 在命令行输入 dimbreak 后按 Enter 键。

执行"标注打断"命令后，命令行操作如下。

```
命令：dimbreak
选择要添加/删除折断的标注或 [多个(M)]：    //选择如图 7-56（a）所示的尺寸
选择要折断标注的对象或 [自动(A)/手动(M)/删除(R)] <自动>：
                                    //选择与尺寸线相交的垂直轮廓线
选择要折断标注的对象：              //Enter，结束命令，打断结果如图 7-56（b）所示
1 个对象已修改
```

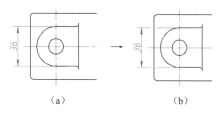

图 7-56 打断标注

> **小技巧**
>
> "手动"选项用于手动指定打断位置;"删除"选项用于恢复被打断的尺寸对象。

7.6.2 标注间距

"标注间距"命令用于调整平行的线性标注和角度标注之间的间距,或根据指定的间距值进行调整。执行"标注间距"命令主要有以下几种方式。

- ◆ 单击"注释"选项卡→"标注"面板→"标注间距"按钮 。
- ◆ 选择菜单栏中的"标注"→"标注间距"命令。
- ◆ 在命令行输入 dimspace 后按 Enter 键。

下面通过将如图 7-57(a)所示的尺寸编辑成如图 7-57(b)所示的状态,学习"标注间距"命令的使用方法和技巧,其命令行操作如下。

```
命令:dimspace
选择基准标注:                    //选择尺寸文字为 16.0 的尺寸对象
选择要产生间距的标注::            //选择其他三个尺寸对象
选择要产生间距的标注:             //Enter,结束对象的选择
输入值或 [自动(A)] <自动>:         //10 Enter,结果如图 7-57(b)所示
```

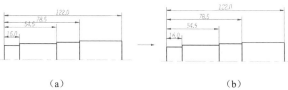

图 7-57 调整标注间距

> **小技巧**
>
> "自动"选项用于根据现有的尺寸位置,自动调整各尺寸对象的位置,使之间隔相等。

7.6.3 编辑标注

"编辑标注"命令主要用于修改尺寸文字的内容、旋转角度及尺寸界线的倾斜角度等。

执行"编辑标注"命令主要有以下几种方式。

- 单击"注释"选项卡→"标注"面板→"编辑标注"按钮。
- 在命令行输入 dimedit 后按 Enter 键。

下面通过为某线性尺寸文字添加直径符号，并将其旋转30°，学习"编辑标注"命令的使用方法和技巧。

Step 01 新建空白文件并绘制长度为 200 的水平图线。

Step 02 执行"线性"命令，为该水平线标注线性尺寸，如图 7-58 所示。

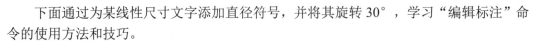

图 7-58 标注线性尺寸

Step 03 单击"注释"选项卡→"标注"面板→"编辑标注"按钮，执行"编辑标注"命令，根据命令行提示进行编辑标注，命令行操作如下。

```
命令: dimedit
输入标注编辑类型 [默认(H)/新建(N)/旋转(R)/倾斜(O)] <默认>:
                                            //N Enter，打开文字编辑器
```

将光标定位在尺寸文字的前面，然后单击@·按钮，在弹出的下拉列表中选择"直径"选项，为其添加直径符号，如图 7-59 所示

图 7-59 选择"直径"选项

Step 04 关闭文字编辑器，然后在命令行"选择对象:"提示下选择刚标注的尺寸。

Step 05 继续在命令行"选择对象:"提示下按 Enter 键，结果为该尺寸文字添加了直径符号，如图 7-60 所示。

Step 06 重复执行"编辑标注"命令，对标注文字进行旋转，命令行操作如下。

```
命令:dimedit                    //Enter，重复执行命令
输入标注编辑类型 [默认(H)/新建(N)/旋转(R)/倾斜(O)] <默认>:
                                //r Enter，激活"旋转"选项
指定标注文字的角度：            //30 Enter
选择对象：                      //选择标注的尺寸
选择对象：                      //Enter，尺寸文字旋转30°，如图 7-61 所示
```

图 7-60 添加直径符号　　　　　　　　图 7-61 旋转文字

小技巧

"倾斜"选项用于对尺寸界线进行倾斜,激活该选项后,系统将按指定的角度调整尺寸界线的倾斜角度。

7.6.4 编辑标注文字

"编辑标注文字"命令用于重新调整标注文字的位置及标注文字的旋转角度。执行"编辑标注文字"命令主要有以下几种方式。

- ◆ 单击"注释"选项卡→"标注"面板→"编辑标注文字"按钮 。
- ◆ 选择菜单栏中的"标注"→"对齐文字"级联菜单中的各命令。
- ◆ 在命令行输入 dimtedit 后按 Enter 键。

下面通过具体实例,学习"编辑标注文字"命令的使用方法和技巧,具体操作步骤如下。

Step 01 继续 7.6.3 节的操作。单击"注释"选项卡→"标注"面板→"编辑标注文字"按钮 ,执行"编辑标注文字"命令,调整标注文字的位置和角度,命令行操作如下。

```
命令: dimtedit
选择标注:                    //选择标注的尺寸对象
为标注文字指定新位置或 [左对齐(L)/右对齐(R)/居中(C)/默认(H)/角度(A)]:
                            //A Enter,激活"角度"选项
指定标注文字的角度:           //45 Enter,将标注文字旋转 45°
```

Step 02 重复执行"编辑标注文字"命令,调整标注文字的位置,命令行操作如下。

```
命令: dimtedit
选择标注:                    //选择标注的尺寸
为标注文字指定新位置或 [左对齐(L)/右对齐(R)/居中(C)/默认(H)/角度(A)]:
                //R Enter,激活"右对齐"选项,则标注文字向右对齐,结果如图 7-62 所示
```

图 7-62 修改标注文字的位置

● 选项解析

- ◆ "左对齐"选项用于沿尺寸线左端放置标注文字。
- ◆ "右对齐"选项用于沿尺寸线右端放置标注文字。
- ◆ "居中"选项用于把标注文字放在尺寸线的中心。
- ◆ "默认"选项用于将标注文字移回默认位置。
- ◆ "角度"选项用于旋转标注文字。

7.7 图形参数化

参数化绘图功能位于"参数"菜单中,使用这种参数化绘图功能,可以让用户对基于设计意图的几何图形添加约束,从而能高效率地对设计进行修改,以大大提高生产力。

7.7.1 几何约束

几何约束用以确定对象之间或对象上的点之间的几何关系。创建几何约束后,可以限制可能会违反约束的所有更改。执行"几何约束"命令主要有以下几种方式。

- 选择菜单栏中的"参数"→"几何约束"级联菜单中的命令,如图 7-63 所示。
- 在命令行输入 GeomConstraint 后按 Enter 键。
- 单击"参数化"选项卡→"几何"面板上的按钮,如图 7-64 所示。

图 7-63 "几何约束"级联菜单

图 7-64 "几何"面板

下面通过为图形添加固定约束和相切约束,学习"几何约束"命令的使用方法和技巧,具体操作步骤如下。

Step 01 绘制一个圆及一条直线,如图 7-65 所示。

Step 02 选择菜单栏中的"参数"→"几何约束"→"固定"命令,为圆添加固定约束,命令行操作如下。

```
命令: GeomConstraint
输入约束类型 [水平(H)/竖直(V)/垂直(P)/平行(PA)/相切(T)/平滑(SM)/重合(C)/同心
(CON)/共线(COL)/对称(S)/相等(E)/固定(F)] <相切>:_Fix
选择点或 [对象(O)] <对象>:
//在如图 7-66 所示的圆轮廓线上单击,为其添加固定约束,约束后的效果如图 7-67 所示
```

Step 03 选择菜单栏中的"参数"→"几何约束"→"相切"命令,为圆和直线添加相切约束,使直线与圆相切,命令行操作如下。

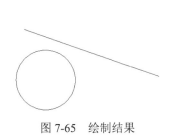
图 7-65 绘制结果

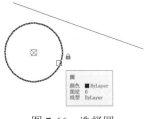
图 7-66 选择圆

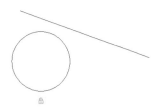
图 7-67 添加固定约束

```
命令：GeomConstraint
输入约束类型[水平(H)/竖直(V)/垂直(P)/平行(PA)/相切(T)/平滑(SM)/重合(C)/同心
(CON)/共线(COL)/对称(S)/相等(E)/固定(F)] <固定>:_Tangent
选择第一个对象：      //选择如图 7-68 所示的圆
选择第二个对象：      //选择如图 7-69 所示的直线，结果如图 7-70 所示
```

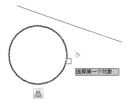
图 7-68 拾取相切对象（1）

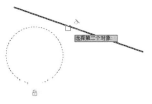
图 7-69 拾取相切对象（2）

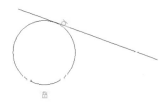
图 7-70 相切约束结果

Step 04 选择菜单栏中的"参数"→"约束栏"→"全部隐藏"命令，可以将约束标记隐藏，结果如图 7-71 所示。

Step 05 选择菜单栏中的"参数"→"约束栏"→"全部显示"命令，可以使隐藏的约束标记全部显示。

7.7.2 标注约束

"标注约束"命令可以确定对象之间、对象上的点之间的距离或角度，也可以确定对象的大小。标注约束共有"对齐"、"水平"、"竖直"、"角度"、"半径"和"直径"6 种类型。

执行"标注约束"命令主要有以下几种方式。

◇ 选择菜单栏中的"参数"→"标注约束"级联菜单中的命令，如图 7-72 所示。
◇ 在命令行输入 GeomConstraint 后按 Enter 键。
◇ 单击"参数化"选项卡→"标注"面板上的按钮。

图 7-71 隐藏约束标记后的效果

图 7-72 "标注约束"级联菜单

标注约束包括名称和值。编辑标注约束中的值时，关联的几何图形会自动调整大小。默认情况下，标注约束是动态的，具体有以下特点。

- ◇ 缩小或放大视图时，标注约束大小不变。
- ◇ 可以轻松控制标注约束的显示或隐藏状态。
- ◇ 以固定的标注样式显示。
- ◇ 提供有限的夹点显示功能。
- ◇ 打印时不显示标注约束。

7.8 上机实训——标注轴类零件图尺寸与公差

本例通过为轴类零件二视图标注长度尺寸、宽度尺寸、倒角尺寸、角度尺寸、圆角尺寸、尺寸公差及形位公差等，对本章重点知识进行综合练习和巩固。本例最终标注效果如图7-73所示。操作步骤如下。

Step 01 打开配套资源中的"\素材文件\7-7.dwg"文件，如图7-74所示。

Step 02 展开"图层控制"下拉列表，将"标注线"图层设置为当前图层。

Step 03 启用对象捕捉功能，然后使用快捷键D激活"标注样式"命令，新建如图7-75所示的标注样式。

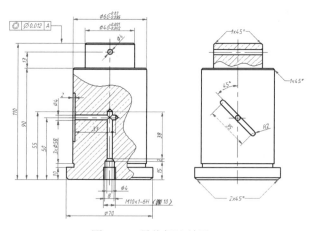

图 7-73 最终标注效果

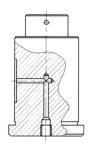 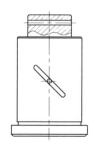

图 7-74 素材文件

图 7-75 创建新标注样式

第7章　零件图中的尺寸与公差标注

Step 04 单击 继续 按钮,打开"新建标注样式:style01"对话框,然后在"线"选项卡内设置参数,如图7-76所示。

Step 05 展开"符号和箭头"选项卡,设置尺寸箭头及大小等参数,如图7-77所示。

  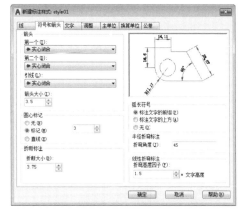

图7-76　设置"线"参数　　　　　　　图7-77　设置"符号和箭头"参数

Step 06 展开"文字"选项卡,设置标注文字的样式、高度及对齐方式,如图7-78所示。

Step 07 展开"主单位"选项卡,设置标注类型、精度等参数,如图7-79所示。

Step 08 返回"标注样式管理器"对话框,将新建的样式设为当前标注样式。

Step 09 单击"注释"选项卡→"标注"面板→"线性"按钮,执行"线性"命令,配合端点捕捉功能标注如图7-80所示的线性尺寸。

图7-78　设置"文字"参数　　　　　　　图7-79　设置"主单位"参数

Step 10 单击"注释"选项卡→"标注"面板→"基线"按钮,执行"基线"命令,配合端点捕捉或交点捕捉功能标注基线尺寸,命令行操作如下。

```
命令: dimbaseline
指定第二条尺寸界线原点或 [放弃(U)/选择(S)] <选择>:    //捕捉如图7-81所示的端点
标注文字 = 50
指定第二条尺寸界线原点或 [放弃(U)/选择(S)] <选择>:    //捕捉如图7-82所示的端点
标注文字 = 55
指定第二条尺寸界线原点或 [放弃(U)/选择(S)] <选择>:    //捕捉如图7-83所示的端点
```

225

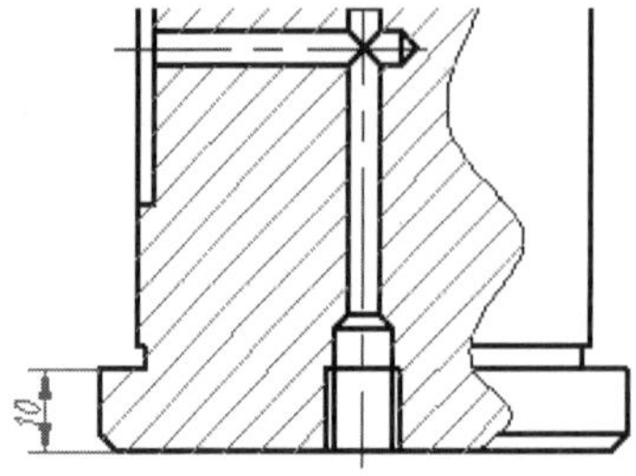

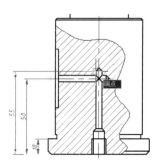

图 7-80 标注线性尺寸

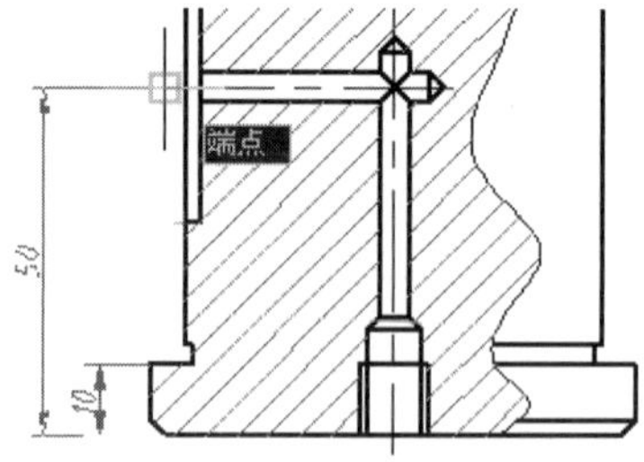

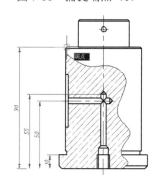

图 7-81 捕捉端点（1）

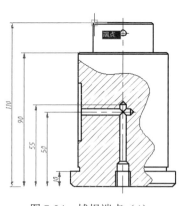

图 7-82 捕捉端点（2）

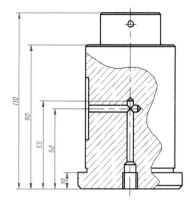

图 7-83 捕捉端点（3）

```
标注文字 = 90
指定第二条尺寸界线原点或 [放弃(U)/选择(S)] <选择>：    //捕捉如图 7-84 所示的端点
标注文字 = 110
指定第二条尺寸界线原点或 [放弃(U)/选择(S)] <选择>：   // Enter
选择基准标注：                                      // Enter，标注结果如图 7-85 所示
```

图 7-84 捕捉端点（4）

图 7-85 标注结果

Step 11 单击"注释"选项卡→"标注"面板→"连续"按钮，执行"连续"命令，配合端点捕捉功能标注内部的连续尺寸，如图 7-86 所示。

Step 12 单击"注释"选项卡→"标注"面板→"线性"按钮，执行"线性"命令，标注零件图的直径尺寸。命令行操作如下。

```
命令: dimlinear
指定第一个尺寸界线原点或 <选择对象>：           //捕捉如图 7-87 所示的端点
```

```
指定第二条尺寸界线原点：          //捕捉如图 7-88 所示的端点
指定尺寸线位置或[多行文字(M)/文字(T)/角度(A)/水平(H)/垂直(V)/旋转(R)]:
                                  //T Enter，激活"文字"选项
输入标注文字 <70>:                //%%C70 Enter
指定尺寸线位置或[多行文字(M)/文字(T)/角度(A)/水平(H)/垂直(V)/旋转(R)]:
                                  //Enter，标注结果如图 7-89 所示
标注文字 = 70
```

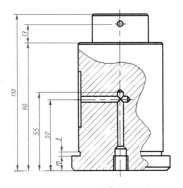

图 7-86 标注连续尺寸

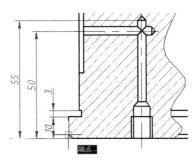

图 7-87 捕捉端点（1）

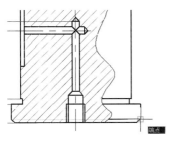

图 7-88 捕捉端点（2）

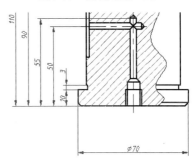

图 7-89 标注结果

Step 13 重复执行"线性"和"连续"命令，配合对象捕捉功能分别标注其他位置的尺寸，标注结果如图 7-90 所示。

Step 14 选择菜单栏中的"标注"→"直径"命令，标注孔的直径尺寸，如图 7-91 所示。

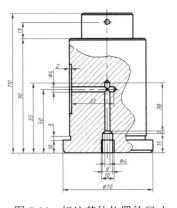

图 7-90 标注其他位置的尺寸

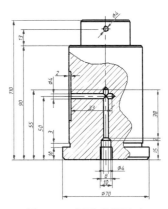

图 7-91 标注直径尺寸

Step 15 选择菜单栏中的"标注"→"半径"命令，标注左视图中的半径尺寸，如图7-92所示。

Step 16 选择菜单栏中的"标注"→"角度"命令，标注左视图中的角度尺寸，如图7-93所示。

Step 17 选择菜单栏中的"标注"→"对齐"命令，配合圆心捕捉功能标注如图7-94所示的对齐尺寸。

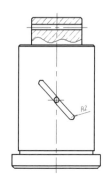 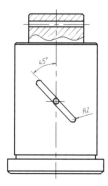 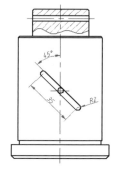

图7-92 标注半径尺寸　　　图7-93 标注角度尺寸　　　图7-94 标注对齐尺寸

Step 18 使用快捷键LE激活"快速引线"命令，为零件图标注倒角尺寸。命令行操作如下。

```
命令:leader                  // Enter
指定第一个引线点或 [设置(S)] <设置>: //捕捉如图 7-95 所示的端点
指定下一点:                  //引出如图 7-96 所示的延伸矢量
指定下一点:                  //引出如图 7-97 所示的极轴矢量，然后在适当位置拾取点
指定文字宽度 <0>:            //Enter
输入注释文字的第一行 <多行文字(M)>: //2x45%%D Enter
输入注释文字的下一行:         //Enter，标注结果如图 7-98 所示
```

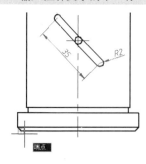 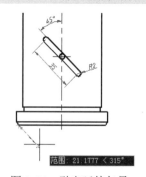 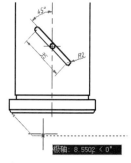

图7-95 捕捉端点　　　图7-96 引出延伸矢量　　　图7-97 引出极轴矢量

Step 19 选择菜单栏中的"修改"→"镜像"命令，对引线及箭头进行镜像，结果如图7-99所示。

Step 20 重复执行"快速引线"和"镜像"命令，配合延伸捕捉和端点捕捉等功能分别标注其他位置的倒角尺寸，结果如图7-100所示。

Step 21 双击选择如图7-101所示的尺寸，对标注文字的内容进行修改，修改结果如

图 7-102 所示。

Step 22 参照第 20 步和第 21 步,修改其他位置的尺寸内容,结果如图 7-103 所示。

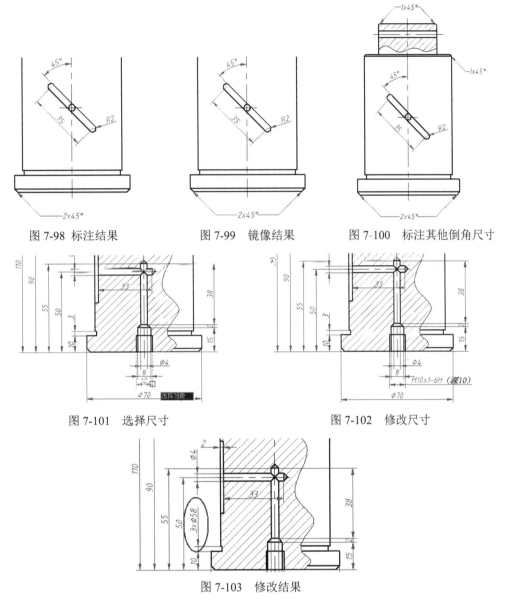

图 7-98 标注结果　　　　图 7-99 镜像结果　　　　图 7-100 标注其他倒角尺寸

图 7-101 选择尺寸　　　　　　　　　　图 7-102 修改尺寸

图 7-103 修改结果

Step 23 执行"线性"命令,配合交点捕捉和端点捕捉功能标注主视图上侧的尺寸公差,命令行操作如下。

```
命令: dimlinear
指定第一个尺寸界线原点或 <选择对象>:            //捕捉如图 7-104 所示的交点
指定第二条尺寸界线原点:                        //捕捉如图 7-105 所示的端点
指定尺寸线位置或[多行文字(M)/文字(T)/角度(A)/水平(H)/垂直(V)/旋转(R)]:
                                          //M Enter,打开文字编辑器
```

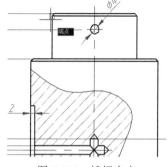 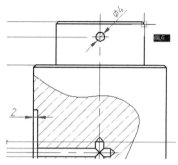

图 7-104 捕捉交点　　　　　　图 7-105 捕捉端点

Step 24 在文字编辑器内为尺寸文字添加直径前缀和公差后缀，如图 7-106 所示。

Step 25 在下侧文字输入框内选择公差后缀进行堆叠，堆叠结果如图 7-107 所示。

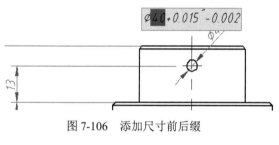 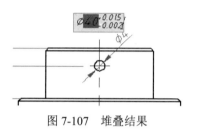

图 7-106 添加尺寸前后缀　　　　　图 7-107 堆叠结果

Step 26 关闭文字编辑器，返回绘图区，指定尺寸线位置，标注结果如图 7-108 所示。

Step 27 参照上述操作，重复执行"线性"命令，标注上侧尺寸公差，结果如图 7-109 所示。

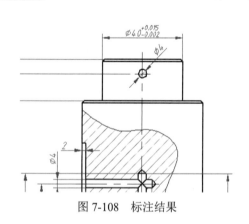 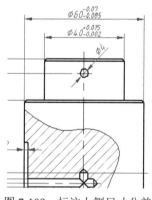

图 7-108 标注结果　　　　　　图 7-109 标注上侧尺寸公差

Step 28 执行"快速引线"命令，激活"设置"选项，设置引线注释类型为"公差"，如图 7-110 所示，设置"引线和箭头"参数如图 7-111 所示。

Step 29 单击 确定 按钮，返回绘图区，根据命令行的提示，配合最近点捕捉功能，在图 7-112 所示的位置指定第一个引线点。

Step 30 继续根据命令行的提示，分别在适当位置指定另两个引线点，打开"形位公差"对话框。

Step 31 在打开的"形位公差"对话框中的"符号"颜色块上单击，打开"特征符号"对话框，从中选择如图 7-113 所示的公差符号。

图 7-110　设置引线注释类型

图 7-111　设置"引线和箭头"参数

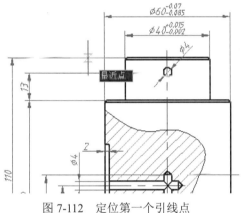
图 7-112　定位第一个引线点

图 7-113　选择公差符号

Step 32　返回"形位公差"对话框，在"公差 1"选项组内的颜色块上单击，添加直径符号，然后输入公差值等，如图 7-114 所示。

Step 33　单击 确定 按钮，关闭"形位公差"对话框，结果如图 7-115 所示。

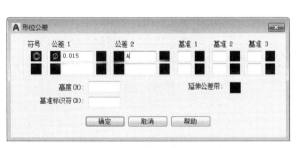
图 7-114　"形位公差"对话框

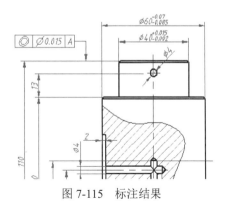
图 7-115　标注结果

Step 34　调整视图，使零件图完全显示，最终效果如图 7-73 所示。

Step 35　执行"另存为"命令，将图形另存为"标注零件尺寸与公差.dwg"。

7.9 小结与练习

7.9.1 小结

尺寸是图样的重要组成部分，是施工的重要依据。本章重点介绍了 AutoCAD 众多的尺寸标注工具和技巧，同时还介绍了尺寸样式的设置和尺寸的编辑等内容，重点需要掌握如下知识。

（1）关于直线性尺寸命令，需要了解和掌握线性尺寸、对齐尺寸、点坐标和角度尺寸的标注方法和技巧。

（2）关于曲线性命令，需要掌握半径尺寸、直径尺寸、弧长尺寸和折弯尺寸的标注方法和技巧。

（3）关于复合尺寸命令，要了解和掌握基线尺寸、连续尺寸、引线尺寸及快速标注等的标注方法和技巧。

（4）关于尺寸的外观控制功能，要理解和掌握各种尺寸变量的参数设置和位置协调功能，学习设置、修改尺寸的标注样式。

（5）关于尺寸对象的编辑命令，不仅需要掌握尺寸文字内容的修改、尺寸文字角度的倾斜，还需要掌握尺寸界线的倾斜、尺寸样式的更新、尺寸打断等操作。

7.9.2 练习

1. 综合运用所学知识，标注如图 7-116 所示的尺寸与公差。

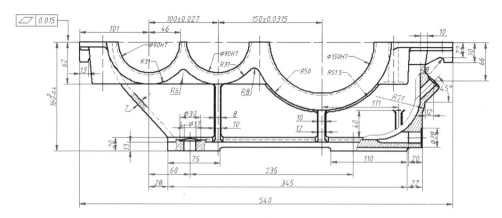

图 7-116 练习 1

操作提示：

本例素材文件位于配套资源中的"\素材文件\"目录下，文件名为"7-8.dwg"。

2. 综合运用所学知识，标注如图 7-117 所示的尺寸与公差。

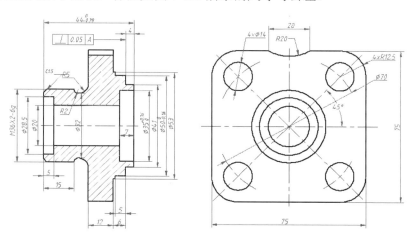

图 7-117　练习 2

操作提示：

本例素材文件位于配套资源中的"\素材文件\"目录下，文件名为"7-9.dwg"。

3. 综合运用所学知识，标注如图 7-118 所示的尺寸与公差。

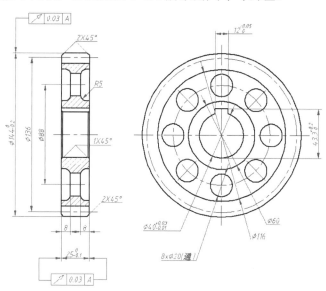

图 7-118　练习 3

操作提示：

本例素材文件位于配套资源中的"\素材文件\"目录下，文件名为"7-10.dwg"。

第8章

机械图形资源的管理与共享

为了方便读者快速、高效地绘制设计图样，本章将主要讲述 AutoCAD 的高级制图工具，具体有"图层"、"设计中心"、"工具选项板"和"对象特性"等。灵活掌握这些工具，能使读者更加方便地对图形资源进行组织、管理、共享和完善等。

内容要点

- ♦ 使用图层管理与控制图形
- ♦ 工具选项板
- ♦ 快速选择
- ♦ 使用设计中心查看与共享图形
- ♦ 对象特性与匹配
- ♦ 上机实训——零件图的规划与特性编辑

8.1 使用图层管理与控制图形

图层的概念比较抽象,可以将其理解为透明的电子纸,每张透明的电子纸上可以绘制不同线型、线宽、颜色等特性的图形,最后将这些透明电子纸叠加起来,即可得到完整的图样。

使用"图层"命令可以控制每张电子纸上图形的线型、颜色等特性,以及每张电子纸的显示状态,以方便用户对图形内部资源进行组织、规划和控制等。

执行"图层"命令主要有以下几种方式。

- ◇ 单击"默认"选项卡→"图层"面板→"图层特性"按钮。
- ◇ 选择菜单栏中的"格式"→"图层"命令。
- ◇ 在命令行输入 layer 后按 Enter 键。
- ◇ 使用快捷键 LA。

8.1.1 创建新图层

下面通过创建名称为"点画线"、"轮廓线"和"细实线"的三个图层,主要学习图层的新建、图层的命名等技能,具体操作步骤如下。

Step 01 新建空白文件。

Step 02 单击"默认"选项卡→"图层"面板→"图层特性"按钮,执行"图层"命令,打开"图层特性管理器"对话框,如图 8-1 所示。

图 8-1 "图层特性管理器"对话框

Step 03 单击对话框中的按钮,新图层将以临时名称"图层 1"显示在列表中,如图 8-2 所示。

图 8-2 新建的图层

Step 04 在反白显示的"图层 1"区域输入新图层的名称,即"点画线",如图 8-3 所示,创建第一个新图层。

图 8-3 输入图层名

> **小技巧**
>
> 图层名最长可达 255 个字符，可以是数字、字母或其他字符；图层名中不允许含有大于号（>）、小于号（<）、斜杠（/）、反斜杠（\）及标点符号等。另外，为图层命名时，必须确保图层名的唯一性。

Step 05 按 Alt+N 组合键，或再次单击 按钮，创建另两个图层，结果如图 8-4 所示。

图 8-4 创建的新图层

> **小技巧**
>
> 如果在创建新图层时选择了一个现有图层，或为新建图层指定了图层特性，那么现在创建的新图层将继承先前图层的一切特性（如颜色、线型等）。

8.1.2 设置图层颜色

下面通过将"点画线"图层的颜色设置为红色，将"细实线"图层的颜色设置为 102 号色，学习图层颜色的设置方法，具体操作步骤如下。

Step 01 继续 8.1.1 节的操作。

Step 02 在"图层特性管理器"对话框中单击名为"点画线"的图层，使其处于激活状态，如图 8-5 所示。

Step 03 在如图 8-5 所示的颜色块上单击，打开"选择颜色"对话框，然后选择如图 8-6 所示的颜色。

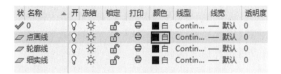

图 8-5 单击"点画线"图层颜色块

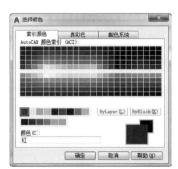

图 8-6 "选择颜色"对话框

第 8 章　机械图形资源的管理与共享

Step 04 单击 确定 按钮，即可将图层的颜色设置为红色，结果如图 8-7 所示。

Step 05 参照上述操作，将"细实线"图层的颜色设置为 102 号色，结果如图 8-8 所示。

图 8-7　设置颜色后的图层

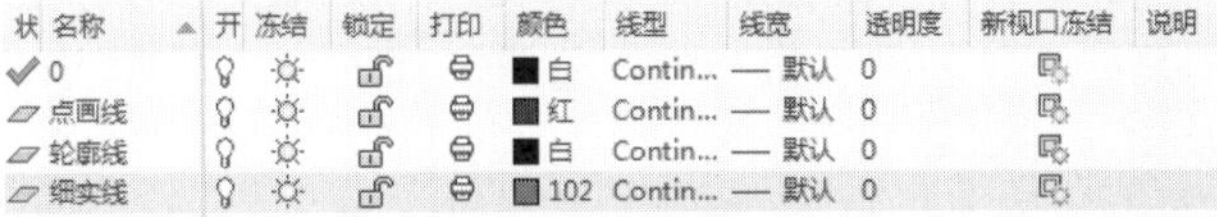

图 8-8　设置结果

小技巧

也可以通过单击对话框中的"真彩色"和"配色系统"两个选项卡来定义自己需要的色彩，如图 8-9 和图 8-10 所示。

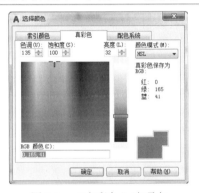

图 8-9　"真彩色"选项卡

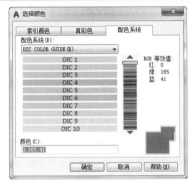

图 8-10　"配色系统"选项卡

8.1.3　设置图层线型

下面通过将"点画线"图层的线型设置为 ACAD_ISO04W100，学习线型的加载和图层线型的设置方法，具体操作步骤如下。

Step 01 单击如图 8-11 所示的图层，打开如图 8-12 所示的"选择线型"对话框。

图 8-11　单击图层

图 8-12　"选择线型"对话框

> **小技巧**
>
> 在默认设置下，系统为用户提供的是 Continuous 线型，如果需要使用其他线型，必须对其进行加载。

Step 02 单击 加载(L)... 按钮，打开"加载或重载线型"对话框，如图 8-13 所示，选择 ACAD_ISO04W100 线型。

Step 03 在"加载或重载线型"对话框中单击 确定 按钮，选择的线型被加载到"选择线型"对话框内，如图 8-14 所示。

图 8-13 "加载或重载线型"对话框

图 8-14 加载线型

Step 04 选择刚加载的线型后单击 确定 按钮，即将此线型附加给当前被选择的图层，结果如图 8-15 所示。

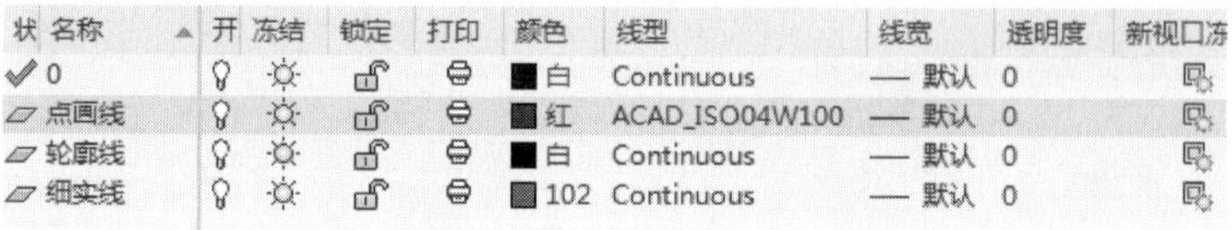

图 8-15 设置结果

8.1.4 设置图层线宽

下面通过将"轮廓线"图层的线宽设置为 0.30mm，学习图层线宽的设置方法，具体操作步骤如下。

Step 01 在"图层特性管理器"对话框中选择"轮廓线"图层，然后在如图 8-16 所示的线宽位置上单击。

Step 02 系统打开"线宽"对话框，选择 0.30mm 线宽，如图 8-17 所示。

Step 03 单击 确定 按钮，返回"图层特性管理器"对话框，"轮廓线"图层的线宽被设置为"0.30 毫米"，如图 8-18 所示。

Step 04 单击"关闭"按钮，关闭"图层特性管理器"对话框。

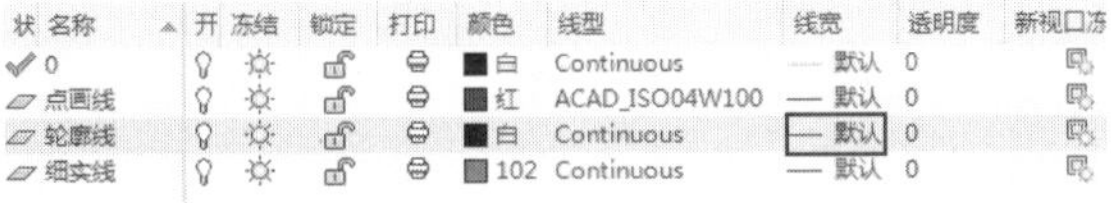

第 8 章 机械图形资源的管理与共享

图 8-16 修改层的线宽

图 8-17 选择线宽

图 8-18 设置结果

8.1.5 设置图层状态

为了方便对复杂图形进行规划管理和状态控制，AutoCAD 为用户提供了几种状态控制功能，主要有开关、冻结与解冻、锁定与解锁等，如图 8-19 所示。

图 8-19 状态控制图标

状态控制功能的启动，主要有以下两种方式。

- ✧ 展开"图层控制"下拉列表，然后单击各图层左端的状态控制按钮 。 
- ✧ 执行"图层"命令，在打开的"图层特性管理器"对话框中选择要操作的图层，然后单击相应控制按钮。

● 开关控制功能

💡/💡按钮用于控制图层的开关状态。默认状态下图层是打开的，按钮显示为💡。当按钮示为💡时，位于图层上的对象都是可见的，并且可在该图层上进行绘图和修改操作；在该按钮上单击，即可关闭该图层，按钮显示为💡（按钮变暗），此时图层上的所有图形对象被隐藏，该图层上的图形也不能被打印或由绘图仪输出，但重新生成图形时，图层上的实体仍将重新生成。

● 冻结与解冻

☼/❄按钮用于在所有视图窗口中冻结或解冻图层。默认状态下图层是被解冻的，按钮显示为☼；在该按钮上单击，按钮显示为❄，位于该图层上的内容不能在屏幕上显示或由绘图仪输出，不能进行重生成、消隐、渲染和打印等操作。

被关闭与冻结的图层都是不可见和不可以输出的。但被冻结图层不参加运算处理，可以加快视窗缩放、视窗平移和许多其他操作的处理速度，增强对象选择的性能并减少复杂图形的重生成时间。建议冻结长时间不用看到的图层。

- 锁定与解锁

🔓/🔒按钮用于锁定图层或解锁图层。默认状态下图层是被解锁的，按钮显示为🔓；在此按钮上单击，图层被锁定，按钮显示为🔒，用户只能观察该图层上的图形，不能对其编辑和修改，但该图层上的图形仍可以显示和输出。另外，当前图层不能被冻结，但可以被关闭和锁定。

8.1.6 层的匹配与隔离

本节学习几个比较实用的图层工具，具体有"图层匹配"、"图层隔离"、"图层冻结"和"解冻所有图层"等。

- 图层匹配

"图层匹配"命令用于将选定对象的图层更改为目标图层。执行此命令主要有以下几种方式。

- ◇ 单击"默认"选项卡→"图层"面板→"匹配图层"按钮🔲。
- ◇ 选择菜单栏中的"格式"→"图层工具"→"图层匹配"命令。
- ◇ 在命令行输入 laymch 后按 Enter 键。

下面通过具体实例，学习"图层匹配"命令的使用方法和技巧，具体操作步骤如下。

Step 01 继续 8.1.4 节的操作。在 0 图层上绘制一个矩形，如图 8-20 所示。

Step 02 执行"图层匹配"命令，将矩形所在图层更改为"点画线"，命令行操作如下。

```
命令: laymch
选择要更改的对象：                //选择矩形
选择对象：                        //Enter，结束选择
选择目标图层上的对象或 [名称(N)]：
//N Enter，打开如图 8-21 所示的"更改到图层"对话框，双击"点画线"。一个对象已更改
到图层"点画线"上
```

Step 03 图层更改后的效果如图 8-22 所示。

图 8-20 绘制矩形　　图 8-21 "更改到图层"对话框　　图 8-22 图层更改后的效果

小技巧

如果单击"更改为当前图层"按钮，可以将选定对象的图层更改为当前图层；如果单击"将对象复制到新图层"按钮，可以将选定的对象复制到其他图层。

- 图层隔离

"图层隔离"命令用于将选定对象的图层之外的所有图层都锁定。执行此命令主要有以下几种方式。

- ◆ 单击"默认"选项卡→"图层"面板→"隔离"按钮。
- ◆ 选择菜单栏中的"格式"→"图层工具"→"图层隔离"命令。
- ◆ 在命令行输入 layiso 后按 Enter 键。

执行"图层隔离"命令后，命令行操作提示如下。

```
命令: layiso
当前设置: 锁定图层, Fade=50
选择要隔离的图层上的对象或 [设置(S)]://选择对象，将对象所在的图层进行隔离
选择要隔离的图层上的对象或 [设置(S)]://Enter，结果除了对象所在图层的所有图层均被锁定
```

- 图层的冻结与解冻

"图层冻结"命令用于冻结选定对象的图层，使该图层上的所有对象隐藏，这样可以加快显示和重生成视图的速度。执行"图层冻结"命令主要有以下几种方式。

- ◆ 单击"默认"选项卡→"图层"面板→"冻结"按钮。
- ◆ 选择菜单栏中的"格式"→"图层工具"→"图层冻结"命令。
- ◆ 在命令行输入 layfrz 后按 Enter 键。

"解冻所有图层"命令用于解冻图形中所有被冻结的图层。执行此命令主要有以下几种方式。

- ◆ 单击"默认"选项卡→"图层"面板→"解冻所有图层"按钮。
- ◆ 选择菜单栏中的"格式"→"图层工具"→"解冻所有图层"命令。
- ◆ 在命令行输入 laythw 后按 Enter 键。

8.2 使用设计中心查看与共享图形

"设计中心"命令是 AutoCAD 的一个高级制图工具，与 Windows 的资源管理器的界面和功能相似，本节主要学习使用这个命令。

8.2.1 设计中心概述

如图 8-23 所示为"设计中心"窗口，在该窗口中可以对 AutoCAD 的图形资源进行管理、查看与共享等。

图 8-23 "设计中心"窗口

执行"设计中心"命令主要有以下几种方式。

- 单击"视图"选项卡→"选项板"面板→"设计中心"按钮。
- 选择菜单栏中的"工具"→"选项板"→"设计中心"命令。
- 在命令行输入 adcenter 后按 Enter 键。
- 使用快捷键 ADC。
- 按 Ctrl+2 组合键。

执行"设计中心"命令后，可打开如图 8-23 所示的窗口。该窗口有"文件夹"、"打开的图形"和"历史记录"三个选项卡，分别用于显示计算机和网络驱动器上的文件与文件夹的层次结构、打开图形的列表、自定义内容等，具体如下。

- "文件夹"选项卡：左侧窗格为"文件夹列表"，用于显示计算机或网络驱动器中文件和文件夹的层次关系；右侧窗格用于显示在左侧文件夹列表中选定文件的内容。
- "打开的图形"选项卡用于显示 AutoCAD 任务中当前所有打开的图形，包括最小化的图形。
- "历史记录"选项卡用于显示最近在设计中心打开的文件的列表，它可以显示"浏览 Web"对话框最近连接过的 20 条地址的记录。

● 按钮解析

- "加载"按钮用于打开"加载"对话框，以方便浏览本地和网络驱动器或 Web 上的文件，然后选择内容加载到内容区域。
- "上一级"按钮用于显示当前活动容器的上一级容器的内容。容器可以是文件夹，也可以是一个图形文件。

- ◆ "搜索"按钮用于打开"搜索"对话框，在其中可指定搜索条件，查找图形、块及图形中的非图形对象，如线型、图层等，还可以将搜索到的对象添加到当前图形文件中，为当前图形文件所使用。
- ◆ "收藏夹"按钮用于在设计中心右侧窗格中显示 Autodesk Favorites 文件夹的内容。
- ◆ "主页"按钮用于设计中心返回默认文件夹。安装时，默认文件夹被设置为"...\Sample\DesignCenter"。
- ◆ "树状图切换"按钮用于显示或隐藏树状管理视窗。如果绘图区域需要更多空间，可以单击该按钮隐藏树状管理视窗。
- ◆ "预览"按钮用于显示或隐藏图像的预览框。当预览框被打开时，在上部的面板中选择一个项目，则在预览框内将显示该项目的预览图像。如果选定项目没有保存的预览图像，则该预览框为空。
- ◆ "说明"按钮用于显示或隐藏选定项目的文字信息。

8.2.2 设计中心的资源查看

通过"设计中心"窗口，不但可以方便地查看本机或网络上的 AutoCAD 资源，还可以单独将选择的 CAD 文件打开。下面将学习设计中心的这两种功能。

● 查看文件资源

- ◆ 在左侧的树状窗格中定位并展开需要查看的文件夹，那么在右侧窗格中即可查看该文件夹中的所有图形资源，如图 8-24 所示。

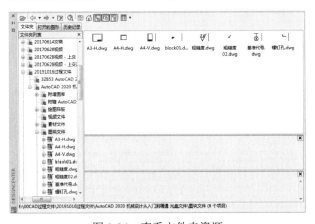

图 8-24 查看文件夹资源

- ◆ 如果用户需要查看 CAD 文件内部的图形资源，可以在左侧的树状窗格中定位需要查看的 CAD 文件，那么在右侧窗格中就会显示出此文件内部的所有资源，如图 8-25 所示。
- ◆ 如果用户需要进一步查看某一类内部资源，如文件内部的所有图块，可以在右侧窗格中双击块的图标，即可显示出所有的图块，如图 8-26 所示。

图 8-25　查看文件内部资源

图 8-26　查看块资源

- **打开 CAD 文件**

  ✧ 如果用户需要打开某 CAD 文件，可以在该文件图标上单击右键，从弹出的快捷菜单中选择"在应用程序窗口中打开"选项，即可打开此文件，如图 8-27 所示。

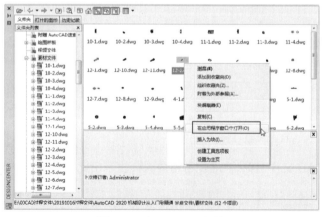

图 8-27　打开 CAD 文件

第 8 章 机械图形资源的管理与共享

> **小技巧**
> 在窗口中按住 Ctrl 键定位文件,再按住左键将其拖动到绘图区域,即可打开此图形文件;将图形图标从设计中心直接拖动到应用程序窗口或绘图区域以外的任何位置,也可打开此图形文件。

8.2.3 设计中心的资源共享

用户不仅可以随意查看本机上的所有设计资源,还可以将有用的图形资源及图形的一些内部资源应用到自己的图样中。下面通过具体实例,学习设计中心的资源共享功能。

Step 01 共享文件资源。在左侧树状窗格中查找并定位所需文件的上一级文件夹,然后在右侧窗格中定位所需文件。

Step 02 在此文件图标上单击右键,从弹出的快捷菜单中选择"插入为块"选项,如图 8-28 所示。

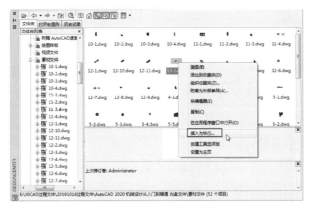

图 8-28 共享文件

Step 03 系统弹出如图 8-29 所示的"插入"对话框,根据实际需要,在此对话框中设置所需参数,然后单击 确定 按钮,即可将选择的图形共享到当前文件中。

图 8-29 "插入"对话框

Step 04 共享文件内部资源。在"设计中心"左侧窗格内定位并打开所需文件内部资源,如图 8-30 所示。

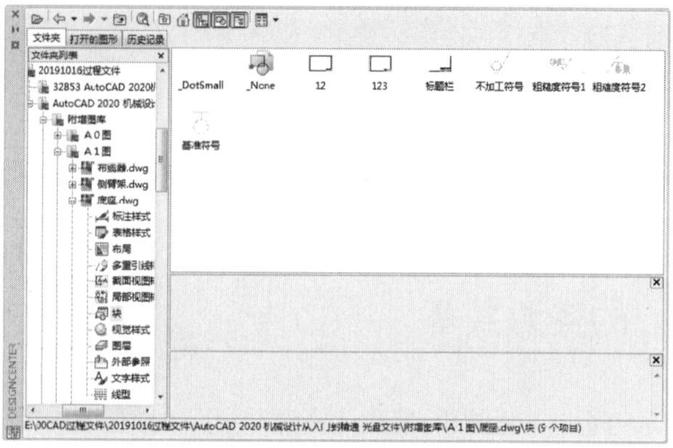

图 8-30 浏览图块资源

Step 05 在设计中心右侧窗格中选择某一图块,单击右键,从弹出的快捷菜单中选择"插入块"选项,就可以将此图块插入当前图形文件中。

小技巧

用户也可以共享图形文件内部的文字样式、尺寸样式、图层及线型等资源。

8.3 工具选项板

8.3.1 工具选项板概述

工具选项板用于组织、共享图形资源和高效执行命令等,其窗口包含一系列选项板,这些选项板以选项卡的形式分布在"工具选项板"窗口中,如图 8-31 所示。

执行"工具选项板"命令主要有以下几种方式。

- ◇ 单击"视图"选项卡→"选项板"面板→"工具选项板"按钮 。
- ◇ 选择菜单栏中的"工具"→"选项板"→"工具选项板"命令。
- ◇ 在命令行输入 toolpalettes 后按 Enter 键。
- ◇ 按 Ctrl+3 组合键。

执行"工具选项板"命令后,可打开如图 8-31 所示的"工具选项板"窗口。该窗口主要由各选项卡和标题栏两部分组成,在窗口标题栏上单击右键,可弹出如图 8-32 所示的菜单,此菜单用于控制窗口及工具选项卡的显示状态等。

在如图 8-32 所示的标题栏菜单中,被矩形框圈住的选项,是用于控制窗口中选项卡显示状态的工具。有些用户执行"工具选项板"命令后,打开的"工具选项板"窗口可能会有所不同,这是因为在此标题栏菜单上选择的选项卡不同。例如,如果选择了"引线"选项卡,"工具选项板"窗口的显示状态如图 8-33 所示。

在"工具选项板"窗口中单击右键,弹出如图 8-34 所示的菜单,通过此菜单可以控制工具选项板的显示状态、透明度,还可以很方便地创建、删除和重命名工具选项板等。

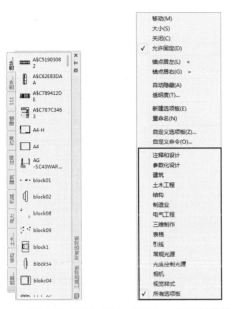

图 8-31 "工具选项板"窗口　　图 8-32 标题栏菜单　　图 8-33 "引线"选项卡　　图 8-34 工具选项板菜单

8.3.2 工具选项板的定义与管理

用户可以根据需要自定义工具选项板中的内容,以及创建新的工具选项板。下面将通过具体实例学习此功能,具体操作步骤如下。

Step 01 定义工具选项板内容。首先打开"设计中心"窗口和"工具选项板"窗口。

Step 02 在设计中心的内容区域选择需要添加到当前工具选项板中的图形、图块或填充图案等内容,然后按住左键不放,将选择的内容直接拖动到工具选项板中,即可添加这些项目,如图 8-35 所示,添加结果如图 8-36 所示。

图 8-35 向"工具选项板"窗口中添加内容　　图 8-36 添加结果

Step 03 定义新的工具选项板。在设计中心左侧树状窗格中,选择需要创建为工具选项板的文件夹,然后单击右键,从弹出的快捷菜单中选择"创建块的工具选项板"选项,如图 8-37 所示。

Step 04 系统将此文件夹中的所有图形文件创建为新的工具选项板，工具选项板的名称为文件的名称，如图 8-38 所示。

图 8-37　选择"创建块的工具选项板"选项　　　　图 8-38　定义工具选项板

8.3.3　工具选项板的典型应用

下面通过向图形文件中插入图块及填充图案为例，学习"工具选项板"命令的使用方法和技巧。

Step 01 打开"工具选项板"窗口，展开"机械"选项卡，选择如图 8-39 所示图例。

Step 02 在选择的图例上单击，然后在命令行"指定插入点或[基点(B)/比例(S)/X/Y/Z/旋转(R)]:"提示下，在绘图区拾取一点，将此图例插入当前文件内，结果如图 8-40 所示。

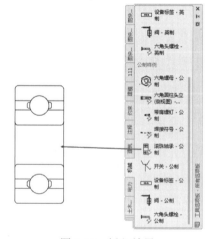

图 8-39　"机械"选项卡　　　　图 8-40　插入结果

小技巧

用户也可以将光标定位到所需图例上，然后按住左键不放，将其拖入当前图形中。

8.4 对象特性与匹配

本节将学习"特性"、"特性匹配"和"快捷特性"等命令,以快速查看和匹配图形内部的相关特性。

8.4.1 特性窗口

如图 8-41 所示的窗口为 AutoCAD 图形对象的"特性"窗口,在此窗口中可以显示每一种 AutoCAD 图元的基本特性、几何特性及其他特性等。用户可以通过此窗口查看和修改图形对象的内部特性。

执行"特性"命令主要有以下几种方式。

- ◇ 选择菜单栏中的"工具"→"选项板"→"特性"命令。
- ◇ 选择菜单栏中的"修改"→"特性"命令。
- ◇ 单击"视图"选项卡→"选项板"面板→"特性"按钮 。
- ◇ 在命令行输入 properties 后按 Enter 键。
- ◇ 使用快捷键 PR。
- ◇ 按 Ctrl+1 组合键。

图 8-41 "特性"窗口

● 标题栏

标题栏位于窗口的一侧,其中 按钮用于控制"特性"窗口的显示与隐藏;单击标题栏底端的按钮 ,可弹出一个菜单,用于改变"特性"窗口的尺寸大小、位置及窗口的显示与否等。

> **小技巧**
>
> 在标题栏上按住左键不放,可以将"特性"窗口拖至绘图区的任意位置;双击标题栏,可以将此窗口固定在绘图区的一端。

● 工具栏

为"特性"窗口的工具栏,用于显示被选择的图形名称,以及构建新的选择集,说明如下。

- ◇ 块参照 文本框用于显示当前绘图窗口中所有被选择的图形名称。
- ◇ 按钮用于切换系统变量 PICKADD 的参数值。
- ◇ "快速选择"按钮 用于快速构造选择集。
- ◇ "选择对象"按钮 用于在绘图区中选择一个或多个对象,按 Enter 键,选择的图形对象的名称及所包含的实体特性都显示在"特性"窗口内,以便对其进行编辑。

● "特性"命令的使用

系统默认的"特性"窗口包括"常规"、"三维效果"、"打印样式"、"视图"和"其他"五个组合框，分别用于控制和修改所选对象的各种特性。

下面通过修改矩形的厚度和宽度特性，学习"特性"命令的使用方法和技巧，操作步骤如下。

Step 01 新建空白文件，并绘制边长为 200 的正六边形。

Step 02 选择菜单栏中的"视图"→"三维视图"→"西南等轴测"命令，将当前视图切换为西南视图，如图 8-42 所示。

Step 03 在无命令执行的前提下选择该正六边形，打开"特性"窗口，在"厚度"选项上单击，此时该选项以文本框形式显示，然后输入 100，如图 8-43 所示。

Step 04 按 Enter 键，正六边形的厚度被修改后的结果，如图 8-44 所示。

图 8-42　切换为西南视图　　　图 8-43　修改厚度特性　　　图 8-44　修改后的效果

Step 05 在"全局宽度"文本框内单击，输入 15，修改边的宽度，参数设置如图 8-45 所示。

Step 06 关闭"特性"窗口，然后选择菜单栏中的"视图"→"消隐"命令，对当前视图消隐显示，结果如图 8-46 所示。

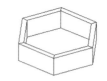

图 8-45　修改宽度特性　　　　　　　　　　图 8-46　消隐结果

8.4.2　特性匹配

"特性匹配"命令用于将一个图形的多种特性复制给另一个图形，使这些图形对象拥有相同的特性。一般情况下,用于匹配的图形特性有"线型"、"线宽"、"线型比例"、"颜色"、"图层"、"标高"和"尺寸和文本"等。

执行"特性匹配"命令主要有以下几种方式。

- ◆ 单击"默认"选项卡→"特性"面板→"特性匹配"按钮。
- ◆ 选择菜单栏中的"修改"→"特性匹配"命令。
- ◆ 在命令行输入 matchprop 后按 Enter 键。
- ◆ 使用快捷键 MA。

下面通过具体实例,学习"特性匹配"命令的使用方法和技巧,具体操作步骤如下。

Step 01 继续 8.4.1 节的操作。

Step 02 使用"矩形"命令绘制长度为 400、宽度为 200 的矩形,如图 8-47 所示。

图 8-47 绘制结果

Step 03 单击"默认"选项卡→"特性"面板→"特性匹配"按钮,执行"特性匹配"命令,匹配矩形的宽度和厚度特性,命令行操作如下。

```
命令: matchprop
选择源对象:                    //选择左侧的正六边形
当前活动设置: 颜色 图层 线型 线型比例 线宽 透明度 厚度 打印样式 标注 文字 图案填充
多段线 视口 表格 材质 阴影显示 多重引线
选择目标对象或 [设置(S)]:       //选择右侧的矩形
选择目标对象或 [设置(S)]:
                //Enter,结果正六边形的宽度和厚度特性匹配给矩形,如图 8-48 所示
```

Step 04 选择菜单栏中的"视图"→"消隐"命令,图形的消隐显示效果如图 8-49 所示。

 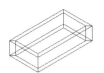 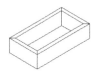

图 8-48 匹配结果　　　　　　　　图 8-49 消隐显示

● **"设置"选项**

此选项主要用于设置需要匹配的对象特性。在命令行"选择目标对象或 [设置(S)]:"提示下,输入 S 并按 Enter 键,可打开如图 8-50 所示的"特性设置"对话框。在该对话框中,用户可以根据自己的需要选择需要匹配的基本特性和特殊特性。

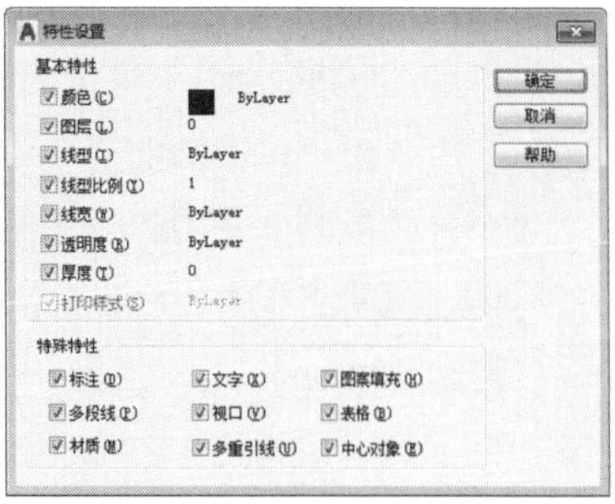

在默认设置下,AutoCAD 将匹配此对话框中的所有特性,如果用户需要有选择性地匹配某些特性,可以

图 8-50 "特性设置"对话框

在此对话框内进行设置。

> **小技巧**
>
> "颜色"和"图层"选项适用于除 OLE（对象链接嵌入）对象的所有对象；"线型"选项适用于除属性、图案填充、多行文字、OLE 对象、点和视口的所有对象；"线型比例"选项适用于除属性、图案填充、多行文字、OLE 对象、点和视口的所有对象。

8.4.3 快捷特性

使用"快捷特性"命令可以非常方便地查看和修改对象的内部特性。

单击状态栏上的 按钮，或按 Ctrl+Shift+P 组合键，就可以激活"快捷特性"命令。执行该命令后，用户只需选择一个对象，它的内部特性便会以面板的形式显示出来，供查看和编辑，如图 8-51 所示。

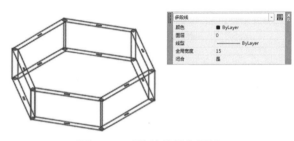

图 8-51 "快捷特性"面板

用户如果需要在"快捷特性"面板中查看和修改对象更多的特性，可以通过 CUI 命令，在"自定义用户界面"面板内重新定义。另外，在"草图设置"对话框中的"快捷特性"选项卡中，也可以对快捷特性进行额外的控制，如图 8-52 所示。

8.5 快速选择

"快速选择"命令是一个快速构造选择集的工具。此工具可以根据图形的类型、图层、颜色、线型、线宽等属性设定过滤条件，AutoCAD 将自动进行筛选，最终过滤出符合设定条件的所有图形对象。

执行"快速选择"命令主要有以下几种方式。

- ◆ 单击"默认"选项卡→"实用工具"面板→"快速选择"按钮 。
- ◆ 选择菜单栏中的"工具"→"快速选择"命令。
- ◆ 在命令行输入 qselect 后按 Enter 键。

执行"快速选择"命令后，可打开如图 8-53 所示的"快速选择"对话框，其中"应用到"下拉列表属于快速选择的一级过滤功能，用于指定是否将过滤条件应用到整个图形或当前选择集（如果存在的话），此时使用"选择对象"按钮 完成对象选择后，按

Enter 键，重新显示该对话框。AutoCAD 将"应用到"设置为"当前选择"，对当前已有的选择集进行过滤，只有当前选择集中符合过滤条件的对象才能被选择。

图 8-52　"快捷特性"选项卡

图 8-53　"快速选择"对话框

小技巧

如果已勾选对话框下方的"附加到当前选择集"复选框，那么 AutoCAD 将该过滤条件应用到整个图形，并将符合过滤条件的对象添加到当前选择集中。

"对象类型"下拉列表属于快速选择的二级过滤功能，用于指定要包含在过滤条件中的对象类型。如果过滤条件正应用于整个图形，那么"对象类型"下拉列表包含全部的对象类型（包括自定义），否则该列表只包含选定对象的对象类型。

小技巧

对象类型默认时指整个图形或当前选择集的所有图元，用户也可以选择某一特定的对象类型，如"直线"或"圆"等，系统将根据选择的对象类型来确定选择集。

"特性"列表框属于快速选择的三级过滤功能。三级过滤功能包括"特性"、"运算符"和"值"三个选项，分别说明如下。

- ◇ "特性"列表框用于指定过滤器的对象特性。在此列表框内包括选定对象类型的所有可搜索特性。例如，在"对象类型"下拉列表中选择圆，"特性"窗口中就列出圆的所有特性，可以从中选择需要的对象的共同特性。
- ◇ "运算符"下拉列表用于控制过滤器值的范围。根据选定的对象属性，其过滤器值包括"=等于"、"<>不等于"、">大于"、"<小于"和"*通配符匹配"。对于某些特性，"大于"和"小于"选项不可用。"*通配符匹配"选项只能用于可编辑的文字字段。
- ◇ "值"下拉列表用于指定过滤器的特性值。如果选定对象的已知值可用，那么"值"成为一个列表，可以从中选择一个值；如果选定对象的已知值不存在或者没有达到绘图的要求，就可以在"值"文本框中输入一个值。

小技巧

在"特性"列表框中选择"半径",在"运算符"下拉列表中选择">大于",在"值"文本框中输入"10",则整个图形或当前选择集内所有半径大于10的圆被选择。

◆ "如何应用"选项组用于指定是否将符合过滤条件的对象包括在新选择集内或是排除在新选择集之外。

◆ "附加到当前选择集"复选框用于指定创建的选择集是替换当前选择集还是附加到当前选择集。

8.6 上机实训——零件图的规划与特性编辑

本例通过对复杂零件图进行快速规划与编辑完善,对本章所讲述的"图层"、"设计中心"、"特性"和"快速选择"等命令进行综合练习和巩固应用。本例最终效果如图8-54所示。

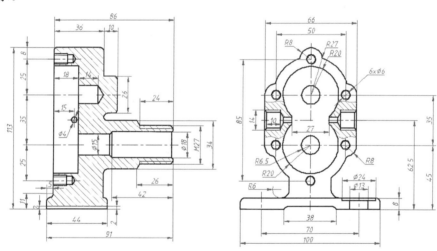

1. 未注圆角为R3。
2. 未注倒角为C1~2。

图 8-54 最终效果

具体操作步骤如下。

Step 01 单击"快速访问"工具栏→"打开"按钮,打开配套资源中的"\素材文件\8-1.dwg"文件,如图8-55所示。

Step 02 使用快捷键 LA 激活"图层"命令,创建如图8-56所示的"标注线"、"波浪线"、"剖面线"和"中心线"四个新图层,并设置图层的颜色和线宽特性。

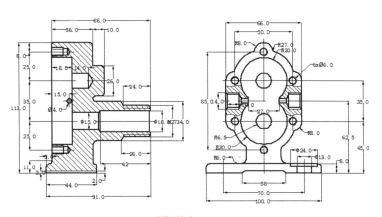

图 8-55　素材文件

图 8-56　设置图层及特性

Step 03 使用快捷键 LT 激活"线型"命令，在打开的"线型管理器"对话框中设置线型比例，如图 8-57 所示。

Step 04 单击"视图"选项卡→"选项板"面板→"设计中心"按钮，打开"设计中心"窗口，定位并展开配套资源中的"绘图样板"文件夹，如图 8-58 所示。

图 8-57　"线型管理器"对话框

图 8-58　定位并展开"绘图样板"文件夹

Step 05 在设计中心左侧窗格中单击"机械样板.dwt"文件内的"标注样式"选项，在右侧窗格内打开该文件内的所有标注样式，如图 8-59 所示。

Step 06 在设计中心左侧窗格中选择如图 8-60 所示的两个标注样式，然后单击右键，从弹出的快捷菜单中选择"添加标注样式"选项，将这两种样式添加到当前文件中。

图 8-59　打开文件内部标注样式　　　　　图 8-60　添加标注样式

Step 07　参照第 4～6 步,将"机械样板.dwt"文件内部的文字样式添加到当前文件中,如图 8-61 所示。

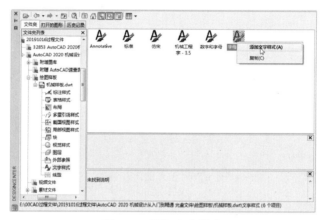

图 8-61　添加文字样式

Step 08　单击"默认"选项卡→"实用工具"面板→"快速选择"按钮,设置过滤参数如图 8-62 所示,选择所有的转角标注对象,如图 8-63 所示。

 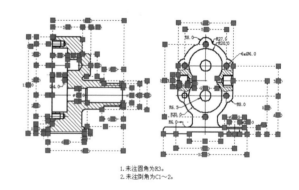

图 8-62　设置过滤参数　　　　　　　图 8-63　选择结果

Step 09　展开"图层控制"下拉列表,修改夹点对象所在的图层为"标注线"。

Step 10　单击"视图"选项卡→"选项板"面板→"特性"按钮,修改夹点对象的标注样式和比例如图 8-64 所示，修改结果如图 8-65 所示。

图 8-64 修改夹点对象的标注样式和比例

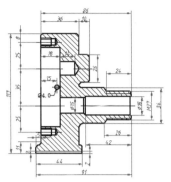
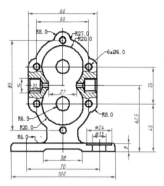
图 8-65 修改结果

Step 11 分别使各位置的其他标注对象的夹点显示，如图 8-66 所示。

Step 12 单击"视图"选项卡→"选项板"面板→"特性"按钮，修改夹点对象的标注样式和比例如图 8-67 所示，修改结果如图 8-65 所示。

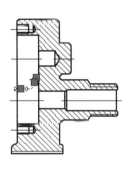
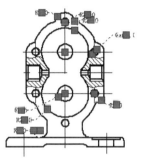
图 8-66 夹点显示效果

图 8-67 修改特性

Step 13 按 Esc 键取消对象的夹点显示，然后展开"图层"面板→"图层控制"下拉列表，关闭"标注线"图层。

Step 14 执行"快速选择"命令，设置过滤参数如图 8-68 所示，选择所有的待填充剖面线区域，如图 8-69 所示。

图 8-68 设置过滤参数

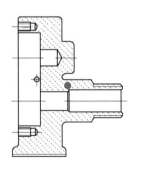
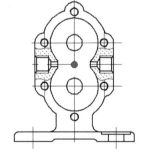
图 8-69 选择结果

Step 15 打开"特性"面板，修改夹点对象的图层和颜色，如图 8-70 所示，修改结果如图 8-71 所示。

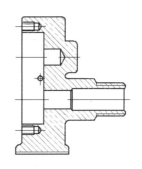
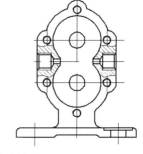

图 8-70 修改图层及颜色　　　　　图 8-71 修改结果

Step 16 使两视图中的中心线显示夹点，如图 8-72 所示，然后打开"特性"面板，修改其图层、颜色和线型特性，如图 8-73 所示。

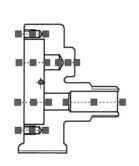
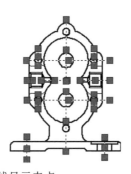

图 8-72 使中心线显示夹点　　　　　图 8-73 修改图层、颜色和线型特性

Step 17 关闭"中心线"图层，然后执行"快速选择"命令，设置过滤参数如图 8-74 所示，选择所有位置的轮廓线。

Step 18 展开"图层控制"下拉列表，修改图层为"轮廓线"，并关闭该图层，此时图形的显示效果如图 8-75 所示。

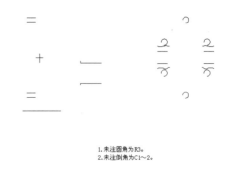

图 8-74 设置过滤参数　　　　　图 8-75 显示效果

1. 未注圆角为R3。
2. 未注倒角为C1～2。

Step 19 选择如图 8-75 所示的所有直线与弧对象，然后展开"图层控制"下拉列表，修改其图层为"细实线"。

Step 20 将样条曲线放到"波浪线"图层上，然后使下侧的文字对象的夹点显示，在"特性"面板上修改其文字样式和高度，如图 8-76 所示，修改结果如图 8-77 所示。

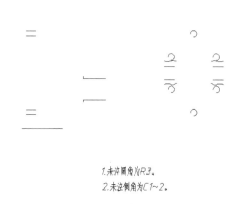

图 8-76 修改文字样式与高度　　　　图 8-77 修改结果

Step 21 展开"图层控制"下拉列表，打开所有被关闭的图层，最终效果如图 8-54 所示。

Step 22 执行"另存为"命令，将图形另存为"上机实训.dwg"。

8.7 小结与练习

8.7.1 小结

本章主要学习了 AutoCAD 资源的组织、控制和管理等高效绘图工具，如"图层"、"设计中心"、"工具选项板"和"特性"等命令，方便读者对 AutoCAD 资源进行宏观的控制、管理和共享，具体需要掌握如下知识点。

（1）"图层"命令是组织、管理和控制复杂图形的快捷工具，读者不仅要理解图层的概念和功能，还需要掌握图层的新建、命名与编辑方法，掌握图层颜色、图层线型、线宽等特性的设置方法；除此之外，还需要了解和掌握图层的几种状态控制功能。

（2）"设计中心"命令是组织、查看和共享资源的高效工具，读者不仅要了解工具窗口的组成和使用方法，还需要重点掌握图形资源的查看功能、图形资源的共享功能、图形资源的使用方法等，以快速地组合和引用复杂图形。

（3）"快速选择"命令是一种综合性的选择工具，使用此工具可以一次选择多个具有共性的图形对象，读者不仅要了解工具窗口的组成，还需要重点掌握过滤参数的设置方法。

（4）"工具选项板"命令也是一种便捷的高效制图工具，读者不仅要掌握该工具的具体使用方法，还需要掌握工具选项板的自定义功能。

（5）"特性"命令是一个高效工具，它用于组织、管理和修改图形对象内部的所有特性，以达到修改完善图形的目的，读者需要熟练掌握该工具的具体使用方法。

8.7.2 练习

综合运用块、设计中心或工具选项板等功能，将如图 8-78 所示的各零件图进行组装，组装效果如图 8-79 所示。

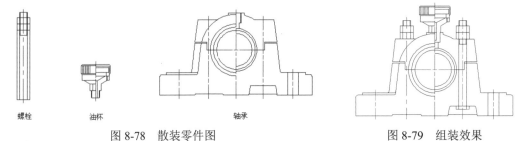

图 8-78 散装零件图　　　　　　图 8-79 组装效果

> **操作提示：**
> 本例素材文件位于配套资源中的"\素材文件\"目录下，文件名为"8-2.dwg"、"8-3.dwg"和"8-4.dwg"。

第三篇　三维制图篇

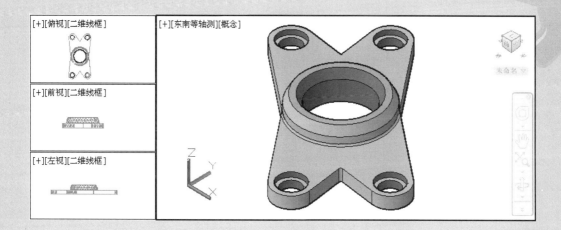

第 9 章

三维机械设计辅助功能

　　由于三维模型不仅具有较强的真实感，还可以从任意角度对物体对象进行观察，获得不同的视觉效果，因此它包含的信息更多、更完整，也更利于与计算机辅助工程、制造等系统相结合。从本章开始，将逐步学习 AutoCAD 的三维功能，了解和掌握 AutoCAD 三维建模空间内各工具的应用技能。

内容要点

- ◆ 三维观察功能
- ◆ 管理视觉样式
- ◆ UCS 坐标系
- ◆ 三维着色功能
- ◆ 材质与渲染
- ◆ 上机实训——三维辅助功能综合练习

9.1 三维观察功能

本节学习三维模型的观察功能,具体有视点、视图、导航控制盘、视口、动态观察器等内容,以便于以多种方式观察三维物体。

9.1.1 设置视点

在 AutoCAD 绘图空间中,可以在不同位置观察图形,这些位置就称为视点。视点的设置主要有以下两种方式。

- 使用"视点"命令设置视点

"视点"命令用于输入观察点的坐标或角度来确定视点。执行"视点"命令主要有以下两种方式。

- ◆ 选择菜单栏中的"视图"→"三维视图"→"视点"命令。
- ◆ 在命令行输入 vpoint 后按 Enter 键。

执行"视点"命令后,其命令行操作提示如下。

```
命令: vpoint
当前视图方向: VIEWDIR=0.0000,0.0000,1.0000
指定视点或 [旋转(R)] <显示指南针和三轴架>:
//直接输入观察点的坐标来确定视点
```

如果用户没有输入视点坐标,而是直接按 Enter 键,那么绘图区会显示如图 9-1 所示的指南针和三轴架,其中三轴架代表 X 轴、Y 轴、Z 轴的方向,当用户相对于指南针移动十字线时,三轴架会自动进行调整,以显示 X 轴、Y 轴、Z 轴对应的方向。

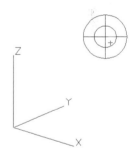

图 9-1 指南针和三轴架

小技巧

"旋转"选项主要用于通过指定与 X 轴的夹角及与 XY 平面的夹角来确定视点。

- 使用"视点预设"命令设置视点

"视点预设"命令是通过对话框的形式设置视点的,如图 9-2 所示。执行"视点预设"命令主要有以下几种方式。

- ◆ 选择菜单栏中的"视图"→"三维视图"→"视点预设"命令。
- ◆ 在命令行输入 ddvpoint 后按 Enter 键。

- 使用快捷键 VP。

执行"视点预设"命令后，会打开如图 9-2 所示的"视点预设"对话框，在其中可以进行如下内容的设置。

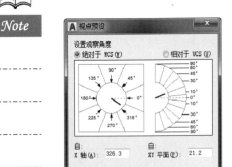

图 9-2 "视点预设"对话框

- 设置视点、原点的连线与 XY 平面的夹角。具体操作就是在右侧半圆图形上选择相应的点，或直接在"XY 平面"文本框内输入角度值。
- 设置视点、原点的连线在 XY 平面上的投影与 X 轴的夹角。具体操作就是在左侧图形上选择相应点，或在"X 轴"文本框内输入角度值。
- 设置观察角度。系统将设置的角度默认为是相对于当前 WCS 的，如果选择"相对于 UCS"单选按钮，设置的角度值就是相对于 UCS 的。
- 设置为平面视图。单击 设置为平面视图(V) 按钮，系统将重新设置为平面视图。平面视图的观察方向是与 X 轴的夹角为 270°，与 XY 平面的夹角为 90°。

9.1.2 切换视图

为了便于观察和编辑三维模型，AutoCAD 为用户提供了一些标准视图，具体有六个正交视图和四个等轴测视图，如图 9-3 所示。其工具按钮都排列在如图 9-4 所示的"视图"面板上。视图的切换主要有以下几种方式。

- 单击"视图"选项卡→"视图"面板上的按钮。
- 选择菜单栏中的"视图"→"三维视图"子菜单命令。
- 单击绘图区左上角的视口控件，通过弹出的菜单切换视图。

图 9-3 "三维视图"子菜单

图 9-4 "视图"面板

上述六个正交视图和四个等轴测视图用于显示三维模型的主要特征视图，其中每种视图的视点、与 X 轴的夹角和与 XY 平面的夹角等内容如表 9-1 所示。

表 9-1　基本视图及其参数设置

视图	菜单选项	方向矢量	与 X 轴的夹角	与 XY 平面的夹角
俯视	Top	(0, 0, 1)	270°	90°
仰视	Bottom	(0, 0, -1)	270°	90°
左视	Left	(-1, 0, 0)	180°	0°
右视	Right	(1, 0, 0)	0°	0°
前视	Front	(0, -1, 0)	270°	0°
后视	Back	(0, 1, 0)	90°	0°
西南等轴测	SW Isometric	(-1, -1, 1)	225°	45°
东南等轴测	SE Isometric	(1, -1, 1)	315°	45°
东北等轴测	NE Isometric	(1, 1, 1)	45°	45°
西北等轴测	NW Isometric	(-1, 1, 1)	135°	45°

- 平面视图

除了上述十个标准视图，AutoCAD 还为用户提供了一个"平面视图"命令。使用此命令，可以将当前 UCS、命名保存的 UCS 或 WCS 切换为各坐标系的平面视图，以方便观察和操作，如图 9-5 所示。

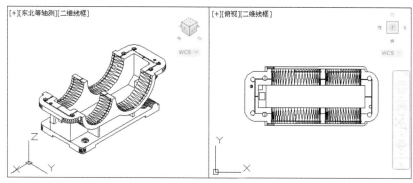

图 9-5　平面视图切换

选择菜单栏中的"视图"→"三维视图"→"平面视图"命令，或在命令行输入 Plan 后按 Enter 键，都可执行"平面视图"命令。

9.1.3　导航立方体

使用如图 9-6 所示的三维导航立方体（ViewCube），不但可以帮助用户快速调整模型的视点，还可以更改模型的视图投影、定义和恢复模型的主视图，以及恢复随模型一起保存的已命名 UCS。

此导航立方体主要由顶部的房子标记、中间的导航立方体、底部的罗盘和最下侧的 UCS 菜单四部分组成。当沿着导航立方体移动鼠标指针时，分布在导航立方体棱、边、

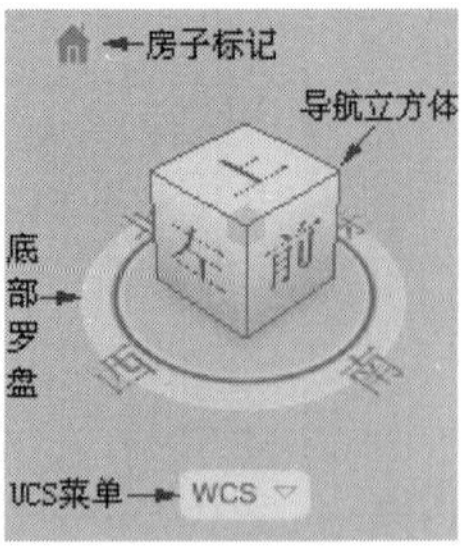

面等位置上的热点会高亮显示。单击一个热点，就可以切换到相应的视图。

- ◆ 当查看模型时，可以在平行模式、透视模式和带平行视图面的透视模式之间进行切换。
- ◆ 主视图指的是定义和恢复模型的主视图。主视图是用户在模型中定义的视图，用于返回熟悉的模型视图。
- ◆ 通过导航立方体下方的 UCS 菜单，可以恢复已命名的 UCS。

图 9-6 导航立方体显示图

小技巧

将当前视觉样式设为三维显示样式后，导航立方体才可以显示出来。在命令行输入 Cube 后按 Enter 键，可以控制导航立方体的显示或隐藏。

9.1.4 导航控制盘

如图 9-7 所示的导航控制盘（SteeringWheels）包括若干个按钮，每个按钮包含一个导航工具。可以通过单击按钮或单击并拖动悬停在按钮上的光标来启动各种导航工具。

单击导航栏上的按钮◎或选择菜单栏中的"视图"→SteeringWheels 命令，或单击"视图"选项卡→"导航"面板→SteeringWheels 按钮◎，都可打开此导航控制盘。在该导航控制盘上单击右键，弹出如图 9-8 所示的菜单。

图 9-7 导航控制盘

图 9-8 控制盘菜单

在导航控制盘中，共有四个不同的控制盘可供使用，每个控制盘均有其独有的导航方式，具体如下。

- ◆ 二维导航控制盘。它有"平移"、"缩放"和"回放"三个工具，通过"平移"和"缩放"工具导航模型。
- ◆ 查看对象控制盘。它有"中心"、"缩放"、"回放"和"动态观察"四个工具，使用"中心"工具将模型置于中心位置，并定义轴心点，使用"缩放"和"动态观察"工具缩放和动态观察模型。

- 巡视建筑控制盘。它有"向前"、"环视"、"回放"和"向上/向下"四个工具，通过将模型视图移近或移远、环视以及更改模型视图的标高来导航模型。
- 全导航控制盘（见图 9-7）。可将模型置于中心位置并定义轴心点、更改视图标高，以及漫游和环视、动态观察、平移和缩放模型。

小技巧

使用控制盘上的工具导航模型时，先前的视图将保存到模型的导航历史中，要从导航历史恢复视图，可以使用"回放"工具。单击控制盘上的"回放"按钮或单击"回放"按钮并在上面拖动，即可以显示回放历史。

9.1.5 创建与分割视口

视口是用于绘制图形、显示图形的区域。默认设置下，AutoCAD 将整个绘图区作为一个视口。在实际建模过程中，有时需要从各个不同视点上观察模型的不同部分。为此，AutoCAD 为用户提供了视口的分割功能，可以将默认的一个视口分割成多个视口，如图 9-9 所示。这样，用户可以从不同的方向观察三维模型的不同部分。

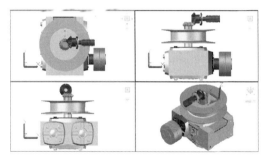

图 9-9　分割视口

视口的分割与合并具体有以下几种方式。

- 选择菜单栏中的"视图"→"视口"级联菜单中的相关命令，可以将当前视口分割为两个、三个或四个视口，如图 9-10 所示。
- 单击"模型视口"面板中的各按钮。
- 选择菜单栏中的"视图"→"视口"→"新建视口"命令，或在命令行输入 vports 后按 Enter 键，打开如图 9-11 所示的"视口"对话框。在此对话框中，用户可以预览分割视口的效果，使用户能够方便地分割视口。

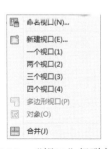

图 9-10　"视口"级联菜单

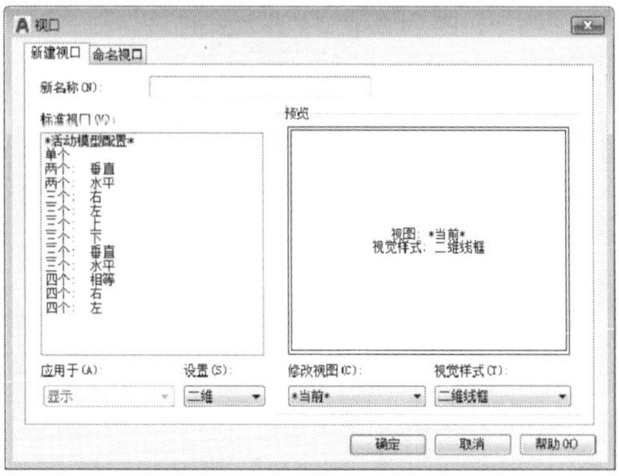

图 9-11　"视口"对话框

9.1.6 三维动态观察

AutoCAD 为用户提供了三种动态观察功能，使用这些功能可以从不同角度观察三维物体的任意部分。

- **受约束的动态观察**

执行"受约束的动态观察"命令主要有以下几种方式。

图 9-12 受约束的动态观察

- ◇ 单击"视图"选项卡→"导航"面板→"动态观察"按钮。
- ◇ 选择菜单栏中的"视图"→"动态观察"→"受约束的动态观察"命令。
- ◇ 在命令行输入 3dorbit 后按 Enter 键。

执行"受约束的动态观察"命令后，绘图区会出现如图 9-12 所示的光标显示状态，此时按住鼠标左键不放，可以手动调整观察点，以观察模型的不同侧面。

小技巧

执行"受约束的动态观察"命令后，如果按住鼠标中键进行拖曳，可以将视图平移。

- **自由动态观察**

"自由动态观察"命令用于在三维空间中不受滚动约束地旋转视图。执行"自由动态观察"命令主要有以下几种方式。

- ◇ 单击"视图"选项卡→"导航"面板→"自由动态观察"按钮。
- ◇ 选择菜单栏中的"视图"→"动态观察"→"自由动态观察"命令。
- ◇ 在命令行输入 3dforbit 后按 Enter 键。

执行此命令后，绘图区会出现如图 9-13 所示的圆形辅助框架，用户可以从多个方向自由地观察三维物体。

- **连续动态观察**

"连续动态观察"命令用于以连续运动的方式在三维空间中旋转视图，以持续观察三维物体的不同侧面，而不需要手动设置视点。

执行"连续动态观察"命令主要有以下几种方式。

- ◇ 单击"视图"选项卡→"导航"面板→"连续动态观察"按钮。
- ◇ 选择菜单栏中的"视图"→"动态观察"→"连续动态观察"命令。
- ◇ 在命令行输入 3dcorbit 后按 Enter 键。

执行此命令后，光标变为如图 9-14 所示的状态，此时按住鼠标左键进行拖曳，即可连续地旋转视图。

图 9-13　自由动态观察　　　　　　　图 9-14　连续动态观察

9.2　三维着色功能

AutoCAD 为三维物体提供了几种控制模型外观显示效果的工具。巧妙运用这些着色工具，能快速显示出三维物体的逼真形态，对三维模型的效果显示有很大帮助。这些着色工具位于如图 9-15 所示的菜单、如图 9-16 所示的视觉样式管理器和如图 9-17 所示的"视觉样式"面板中。

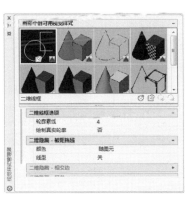

图 9-15　着色菜单　　　　图 9-16　视觉样式管理器　　　图 9-17　"视觉样式"面板

9.2.1　常用着色功能

本节主要讲述一些常用的着色功能，具体有"二维线框"、"三维线框"、"三维隐藏"、"真实"和"概念"等命令，具体内容如下。

- **二维线框**

"二维线框"命令用于用直线和曲线显示对象的边缘，此对象的线型和线宽都是可见的，如图 9-18 所示。

执行"二维线框"命令主要有以下几种方式。

✧　单击"视图"选项卡→"视觉样式"面板→"二维线框"按钮 。

✧　选择菜单栏中的"视图"→"视觉样式"→"二维线框"命令。

✧　使用快捷键 VS。

- 三维线框

"三维线框"命令也用于用直线和曲线显示对象的边缘轮廓,如图 9-19 所示。与二维线框显示方式不同的是,三维线框显示方式中表示坐标系的按钮会显示成三维着色形式,并且对象的线型及线宽都是不可见的。执行"三维线框"命令主要有以下几种方式。

- ◆ 单击"视图"选项卡→"视觉样式"面板→"三维线框"按钮。
- ◆ 选择菜单栏中的"视图"→"视觉样式"→"三维线框"命令。
- ◆ 使用快捷键 VS。

图 9-18 二维线框显示

图 9-19 三维线框显示

- 三维隐藏

"三维隐藏"命令用于将三维对象中观察不到的线隐藏起来,而只显示那些位于前面无遮挡的对象,如图 9-20 所示。执行"三维隐藏"命令主要有以下几种方式。

- ◆ 单击"视图"选项卡→"视觉样式"面板→"三维隐藏"按钮。
- ◆ 选择菜单栏中的"视图"→"视觉样式"→"三维隐藏"命令。
- ◆ 使用快捷键 VS。

- 真实

"真实"命令用于将对象进行平面着色。它只对各多边形的面着色,而不对面边界做光滑处理,如图 9-21 所示。执行"真实"命令主要有以下几种方式。

- ◆ 单击"视图"选项卡→"视觉样式"面板→"真实"按钮。
- ◆ 选择菜单栏中的"视图"→"视觉样式"→"真实"命令。
- ◆ 使用快捷键 VS。

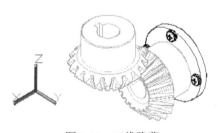

图 9-20 三维隐藏

图 9-21 真实着色

- 概念

"概念"命令用于将对象进行平面着色。它不仅可以对各多边形的面着色,还可以对面边界做光滑处理，如图 9-22 所示。执行"概念"命令主要有以下几种方式。

- ◆ 单击"视图"选项卡→"视觉样式"面板→"概念"按钮。
- ◆ 选择菜单栏中的"视图"→"视觉样式"→"概念"命令。
- ◆ 使用快捷键 VS。

9.2.2 其他着色功能

本节主要学习"着色"、"带边缘着色"、"灰度"、"勾画"和"X 射线"五种着色功能。

- 着色

"着色"命令用于将对象进行平滑着色，如图 9-23 所示。单击"视图"选项卡→"视觉样式"面板→"着色"按钮，或选择菜单栏中的"视图"→"视觉样式"→"着色"命令，或使用快捷键 VS，都可激活该命令。

图 9-22　概念着色

图 9-23　平滑着色

- 带边缘着色

"带边缘着色"命令用于将对象的可见边平滑着色，如图 9-24 所示。单击"视图"选项卡→"视觉样式"面板→"带边缘着色"按钮，或选择菜单栏中的"视图"→"视觉样式"→"带边缘着色"命令，或使用快捷键 VS，都可激活该命令。

- 灰度

"灰度"命令用于将对象以单色模式着色，以产生灰色效果，如图 9-25 所示。选择菜单栏中的"视图"→"视觉样式"→"灰度"命令或使用快捷键 VS，都可激活该命令。

图 9-24　带边缘着色

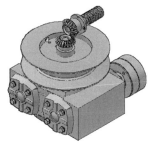

图 9-25　灰度着色

- 勾画

"勾画"命令用于将对象使用外伸和抖动方式产生手绘的效果,如图 9-26 所示。选择菜单栏中的"视图"→"视觉样式"→"勾画"命令或使用快捷键 VS,都可以激活该命令。

- X 射线

"X 射线"命令用于更改面的不透明度,以使整个场景变成部分透明,如图 9-27 所示。选择菜单栏中的"视图"→"视觉样式"→"X 射线"命令或使用快捷键 VS,都可激活该命令。

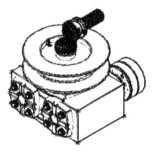
图 9-26　勾画着色

图 9-27　X 射线效果

9.3　管理视觉样式

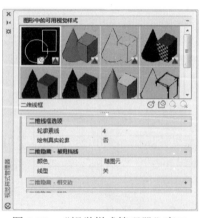
图 9-28　"视觉样式管理器"窗口

"视觉样式管理器"命令用于控制模型的外观显示效果、创建或更改视觉样式等。

执行"视觉样式管理器"命令主要有以下几种方式。

◇ 选择菜单栏中的"视图"→"视觉样式"→"视觉样式管理器"命令。

◇ 单击"视觉样式"面板中的 按钮。

◇ 在命令行输入 visualstyles 后按 Enter 键。

执行该命令后会打开如图 9-28 所示的窗口,其中面设置选项用于控制面上颜色和着色的外观,环境设置选项用于打开和关闭阴影和背景,边设置选项指定显示哪些边以及是否应用边修改器。

9.4　材质与渲染

本节主要学习材质的附着及模型的快速渲染等功能。

第 9 章　三维机械设计辅助功能

9.4.1　附着材质

AutoCAD 为用户提供了"材质浏览器"命令，使用此命令可以直观方便地为模型附着材质，以更加真实地表达实物造型。

执行"材质浏览器"命令主要有以下几种方式。

- ◇ 单击"可视化"选项卡→"材质"面板→"材质浏览器"按钮。
- ◇ 选择菜单栏中的"视图"→"渲染"→"材质浏览器"命令。
- ◇ 在命令行输入 matbrowseropen 后按 Enter 键。

下面通过为长方体快速附着砖墙材质，学习"材质浏览器"命令的使用方法和技巧，具体操作步骤如下。

Step 01 新建空白文件。

Step 02 选择菜单栏中的"绘图"→"建模"→"长方体"命令，创建长度为 20、宽度为 600、高度为 300 的长方体，命令行操作如下。

```
命令：box
指定第一个角点或 [中心(C)]：              //在绘图区拾取一点
指定其他角点或 [立方体(C)/长度(L)]：      //@20,600,300 Enter，结果如图 9-29 所示
```

Step 03 单击"材质"面板→"材质浏览器"按钮，打开如图 9-30 所示的"材质浏览器"窗口。

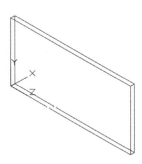

图 9-29　创建长方体

图 9-30　"材质浏览器"窗口

Step 04 在"材质浏览器"窗口中选择所需材质后，按住鼠标左键不放，将选择的材质拖曳至长方体上，为长方体附着材质，如图 9-31 所示。

Step 05 选择菜单栏中的"视图"→"视觉样式"→"真实"命令，对附着材质后的长方体进行真实着色，结果如图 9-32 所示。

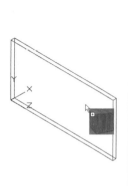

图 9-31　附着材质

图 9-32　真实着色

9.4.2　三维渲染

AutoCAD 为用户提供了简单的渲染功能。选择菜单栏中的"视图→"渲染"→"渲染"命令，或单击"渲染"面板上的  按钮，即可激活此命令。AutoCAD 将按默认设置对当前视口内的模型以独立的窗口进行渲染，如图 9-33 所示。

图 9-33　渲染窗口

9.5　UCS 坐标系

本节主要学习 UCS 的定义与管理技能，以方便用户在三维操作空间内快速建模和编辑。

9.5.1　坐标系概述

在默认设置下，AutoCAD 是以世界坐标系的 *XY* 平面作为绘图平面来绘制图形的。由于 WCS 是固定的，其应用范围有一定的局限性，因此 AutoCAD 为用户提供了 UCS，此种坐标系是一种非常重要且常用的坐标系。

9.5.2 设置 UCS 坐标系

UCS 坐标系弥补了 WCS 坐标系的不足，用户可以随意定制符合作图需要的 UCS 坐标系，应用范围比较广。

执行 UCS 命令主要有以下几种方式。

- ◇ 选择菜单栏中的"工具"→"新建 UCS"级联菜单中的相关命令，如图 9-34 所示。
- ◇ 在命令行输入 ucs 后按 Enter 键。
- ◇ 单击"视图"选项卡→"坐标"面板中的各按钮，如图 9-35 所示。

图 9-34 "新建 UCS"级联菜单

图 9-35 "坐标"面板

执行 UCS 命令后，命令行出现如下提示：

"指定 UCS 的原点或 [面(F)/命名(NA)/对象(OB)/上一个(P)/视图(V)/世界(W)/X/Y/Z/Z 轴(ZA)] <世界>："

● 选项解析

- ◇ "指定 UCS 的原点"选项用于指定三点，以分别定位出新坐标系的原点、X 轴正方向和 Y 轴正方向。

> **小技巧**
>
> 坐标系原点为离选择点最近的实体平面顶点，X 轴正方向由此顶点指向离选择点最近的实体平面边界线的另一端点。用户选择的面必须为实体面域。

- ◇ "面（F）"选项用于选择一个实体平面作为新坐标系的 XY 面。用户必须通过单击选择实体，否则无法执行此命令。
- ◇ "命名（NA）"选项主要用于恢复其他坐标系为当前坐标系、为当前坐标系命名和保存及删除不需要的坐标系。
- ◇ "对象（OB）"选项表示通过选定的对象创建 UCS 坐标系。用户只能通过单击来选择对象，否则无法执行此命令。
- ◇ "上一个（P）"选项用于将当前坐标系恢复到上一次所设置的坐标系，直到将坐标系恢复为 WCS。

- "视图（V）"选项用于将新建的用户坐标系的 X 轴、Y 轴所在的面设置成与屏幕平行，其原点保持不变，Z 轴与 XY 平面正交。
- "世界（W）"选项用于选择 WCS 作为当前坐标系，用户可以从任何一种 UCS 下返回到 WCS。
- X/Y/Z 选项：原坐标系坐标平面分别绕 X 轴、Y 轴、Z 轴旋转而形成新的用户坐标系。

> **小技巧**
>
> 如果在已定义的 UCS 中进行旋转，那么新的 UCS 是从原 UCS 旋转而成的。

- "Z 轴"选项用于指定 Z 轴方向以确定新的 UCS。

9.5.3 UCS 坐标系的管理

"命名 UCS"命令用于对 UCS 进行管理和操作。例如，用户可以使用该命令删除、重命名或恢复已命名的 UCS，也可以选择 AutoCAD 预设的标准 UCS，以及控制 UCS 图标的显示等。

执行"命名 UCS"命令主要有以下几种方式。

- 单击"视图"选项卡→"坐标"面板→"UCS、UCS 设置"按钮 。
- 选择菜单栏中的"工具"→"命名 UCS"命令。
- 在命令行输入 ucsman 后按 Enter 键。

执行"命名 UCS"命令后可打开如图 9-36 所示的 UCS 对话框。通过此对话框，可以很方便地对自己定义的坐标系进行存储、删除、应用等操作。

● "命名 UCS"选项卡

如图 9-36 所示的"命名 UCS"选项卡用于显示当前文件中的所有坐标系，还可以设置当前坐标系。

- "当前 UCS"列表框：显示当前的 UCS 名称。如果对 UCS 设置没有进行保存和命名，那么当前 UCS 读取"未命名"。在"当前 UCS"列表框中有 UCS 名称的列表，列出了当前视图中已定义的坐标系。
- 置为当前(C) 按钮用于设置当前坐标系。
- 单击 详细信息(T) 按钮，可打开如图 9-37 所示的"UCS 详细信息"对话框，用来查看坐标系的详细信息。

● "正交 UCS"选项卡

在 UCS 对话框中展开如图 9-38 所示的选项卡，此选项卡主要用于设置 AutoCAD 的预设标准坐标系为当前坐标系，具体内容如下。

- "当前 UCS"列表框中列出了当前视图中的六个正交坐标系。正交坐标系是相对"相对于"文本框中指定的 UCS 定义的。

- 置为当前(C) 按钮用于设置当前的正交坐标系。

图 9-36　UCS 对话框

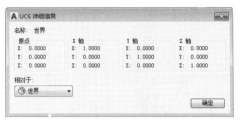

图 9-37　"UCS 详细信息"对话框

● "设置"选项卡

在 UCS 对话框中展开如图 9-39 所示的选项卡，此选项卡主要用于设置 UCS 图标的显示，以及进行其他的一些操作设置。

- "开"复选框用于显示当前视口中的 UCS 图标。
- "显示于 UCS 原点"复选框用于在当前视口中当前坐标系的原点显示 UCS 图标。
- "应用到所有活动视口"复选框用于将 UCS 图标设置应用到当前图形中的所有活动视口。
- "UCS 与视口一起保存"复选框用于将坐标系设置与视口一起保存。
- "修改 UCS 时更新平面视图"复选框用于修改视口中的坐标系时恢复平面视图。当 USC 对话框关闭时，平面视图和选定的 UCS 设置被恢复。

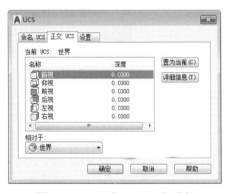

图 9-38　"正交 UCS"选项卡

图 9-39　"设置"选项卡

9.6　上机实训——三维辅助功能综合练习

本例通过以多个视口显示三维模型的多个视图，对用户坐标系的定义、存储、管理，以及视口的分割、视图的切换、视觉样式等多种三维辅助功能进行综合练习和巩固应用。本例最终效果如图 9-40 所示。

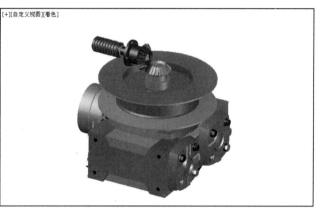

图 9-40 最终效果

操作步骤如下。

Step 01 打开配套资源中的"\素材文件\9-1.dwg"文件，如图 9-41 所示。

Step 02 在命令行输入 ucs 后按 Enter 键，执行 UCS 命令，配合端点捕捉功能用三点定义坐标系，命令行操作如下。

```
命令：ucs
当前 UCS 名称：*俯视*
指定 UCS 的原点或 [面(F)/命名(NA)/对象(OB)/上一个(P)/视图(V)/世界(W)/X/Y/Z/Z 轴(ZA)] <世界>：    //捕捉如图 9-42 所示的端点
指定 X 轴上的点或 <接受>：    //捕捉如图 9-42 所示的端点 A
指定 XOY 平面上的点或 <接受>：    //捕捉如图 9-43 所示的端点，定义结果如图 9-44 所示
```

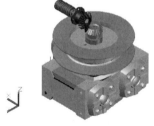

图 9-41 素材文件

图 9-42 定位原点和端点 A

图 9-43 捕捉端点

图 9-44 定义结果

Step 03 按Enter键，重复执行UCS命令，将当前定义的用户坐标系命名并存储，命令行操作如下。

```
命令:ucs
当前 UCS 名称: *没有名称*
指定 UCS 的原点或 [面(F)/命名(NA)/对象(OB)/上一个(P)/视图(V)/世界(W)/X/Y/Z/Z
轴(ZA)] <世界>:                    //S Enter
输入保存当前 UCS 的名称或 [?]:      //ucs1 Enter
```

Step 04 重复执行UCS命令，使用"面"选项重新定义坐标系，命令行操作如下。

```
命令:ucs
当前 UCS 名称: ucs1
指定 UCS 的原点或 [面(F)/命名(NA)/对象(OB)/上一个(P)/视图(V)/世界(W)/X/Y/Z/Z
轴(ZA)] <世界>:                    //F Enter，激活"面"选项
选择实体面、曲面或网格:             //选择如图 9-45 所示的表面
输入选项 [X 轴反向(X)/Y 轴反向(Y)] <接受>:  //Enter，定义结果如图 9-46 所示
```

Step 05 重复执行UCS命令，将刚定义的坐标系存储，命令行操作如下。

```
命令:ucs
当前 UCS 名称: *没有名称*
指定 UCS 的原点或 [面(F)/命名(NA)/对象(OB)/上一个(P)/视图(V)/世界(W)/X/Y/Z/Z
轴(ZA)] <世界>:                    //NA Enter
输入保存当前 UCS 的名称或 [?]:      //ucs2 Enter
```

Step 06 选择菜单栏中的"视图"→"三维视图"→"平面视图"→"当前UCS"命令，将当前视图切换为平面视图，结果如图9-47所示。

  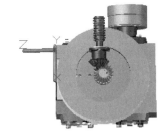

图 9-45 选择表面　　　　图 9-46 定义结果　　　　图 9-47 切换为平面视图

Step 07 选择菜单栏中的"工具"，"命名UCS"命令，在打开的对话框中选择ucs1坐标系，将此坐标系设置为当前坐标系，如图9-48所示。

Step 08 选择菜单栏中的"视图"→"视口"→"新建视口"命令，在打开的"视口"对话框中选择如图9-49所示的视口模式，将当前视口分割为四个视口，结果如图9-50所示。

Step 09 激活左上侧的视口，然后执行"俯视"命令，将视图切换为俯视图，并调整视口内的视图，结果如图9-51所示。

图9-48 设置当前坐标系

图9-49 "视口"对话框

图9-50 分割视口

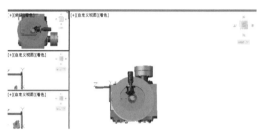
图9-51 切换到俯视图

Step 10 使用快捷键 VS 激活"视觉样式"命令，将视口内的模型进行二维线框着色，并使用视图的平移、缩放功能适当调整视图，结果如图9-52所示。

Step 11 激活中间的视口，然后执行"左视"命令，将视图切换到左视图，结果如图9-53所示。

图9-52 操作结果（1）

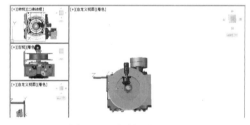
图9-53 切换到左视图

Step 12 使用快捷键 VS 激活"视觉样式"命令，将视口内的模型进行二维线框着色，并使用视图的平移、缩放功能适当调整视图，结果如图9-54所示。

Step 13 激活左下侧的视口，将着色方式设置为二维线框着色，并调整视口内的视图，结果如图9-55所示。

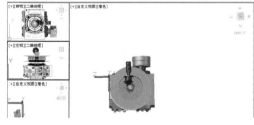
图9-54 操作结果（2）

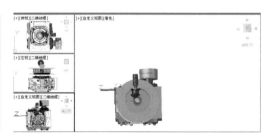
图9-55 操作结果（3）

Step ⑭ 激活右侧的视口，然后执行"自由动态观察"命令对模型调整视点，并对其进行适当的缩放和平移，结果如图 9-56 所示。

图 9-56 操作结果（1）

Step ⑮ 使用快捷键 OP 激活"选项"命令，打开"选项"对话框，展开"三维建模"选项卡，关闭视口中的各种显示工具，如图 9-57 所示，此时模型的显示效果如图 9-58 所示。

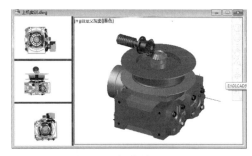

图 9-57 "三维建模"选项卡　　　　图 9-58 操作结果（2）

Step ⑯ 执行"另存为"命令，将图形另存为"上机实训.dwg"。

9.7 小结与练习

9.7.1 小结

本章主要讲述了 AutoCAD 的三维辅助功能，具体包括视点的设置、视图的切换、视口的分割、三维对象的视觉显示及坐标系的设置管理等辅助功能。通过本章的学习，应理解和掌握以下知识。

（1）线框模型、曲面模型、实体模型的功能及区别，掌握三维视点的设置功能，以方便观察三维空间内的图形对象。

（2）三维观察功能，具体有视点、动态观察、导航立方体、导航控制盘等。

（3）世界坐标系和用户坐标系的概念及功能，用户坐标系的各种设置方式，以及坐标系的管理、切换和应用等重要操作知识。

（4）三维显示功能，具体有三维着色、管理视觉样式和渲染。

9.7.2 练习

综合运用所学知识，将如图 9-59 所示的零件箱盖模型编辑为如图 9-60 所示的状态。

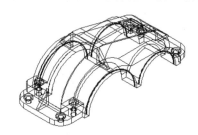

图 9-59　素材文件

图 9-60　最终状态

操作提示：

本例素材为配套资源中的"\素材文件\9-2.dwg"。

创建机械零件的面与网格

第 9 章简要介绍了三维建模的辅助功能，本章将详细讲述表面模型和网格模型的创建方法和创建技巧。利用本章所学内容，可快速创建物体的三维面或网格模型，以体现物体的三维特征。

内容要点

- 创建常用曲面
- 创建常用网格体
- 拉伸与优化网格
- 曲面的常规编辑
- 创建基本网格图元
- 上机实训——面与网格功能综合练习

10.1 创建常用曲面

本节主要学习拉伸曲面、旋转曲面、剖切曲面、扫掠曲面和平面曲面的具体创建方法及相关技能。

10.1.1 拉伸曲面

"拉伸"命令用于将闭合或非闭合的二维图形按照指定的高度拉伸成曲面,如图 10-1 所示。执行"拉伸"命令主要有以下几种方式。

- ◇ 单击"常用"选项卡→"建模"面板→"拉伸"按钮。
- ◇ 选择菜单栏中的"绘图"→"建模"→"拉伸"命令。
- ◇ 在命令行输入 extrude 后按 Enter 键。
- ◇ 使用快捷键 EXT。

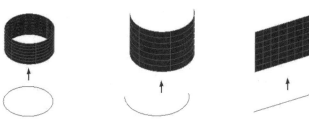

图 10-1 拉伸示例

下面通过具体实例,学习拉伸曲面的创建方法和相关技巧,具体操作步骤如下。

Step 01 新建空白文件。

Step 02 执行"西南等轴测"命令,将视图切换到西南视图。

Step 03 综合使用"圆弧"和"矩形"命令绘制一条圆弧和一个矩形,如图 10-2 所示。

Step 04 单击"常用"选项卡→"建模"面板→"拉伸"按钮,将绘制的直线和圆拉伸为曲面,命令行操作如下。

```
命令: extrude
当前线框密度: ISOLINES=4,闭合轮廓创建模式 = 实体
选择要拉伸的对象或 [模式(MO)]: _MO 闭合轮廓创建模式 [实体(SO)/曲面(SU)] <实体>: _SO
选择要拉伸的对象或 [模式(MO)]:                //MO Enter
闭合轮廓创建模式 [实体(SO)/曲面(SU)] <实体>:   //SU Enter
选择要拉伸的对象或 [模式(MO)]:                //选择直线
选择要拉伸的对象或 [模式(MO)]:                //选择圆
选择要拉伸的对象或 [模式(MO)]:                //Enter
指定拉伸的高度或 [方向(D)/路径(P)/倾斜角(T)/表达式(E)] <67.9>:
                                            //使用光标指定拉伸高度
```

Step 05 拉伸结果如图 10-3 所示。

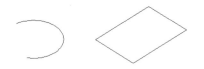

图 10-2　绘制结果　　　　　　　　　图 10-3　拉伸结果

10.1.2 旋转曲面

"旋转"命令用于将闭合或非闭合的二维图形绕坐标轴旋转为曲面。执行"旋转"命令主要有以下几种方式。

- ◆ 单击"常用"选项卡→"建模"面板→"旋转"按钮。
- ◆ 选择菜单栏中的"绘图"→"建模"→"旋转"命令。
- ◆ 在命令行输入 revolve 后按 Enter 键。

下面通过具体实例，学习旋转曲面的创建方法和相关技巧，具体操作步骤如下。

Step 01 打开配套资源中的"\素材文件\10-1.dwg"文件，如图 10-4 所示。

Step 02 综合使用"修剪"和"删除"命令，将图形编辑成如图 10-5 所示的结构。

Step 03 使用快捷键 PE 激活"编辑多段线"命令，将闭合轮廓线编辑为一条闭合边界，命令行操作如下。

```
命令:pedit                                           //Enter
选择多段线或 [多条(M)]:                               //M Enter
选择对象:                                            //窗交选择如图 10-6 所示的闭合轮廓线
选择对象:                                            //Enter
是否将直线、圆弧和样条曲线转换为多段线? [是(Y)/否(N)]? <Y>   //Enter
输入选项 [闭合(C)/打开(O)/合并(J)/宽度(W)/拟合(F)/样条曲线(S)/非曲线化(D)/线
型生成(L)/反转(R)/放弃(U)]:                          //J Enter
合并类型 = 延伸
输入模糊距离或 [合并类型(J)] <0.0>:                   //Enter
多段线已增加 33 条线段
输入选项 [闭合(C)/打开(O)/合并(J)/宽度(W)/拟合(F)/样条曲线(S)/非曲线化(D)/线
型生成(L)/反转(R)/放弃(U)]:                          //Enter,结束命令
```

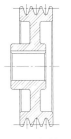

图 10-4　素材文件　　　图 10-5　编辑结果　　　图 10-6　窗交选择

Step 04 执行"西南等轴测"命令,将当前视图切换为西南视图,并取消线宽的显示,结果如图 10-7 所示。

Step 05 单击"常用"选项卡→"建模"面板→"旋转"按钮,将闭合边界旋转为三维曲面,命令行操作如下。

```
命令: revolve
当前线框密度: ISOLINES=4,闭合轮廓创建模式 = 实体
选择要旋转的对象或 [模式(MO)]: _MO 闭合轮廓创建模式 [实体(SO)/曲面(SU)] <实体>: _SO
选择要旋转的对象或 [模式(MO)]:        //MO Enter
闭合轮廓创建模式 [实体(SO)/曲面(SU)] <实体>:   //SU Enter
选择要旋转的对象或 [模式(MO)]:        //选择闭合边界
选择要旋转的对象或 [模式(MO)]:        //Enter
指定轴起点或根据以下选项之一定义轴 [对象(O)/X/Y/Z] <对象>://捕捉中心线的左端点
指定轴端点:                  //捕捉中心线另一端端点
指定旋转角度或 [起点角度(ST)/反转(R)/表达式(EX)] <360>:
                          //-180 Enter,结束命令,旋转结果如图 10-8 所示
```

Step 06 使用快捷键 HI 激活"消隐"命令,对曲面进行消隐显示,效果如图 10-9 所示。

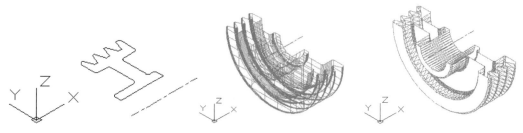

图 10-7　切换视图　　　　　图 10-8　旋转结果　　　　　图 10-9　消隐效果

Step 07 使用快捷键 VS 激活"视觉样式"命令,分别对曲面模型进行真实着色和灰度着色,效果如图 10-10 和图 10-11 所示。

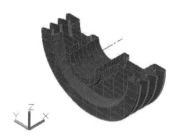 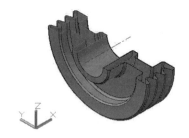

图 10-10　真实着色效果　　　　　　　　图 10-11　灰度着色效果

10.1.3　剖切曲面

"剖切"命令用于切开现有曲面,然后移去不需要的部分,保留指定的部分(也可以将剖切后的两部分都保留)。执行"剖切"命令主要有以下几种方式。

❖ 单击"常用"选项卡→"实体编辑"面板→"剖切"按钮。

第 10 章 创建机械零件的面与网格

- ◇ 选择菜单栏中的"绘图"→"三维操作"→"剖切"命令。
- ◇ 在命令行输入 slice 后按 Enter 键。
- ◇ 使用快捷键 SL。

下面通过具体实例,学习剖切曲面的创建方法和相关技巧,具体操作步骤如下。

Step 01 打开配套资源中的"\素材文件\10-2.dwg"文件,如图 10-12 所示。

Step 02 单击"常用"选项卡→"实体编辑"面板→"剖切"按钮,对齿轮曲面模型进行剖切,命令行操作如下。

```
命令: slice
选择要剖切的对象:                          //选择如图 10-12 所示的回转体
选择要剖切的对象:                          //Enter,结束选择
指定切面的起点或 [平面对象(O)/曲面(S)/Z 轴(Z)/视图(V)/XY(XY)/YZ(YZ)/ZX(ZX)/
三点(3)] <三点>:                           //ZX Enter,激活"ZX 平面"选项
指定 XY 平面上的点 <0,0,0>:                //捕捉如图 10-13 所示的端点
在所需的侧面上指定点或 [保留两个侧面()] <保留两个侧面>:    //Enter,结束命令
```

Step 03 剖切结果如图 10-14 所示。

 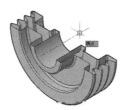 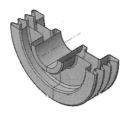

图 10-12 素材文件   图 10-13 捕捉端点   图 10-14 剖切结果

Step 04 使用快捷键 M 激活"移动"命令,将剖切后的曲面模型移位,结果如图 10-15 所示。

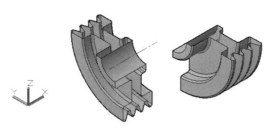

图 10-15 移动结果

10.1.4 扫掠曲面

"扫掠"命令用于沿路径扫掠闭合(或非闭合)的二维(或三维)曲线,以创建新的曲面。执行"扫掠"命令主要有以下几种方式。

- ◇ 单击"常用"选项卡→"建模"面板→"扫掠"按钮。
- ◇ 选择菜单栏中的"绘图"→"建模"→"扫掠"命令。

- 在命令行输入 sweep 后按 Enter 键。
- 使用快捷键 SW。

下面通过具体实例,学习扫掠曲面的创建方法和相关技巧,具体操作步骤如下。

Step 01 新建空白文件。

Step 02 执行"西南等轴测"命令,将当前视图切换为西南视图。

Step 03 综合使用"样条曲线"、"圆"和"圆弧"命令,绘制如图 10-16 所示的样条曲线、圆与圆弧。

图 10-16 绘制结果

Step 04 单击"常用"选项卡→"建模"面板→"扫掠"按钮 ,执行"扫掠"命令,将圆弧扫掠为曲面,命令行操作如下。

```
命令: sweep
当前线框密度: ISOLINES=4,闭合轮廓创建模式 = 实体
选择要扫掠的对象或 [模式(MO)]: _MO 闭合轮廓创建模式 [实体(SO)/曲面(SU)] <实体>: _SO
                                          //Enter
选择要扫掠的对象或 [模式(MO)]:            //选择圆弧
选择要扫掠的对象或 [模式(MO)]:            //Enter
选择扫掠路径或 [对齐(A)/基点(B)/比例(S)/扭曲(T)]:
                                          //选择样条曲线,结果如图 10-17 所示
```

Step 05 使用快捷键 VS 激活"视觉样式"命令,对曲面进行概念着色,结果如图 10-18 所示。

图 10-17 扫掠结果　　　　　　　　　图 10-18 概念着色效果

Step 06 执行"移动"命令,将扫掠曲面外移。

Step 07 重复执行"扫掠"命令,将圆扫掠为曲面,命令行操作如下。

```
命令: sweep
当前线框密度: ISOLINES=4,闭合轮廓创建模式 = 实体
选择要扫掠的对象或 [模式(MO)]: _MO 闭合轮廓创建模式 [实体(SO)/曲面(SU)] <实体>: _SO
选择要扫掠的对象或 [模式(MO)]:            //MO Enter
闭合轮廓创建模式 [实体(SO)/曲面(SU)] <实体>:  //SU Enter
选择要扫掠的对象或 [模式(MO)]:            //选择圆
选择要扫掠的对象或 [模式(MO)]:            //Enter
选择扫掠路径或 [对齐(A)/基点(B)/比例(S)/扭曲(T)]:
                                          //选择样条曲线,结果如图 10-19 所示
```

第 10 章　创建机械零件的面与网格

Step 08 使用快捷键 VS 激活"视觉样式"命令，对模型进行真实着色，效果如图 10-20 所示。

图 10-19　扫掠结果

图 10-20　真实着色效果

10.1.5　平面曲面

"平面"命令用于绘制平面曲面，也可以将闭合的二维图形转化为平面曲面。执行"平面"命令主要有以下几种方式。

- ◇　单击"曲面"选项卡→"创建"面板→"平面"按钮。
- ◇　选择菜单栏中的"绘图"→"建模"→"曲面"→"平面"命令。
- ◇　在命令行输入 planesurf 后按 Enter 键。

下面通过具体实例，学习平面曲面的创建方法和相关技巧，具体操作步骤如下。

Step 01 新建空白文件。

Step 02 执行"西南等轴测"命令，将视图切换到西南视图。

Step 03 单击"曲面"选项卡→"创建"面板→"平面"按钮，配合坐标输入功能绘制平面曲面，命令行操作如下。

```
命令: planesurf
指定第一个角点或 [对象(O)] <对象>：    //在绘图区拾取一点
指定其他角点：                          //@200,100 Enter，绘制结果如图 10-21 所示
```

Step 04 使用快捷键 VS 激活"视觉样式"命令，对模型进行带边缘着色，效果如图 10-22 所示。

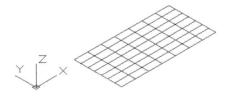

图 10-21　绘制结果

图 10-22　带边缘着色效果

10.2　曲面的常规编辑

本节主要学习曲面的编辑优化功能，具体有"圆角"、"修剪"和"偏移"等命令。

10.2.1 曲面圆角

"圆角"命令用于对空间曲面进行圆角,以创建新的圆角曲面。执行"圆角"命令主要有以下几种方式。

- ◇ 单击"曲面"选项卡→"编辑"面板→"圆角"按钮。
- ◇ 选择菜单栏中的"绘图"→"建模"→"曲面"→"圆角"命令。
- ◇ 在命令行输入 surffillet 后按 Enter 键。

下面通过具体实例,学习"圆角"命令的使用方法和相关技巧,具体操作步骤如下。

Step 01 新建空白文件。

Step 02 执行"西南等轴测"命令,将视图切换到西南视图。使用"直线"命令绘制有公共端点的两条直线。

Step 03 选择菜单栏中的"绘图"→"建模"→"拉伸"命令,创建如图 10-23(a)所示的平面曲面。

Step 04 单击"曲面"选项卡→"编辑"面板→"圆角"按钮,对两个平面曲面进行圆角,命令行操作如下。

```
命令: surffillet
半径 = 25.0,修剪曲面 = 是
选择要圆角化的第一个曲面或面域或者 [半径(R)/修剪曲面(T)]:    //选择水平曲面
选择要圆角化的第二个曲面或面域或者 [半径(R)/修剪曲面(T)]:    //选择垂直曲面
按 Enter 键接受圆角曲面或 [半径(R)/修剪曲面(T)]:              //结束命令
```

Step 05 平面曲面的圆角结果如图 10-23(b)所示。

> **小技巧**
>
> 其中"半径"选项用于设置圆角曲面的圆角半径,"修剪曲面"选项用于设置曲面的修剪模式。非修剪模式下的圆角效果如图 10-24 所示。

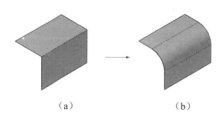

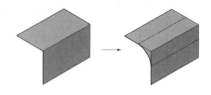

图 10-23　曲面圆角示例　　　　　图 10-24　非修剪模式下的圆角效果

10.2.2 曲面修剪

"修剪"命令用于修剪与其他曲面、面域、曲线等相交的曲面部分。执行"修剪"命令主要有以下几种方式。

- 单击"曲面"选项卡→"编辑"面板→"修剪"按钮。
- 选择菜单栏中的"修改"→"曲面编辑"→"修剪"命令。
- 在命令行输入 surftrim 后按 Enter 键。

下面通过具体实例，学习"修剪"命令的使用方法和相关技巧，具体操作步骤如下。

Step 01 新建空白文件并将视图切换到西南视图。

Step 02 选择菜单栏中的"绘图"→"建模"→"曲面"→"平面"命令，在西南视图内绘制两个相互垂直的平面曲面，如图 10-25 所示。

Step 03 单击"曲面"选项卡→"编辑"面板→"修剪"按钮，执行"修剪"命令，对水平曲面进行修剪，命令行操作如下。

```
命令：surftrim
延伸曲面 = 是，投影 = 自动
选择要修剪的曲面或面域或者 [延伸(E)/投影方向(PRO)]：//选择水平曲面
选择要修剪的曲面或面域或者 [延伸(E)/投影方向(PRO)]：//Enter
选择剪切曲线、曲面或面域：        //选择如图 10-26 所示的曲面作为边界
选择剪切曲线、曲面或面域：        //Enter
选择要修剪的区域 [放弃(U)]：      //在需要修剪掉的曲面上单击
选择要修剪的区域 [放弃(U)]：      //Enter，结束命令
```

Step 04 平面曲面的修剪结果如图 10-27 所示。

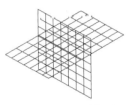
图 10-25　绘制曲面

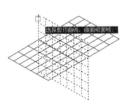
图 10-26　选择边界

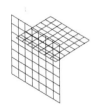
图 10-27　修剪结果

小技巧

单击"曲面取消修剪"按钮可以将修剪掉的曲面恢复到修剪前的状态。单击"曲面延伸"按钮可以将曲面延伸，如图 10-28 所示。

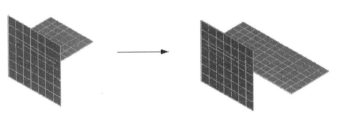

图 10-28　曲面延伸

10.2.3 曲面偏移

"偏移"命令用于按照指定的距离偏移选择的曲面,以创建相互平行的曲面。另外,在偏移曲面时也可以反转偏移的方向。执行"偏移"命令主要有以下几种方式。

- ◆ 单击"曲面"选项卡→"创建"面板→"偏移"按钮。
- ◆ 选择菜单栏中的"修改"→"曲面编辑"→"偏移"命令。
- ◆ 在命令行输入 surfoffset 后按 Enter 键。

执行"偏移"命令后,命令行操作如下。

```
命令: surfoffset
连接相邻边 = 否
选择要偏移的曲面或面域:       //选择如图 10-29 所示的曲面
选择要偏移的曲面或面域:       //Enter
指定偏移距离或 [翻转方向(F)/两侧(B)/实体(S)/连接(C)/表达式(E)] <0.0>:
                              //40 Enter,偏移结果如图 10-30 所示
```

图 10-29　选择曲面

图 10-30　偏移结果

10.3 创建常用网格体

本节将学习旋转网格、平移网格、直纹网格、边界网格等常用网格体的创建方法和相关技能。

10.3.1 旋转网格

旋转网格是一条轨迹线绕一根指定的轴在空间旋转而生成的回转体空间曲面。"旋转网格"命令常用于创建具有回转体特征的空间形体,如罩、轮、环等三维模型,如图 10-31 所示。

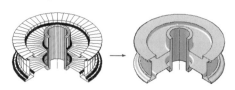
图 10-31　旋转网格示例

第 10 章 创建机械零件的面与网格

> **小技巧**
> 用于旋转的轨迹线可以是直线、圆、圆弧、样条曲线、二维或三维多段线，旋转轴则可以是直线或非封闭的多段线。

执行"旋转网格"命令主要有以下几种方式。

- ◇ 单击"网格"选项卡→"图元"面板→"旋转网格"按钮。
- ◇ 选择菜单栏中的"绘图"→"建模"→"网格"→"旋转网格"命令。
- ◇ 在命令行输入 revsurf 后按 Enter 键。

下面通过具体实例，学习"旋转网格"命令的使用方法和相关技能，具体操作步骤如下。

Step 01 打开配套资源中的"\素材文件\10-3.dwg"文件，如图 10-32 所示。

Step 02 综合使用"修剪"和"删除"命令，对零件图进行修剪，并删除多余轮廓线，编辑结果如图 10-33 所示。

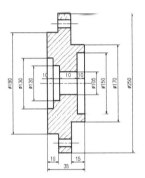 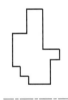

图 10-32　素材文件　　　　　　　　图 10-33　编辑结果

Step 03 使用快捷键 PE 激活"编辑多段线"命令，将轮廓线编辑成一条闭合的多段线，命令行操作如下。

```
命令: pedit
选择多段线或 [多条(M)]:          //选择如图 10-33 所示的某一轮廓线
选定的对象不是多段线
是否将其转换为多段线? <Y>        //Enter，采用当前设置
输入选项 [闭合(C)/打开(O)/合并(J)/宽度(W)/拟合(F)/样条曲线(S)/非曲线化(D)/线
型生成(L)/反转(R)/放弃(U)]:     //J Enter，激活"合并"选项
选择对象:                        //选择如图 10-33 所示的轮廓线
选择对象:                        //Enter，结束对象的选择
13 条线段已添加到多段线
输入选项 [闭合(C)/打开(O)/合并(J)/宽度(W)/拟合(F)/样条曲线(S)/非曲线化(D)/线
型生成(L)/反转(R)/放弃(U)]:     //Enter，被选择的对象被合并为一条闭合的多段线
```

Step 04 分别使用系统变量 SURFTAB1 和 SURFTAB2，设置回转曲面的线框密度，命令行操作如下。

```
命令：surftab1                    //Enter，激活该系统变量
输入 SURFTAB1 的新值 <6>：        //24 Enter，输入变量值
命令：surftab2                    //Enter，激活该系统变量
输入 SURFTAB2 的新值 <6>：        //24 Enter，输入变量值
```

Step 05 选择菜单栏中的"绘图"→"建模"→"网格"→"旋转网格"命令，根据命令行的操作提示作图，命令行操作如下。

```
命令：revsurf
当前线框密度：SURFTAB1=24  SURFTAB2=24
选择要旋转的对象：               //选择如图 10-34 所示的闭合多段线
选择定义旋转轴的对象：           //选择如图 10-35 所示的线段
指定起点角度 <0>：               //Enter，采用当前设置
指定包含角 (+=逆时针，-=顺时针) <360>：
                                 //Enter，采用当前设置，旋转结果如图 10-36 所示
```

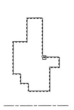 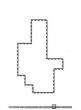 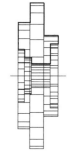

图 10-34　定位轨迹线　　　图 10-35　定位旋转轴　　　图 10-36　旋转结果

小技巧

起始角为轨迹线开始旋转时的角度，旋转角表示轨迹线旋转的角度。在系统以逆时针方向为角度测量方向的情况下，如果用户输入的角度为正，则按逆时针方向构造旋转曲面，否则按顺时针方向构造旋转曲面。

Step 06 选择菜单栏中的"视图"→"三维视图"→"西南等轴测"命令，将当前视图切换为西南视图，结果如图 10-37 所示。

Step 07 选择菜单栏中的"视图"→"消隐"命令，对模型进行消隐显示，结果如图 10-38 所示。

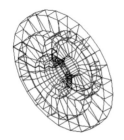 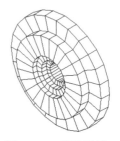

图 10-37　切换为西南视图　　　　　　图 10-38　消隐显示

10.3.2 平移网格

"平移网格"是轨迹线沿着指定方向矢量平移延伸而形成的三维曲面。其中，轨迹线可以是直线、圆（圆弧、椭圆、椭圆弧）、样条曲线、二维或三维多段线；方向矢量用来指明拉伸的方向和长度，可以是直线或非封闭的多段线，不能使用圆或圆弧来指定延伸的方向。

执行"平移网格"命令主要有以下几种方式。

- ◇ 单击"网格"选项卡→"图元"面板→"平移曲面"按钮 。
- ◇ 选择菜单栏中的"绘图"→"建模"→"网格"→"平移网格"命令。
- ◇ 在命令行输入 tabsurf 后按 Enter 键。

下面通过具体实例，学习"平移网格"命令的使用方法和相关技能，具体操作步骤如下。

Step 01 打开配套资源中的"\素材文件\10-4.dwg"文件，如图 10-39 所示。

Step 02 执行"西南等轴测"命令，将当前视图切换为西南视图，如图 10-40 所示。

图 10-39　素材文件

图 10-40　切换为西南视图

Step 03 选择菜单栏中的"绘图"→"直线"命令，绘制长度为 400 的直线作为方向矢量，命令行操作如下。

```
命令：line
指定第一点：                      //捕捉如图 10-40 所示的端点 A
指定下一点或 [放弃(U)]：           //@0,0,400 Enter
指定下一点或 [放弃(U)]：           //Enter，绘制结果如图 10-41 所示
```

Step 04 使用系统变量 SURFTAB1，设置平移曲面的线框密度为 12。

Step 05 选择菜单栏中的"绘图"→"建模"→"网格"→"平移网格"命令，根据命令行的操作提示作图，命令行操作如下。

```
命令：tabsurf
当前线框密度：SURFTAB1=12
选择用作轮廓曲线的对象：           //选择如图 10-42 所示的闭合对象
选择用作方向矢量的对象：           //选择直线
```

Step 06 平移结果如图 10-43 所示。

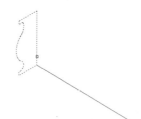

图 10-41 绘制直线　　　　图 10-42 选择闭合对象　　　　图 10-43 平移结果

> **小技巧**
>
> 创建平移网格时，用于拉伸的轨迹线和方向矢量不能位于同一平面内。在指定延伸的方向矢量时，选择点的位置不同，结果也不同。

10.3.3 直纹网格

"直纹网格"命令主要用于在指定的两条边界之间生成一个直纹曲面。所指定的两条边界可以是直线、样条曲线、多段线等，如果一条边界是闭合的，那么另一条边界也必须是闭合的。

执行"直纹网格"命令主要有以下几种方式。

- ◇ 单击"网格"选项卡→"图元"面板→"直纹曲面"按钮 。
- ◇ 选择菜单栏中的"绘图"→"建模"→"网格"→"直纹网格"命令。
- ◇ 在命令行输入 rulesurf 后按 Enter 键。

下面通过具体实例，学习"直纹网格"命令的使用方法和相关技能，具体操作步骤如下。

Step 01 新建空白文件。

Step 02 执行"西南等轴测"命令，将当前视图切换为西南视图。

Step 03 执行"样条曲线"命令，绘制如图 10-44 所示的两条样条曲线。

Step 04 设置系统变量 SURFTAB1 的值为 36，然后执行"直纹网格"命令，创建直纹网格，命令行操作如下。

```
命令: rulesurf
当前线框密度: SURFTAB1=36
选择第一条定义曲线:              //在上侧样条曲线的左端单击
选择第二条定义曲线:              //在下侧样条曲线的左端单击
```

> **小技巧**
>
> 在选择对象时，需要选择的对象必须同时闭合或同时打开。如果一个对象为点，那么另一个对象可以是闭合的，也可以是打开的。另外，当边界曲线不封闭时，选择点的位置不同，生成的图形也不同。

Step 05 生成如图 10-45 所示的直纹曲面。

图 10-44　绘制样条曲线　　　　　　　图 10-45　创建直纹曲面

> **小技巧**
>
> 用户在选择第二条曲线时，如果单击的位置与第一条曲线位置相反，则会生成如图 10-46 所示的曲面。所以单击的位置不同，有时生成的曲面也不同。

图 10-46　创建结果

10.3.4　边界网格

"边界网格"命令用于以四条首尾相连的空间直线或曲线作为边界，创建空间曲面模型。四条边界必须首尾相连形成一个封闭图形。

执行"边界网格"命令主要有以下几种方式。

- ◇　单击"网格"选项卡→"图元"面板→"边界曲面"按钮。
- ◇　选择菜单栏中的"绘图"→"建模"→"网格"→"边界网格"命令。
- ◇　在命令行输入 edgesurf 后按 Enter 键。

下面通过具体实例，学习"边界网格"命令的使用方法和相关技能，具体操作步骤如下。

Step 01 新建空白文件，并将当前视图切换为西南视图。

Step 02 执行"矩形"命令，绘制长度为 150 的正四边形。

Step 03 选择菜单栏中的"修改"→"复制"命令，将刚绘制的正四边形沿 Z 轴正方向复制 150 个绘图单位，结果如图 10-47 所示。

Step 04 执行"偏移"命令，将复制出的正四边形向内偏移 50 个绘图单位，同时删除原四边形，命令行操作如下。

```
命令：offset
当前设置：删除源=是　图层=源　OFFSETGAPTYPE=0
指定偏移距离或 [通过(T)/删除(E)/图层(L)] <10.0000>：     //E Enter
要在偏移后删除源对象吗？[是(Y)/否(N)] <是>：              //Y Enter
指定偏移距离或 [通过(T)/删除(E)/图层(L)] <10.0000>：     //50 Enter，设置偏移距离
选择要偏移的对象，或 [退出(E)/放弃(U)] <退出>：           //选择复制出的正四边形
```

指定要偏移的那一侧上的点，或 [退出(E)/多个(M)/放弃(U)] <退出>:
　　　　　　　　　　　　　　　　　　　　　　　　　//在正四边形的内部单击
选择要偏移的对象，或 [退出(E)/放弃(U)] <退出>:　　//Enter，结果如图10-48所示

Step 05 使用快捷键X激活"分解"命令，将两个正四边形分解。

Step 06 使用"直线"命令，配合端点捕捉功能，分别连接正四边形的角点，绘制如图10-49所示的直线。

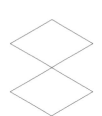
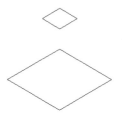
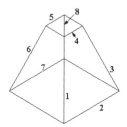

图 10-47 复制正四边形　　　　图 10-48 偏移结果　　　　图 10-49 绘制直线

Step 07 使用系统变量SURFTAB1和SURFTAB2，设置曲面的线框密度为30，命令行操作如下。

```
命令: surftab1                    //Enter，激活该系统变量
输入 SURFTAB1 的新值 <6>:          //30 Enter，输入变量值
命令: surftab2                    //Enter，激活该系统变量
输入 SURFTAB1 的新值 <6>:          //30 Enter，输入变量值
```

Step 08 单击"网格"选项卡→"图元"面板→"边界曲面"按钮，根据命令行的操作提示作图，命令行操作如下。

```
命令: edgesurf
当前线框密度: SURFTAB1=24  SURFTAB2=24
选择用作曲面边界的对象 1:          //单击如图10-49所示的轮廓线1
选择用作曲面边界的对象 2:          //单击轮廓线2
选择用作曲面边界的对象 3:          //单击轮廓线3
选择用作曲面边界的对象 4:          //单击轮廓线4，创建结果如图10-50所示
命令: edgesurf                   //Enter，重复执行命令
当前线框密度: SURFTAB1=24  SURFTAB2=24
选择用作曲面边界的对象 1:          //单击轮廓线5
选择用作曲面边界的对象 2:          //单击轮廓线6
选择用作曲面边界的对象 3:          //单击轮廓线7
选择用作曲面边界的对象 4:          //单击轮廓线8，创建结果如图10-51所示
```

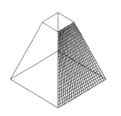

图 10-50 创建边界曲面　　　　　　图 10-51 创建另一侧曲面

10.4 创建基本网格图元

AutoCAD 2020 中新增了网格图元的创建功能，包括网格长方体、网格楔体、网格圆锥体、网格球体、网格圆柱体、网格圆环体、网格棱锥体等基本网格图元，如图 10-52 所示。

执行"图元"命令主要有以下几种方式。

- ◇ 单击"网格"选项卡→"图元"面板上的相应按钮。
- ◇ 选择菜单栏中的"绘图"→"建模"→"网格"→"图元"级联菜单中的各命令。
- ◇ 在命令行输入 mesh 后按 Enter 键。

基本网格图元的创建方法与创建三维实体图元的方法相同，在此不再细述。默认情况下，可以创建无平滑度的网格图元，然后根据需要应用平滑度，如图 10-53 所示。平滑度为 0 表示最低平滑度，不同对象之间可能会有所差别，平滑度为 4 表示高平滑度。

图 10-52 基本网格图元

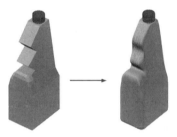

图 10-53 应用平滑度示例

> **小技巧**
>
> 选择菜单栏中的"绘图"→"建模"→"平滑网格"命令，可以将现有对象直接转化为平滑网格。可以转化为平滑风格的对象主要有三维实体、三维曲面、三维面、多边形网格、多面网格、面域、闭合多段线等。

10.5 拉伸与优化网格

本节主要学习网格的拉伸和优化功能，具体有"拉伸面"和"优化网格"两个命令。

10.5.1 拉伸面

"拉伸面"命令用于将网格模型上的网格面按照指定的距离或路径进行拉伸，如图 10-54 所示。执行"拉伸面"命令主要有以下几种方式。

- 单击"网格"选项卡→"网格编辑"面板→"拉伸面"按钮。
- 选择菜单栏中的"修改"→"网格编辑"→"拉伸面"命令。
- 在命令行输入 meshextrude 后按 Enter 键。

执行"拉伸面"命令后,命令行操作提示下。

```
命令: meshextrude
相邻拉伸面设置为: 合并
选择要拉伸的网格面或 [设置(S)]:                    //选择需要拉伸的网格面
选择要拉伸的网格面或 [设置(S)]:                    //Enter
指定拉伸的高度或 [方向(D)/路径(P)/倾斜角(T)] <-0.0>: //指定拉伸高度
```

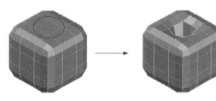

图 10-54 拉伸面示例

小技巧

其中"方向"选项用于指定方向的起点和终点,以确定拉伸的距离和方向;"路径"选项用于按照选择的路径进行拉伸;"倾斜角"选项用于按照指定的角度进行拉伸。

10.5.2 优化网格

"优化网格"命令用于对网格进行优化,以成倍地增加网格模型或网格面中的面数,如图 10-55 所示。选择菜单栏中的"修改"→"网格编辑"→"优化网格"命令,或单击"网格"选项卡→"网格编辑"面板→"优化网格"按钮,都可执行"优化网格"命令。

图 10-55 优化网格示例

10.6 上机实训——面与网格功能综合练习

本例通过创建支架零件的三维模型,对网格、曲面等重点知识进行综合练习和巩固应用。支架零件三维模型的最终效果,如图 10-56 所示。

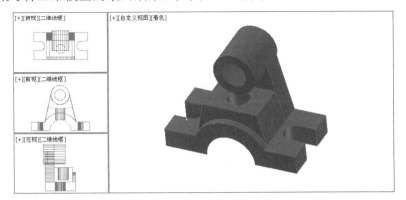

图 10-56 最终效果

操作步骤如下。

Step 01 新建空白文件,并启用对象捕捉和对象追踪功能。

Step 02 使用快捷键 REC 激活 "矩形" 命令,绘制长度为 120、宽度为 60 的矩形,命令行操作如下。

```
命令: rectang
指定第一个角点或 [倒角(C)/标高(E)/圆角(F)/厚度(T)/宽度(W)]: //0,0 Enter
指定另一个角点或 [面积(A)/尺寸(D)/旋转(R)]:            //@120,60 Enter
```

Step 03 使用快捷键 X 激活 "分解" 命令,将刚绘制的矩形分解。

Step 04 选择菜单栏中的 "绘图" → "多段线" 命令,配合 "捕捉自" 功能绘制多段线,命令行操作如下。

```
命令: pline
指定起点:                          //激活"捕捉自"功能
_from 基点:                        //0,0 Enter
<偏移>:                            //@0,20 Enter
当前线宽为 0.0000
指定下一个点或 [圆弧(A)/半宽(H)/长度(L)/放弃(U)/宽度(W)]:     //@14,0 Enter
指定下一点或 [圆弧(A)/闭合(C)/半宽(H)/长度(L)/放弃(U)/宽度(W)]: //A Enter
指定圆弧的端点或[角度(A)/圆心(CE)/闭合(CL)/方向(D)/半宽(H)/直线(L)/半径
(R)/第二个点(S)/放弃(U)/宽度(W)]:    //@0,20 Enter
指定圆弧的端点或[角度(A)/圆心(CE)/闭合(CL)/方向(D)/半宽(H)/直线(L)/半径
(R)/第二个点(S)/放弃(U)/宽度(W)]:    //L Enter
指定下一点或 [圆弧(A)/闭合(C)/半宽(H)/长度(L)/放弃(U)/宽度(W)]://@-14,0 Enter
指定下一点或 [圆弧(A)/闭合(C)/半宽(H)/长度(L)/放弃(U)/宽度(W)]:
                                  //Enter,绘制结果如图 10-57 所示
```

Step 05 选择菜单栏中的 "修改" → "镜像" 命令,对刚绘制的多段线进行镜像,结果如图 10-58 所示。

Step 06 选择菜单栏中的 "修改" → "修剪" 命令,以两条多段线作为边界,将位于各边界内的轮廓线修剪掉,结果如图 10-59 所示。将当前视图切换为西南视图,结果如

图 10-60 所示。

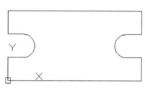

图 10-57 绘制多段线

图 10-58 镜像结果

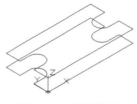

图 10-59 修剪结果

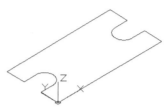

图 10-60 切换为西南视图

Step 07 执行"复制"命令，将底面轮廓线沿 Z 轴正方向复制 17 个绘图单位，如图 10-61 所示，命令行操作如下。

```
命令：copy
选择对象：                                          //选择如图 10-60 所示的闭合图线
选择对象：                                          //Enter
当前设置：  复制模式 = 多个
指定基点或 [位移(D)/模式(O)] <位移>：                //拾取任一点
指定第二个点或 [阵列(A)] <使用第一个点作为位移>：    //@0,0,17 Enter
指定第二个点或 [阵列(A)/退出(E)/放弃(U)] <退出>：    //Enter
```

Step 08 使用快捷键 L 激活"直线"命令，绘制底座的垂直棱边，绘制结果如图 10-62 所示。

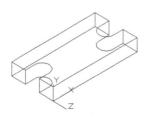

图 10-61 复制结果

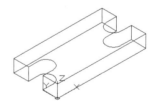

图 10-62 绘制结果

Step 09 在命令行输入 UCS 后按 Enter 键，将坐标系绕 X 轴旋转 90°，如图 10-63 所示。

Step 10 使用快捷键 C 激活"圆"命令，绘制半径分别为 22 和 36 的两个同心圆，如图 10-64 所示。

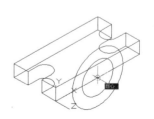

图 10-63 旋转 UCS

图 10-64 绘制结果

Step 11 使用快捷键 TR 激活"修剪"命令，对图形进行修剪，结果如图 10-65 所示。

Step 12 使用快捷键 CO 激活"复制"命令，配合坐标输入功能，对上侧的大圆弧进行复制。命令行操作如下。

```
命令:copy                                              //Enter
选择对象：                                              //选择上侧的大圆弧
选择对象：                                              //Enter
当前设置：复制模式 = 多个
指定基点或 [位移(D)/模式(O)] <位移>：                  //拾取任一点
指定第二个点或 [阵列(A)] <使用第一个点作为位移>：      //@0,0,-6 Enter
指定第二个点或 [阵列(A)/退出(E)/放弃(U)] <退出>：     //Enter，结果如图 10-66 所示
```

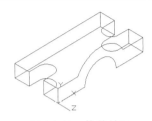
图 10-65　修剪结果

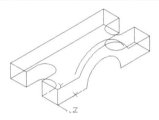
图 10-66　复制圆弧

Step 13 使用快捷键 L 激活"直线"命令，配合端点捕捉功能绘制如图 10-67 所示的轮廓线，然后选择如图 10-68 所示的虚线显示的轮廓线，将其转化为面域。

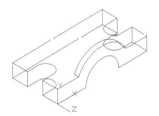
图 10-67　绘制轮廓线

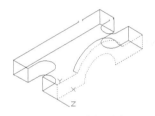
图 10-68　选择对象

Step 14 将系统变量 SURFTAB1 和 SURFTAB2 的值都修改为 24，然后选择菜单栏中的"绘图"→"建模"→"网格"→"平移网格"命令，创建底座网格模型，命令行操作如下。

```
命令: tabsurf
当前线框密度：SURFTAB1=24
选择用作轮廓曲线的对象：                //选择左下侧的多段线
选择用作方向矢量的对象：                //在左侧垂直轮廓线的下端单击，结果如图 10-69 所示
```

Step 15 重复使用"平移网格"命令创建另一侧的曲面，如图 10-70 所示。

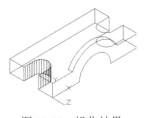
图 10-69　操作结果

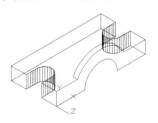
图 10-70　创建右侧曲面

Step 16 执行"图层"命令,新建一个名为"图层 1"的图层,并将此图层关闭,然后选择两个网格曲面,将其放到新图层上,结果如图 10-71 所示。

Step 17 执行 UCS 命令,使用"三点"方式重新定义用户坐标系,结果如图 10-72 所示。

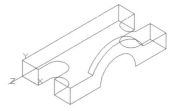

图 10-71 操作结果　　　　　　　图 10-72 重新定义用户坐标系

Step 18 执行"面域"命令,将如图 10-73 所示的封闭区域转化为面域,然后将其复制到其他位置上。

Step 19 选择菜单栏中的"绘图"→"建模"→"网格"→"平移网格"命令,创建平移网格,命令行操作如下。

```
命令: tabsurf
当前线框密度: SURFTAB1=24
选择用作轮廓曲线的对象: //选择如图 10-74 所示的虚线圆弧
选择用作方向矢量的对象: //选择如图 10-75 所示的方向矢量,结果创建出如图 10-76 所示的曲面
```

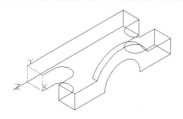 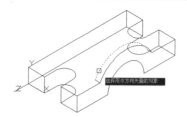

图 10-73 选择结果　　　　　　　图 10-74 选择圆弧

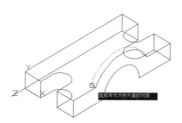 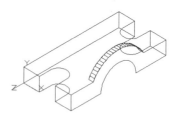

图 10-75 定义方向矢量　　　　　图 10-76 创建曲面

Step 20 执行 UCS 命令,使用"三点"方式重新定义用户坐标系,结果如图 10-77 所示。

Step 21 将刚创建的平移网格放置在"图层 1"图层上,然后选择如图 10-78 所示的边为边界,对圆弧两侧的线段进行延伸,结果如图 10-79 所示。

Step 22 分别连接如图 10-80 所示的点 1 和点 2、点 3 和点 4、点 5 和点 6,绘制三段轮廓线。

Step 23 执行"边界"命令,分别在如图 10-81 所示的 A、B 区域内单击,生成两个闭合的面域,并将面域放到"图层 1"图层上。

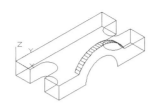

图 10-77 重新定义用户坐标系

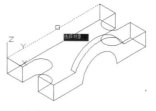

图 10-78 选择边界

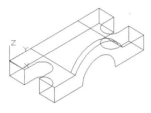

图 10-79 延伸结果

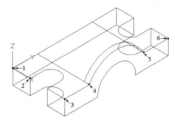

图 10-80 定位点

Step 24 选择菜单栏中的"工具"→"新建 UCS"→Y 命令,将当前坐标系绕 Y 轴旋转 –90°,如图 10-82 所示。

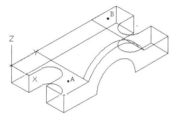

图 10-81 指定边界区域

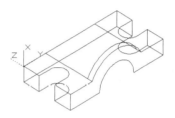

图 10-82 旋转坐标系

Step 25 执行"圆"命令,以点(55,60,0)为圆心,绘制直径分别为 38 和 22 的两个同心圆,如图 10-83 所示。

Step 26 执行"复制"命令,将两个同心圆沿 Z 轴负方向复制 22 个绘图单位,结果如图 10-84 所示。

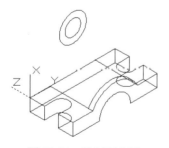

图 10-83 绘制同心圆

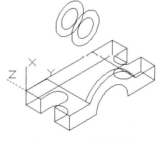

图 10-84 复制结果

Step 27 执行"直纹网格"命令,将外侧的两个大圆创建成如图 10-85 所示的直纹网格。

Step 28 将刚创建的直纹网格放到"图层 1"图层上,然后配合圆心捕捉和象限点捕捉功能,创建如图 10-86 所示的坐标系。

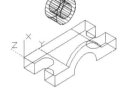
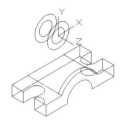

图 10-85 创建结果　　　　　　　　图 10-86 创建坐标系

Step 29 将四个圆图形转化为四个圆形面域，然后选择菜单栏中的"修改"→"实体编辑"→"差集"命令，分别用外侧的两个大的圆形面域减掉内部的两个小的圆形面域，以创建组合面域。

> **小技巧**
>
> 在创建面域对象时，必须事先定义坐标系，以使坐标系平面与面域处在同一个平面上，否则系统不能创建面域，或创建出来的面域不能被着色显示。

Step 30 使用快捷键 L 激活"直线"命令，绘制如图 10-87 所示的肋板轮廓线，然后选择两条肋板轮廓线沿 Z 轴正方向复制 18 个绘图单位，结果如图 10-88 所示。

Step 31 使用快捷键 L 激活"直线"命令，绘制肋板上端的轮廓线，结果如图 10-89 所示。

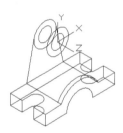
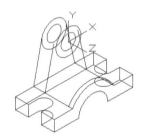
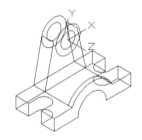

图 10-87 绘制肋板轮廓线　　　图 10-88 复制结果　　　图 10-89 绘制肋板上端的轮廓线

Step 32 以点（0,0,–4）作为圆心，绘制半径为 19 的连接圆，如图 10-90 所示，然后对圆进行修剪，结果如图 10-91 所示。

Step 33 执行"直纹网格"命令，创建肋板的网格曲面，结果如图 10-92 所示。

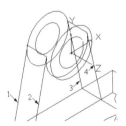
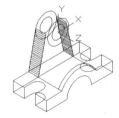

图 10-90 绘制圆　　　　　图 10-91 修剪结果　　　　图 10-92 创建结果

Step 34 将刚创建的两个网格曲面放到"图层 1"图层上，并将当前坐标系恢复为世界坐标系，然后配合圆心捕捉功能绘制凸台顶面的圆形轮廓，命令行操作如下。

```
命令:circle                                    //Enter,激活圆命令
指定圆的圆心或 [三点(3P)/两点(2P)切点、切点、半径(T)]://激活"捕捉自"功能
_from                                          //捕捉图 10-93 所示的圆心
基点: <偏移>:                                  //@0,-14,-26, Enter
指定圆的半径或 [直径(D)] <10.0000>:           //Enter,绘制结果如图 10-94 所示
```

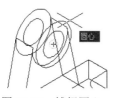

图 10-93 捕捉圆心

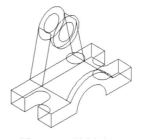

图 10-94 绘制结果

Step 35 使用"直线"命令,以刚绘制的圆的圆心作为起点,沿 Z 轴负方向绘制长度为 24 的垂直线段,如图 10-95 所示。

Step 36 使用"平移网格"命令,以刚绘制的圆作为轮廓曲线,以线段作为方向矢量,创建凸台内侧的柱体面,如图 10-96 所示。

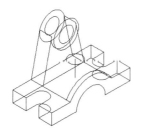

图 10-95 绘制垂直线段

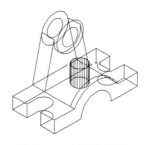

图 10-96 创建柱体面

Step 37 将刚创建的网格面放到"图层 1"图层上,然后使用"直线"命令绘制凸台的断面轮廓线,命令行操作如下。

```
命令: line
指定第一点:                                    //引出如图 10-97 所示的追踪虚线,输入 18 Enter
指定下一点或 [放弃(U)]:                        //引出如图 10-98 所示的极轴追踪虚线与肋板轮廓线的交点
指定下一点或 [放弃(U)]:                        //引出如图 10-99 所示的极轴追踪虚线,输入 36 Enter
指定下一点或 [闭合(C)/放弃(U)]://Enter,绘制结果如图 10-100 所示
```

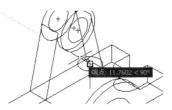

图 10-97 引出 90°追踪虚线

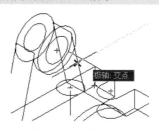

图 10-98 捕捉交点

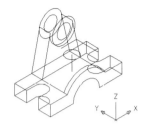

图 10-99　引出 270°极轴追踪虚线　　　　　图 10-100　绘制结果（1）

Step 38 执行"直线"命令，配合捕捉与追踪功能，绘制另一半轮廓线，命令行操作如下。

```
命令:line                    //Enter，重复画线命令
指定第一点：                  //捕捉如图 10-101 所示的端点
指定下一点或 [放弃(U)]：      //引出图 10-102 所示的极轴虚线与轮廓线的交点
指定下一点或 [放弃(U)]：      //引出图 10-103 所示的极轴追踪虚线，输入 36 Enter
```

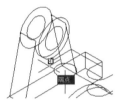

图 10-101　捕捉端点（1）　　图 10-102　捕捉交点　　图 10-103　引出 270°极轴追踪虚线

```
指定下一点或 [闭合(C)/放弃(U)]：     //捕捉如图 10-104 所示的端点
指定下一点或 [闭合(C)/放弃(U)]：     //Enter，绘制结果如图 10-105 所示
```

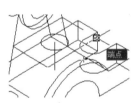

图 10-104　捕捉端点（2）　　　　　　图 10-105　绘制结果（2）

Step 39 重复执行"直线"命令，绘制如图 10-106 所示的边棱，然后选择凸台轮廓线和肋板轮廓线进行外移复制。

Step 40 执行"修剪"命令，对复制出的轮廓线进行修剪，结果如图 10-107 所示。

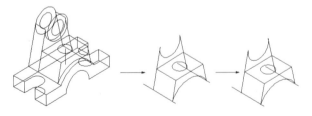

图 10-106　复制结果　　　　　　　　图 10-107　修剪结果

Step 41 单击"默认"选项卡→"修改"面板→"打断于点"按钮，分别将肋板边棱轮廓线截为两部分，其中断点分别为如图 10-108 所示的端点。

图 10-108　指定断点

Step 42　选择菜单栏中的"绘图"→"面域"命令，选择如图 10-109 和图 10-110 所示的虚线轮廓线，将其转化为圆形面域和四边形面域。

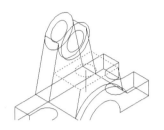

图 10-109　创建面域　　　　　　　　图 10-110　选择对象

Step 43　执行"差集"命令，选择上侧的四边形面域，将内部的圆形面域减掉，并使用 UCS 命令，将当前坐标系绕 X 轴旋转 90°。

Step 44　重复执行"面域"命令，将如图 10-111 和图 10-112 所示的虚线闭合轮廓线转化为面域。

Step 45　重复执行"面域"命令，创建两侧倾斜面的面域，然后对凸台各面和面模型进行组合，激活被关闭的图层，并将视图切换为东南视图，结果如图 10-113 所示。

图 10-111　选择对象（1）　　图 10-112　选择对象（2）　　图 10-113　操作结果

Step 46　将坐标系恢复为世界坐标系，然后将上侧的圆柱网格面沿 Y 轴正方向移动 4 个绘图单位，结果如图 10-114 所示。

Step 47　执行"复制"命令，将移动后的圆柱网格沿 Y 轴负方向复制 22 个绘图单位，结果如图 10-115 所示。

Step 48　执行"视觉样式"命令，对模型进行平滑着色，结果如图 10-116 所示。

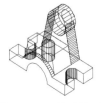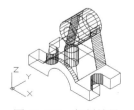

图 10-114　移动结果　　　　图 10-115　复制结果　　　　图 10-116　着色效果

Step ㊾ 分割视口，并调整每个视口内的视点及视觉样式，最终结果如图 10-56 所示。

Step ㊿ 执行"保存"命令，将图形另存为"上机实训.dwg"。

10.7 小结与练习

10.7.1 小结

本章主要学习了各种三维曲面模型的创建方法和创建技巧，需要重点掌握的内容如下。

（1）三维面和网格曲面的区别及各自的创建方法和创建技巧。

（2）回转体网格、平移网格、边界网格和直纹网格的创建方法和创建技巧，以及各种网格的特点和网格线框密度的设置方法。

10.7.2 练习

1. 综合运用所学知识，根据图示尺寸制作零件的三维模型，如图 10-117 所示。
2. 综合运用所学知识，根据零件二视图制作零件的三维模型，如图 10-118 所示。

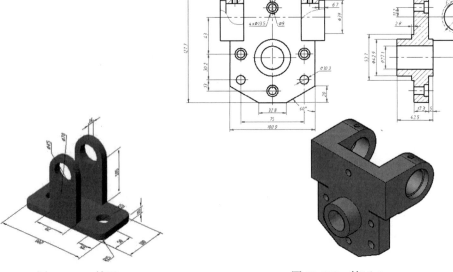

图 10-117 练习 1   图 10-118 练习 2

创建机械零件实体模型

与网格模型相比,实体模型除了包含网格模型的所有特点,还具备体积、质心等实物的一切特性,能够完整地表达出实物的几何信息,是一个实实在在的物体,它是三维造型技术中比较完善且常用的一种形式。本章将学习实体模型的创建功能和创建技巧。

内容要点

- 了解几个系统变量
- 复杂几何实体建模
- 上机实训——三维实体建模功能综合练习
- 基本几何实体建模
- 创建组合体

11.1 了解几个系统变量

下面简述几个与实体显示相关的系统变量，巧妙设置这些变量的值，可以使实体的面更光滑。

变量一：ISOLINES。此系统变量用于设置实体表面网格线的数量，其值越大，网格线就越密，如图 11-1 所示。

变量二：DISPSILH。此系统变量用于控制视图消隐时，是否显示出实体表面的网格线。当该变量值为 0 时，则显示网格线；为 1 时，不显示网格线，如图 11-2 所示。

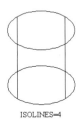   

图 11-1　ISOLINES 变量　　　　　图 11-2　DISPSILH 变量

变量三：FACETRES。此系统变量用于设置实体消隐或渲染后的表面网格密度，变量取值范围为 0.01～10.0，值越大，网格就越密，消隐或渲染后表面也就越光滑，如图 11-3 所示。

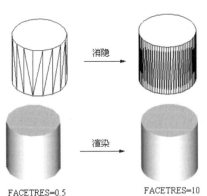

图 11-3　FACETRES 变量

11.2 基本几何实体建模

本节学习 AutoCAD 2020 的基本几何体建模工具，其菜单如图 11-4 所示。工具按钮位于"常用"选项卡的"建模"面板上。"多段体"按钮如图 11-5 所示。

图 11-4　几何体建模菜单　　　　图 11-5　"多段体"按钮

11.2.1　多段体

"多段体"命令用于创建具有一定宽度和高度的三维多段体。执行"多段体"命令主要有以下几种方式。

- ◇　单击"常用"选项卡→"建模"面板→"多段体"按钮 。
- ◇　选择菜单栏中的"绘图"→"建模"→"多段体"命令。
- ◇　在命令行输入 polysolid 后按 Enter 键。

下面通过创建如图 11-6 所示的多段体,学习"多段体"命令的使用方法和相关技能,具体操作步骤如下。

Step 01 新建空白文件。

Step 02 执行"西南等轴测"命令,将当前视图切换为西南视图。

Step 03 单击"常用"选项卡→"建模"面板→"多段体"按钮 ,执行"多段体"命令,根据命令行提示创建多段体,命令行操作如下。

```
命令: polysolid 高度 = 80.0000, 宽度 = 5.0000, 对正 = 居中
指定起点或 [对象(O)/高度(H)/宽度(W)/对正(J)] <对象>:    //H Enter
指定高度 <80.0000>:                                     //100 Enter
高度 = 100.0000, 宽度 = 5.0000, 对正 = 居中
指定起点或 [对象(O)/高度(H)/宽度(W)/对正(J)] <对象>:    //W Enter
指定宽度 <5.0000>:                                      //10 Enter
高度 = 100.0000, 宽度 = 10.0000, 对正 = 居中
指定起点或 [对象(O)/高度(H)/宽度(W)/对正(J)] <对象>:    //拾取点 1 作为起点
指定下一个点或 [圆弧(A)/放弃(U)]:                       //拾取点 2
指定下一个点或 [圆弧(A)/闭合(C)/放弃(U)]:               //拾取点 3
指定下一个点或 [圆弧(A)/闭合(C)/放弃(U)]:               //拾取点 4
指定下一个点或 [圆弧(A)/闭合(C)/放弃(U)]:               //A Enter
指定圆弧的端点或 [闭合(C)/方向(D)/直线(L)/第二个点(S)/放弃(U)]:  //拾取点 5
指定下一个点或 [圆弧(A)/闭合(C)/放弃(U)]: 指定圆弧的端点或 [闭合(C)/方向(D)/直
线(L)/第二个点(S)/放弃(U)]:                             //Enter,结束命令
```

Step 04 选择菜单栏中的"视图"→"消隐"命令,对多段体进行消隐显示,效果如图 11-6 所示。

- **选项解析**

  ◇ 巧妙使用"对象"选项,可以将现有的直线、圆弧、圆、矩形及样条曲线等二维对象,直接转化为具有一定宽度和高度的三维实心体,如图 11-7 所示。

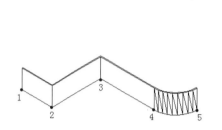 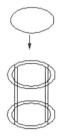 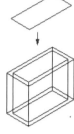 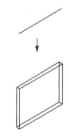

图 11-6 多段体　　　　　　　　　图 11-7 "对象"选项示例

  ◇ "高度"选项用于设置多段体的高度。
  ◇ "宽度"选项用于设置多段体的宽度。
  ◇ "对正"选项用于设置多段体的对正方式,具体有"左对正"、"居中"和"右对正"三种方式。

11.2.2 长方体

"长方体"命令用于创建长方体模型或立方体模型。执行"长方体"命令主要有以下几种方式。

  ◇ 单击"常用"选项卡→"建模"面板→"长方体"按钮 。
  ◇ 选择菜单栏中的"绘图"→"建模"→"长方体"命令。
  ◇ 在命令行输入 box 后按 Enter 键。

下面通过创建如图 11-8 所示的长方体,学习"长方体"命令的使用方法和相关技能,具体操作步骤如下。

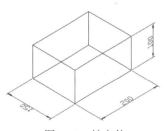

图 11-8 长方体

Step 01 新建空白文件。

Step 02 执行"西南等轴测"命令,将当前视图切换为西南视图。

Step 03 单击"常用"选项卡→"建模"面板→"长方体"按钮 ,执行"长方体"命令,根据命令行提示创建长方体,命令行操作如下。

```
命令:box
指定第一个角点或 [中心(C)]:            //在绘图区拾取一点
指定其他角点或 [立方体(C)/长度(L)]:     //@200,150 Enter
```

指定高度或 [两点(2P)]:   //100 Enter

Step 04 创建结果如图 11-8 所示。

- 选项解析
  - "中心"选项主要用于根据长方体的中心点位置创建长方体，即首先定位长方体的中心点。
  - "立方体"选项用于创建长、宽、高都相等的立方体。
  - "长度"选项用于根据输入的长方体的长度、宽度和高度等参数，生成相应尺寸的长方体模型。

11.2.3 圆柱体

"圆柱体"命令主要用于创建圆柱实心体或椭圆柱实心体模型。执行"圆柱体"命令主要有以下几种方式。

- 单击"常用"选项卡→"建模"面板→"圆柱体"按钮。
- 选择菜单栏中的"绘图"→"建模"→"圆柱体"命令。
- 在命令行输入 cylinder 后按 Enter 键。

下面通过创建圆柱体和椭圆柱体，学习"圆柱体"命令的使用方法和相关技能，具体操作步骤如下。

Step 01 新建空白文件。

Step 02 执行"西南等轴测"命令，将当前视图切换为西南视图。

Step 03 单击"常用"选项卡→"建模"面板→"圆柱体"按钮，执行"圆柱体"命令，根据命令行提示创建圆柱体，命令行操作如下。

```
命令: cylinder
指定底面的中心点或 [三点(3P)/两点(2P)/ 切点、切点、半径(T)/椭圆(E)]
                  //在绘图区拾取一点
指定底面半径或 [直径(D)]>: //120 Enter, 输入底面半径
指定高度或 [两点(2P)/轴端点(A)] <150.0000>:
                  //240 Enter, 结果如图 11-9 所示, 消隐效果如图 11-10 所示
```

图 11-9　创建圆柱体　　　　　　图 11-10　消隐效果

Step 04 重复执行"圆柱体"命令，使用"椭圆"选项创建椭圆柱体，命令行操作如下。

```
命令: cylinder
指定底面的中心点或 [三点(3P)/两点(2P)/ 切点、切点、半径(T)/椭圆(E)]:
```

```
指定第一个轴的端点或 [中心(C)]:        //E Enter,激活"椭圆"选项
指定第一个轴的其他端点:                //拾取一点
指定第二个轴的端点:                    //@100,0 Enter
指定高度或 [两点(2P)/轴端点(A)]:      //@0,30 Enter
                //100 Enter,结果如图 11-11 所示,消隐效果如图 11-12 所示
```

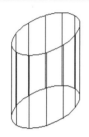
图 11-11 创建椭圆柱体

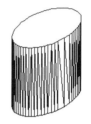
图 11-12 消隐效果

11.2.4 圆锥体

"圆锥体"命令用于创建圆锥体或椭圆锥体模型。执行"圆锥体"命令主要有以下几种方式。

- 单击"常用"选项卡→"建模"面板→"圆锥体"按钮△。
- 选择菜单栏中的"绘图"→"建模"→"圆锥体"命令。
- 在命令行输入 cone 后按 Enter 键。

下面通过创建圆锥体和椭圆锥体,学习"圆锥体"命令的使用方法和相关技能,具体操作步骤如下。

Step 01 新建空白文件。

Step 02 执行"西南等轴测"命令,将当前视图切换为西南视图。

Step 03 单击"常用"选项卡→"建模"面板→"圆锥体"按钮△,执行"圆锥体"命令,根据命令行提示创建圆锥体,命令行操作如下。

```
命令: cone
指定底面的中心点或 [三点(3P)/两点(2P)/切点、切点、半径(T)/椭圆(E)]:
                                    //拾取一点作为底面中心点
指定底面半径或 [直径(D)] <261.0244>:  //75 Enter,输入底面半径
指定高度或 [两点(2P)/轴端点(A)/顶面半径(T)] <120.0000>:
                //180 Enter,创建结果如图 11-13 所示,消隐效果如图 11-14 所示
```

Step 04 重复使用"圆锥体"命令,使用"椭圆"选项创建椭圆锥体,命令行操作如下。

```
命令: cone
指定底面的中心点或 [三点(3P)/两点(2P)/切点、切点、半径(T)/椭圆(E)]:
                                    //E Enter,激活"椭圆"选项
指定第一个轴的端点或 [中心(C)]:       //拾取一点
```

```
指定第一个轴的其他端点:              //@150,0 Enter
指定第二个轴的端点:                  //@0,50 Enter
指定高度或 [两点(2P)/轴端点(A)/顶面半径(T)] <-100.0000>:
                                    //@0,100 Enter,消隐效果如图 11-15 所示
```

图 11-13　创建圆锥体

图 11-14　消隐效果

图 11-15　椭圆锥体消隐效果

11.2.5　棱锥体

"棱锥体"命令用于创建三维实体棱锥,如底面为四边形、五边形、六边形等的多面棱锥,如图 11-16 所示。

图 11-16　棱锥体

执行"棱锥体"命令主要有以下几种方式。

- ◇ 单击"常用"选项卡→"建模"面板→"棱锥体"按钮△。
- ◇ 选择菜单栏中的"绘图"→"建模"→"棱锥体"命令。
- ◇ 在命令行输入 pyramid 后按 Enter 键。

下面通过创建底面半径为 100 的六面棱锥体,学习"棱锥体"命令的使用方法和相关技能,具体操作步骤如下。

Step 01 新建空白文件。

Step 02 执行"西南等轴测"命令,将当前视图切换为西南视图。

Step 03 单击"常用"选项卡→"建模"面板→"棱锥体"按钮△,执行"棱锥体"命令,根据命令行提示创建六面棱锥体,命令行操作如下。

```
命令: pyramid
4 个侧面  外切
指定底面的中心点或 [边(E)/侧面(S)]:       //S Enter,激活"侧面"选项
输入侧面数 <4>:                          //6 Enter,设置侧面数
指定底面的中心点或 [边(E)/侧面(S)]:       //在绘图区拾取一点
```

```
指定底面半径或 [内接(I)] <72.0000>:            //100 Enter,内切圆半径
指定高度或 [两点(2P)/轴端点(A)/顶面半径(T)] <180.0000>://250 Enter,结束命令
```

Step 04 创建结果如图 11-17 所示。

图 11-17 创建结果

11.2.6 圆环体

"圆环体"命令用于创建圆环实心体模型。执行"圆环体"命令主要有以下几种方式。

- ◇ 单击"常用"选项卡→"建模"面板→"圆环体"按钮 。
- ◇ 选择菜单栏中的"绘图"→"建模"→"圆环体"命令。
- ◇ 在命令行输入 torus 后按 Enter 键。

下面通过创建圆环半径为 170 的圆环体,学习"圆环体"命令的使用方法和相关技能,具体操作步骤如下。

Step 01 新建空白文件。

Step 02 执行"西南等轴测"命令,将当前视图切换为西南视图。

Step 03 单击"常用"选项卡→"建模"面板→"圆环体"按钮,执行"圆环体"命令,根据命令行提示创建圆环体,命令行操作如下。

```
命令: torus
指定中心点或 [三点(3P)/两点(2P)/切点、切点、半径(T)]:
//拾取一点定位圆环体的中心点
指定半径或 [直径(D)] <100.0000>:           //170 Enter,输入圆环的半径
指定圆管半径或 [两点(2P)/直径(D)]:          //18 Enter,结果如图 11-18 所示
```

Step 04 选择菜单栏中的"视图"→"视觉样式"→"概念"命令,对圆环体进行概念着色,结果如图 11-19 所示。

图 11-18 创建圆环体

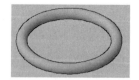

图 11-19 概念着色结果

11.2.7 球体

"球体"命令用于创建三维球体模型。执行"球体"命令主要有以下几种方式。

- ◇ 单击"常用"选项卡→"建模"面板→"球体"按钮。
- ◇ 选择菜单栏中的"绘图"→"实体"→"球体"命令。
- ◇ 在命令行输入 sphere 后按 Enter 键。

下面通过创建半径为 120 的球体,学习"球体"命令的使用方法和相关技能,具体

操作步骤如下。

Step 01 新建空白文件。

Step 02 执行"西南等轴测"命令，将视图切换为西南视图。

Step 03 单击"常用"选项卡→"建模"面板→"球体"按钮○，执行"球体"命令，创建半径为120的球体，命令行操作如下。

```
命令: sphere
指定中心点或 [三点(3P)/两点(2P)/切点、切点、半径(T)]:
                                    //拾取一点作为球体的中心点
指定半径或 [直径(D)] <10.36>:        //120 Enter，创建结果如图11-20所示
```

Step 04 使用快捷键HI激活"消隐"命令，效果如图11-21所示。

Step 05 修改系统变量FACETRES的值为10，然后选择菜单栏中的"视图"→"视觉样式"→"概念"命令，对球体进行概念着色，效果如图11-22所示。

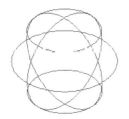 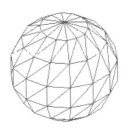 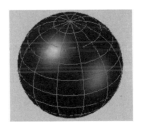

图 11-20　创建球体　　　　图 11-21　消隐效果　　　　图 11-22　概念着色效果

11.2.8　楔体

"楔体"命令用于创建三维楔体模型。执行"楔体"命令主要有以下几种方式。

- ◇　单击"常用"选项卡→"建模"面板→"楔体"按钮◁。
- ◇　选择菜单栏中的"绘图"→"建模"→"楔体"命令。
- ◇　在命令行输入wedge后按Enter键。

下面通过创建高度为150的楔体，学习"楔体"命令的使用方法和相关技能，具体操作步骤如下。

Step 01 新建空白文件。

Step 02 执行"西南等轴测"命令，将当前视图切换为西南视图。

Step 03 单击"常用"选项卡→"建模"面板→"楔体"按钮◁，执行"楔体"命令，根据命令行提示创建楔体，命令行操作如下。

```
命令: wedge
指定第一个角点或 [中心(C)]:              //在绘图区拾取一点
指定其他角点或 [立方体(C)/长度(L)]:       //@120,20 Enter
指定高度或 [两点(2P)] <112.5802>:       //150 Enter，创建结果如图11-23所示
```

Step 04 使用快捷键HI激活"消隐"命令，效果如图11-24所示。

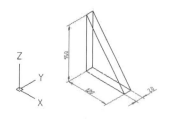

图 11-23 创建楔体

图 11-24 消隐效果

- **选项解析**
  ◇ "中心"选项用于定位楔体的中心点,其中心点为斜面正中心点。
  ◇ "立方体"选项用于创建长、宽、高都相等的楔体。

11.3 复杂几何实体建模

本节主要学习复杂几何实体的创建功能,具体有"拉伸实体"、"旋转实体"、"剖切实体"、"扫掠实体"、"抽壳实体"和"干涉检查"。

11.3.1 拉伸实体

"拉伸"命令不仅可以将闭合或非闭合的二维图形按照指定的高度拉伸成曲面,还可以将闭合的二维图形拉伸为三维实体。下面通过具体实例,学习拉伸实体的创建技能,具体操作步骤如下。

Step 01 执行"打开"命令,打开配套资源中的"\素材文件\11-1.dwg"文件,如图 11-25 所示。

Step 02 使用快捷键 E 激活"删除"命令,删除尺寸及中心线,结果如图 11-26 所示。

Step 03 使用快捷键 REG 激活"面域"命令,选择如图 11-27 所示的图形,将其转化为三个面域。

Step 04 使用快捷键 BO 激活"边界"命令,在如图 11-28 所示的虚线区域拾取点,提取一条多段线边界。

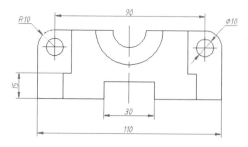

图 11-25 素材文件

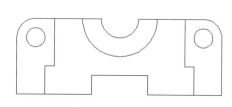

图 11-26 删除结果

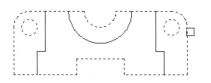
图 11-27 创建面域

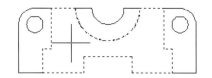
图 11-28 提取边界

Step 05 执行"西南等轴测"命令，将当前视图切换为西南视图，并调整边界的位置，如图 11-29 所示。

Step 06 单击"常用"选项卡→"建模"面板→"拉伸"按钮，执行"拉伸"命令，将提取的多段线边界和面域拉伸为三维实体，命令行操作如下。

```
命令：extrude
当前线框密度：ISOLINES=4，闭合轮廓创建模式 = 实体
选择要拉伸的对象或 [模式(MO)]：_MO 闭合轮廓创建模式 [实体(SO)/曲面(SU)] <实体>：_SO
选择要拉伸的对象或 [模式(MO)]：       //选择如图 11-30 所示的三个面域
选择要拉伸的对象或 [模式(MO)]：       //Enter
指定拉伸的高度或 [方向(D)/路径(P)/倾斜角(T)/表达式(E)] <0.0>：//@0,0,-15 Enter
命令：extrude
当前线框密度：ISOLINES=4，闭合轮廓创建模式 = 实体
选择要拉伸的对象或 [模式(MO)]：_MO 闭合轮廓创建模式 [实体(SO)/曲面(SU)] <实体>：_SO
选择要拉伸的对象或 [模式(MO)]：       //选择如图 11-31 所示的边界
选择要拉伸的对象或 [模式(MO)]：       //Enter
指定拉伸的高度或 [方向(D)/路径(P)/倾斜角(T)/表达式(E)] <-15.0>：
                                    //@0,0,35 Enter，拉伸结果如图 11-32 所示
```

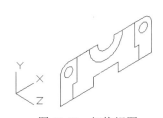
图 11-29 切换视图

图 11-30 选择面域

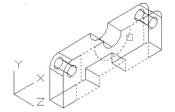
图 11-31 选择边界

Step 07 选择菜单栏中的"视图"→"视觉样式"→"灰度"命令，对拉伸实体进行灰度着色，效果如图 11-33 所示。

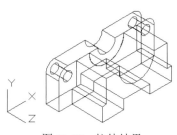
图 11-32 拉伸结果

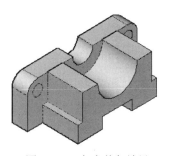
图 11-33 灰度着色效果

- 选项解析

  ◇ "模式"选项用于设置拉伸对象是生成实体还是生成曲面。
  ◇ "方向"选项用于将闭合或非闭合对象按照光标指引的方向进行拉伸，如图 11-34 所示。
  ◇ "路径"选项用于将闭合或非闭合对象按照指定的直线或曲线路径进行拉伸，如图 11-35 所示。

图 11-34　方向拉伸示例　　　　　　　　图 11-35　路径拉伸示例

  ◇ "倾斜角"选项用于将闭合或非闭合对象按照一定的角度进行拉伸，如图 11-36 所示。

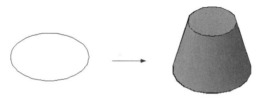

图 11-36　角度拉伸示例

  ◇ "表达式"选项用于输入公式或方程式以指定拉伸高度。

11.3.2　旋转实体

"旋转"命令不仅可以将闭合或非闭合的二维图形绕坐标轴旋转为曲面，还可以将闭合二维图形旋转为三维实体。下面通过具体实例，学习旋转实体的创建技能，具体操作步骤如下。

Step 01 打开配套资源中的"\素材文件\11-2.dwg"文件。

Step 02 综合使用"修剪"和"删除"命令，将图形编辑成如图 11-37 所示的结构。

Step 03 使用快捷键 PE 激活"编辑多段线"命令，将闭合轮廓线编辑为一条闭合边界，然后将当前视图切换为西南视图，结果如图 11-38 所示。

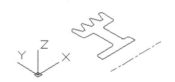

图 11-37　编辑结果　　　　　　　　　　图 11-38　切换视图

Step 04 单击"常用"选项卡→"建模"面板→"旋转"按钮,执行"旋转"命令,将闭合边界旋转为三维实体,命令行操作如下。

```
命令: revolve
当前线框密度: ISOLINES=12,闭合轮廓创建模式 = 实体
选择要旋转的对象或 [模式(MO)]: _MO 闭合轮廓创建模式 [实体(SO)/曲面(SU)] <实体>:
_SO 选择要旋转的对象或 [模式(MO)]:      //选择闭合边界
选择要旋转的对象或 [模式(MO)]:      //Enter
指定轴起点或根据以下选项之一定义轴 [对象(O)/X/Y/Z] <对象>://捕捉中心线的左端点
指定轴端点:                //捕捉中心线另一端点
指定旋转角度或 [起点角度(ST)/反转(R)/表达式(EX)] <360>:
                    //Enter,结束命令,旋转结果如图 11-39 所示
```

Step 05 使用快捷键 HI 激活"消隐"命令,对模型进行消隐显示,效果如图 11-40 所示。

Step 06 修改旋转实体的颜色为青色,然后使用快捷键 VS 激活"视觉样式"命令,对模型进行着色,结果如图 11-41 所示。

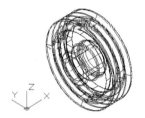
图 11-39 旋转结果

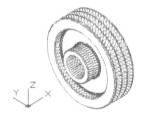
图 11-40 消隐效果

图 11-41 着色效果

- 选项解析

  ◇ "模式"选项用于设置旋转对象是生成实体还是生成曲面。
  ◇ "对象"选项用于选择作为旋转轴的直线或多段线等,轴的正方向是从这条直线上的最近端点指向最远端点。
  ◇ "X"选项表示使用当前坐标系的 *X* 轴正方向作为旋转轴的正方向。
  ◇ "Y"选项表示使用当前坐标系的 *Y* 轴正方向作为旋转轴的正方向。

11.3.3 剖切实体

"剖切"命令不仅可以切开现有曲面,还可以对实体进行剖切,移去不需要的部分,保留指定的部分。下面通过具体实例,学习实体的剖切技能,具体操作步骤如下。

Step 01 打开配套资源中的"\素材文件\11-3.dwg"文件。

Step 02 将对象捕捉模式设置为端点捕捉和象限点捕捉。

Step 03 单击"常用"选项卡→"实体编辑"面板→"剖切"按钮,对旋转实体进行剖切,命令行操作如下。

```
命令: slice
选择要剖切的对象:                    //选择如图 11-42 所示的回转体
```

```
选择要剖切的对象：                                    //Enter，结束选择
指定 切面 的起点或 [平面对象(O)/曲面(S)/Z轴(Z)/视图
(V)/XY(XY)/YZ(YZ)/ZX(ZX)/三点(3)] <三点>：           //XY，激活"XY"选项
指定 XY 平面上的点 <0,0,0>：                          //捕捉如图 11-43 所示的端点
在所需的侧面上指定点或 [保留两个侧面()] <保留两个侧面>：//捕捉如图 11-44 所示的象限点
```

图 11-42　选择回转体

图 11-43　捕捉端点

Step 04 剖切结果如图 11-45 所示。

图 11-44　捕捉象限点

图 11-45　剖切结果

- **选项解析**

  ◇ "平面对象"选项用于选择一个目标对象，如以圆、椭圆、圆弧、样条曲线或多段线等作为实体的剖切面，来剖切实体。

  ◇ "曲面"选项用于选择现有的曲面来剖切对象。

  ◇ "Z轴"选项用于通过指定剖切平面的法线方向来确定剖切平面，即用 XY 平面上 Z 轴（法线）上指定的点定义剖切面。

  ◇ "视图"选项也表示一种剖切方式，该选项所确定的剖切面与当前视口的视图平面平行，用户只需指定一点，即可确定剖切平面的位置。

  ◇ XY/YZ/ZX 三个选项分别代表三种剖切方式，分别用于将剖切平面与当前用户坐标系的 XY 平面/YZ 平面/ZX 平面对齐，用户只需指定点即可定义剖切面的位置。XY 平面、YZ 平面、ZX 平面的位置是根据屏幕当前的 UCS 坐标系而定的。

  ◇ "三点"选项表示系统默认的一种剖切方式，通过指定三个点来确定剖切平面。

11.3.4　扫掠实体

　　"扫掠"命令不仅可以将闭合或非闭合的二维图形沿路径扫掠为曲面，还可以将闭合二维图形沿路径扫掠为三维实体。下面通过具体实例，学习扫掠实体的创建技能，具体操作步骤如下。

Step 01 新建空白文件。

Step 02 执行"西南等轴测"命令，将当前视图切换为西南视图。

Step 03 使用快捷键 C 激活"圆"命令，绘制半径为 6 的圆。

Step 04 选择菜单栏中的"绘图"→"螺旋"命令，绘制圈数为 5 的螺旋线，命令行操作如下。

```
命令：helix
圈数 = 3.0000    扭曲=CCW
指定底面的中心点：                    //在绘图区拾取点
指定底面半径或 [直径(D)] <53.0000>:   //45 Enter
指定顶面半径或 [直径(D)] <45.0000>:   //45 Enter
指定螺旋高度或 [轴端点(A)/圈数(T)/圈高(H)/扭曲(W)] <130.33>: //t Enter
输入圈数 <3.0000>:                   //5 Enter
指定螺旋高度或 [轴端点(A)/圈数(T)/圈高(H)/扭曲(W)] <130.33>:
                                    //120 Enter，结果如图 11-46 所示
```

Step 05 单击"常用"选项卡→"建模"面板→"扫掠"按钮，执行"扫掠"命令，创建扫掠实体，命令行操作如下。

```
命令：sweep
当前线框密度：ISOLINES=12
选择要扫掠的对象：                    //选择刚绘制的圆图形
选择要扫掠的对象：                    //Enter
选择扫掠路径或 [对齐(A)/基点(B)/比例(S)/扭曲(T)]：
                                    //选择螺旋线作为路径，结果如图 11-47 所示
```

Step 06 执行"视觉样式"命令，对模型进行着色显示，效果如图 11-48 所示。

图 11-46　绘制螺旋线　　　图 11-47　扫掠结果　　　图 11-48　着色效果

11.3.5 抽壳实体

"抽壳"命令用于将三维实体按照指定的厚度创建为一个空心的薄壳体，或将实体的某些面删除，以形成薄壳体的开口，如图 11-49 所示。

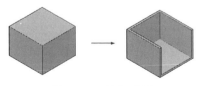

图 11-49　抽壳示例

执行"抽壳"命令主要有以下几种方式。

✧　单击"常用"选项卡→"实体编辑"面板→"抽壳"按钮。

◇ 选择菜单栏中的"修改"→"实体编辑"→"抽壳"命令。

◇ 在命令行输入 solidedit 后按 Enter 键。

下面通过具体实例，学习抽壳实体的创建方法和相关技能，具体操作步骤如下。

Step 01 新建空白文件。

Step 02 执行"西南等轴测"命令，将当前视图切换为西南视图。

Step 03 单击"常用"选项卡→"建模"面板→"长方体"按钮，执行"长方体"命令，创建长和宽都为 200、高度为 150 的长方体，如图 11-50 所示。

Step 04 单击"常用"选项卡→"实体编辑"面板→"抽壳"按钮，执行"抽壳"命令，对长方体进行抽壳，命令行操作如下。

```
命令: solidedit
实体编辑自动检查: SOLIDCHECK=1
输入实体编辑选项 [面(F)/边(E)/体(B)/放弃(U)/退出(X)] <退出>: _body
输入实体编辑选项[压印(I)/分割实体(P)/抽壳(S)/清除(L)/检查(C)/放弃(U)/退出(X)]
<退出>: _shell
选择三维实体:                           //选择长方体
删除面或 [放弃(U)/添加(A)/全部(ALL)]:   //在如图 11-51 所示的位置单击
删除面或 [放弃(U)/添加(A)/全部(ALL)]:   //在如图 11-52 所示的位置单击
```

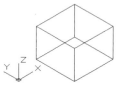
图 11-50 创建长方体

图 11-51 指定单击位置（1）

图 11-52 指定单击位置（2）

```
删除面或 [放弃(U)/添加(A)/全部(ALL)]:         //Enter, 结束面的选择
输入抽壳偏移距离:                              //10 Enter, 设置抽壳距离
已开始实体校验。
已完成实体校验。
输入实体编辑选项[压印(I)/分割实体(P)/抽壳(S)/清除(L)/检查(C)/放弃(U)/退出(X)]
<退出>:                                       //X Enter, 退出实体编辑模式
输入实体编辑选项 [面(F)/边(E)/体(B)/放弃(U)/退出(X)] <退出>:
                                              //X Enter, 结束命令, 抽壳结果如图 11-53 所示
```

Step 05 选择菜单栏中的"视图"→"视觉样式"→"灰度"命令，对抽壳实体进行灰度着色，效果如图 11-54 所示。

图 11-53 抽壳结果

图 11-54 灰度着色效果

11.3.6 干涉检查

"干涉检查"命令用于检测各实体之间是否存在干涉现象。如果所选择的实体之间存在干涉（相交）现象，可以将干涉部分提取出来，创建成新的实体，而源实体依然存在。执行"干涉检查"命令主要有以下几种方式。

- ✧ 单击"常用"选项卡→"实体编辑"面板→"干涉"按钮。
- ✧ 选择菜单栏中的"修改"→"三维操作"→"干涉检查"命令。
- ✧ 在命令行输入 interfere 后按 Enter 键。

下面通过具体实例，学习"干涉检查"命令的使用方法和相关技能，具体操作步骤如下。

Step 01 打开配套资源中的"\素材文件\11-4.dwg"文件，如图 11-55 所示。

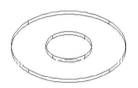
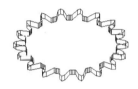

图 11-55　素材文件

Step 02 选择菜单栏中的"绘图"→"移动"命令，或使用快捷键 M 激活"移动"命令，对两图形进行移位，命令行操作如下。

```
命令：move
选择对象：                              //选择如图 11-56 所示的对象
选择对象：                              //Enter，结束选择
指定基点或 [位移(D)] <位移>：           //捕捉如图 11-57 所示的圆心
```

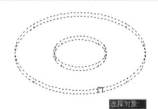
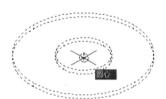

图 11-56　选择对象　　　　　　　　　图 11-57　指定基点

```
指定第二个点或 <使用第一个点作为位移>：
                                        //捕捉如图 11-58 所示的圆心，移动结果如图 11-59 所示
```

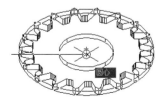
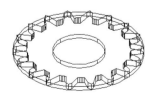

图 11-58　捕捉圆心　　　　　　　　　图 11-59　移动结果

Step 03 选择菜单栏中的"修改"→"三维操作"→"干涉检查"命令，对移位后两个实体模型进行干涉，命令行操作如下。

```
命令：interfere
选择第一组对象或 [嵌套选择(N)/设置(S)]：        //选择如图 11-60 所示的实体模型
选择第一组对象或 [嵌套选择(N)/设置(S)]：        //Enter，结束选择
选择第二组对象或 [嵌套选择(N)/检查第一组(K)] <检查>://选择如图 11-61 所示的实体模型
选择第二组对象或 [嵌套选择(N)/检查第一组(K)] <检查>://Enter
```

系统高亮显示干涉实体，如图 11-62 所示，同时打开如图 11-63 所示的"干涉检查"对话框。

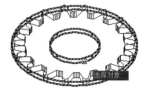  

图 11-60 选择对象（1）　　　图 11-61 选择对象（2）　　　图 11-62 高亮显示干涉实体

Step 04 在"干涉检查"对话框中取消勾选"关闭时删除已创建的干涉对象"复选框，然后单击 关闭(C) 按钮。

Step 05 选择菜单栏中的"绘图"→"移动"命令，将干涉后产生的实体移位，命令行操作如下。

```
命令：move
选择对象：                          //选择如图 11-64 所示的干涉实体
选择对象：                          //Enter
指定基点或 [位移(D)] <位移>：        //捕捉圆心作为基点
指定第二个点或 <使用第一个点作为位移>://在适当位置指定目标点，移位结果如图 11-65 所示
```

图 11-63 "干涉检查"对话框　　　　　　图 11-64 选择对象

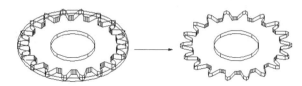

图 11-65 移位结果

Step 06 选择菜单栏中的"视图"→"消隐"命令，将干涉后的实体进行消隐，结果如图 11-66 所示。

Step 07 选择菜单栏中的"视图"→"视觉样式"→"着色"命令,结果如图11-67所示。

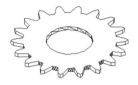

图 11-66 消隐效果

图 11-67 着色效果

11.4 创建组合体

本节主要学习"并集"、"差集"和"交集"三个命令,以快速创建并集实体、差集实体和交集实体等,并将多个实体创建为一个组合实体。

11.4.1 并集

"并集"命令用于将多个实体、面域或曲面组合成一个实体、面域或曲面。执行"并集"命令主要有以下几种方式。

- ◇ 单击"常用"选项卡→"实体编辑"面板→"并集"按钮 。
- ◇ 选择菜单栏中的"修改"→"实体编辑"→"并集"命令。
- ◇ 在命令行输入 union 后按 Enter 键。
- ◇ 使用快捷键 UNI。

创建如图 11-68(a)所示的圆锥体和圆柱体,然后执行"并集"命令,对圆锥体和圆柱体进行并集,命令行操作如下。

```
命令: union
选择对象:                    //选择圆锥体
选择对象:                    //选择圆柱体
选择对象:                    //Enter,并集结果如图 11-68(b)所示
```

(a)　　　　　　(b)

图 11-68 并集示例

11.4.2 差集

"差集"命令用于从一个实体(或面域)中移去与其相交的实体(或面域),从而生

成新的实体（或面域、曲面）。执行"差集"命令主要有以下几种方式。

- 单击"常用"选项卡→"实体编辑"面板→"差集"按钮。
- 选择菜单栏中的"修改"→"实体编辑"→"差集"命令。
- 在命令行输入 subtract 后按 Enter 键。

创建如图 11-69（a）所示的圆锥体和圆柱体，然后执行"差集"命令，对圆锥体和圆柱体进行差集，命令行操作如下。

```
命令: subtract
选择要从中减去的实体、曲面和面域...
选择对象:                    //选择圆锥体
选择对象:                    //Enter, 结束选择
选择要减去的实体、曲面和面域...
选择对象:                    //选择圆柱体
选择对象:                    //Enter, 差集结果如图 11-69（b）所示
```

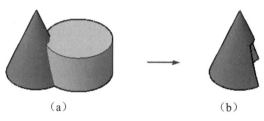

图 11-69 差集示例

小技巧

当选择完被减对象后一定要按 Enter 键，然后再选择需要减去的对象。

11.4.3 交集

"交集"命令用于将多个实体（或面域、曲面）的公有部分提取出来形成一个新的实体（或面域、曲面），同时删除公有部分以外的部分。执行"交集"命令主要有以下几种方式。

- 单击"常用"选项卡←"实体编辑"面板→"交集"按钮。
- 选择菜单栏中的"修改"→"实体编辑"→"交集"命令。
- 在命令行输入 intersect 后按 Enter 键。
- 使用快捷键 IN。

创建如图 11-70（a）所示的圆锥体和圆柱体，然后执行"交集"命令，对圆锥体和圆柱体进行交集，命令行操作如下。

```
命令: intersect
选择对象:                    //选择圆锥体
```

| 选择对象: | //选择圆柱体 |
| 选择对象: | //Enter，交集结果如图 11-70（b）所示 |

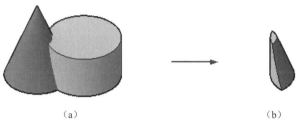

图 11-70 交集示例

11.5 上机实训——三维实体建模功能综合练习

本例通过创建如图 11-71 所示的零件三维实体造型，对本章所讲述的实体建模功能进行综合练习和巩固应用。

操作步骤如下。

Step 01 新建空白文件。

Step 02 在命令行输入 isolines 和 facetres，分别修改实体网格线密度和实体消隐渲染的表面光滑度，命令行操作如下。

图 11-71 零件三维实体造型

命令: isolines	//Enter，激活变量
输入 ISOLINES 的新值 <4>:	//24 Enter
命令: facetres	//Enter，激活变量
输入 FACETRES 的新值 <0.5000>:	//10 Enter

Step 03 执行"西南等轴测"命令，将当前视图切换为西南视图。

Step 04 单击"常用"选项卡→"建模"面板→"长方体"按钮，创建底座模型，命令行操作如下。

命令: box	
指定第一个角点或 [中心(C)]:	//在绘图区拾取一点
指定其他角点或 [立方体(C)/长度(L)]:	//@224,128 Enter
指定高度或 [两点(2P)]:	//向上移动光标，输入 32 Enter，结果如图 11-72 所示

Step 05 重复执行"长方体"命令，配合"捕捉自"功能创建长方体，命令行操作如下。

命令:box	//Enter，重复执行"长方体"命令
指定第一个角点或 [中心(C)]:	//激活"捕捉自"功能
_from 基点:	//捕捉如图 11-73 所示的端点
<偏移>:	//@69,0 Enter
指定其他角点或 [立方体(C)/长度(L)]:	//@86,128 Enter
指定高度或 [两点(2P)] <32.0000>:	//@0,0,10 Enter，创建结果如图 11-74 所示

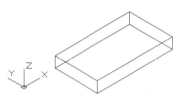 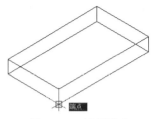 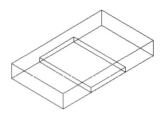

图 11-72 创建底座　　　　　图 11-73 捕捉端点　　　　　图 11-74 创建长方体

Step 06 单击"常用"选项卡→"建模"面板→"圆柱体"按钮，创建底面直径为 35 的圆柱体，命令行操作如下。

```
命令: cylinder
指定底面的中心点或 [三点(3P)/两点(2P)/切点、切点、半径(T)/椭圆(E)]:
                                            //激活"捕捉自"功能
_from 基点:                                 //捕捉如图 11-73 所示的端点
<偏移>:                                     //@39,38 Enter
指定底面半径或 [直径(D)]:                    //D Enter
指定直径:                                   //35 Enter
指定高度或 [两点(2P)/轴端点(A)] <-22.0000>:
                                            //@0,0,32 Enter，结果如图 11-75 所示
```

Step 07 重复执行"圆柱体"命令，配合"捕捉自"功能创建另一侧的圆柱体，命令行操作如下。

```
命令:cylinder                               //Enter，重复执行"圆柱体"命令
指定底面的中心点或 [三点(3P)/两点(2P)/切点、切点、半径(T)/椭圆(E)]:
                                            //激活"捕捉自"功能
_from 基点:                                 //捕捉底座长方体的右下角点
<偏移>:                                     //@-39,38 Enter
指定底面半径或 [直径(D)] <17.5000>:          //Enter
指定高度或 [两点(2P)/轴端点(A)] <32.0000>://@0,0,32 Enter，结果如图 11-76 所示
```

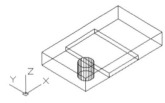 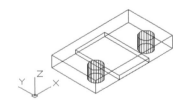

图 11-75 创建圆柱体　　　　　　　　图 11-76 创建右侧圆柱体

Step 08 单击"常用"选项卡→"实体编辑"面板→"差集"按钮，对各实体模型进行差集，命令行操作如下。

```
命令: subtract
选择要从中减去的实体或面域...
选择对象:                                   //选择底座长方体
选择对象:                                   //Enter，结束对象的选择
选择要减去的实体或面域 ..
选择对象:                                   //选择如图 11-77 所示的长方体和圆柱体
选择对象:                                   //Enter，结束对象的选择
选择对象:                                   //Enter，差集结果如图 11-78 所示
```

Step 09 选择菜单栏中的"视图"→"消隐"命令，结果如图 11-79 所示。

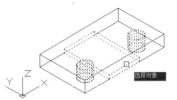 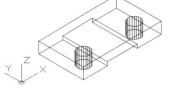 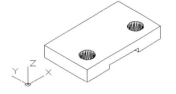

图 11-77 选择减去实体　　　图 11-78 差集结果　　　图 11-79 消隐显示结果

Step 10 选择菜单栏中的"工具"→"新建 UCS"→X 命令，将当前坐标系旋转 90°，并将其移至如图 11-80 所示的位置。

Step 11 选择菜单栏中的"视图"→"三维视图"→"平面视图"→"当前 UCS"命令，将当前视图切换为平面视图，如图 11-81 所示。

图 11-80 移动坐标系　　　　　　　图 11-81 切换平面视图

Step 12 选择菜单栏中的"绘图"→"多段线"命令，配合极轴追踪功能绘制闭合轮廓线，命令行操作如下。

```
命令: pline
指定起点:                              //32,0 Enter
指定下一个点或 [圆弧(A)/半宽(H)/长度(L)/放弃(U)/宽度(W)]:
                                       //向上引出 90°的极轴矢量，输入 168 Enter
指定下一点或 [圆弧(A)/闭合(C)/半宽(H)/长度(L)/放弃(U)/宽度(W)]:  //A Enter
指定圆弧的端点或[角度(A)/圆心(CE)/闭合(CL)/方向(D)/半宽(H)/直线(L)/半径(R)/第
二个点(S)/放弃(U)/宽度(W)]:            //向右引出 0°方向矢量，输入 156 Enter
指定圆弧的端点或[角度(A)/圆心(CE)/闭合(CL)/方向(D)/半宽(H)/直线(L)/半径(R)/第
二个点(S)/放弃(U)/宽度(W)]:            //L Enter
指定下一点或 [圆弧(A)/闭合(C)/半宽(H)/长度(L)/放弃(U)/宽度(W)]:
                                       //向下引出 270°方向矢量，输入 168 Enter
指定下一点或 [圆弧(A)/闭合(C)/半宽(H)/长度(L)/放弃(U)/宽度(W)]:
                                       //C Enter，结果如图 11-82 所示
```

Step 13 重复执行"多段线"命令，配合"捕捉自"功能绘制内部的闭合轮廓线，命令行操作如下。

```
命令: pline
指定起点:                              //激活"捕捉自"功能
_from 基点:                            //捕捉刚绘制的多段线弧的圆心
<偏移>:                                //@35,0 Enter，定位起点
当前线宽为 0.0000
指定下一个点或 [圆弧(A)/半宽(H)/长度(L)/放弃(U)/宽度(W)]://@0,-56 Enter
指定下一点或 [圆弧(A)/闭合(C)/半宽(H)/长度(L)/放弃(U)/宽度(W)]: //A Enter
```

```
    指定圆弧的端点或[角度(A)/圆心(CE)/闭合(CL)/方向(D)/半宽(H)/直线(L)/半径(R)/第
二个点(S)/放弃(U)/宽度(W)]:              //@-70,0 Enter
    指定圆弧的端点或[角度(A)/圆心(CE)/闭合(CL)/方向(D)/半宽(H)/直线(L)/半径(R)/第
二个点(S)/放弃(U)/宽度(W)]:              //L Enter
    指定下一点或 [圆弧(A)/闭合(C)/半宽(H)/长度(L)/放弃(U)/宽度(W)]:  //@0,56 Enter
    指定下一点或 [圆弧(A)/闭合(C)/半宽(H)/长度(L)/放弃(U)/宽度(W)]: //A Enter
    指定圆弧的端点或[角度(A)/圆心(CE)/闭合(CL)/方向(D)/半宽(H)/直线(L)/半径(R)/第
二个点(S)/放弃(U)/宽度(W)]:              //CL Enter,绘制结果如图 11-83 所示
```

Step 14 选择菜单栏中的"修改"→"偏移"命令,将刚绘制的闭合多段线向外偏移 17 个绘图单位,结果如图 11-84 所示。

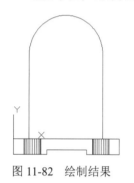
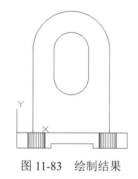
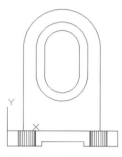

图 11-82 绘制结果   图 11-83 绘制结果   图 11-84 偏移结果

Step 15 选择菜单栏中的"绘图"→"建模"→"拉伸"命令,将三条闭合多段线拉伸为三维实体,命令行操作如下。

```
命令: extrude
当前线框密度: ISOLINES=4,闭合轮廓创建模式 = 实体
选择要拉伸的对象或 [模式(MO)]: _MO 闭合轮廓创建模式 [实体(SO)/曲面(SU)]<实体>: _SO
选择要拉伸的对象或 [模式(MO)]:           //选择最外侧的闭合多段线
选择要拉伸的对象或 [模式(MO)]:           //Enter
指定拉伸的高度或 [方向(D)/路径(P)/倾斜角(T)/表达式(E)] <0.0>: //@0,0,28 Enter
命令: extrude
当前线框密度: ISOLINES=4,闭合轮廓创建模式 = 实体
选择要拉伸的对象或 [模式(MO)]: _MO 闭合轮廓创建模式 [实体(SO)/曲面(SU)]<实体>: _SO
选择要拉伸的对象或 [模式(MO)]:           //选择内侧的两条多段线
选择要拉伸的对象或 [模式(MO)]:           //Enter
指定拉伸的高度或 [方向(D)/路径(P)/倾斜角(T)/表达式(E)] <-15.0>: //@0,0,100 Enter
```

Step 16 将当前视图恢复为西南视图,结果如图 11-85 所示。

Step 17 选择菜单栏中的"视图"→"消隐"命令,结果如图 11-86 所示。

Step 18 执行 UCS 命令,重新设置当前用户坐标系,并对新设置的坐标系进行平移,命令行操作如下。

```
命令: ucs                              //Enter,激活命令
当前 UCS 名称: *俯视*
指定 UCS 的原点或 [面(F)/命名(NA)/对象(OB)/上一个(P)/视图(V)/世界(W)/X/Y/Z/Z
轴(ZA)] <世界>:                        //捕捉如图 11-86 所示的端点 a
    在正 X 轴范围上指定点<接受>:          //捕捉端点 b
```

在 UCS XY 平面的正 Y 轴范围上指定点<接受>： //捕捉端点 c，结果如图 11-87 所示

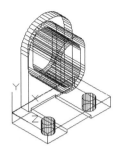
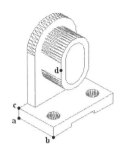
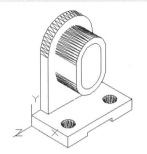

图 11-85 切换视图　　　　图 11-86 消隐效果　　　　图 11-87 设置坐标系

```
命令：                        //Enter，重复执行命令
指定 UCS 的原点或 [面(F)/命名(NA)/对象(OB)/上一个(P)/视图(V)/世界(W)/X/Y/Z/Z
轴(ZA)] <世界>：              //捕捉中点 d
指定 X 轴上的点或 <接受>：      //Enter，移动结果如图 11-88 所示
```

Step 19 单击"常用"选项卡→"建模"面板→"圆柱体"按钮，配合"捕捉自"功能创建同心圆柱体，命令行操作如下。

```
命令：cylinder
指定底面的中心点或 [三点(3P)/两点(2P)/切点、切点、半径(T)/椭圆(E)]：
                                   //激活"捕捉自"功能
_from 基点：                        //0,0 Enter
<偏移>：                            //@-36,0,43 Enter
指定底面半径或 [直径(D)] <45.8093>： //D Enter
指定直径 <91.6186>：                //35 Enter
指定高度或 [两点(2P)/轴端点(A)] <100.0000>： //@0,0,-190 Enter，结果如图 11-89 所示
命令：cylinder                      //Enter，重复执行命令
指定底面的中心点或 [三点(3P)/两点(2P)/切点、切点、半径(T)/椭圆(E)]：
                                   //捕捉如图 11-89 所示的圆心
指定底面半径或 [直径(D)] <17.5000>： //D Enter
指定直径 <35.0000>：                //70 Enter
指定高度或 [两点(2P)/轴端点(A)] <-190.0000>：
         //沿 Z 轴负方向移动光标，输入 190 Enter，结果如图 11-90 所示
```

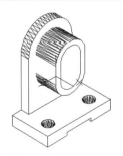
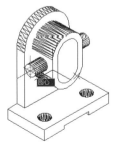
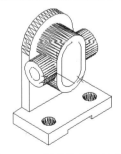

图 11-88 移动坐标系　　　图 11-89 创建内侧圆柱体　　图 11-90 创建外侧圆柱体

Step 20 单击"常用"选项卡→"实体编辑"面板→"差集"按钮，对圆柱体和拉伸体模型进行差集，命令行操作如下。

```
命令：subtract
选择要从中减去的实体或面域...
选择对象：                    //选择如图 11-91 所示的两个拉伸实体和外侧圆柱体
选择对象：                    //Enter，结束选择
选择要减去的实体或面域 ..
选择对象：                    //选择如图 11-92 所示的内侧拉伸实体和内侧圆柱体
选择对象：                    //Enter，差集结果如图 11-93 所示
```

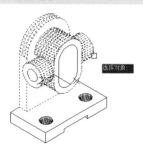
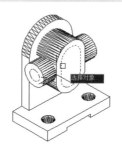
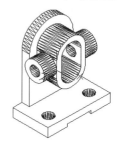

图 11-91　选择被减实体　　　　图 11-92　选择减去实体　　　　图 11-93　差集结果

Step 21 单击"常用"选项卡→"建模"面板→"长方体"按钮，创建如图 11-94 所示的长方体。

Step 22 配合中点捕捉功能，将刚创建的长方体进行移位，命令行操作如下。

```
命令：move
选择对象：                            //选择长方体
选择对象：                            //Enter，结束选择
指定基点或 [位移(D)] <位移>：          //捕捉如图 11-95 所示的中点
指定第二个点或 <使用第一个点作为位移>：//捕捉如图 11-96 所示的中点，结果如图 11-97 所示
```

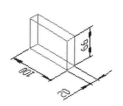

图 11-94　创建长方体　　　　　　　　　　图 11-95　定位基点

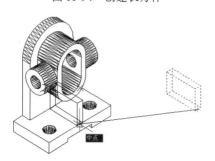
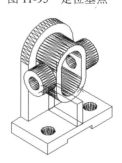

图 11-96　定位第二个点　　　　　　　　　图 11-97　移动结果

Step 23 单击"常用"选项卡→"实体编辑"面板→"剖切"按钮，配合中点捕捉和端点捕捉功能，对移位后的长方体进行剖切，命令行操作如下。

```
命令: slice
选择要剖切的对象:                    //选择移位后的长方体
选择要剖切的对象:                    //Enter,结束对象的选择
指定 切面 的起点或 [平面对象(O)/曲面(S)/Z 轴(Z)/视图(V)/XY/YZ/ZX/三点(3)] <
三点>:                              //3 Enter,激活"三点"选项
    指定平面上的第一个点:            //捕捉如图 11-98 所示的端点
    指定平面上的第二个点:            //捕捉如图 11-99 所示的端点
    指定平面上的第三个点:            //捕捉如图 11-100 所示的中点
```

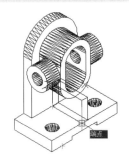 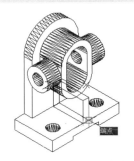 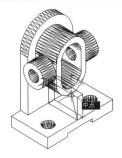

图 11-98 定位第一个点   图 11-99 定位第二个点   图 11-100 定位第三个点

```
在所需的侧面上指定点或 [保留两个侧面(B)] <保留两个侧面>:
                                //捕捉如图 11-101 所示的端点,剖切结果如图 11-102 所示
```

Step 24 将坐标系恢复为世界坐标系,然后使用快捷键 UNI 激活"并集"命令,将所有模型合并。

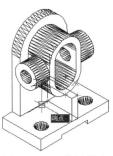 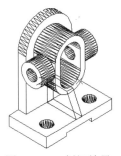

图 11-101 捕捉端点   图 11-102 剖切结果

Step 25 使用快捷键 F 激活"圆角"命令,对底板垂直棱边进行圆角,命令行操作如下。

```
命令: F                              //Enter
FILLET 当前设置: 模式 = 修剪,半径 = 0.0000
选择第一个对象或 [放弃(U)/多段线(P)/半径(R)/修剪(T)/多个(M)]:     //R Enter
指定圆角半径 <0.0000>:                //15 Enter
选择第一个对象或 [放弃(U)/多段线(P)/半径(R)/修剪(T)/多个(M)]:
                                //选择如图 11-103 所示的垂直棱边 1
输入圆角半径或 [表达式(E)] <15.0000>:  //Enter
选择边或 [链(C)/环(L)/半径(R)]:        //选择如图 11-103 所示的垂直棱边 2
选择边或 [链(C)/环(L)/半径(R)]:        //Enter,圆角后的消隐效果如图 11-104 所示
已选定 2 个边用于圆角。
```

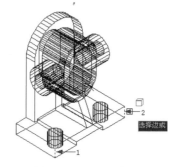

图 11-103 选择棱边

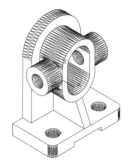

图 11-104 圆角后的消隐效果

Step 26 选择菜单栏中的"修改"→"倒角"命令,对底板柱孔进行倒角,命令行操作如下。

```
命令: chamfer
("修剪"模式) 当前倒角距离 1 = 0.0000, 距离 2 = 0.0000
选择第一条直线或 [放弃(U)/多段线(P)/距离(D)/角度(A)/修剪(T)/方式(E)/多个(M)]:
                                            //选择柱孔
基面选择...
指定基面倒角距离或 [表达式(E)] <0.0000>:      //5 Enter
指定其他曲面倒角距离或 [表达式(E)] <5.0000>:   //Enter
选择边或 [环(L)]:                             //选择如图 11-105 所示的两个边
选择边或 [环(L)]:                             //倒角结果如图 11-106 所示
```

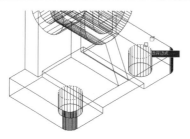

图 11-105 选择倒角边

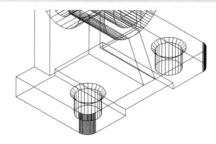

图 11-106 倒角结果

Step 27 重复执行"倒角"命令,设置两个倒角距离为 7.5,创建如图 11-107 所示的两条倒角。

Step 28 重复执行"倒角"命令,设置两个倒角距离为 10,创建如图 11-108 所示的两条倒角,其消隐效果如图 11-109 所示。

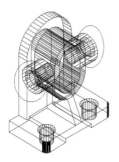

图 11-107 倒角结果(1)

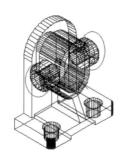

图 11-108 倒角结果(2)

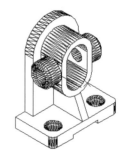

图 11-109 消隐效果

Step 29 执行"俯视"命令,将视图切换为俯视图,结果如图 11-110 所示。

Step 30 使用快捷键 MI 激活"镜像"命令,捕捉如图 11-111 所示位置的中点作为镜像线上的点,对模型进行镜像,结果如图 11-112 所示。

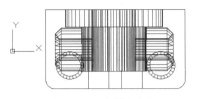

图 11-110 切换视图

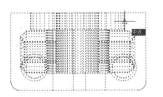

图 11-111 捕捉中点(1)

Step 31 使用快捷键 UNI 激活"并集"命令,对所有实体进行并集。

Step 32 将视图切换到东南视图,然后选择菜单栏中的"视图"→"视觉样式"→"着色"命令,对模型进行着色,结果如图 11-113 所示。

Step 33 单击"常用"选项卡→"建模"面板→"长方体"按钮,执行"长方体"命令,根据命令行提示创建长方体,命令行操作如下。

命令:box
指定第一个角点或 [中心(C)]:   //捕捉如图 11-114 所示的中点
指定其他角点或 [立方体(C)/长度(L)]: //@112,128 ,246 Enter,结果如图 11-115 所示

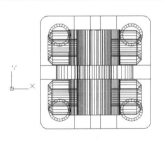

图 11-112 镜像结果

图 11-113 切换视图并着色

图 11-114 捕捉中点(2)

图 11-115 创建结果

Step 34 选择菜单栏中的"修改"→"三维操作"→"干涉检查"命令,对实体模型进行干涉,命令行操作如下。

命令:interfere
选择第一组对象或 [嵌套选择(N)/设置(S)]:   //选择如图 11-116 所示的实体模型
选择第一组对象或 [嵌套选择(N)/设置(S)]:   //Enter,结束选择
选择第二组对象或 [嵌套选择(N)/检查第一组(K)] <检查>://选择如图 11-117 所示长方体
选择第二组对象或 [嵌套选择(N)/检查第一组(K)] <检查>:
                              //Enter,此时系统高亮显示干涉实体,如图 11-118 所示

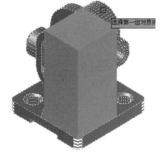  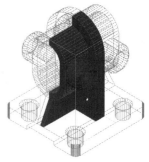

图 11-116　选择实体　　　　图 11-117　选择长方体（1）　　　　图 11-118　高亮显示干涉实体

Step 35 在打开的"干涉检查"对话框中取消勾选"关闭时删除已创建的干涉对象"复选框，如图 11-119 所示，然后单击 关闭(C) 按钮。

Step 36 选择菜单栏中的"修改"→"实体编辑"→"差集"命令，对长方体进行差集，命令行操作如下。

```
命令：subtract
选择要从中减去的实体、曲面和面域...
选择对象：              //选择如图 11-120 所示的模型
选择对象：              //Enter，结束选择
选择要减去的实体、曲面和面域...
选择对象：              //选择如图 11-121 所示的长方体
选择对象：              //Enter，差集结果如图 11-122 所示
```

 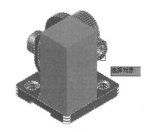

图 11-119　"干涉检查"对话框　　　　图 11-120　选择被减实体

Step 37 使用快捷键 M 激活"移动"命令，对干涉实体进行移位，结果如图 11-123 所示。

图 11-121　选择长方体（2）　　　图 11-122　差集结果　　　图 11-123　移位结果

Step 38 执行"保存"命令，将图形另存为"上机实训.dwg"。

11.6 小结与练习

11.6.1 小结

本章详细讲述了各种基本几何实体和复杂几何实体的创建方法和编辑技巧，相信读者在学完本章的内容后，能灵活运用各类工具快速构造零件的立体模型，以形象直观地表达物体的三维特征。通过本章的学习，应熟练掌握如下知识。

（1）基本几何体，具体包括多段体、长方体、圆柱体、圆锥体、棱锥面、圆环体、球体和楔体。

（2）复杂几何体，具体包括拉伸实体、回转实体、放样实体、剖切实体和扫掠实体。

（3）组合实体，具体包括并集实体、差集实体和交集实体。

11.6.2 练习

1. 综合运用所学知识，根据零件二视图制作零件实体造型，如图 11-124 所示。

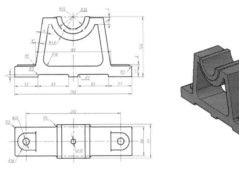

图 11-124　练习 1

2. 综合运用所学知识，根据图示尺寸制作零件的三维实体造型，如图 11-125 所示。

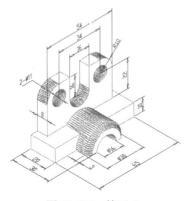

图 11-125　练习 2

第12章

三维机械模型的编辑细化

本章主要学习 AutoCAD 的三维编辑功能。通过本章的学习，应掌握立体模型的旋转、镜像、阵列、对齐、移动等基本操作技能。除此之外，还需要了解和掌握实体边、实体面的编辑方法，学会使用基本编辑功能和实体面编辑功能，去构建和完善结构复杂的三维物体。

内容要点

- 三维操作
- 编辑实体面
- 编辑实体边
- 上机实训——三维操作与编辑功能综合练习

12.1 三维操作

本节将学习"三维旋转"、"三维镜像"、"三维阵列"、"三维对齐"和"三维移动"五个命令。

12.1.1 三维旋转

"三维旋转"命令用于在三维视图中显示旋转夹点工具,并围绕基点旋转对象。执行"三维旋转"命令主要有以下几种方式。

- 单击"常用"选项卡→"修改"面板→"三维旋转"按钮 。
- 选择菜单栏中的"修改"→"三维操作"→"三维旋转"命令。
- 在命令行输入 3drotate 后按 Enter 键。

下面通过具体实例,主要学习"三维旋转"命令的使用方法和相关技能,具体操作步骤如下。

Step 01 打开配套资源中的"\素材文件\12-1.dwg"文件,如图 12-1 所示。

Step 02 单击"常用"选项卡→"修改"面板→"三维旋转"按钮,将零件模型进行三维旋转,命令行操作如下。

```
命令: 3drotate
UCS 当前的正角方向: ANGDIR=逆时针  ANGBASE=0
选择对象:                //选择如图 12-1 所示的对象
选择对象:                //Enter,结束选择
指定基点:                //捕捉如图 12-2 所示的中点
拾取旋转轴:              //在如图 12-3 所示方向上单击,定位旋转轴
指定角的起点或输入角度:   //-90 Enter,结束命令
正在重生成模型。
```

图 12-1 素材文件

图 12-2 定位基点

Step 03 旋转结果如图 12-4 所示。

图 12-3 定位旋转轴

图 12-4 旋转结果

另外，使用命令 rotate3d 也可以在三维空间内对立体模型进行旋转，命令行提示如下。

```
命令：rotate3d
当前正向角度：ANGDIR=逆时针 ANGBASE=0
选择对象：                    //选择长方体
选择对象：                    //Enter，结束选择
指定轴上的第一个点或定义轴依据 [对象(O)/最近的(L)/视图(V)/X 轴(X)/Y 轴(Y)/Z 轴
(Z)/两点(2)]：              //定位轴的一个点或选择某一个选项
```

12.1.2 三维镜像

"三维镜像"命令用于在三维空间中按照指定的对称面对立体模型进行镜像。执行"三维镜像"命令主要有以下几种方式。

- ◇ 单击"常用"选项卡→"修改"面板→"三维镜像"按钮。
- ◇ 选择菜单栏中的"修改"→"三维操作"→"三维镜像"命令。
- ◇ 在命令行输入 mirror3d 后按 Enter 键。

下面通过具体实例，主要学习"三维镜像"命令的使用方法和相关技能，具体操作步骤如下。

Step 01 打开配套资源中的"\素材文件\12-2.dwg"文件，如图 12-5 所示。

Step 02 单击"常用"选项卡→"修改"面板→"三维镜像"按钮，对模型进行镜像，命令行操作如下。

```
命令：mirror3d
选择对象：                              //选择如图 12-5 所示的对象
选择对象：                              //Enter，结束选择
指定镜像平面（三点）的第一个点或 [对象(O)/最近的(L)/Z 轴(Z)/视图(V)/XY 平面
(XY)/YZ 平面(YZ)/ZX 平面(ZX)/三点(3)] <三点>：//ZX Enter，激活"ZX 平面"选项
指定 ZX 平面上的点 <0,0,0>：          //捕捉如图 12-6 所示的圆心
是否删除源对象？[是(Y)/否(N)] <否>：   //Enter，结束命令
```

Step 03 镜像结果如图 12-7 所示。

图 12-5 素材文件　　　　　图 12-6 捕捉圆心　　　　　图 12-7 镜像结果

- ● 选项解析

    ◇ "对象"选项用于选定某一对象所在的平面作为镜像平面，该对象可以是圆弧或二维多段线。

- "最近的"选项用于以上次镜像使用的镜像平面作为当前镜像平面。
- "Z轴"选项用于在镜像平面及镜像平面的Z轴方向指定点。
- "视图"选项用于在视图平面上指定点,进行空间镜像。
- "XY平面"选项用于以当前坐标系的XY平面作为镜像平面。
- "YZ平面"选项用于以当前坐标系的YZ平面作为镜像平面。
- "ZX平面"选项用于以当前坐标系的ZX平面作为镜像平面。
- "三点"选项用于指定三个点,以定位镜像平面。

12.1.3 三维阵列

"三维阵列"命令用于将三维物体按照环形或矩形的方式,在三维空间中进行规则排列。执行"三维阵列"命令有以下几种方式。

- 选择菜单栏中的"修改"→"三维操作"→"三维阵列"命令。
- 在命令行输入 3darray 后按 Enter 键。
- 在命令行输入 3A。

下面通过具体实例,主要学习"三维阵列"命令的使用方法和相关技能,具体操作步骤如下。

Step 01 打开配套资源中的"\素材文件\12-3.dwg"文件,如图 12-8 所示。

Step 02 选择菜单栏中的"修改"→"三维操作"→"三维阵列"命令,对圆柱体进行三维阵列,命令行操作如下。

图 12-8 素材文件

```
命令: 3darray
正在初始化... 已加载 3DARRAY
选择对象:                    //选择圆柱体
选择对象:                    //Enter,结束选择
输入阵列类型 [矩形(R)/环形(P)] <矩形>: //R Enter,激活"矩形"选项
输入行数 (---) <1>:          //2 Enter
输入列数 (|||) <1>:          //2 Enter
输入层数 (...) <1>:          //2 Enter
指定行间距 (---):            //-29 Enter
指定列间距 (|||):            //13 Enter
指定层间距 (...):            //-5.9 Enter,阵列结果如图 12-9 所示
```

Step 03 选择菜单栏中的"视图"→"消隐"命令,效果如图 12-10 所示。

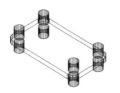

图 12-9 矩形阵列结果

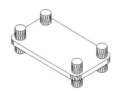

图 12-10 消隐效果

与"阵列"命令一样,"三维阵列"命令不仅可以将对象进行矩形阵列,还可以将对象在三维空间内进行环形排列,如图 12-11 所示。三维环形阵列的命令行操作如下。

```
命令: 3darray
选择对象:                                    //选择滚珠造型
选择对象:                                    //Enter,结束选择
输入阵列类型 [矩形(R)/环形(P)] <矩形>:       //P Enter
输入阵列中的项目数目:                        //15 Enter
指定要填充的角度 (+=逆时针, -=顺时针) <360>: //Enter
旋转阵列对象? [是(Y)/否(N)] <Y>:             //Y Enter
指定阵列的中心点:                            //捕捉如图 12-11 (a) 所示的圆心
指定旋转轴上的第二点:              //捕捉另一侧圆心,阵列结果如图 12-11 (b) 所示
```

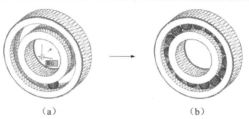

图 12-11　环形阵列示例

12.1.4　三维对齐

"三维对齐"命令主要以定位源平面和目标平面的形式,将两个三维对象在三维空间中进行对齐。

执行"三维对齐"命令主要有以下几种方式。

- ◇ 单击"常用"选项卡→"修改"面板→"三维对齐"按钮 。
- ◇ 选择菜单栏中的"修改"→"三维操作"→"三维对齐"命令。
- ◇ 在命令行输入 3dalign 后按 Enter 键。
- ◇ 在命令行输入 3AL 后按 Enter 键。

下面通过具体实例,主要学习"三维对齐"命令的使用方法和相关技能,具体操作步骤如下。

Step 01 打开配套资源中的"\素材文件\12-4.dwg"文件。

Step 02 选择菜单栏中的"修改"→"复制"命令,将模型复制一份,结果如图 12-12 所示。

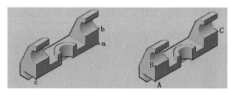

图 12-12　复制结果

Step 03 单击"常用"选项卡→"修改"面板→"三维对齐"按钮 ,对模型进行三维对齐,

命令行操作如下。

```
命令: 3dalign
选择对象:                                    //选择复制出的对象
选择对象:                                    //Enter, 结束选择
指定源平面和方向 ...
指定基点或 [复制(C)]:                         //捕捉如图 12-12 所示的端点 A
指定第二个点或 [继续(C)] <C>:                 //捕捉端点 B
指定第三个点或 [继续(C)] <C>:                 //捕捉端点 C
指定目标平面和方向 ...
指定第一个目标点:                             //捕捉端点 a
指定第二个目标点或 [退出(X)] <X>:             //捕捉端点 b
指定第三个目标点或 [退出(X)] <X>:             //捕捉端点 c
```

Step 04 三维对齐结果如图 12-13 所示。

Step 05 使用"并集"命令将两个对象合并,结果如图 12-14 所示。

图 12-13 三维对齐结果

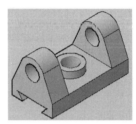
图 12-14 并集结果

> **小技巧**
>
> "复制"选项主要用于在对齐两对象时,将用于对齐的源对象复制一份,而源对象保持不变,如图 12-15 所示。
>
>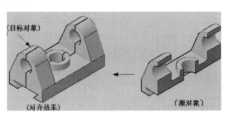
> 图 12-15 "复制"选项示例

12.1.5 三维移动

"三维移动"命令主要用于将对象在三维空间内进行移位。执行"三维移动"命令主要有以下几种方式。

- ◇ 单击"常用"选项卡→"修改"面板→"三维移动"按钮 。
- ◇ 选择菜单栏中的"修改"→"三维操作"→"三维移动"命令。

❖ 在命令行输入 3dmove 后按 Enter 键。

执行"三维移动"命令后，其命令行操作提示如下。

```
命令：3dmove
选择对象：                                    //选择移动对象
选择对象：                                    //Enter，结束选择
指定基点或 [位移(D)] <位移>：                  //定位基点
指定第二个点或 <使用第一个点作为位移>：        //定位目标点
正在重生成模型。
```

12.2 编辑实体边

本节主要学习实体棱边的编辑功能，具体有"倒角边"、"圆角边"、"压印边"和"复制边"四个命令。

12.2.1 倒角边

"倒角边"命令主要用于将实体的棱边按照指定的距离进行倒角编辑。执行"倒角边"命令主要有以下几种方式。

❖ 单击"实体"选项卡→"实体编辑"面板→"倒角边"按钮。
❖ 选择菜单栏中的"修改"→"实体编辑"→"倒角边"命令。
❖ 在命令行输入 chamferedge 后按 Enter 键。

下面通过具体实例，主要学习"倒角边"命令的使用方法和相关技能，具体操作步骤如下。

Step 01 打开配套资源中的"\素材文件\12-5.dwg"文件，如图 12-16 所示。

Step 02 选择菜单栏中的"视图"→"视觉样式"→"概念"命令，对模型进行概念着色，结果如图 12-17 所示。

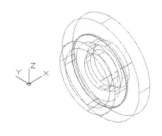

图 12-16 素材文件

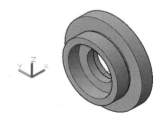

图 12-17 概念着色效果

Step 03 单击"实体"选项卡→"实体编辑"面板→"倒角边"按钮，对实体边进行倒角编辑，命令行操作如下。

```
命令: chamferedge 距离 1 = 1.0000, 距离 2 = 1.0000
选择一条边或 [环(L)/距离(D)]:                //选择如图 12-18 所示的边
选择属于同一个面的边或 [环(L)/距离(D)]:      //D Enter
指定距离 1 或 [表达式(E)] <1.0000>:          //4 Enter
指定距离 2 或 [表达式(E)] <1.0000>:          //4 Enter
选择属于同一个面的边或 [环(L)/距离(D)]:      //Enter
按 Enter 键接受倒角或 [距离(D)]:             //Enter, 结束命令
```

Step 04 倒角结果如图 12-19 所示。

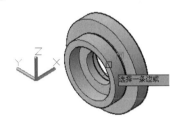
图 12-18 选择倒角边

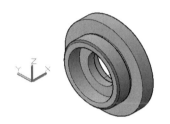
图 12-19 倒角结果

● 选项解析

✧ "环"选项用于一次选中倒角基面内的所有棱边。
✧ "距离"选项用于设置倒角边的倒角距离。
✧ "表达式"选项用于输入倒角距离的表达式,系统会自动计算出倒角距离值。

12.2.2 圆角边

"圆角边"命令主要用于将实体的棱边按照指定的半径进行圆角编辑。执行"圆角边"命令主要有以下几种方式。

✧ 单击"实体"选项卡→"实体编辑"面板→"圆角边"按钮。
✧ 选择菜单栏中的"修改"→"实体编辑"→"圆角边"命令。
✧ 在命令行输入 filletedge 后按 Enter 键。

下面通过具体实例,主要学习"圆角边"命令的使用方法和相关技能。具体操作步骤如下。

Step 01 打开配套资源中的"\素材文件\12-6.dwg"文件,如图 12-20 所示。

Step 02 使用快捷键 HI 激活"消隐"命令,对模型进行消隐,结果如图 12-21 所示。

Step 03 单击"实体"选项卡→"实体编辑"面板→"圆角边"按钮,对实体边进行圆角编辑,命令行操作如下。

```
命令: filletedge
半径 = 1.0000
选择边或 [链(C)/半径(R)]:              //选择如图 12-22 所示的边
选择边或 [链(C)/半径(R)]:              //R Enter
输入圆角半径或 [表达式(E)] <1.0000>:   //1.5 Enter
```

选择边或 [链(C)/半径(R)]:   //Enter，效果如图 12-23 所示
已选定 1 个边用于圆角
按 Enter 键接受圆角或 [半径(R)]:   //Enter，结束命令，圆角结果如图 12-24 所示

图 12-20 素材文件   图 12-21 消隐效果（1）   图 12-22 选择边

Step 04 使用快捷键 HI 激活"消隐"命令，对模型进行消隐，结果如图 12-25 所示。

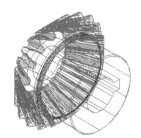

图 12-23 圆角预览效果   图 12-24 圆角结果   图 12-25 消隐结果（2）

● 选项解析

◇ "链"选项。如果各棱边是相切的关系，选择其中的一个边，则所有棱边都将被选中，同时进行圆角。
◇ "半径"选项用于为随后选择的棱边重新设定圆角半径。
◇ "表达式"选项用于输入圆角半径的表达式，系统会自动计算圆角半径。

12.2.3 压印边

"压印边"命令用于将圆、圆弧、直线、多段线、样条曲线或实体等对象压印到三维实体上，使其成为实体的一部分。

执行"压印边"命令主要有以下几种方式。

◇ 单击"实体"选项卡→"实体编辑"面板→"压印"按钮 。
◇ 选择菜单栏中的"修改"→"实体编辑"→"压印边"命令。
◇ 在命令行输入 imprint 后按 Enter 键。

下面通过具体实例，主要学习"压印边"命令的使用方法和相关技能，具体操作步骤如下。

Step 01 打开配套资源中的"\素材文件\12-7.dwg"文件，如图 12-26 所示。

Step 02 使用快捷键 M 激活"移动"命令,配合中点捕捉功能,选择右侧的三个二维闭合图形进行移位,结果如图 12-27 所示,消隐效果如图 12-28 所示。

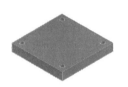 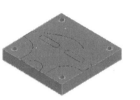 

图 12-26 素材文件　　　　　图 12-27 移位效果　　　　　图 12-28 消隐效果

Step 03 单击"实体"选项卡→"实体编辑"面板→"压印"按钮,将右侧的三个闭合边界压印到左侧长方体模型的上表面,命令行操作如下。

```
命令: imprint
选择三维实体或曲面:                //选择实体模型
选择要压印的对象:                  //选择如图 12-29 所示的二维边界
是否删除源对象 [是(Y)/否(N)] <N>:  //Y Enter
选择要压印的对象:                  //选择如图 12-30 所示的二维边界
是否删除源对象 [是(Y)/否(N)] <N>:  //Y Enter
选择要压印的对象:                  //选择如图 12-31 所示的二维边界
是否删除源对象 [是(Y)/否(N)] <N>:  //Y Enter
选择要压印的对象:                  //Enter,结束命令
```

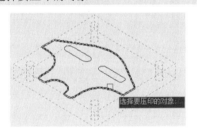 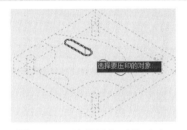

图 12-29 选择压印对象(1)　　　　　图 12-30 选择压印对象(2)

Step 04 压印结果如图 12-32 所示。

Step 05 单击"常用"选项卡→"建模"面板→"拉伸"按钮,对压印后产生的表面拉伸 4 个绘图单位,其着色效果如图 12-33 所示。

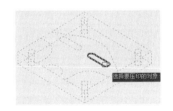 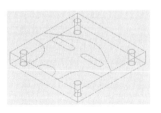 

图 12-31 选择压印对象(3)　　　图 12-32 压印结果　　　图 12-33 面拉伸并着色效果

12.2.4 复制边

"复制边"命令主要用于复制实体的棱边,如图 12-34 所示。执行"复制边"命令主要有以下几种方式。

- ◇ 单击"实体"选项卡→"实体编辑"面板→"复制边"按钮 。
- ◇ 选择菜单栏中的"修改"→"实体编辑"→"复制边"命令。
- ◇ 在命令行输入 solidedit 后按 Enter 键。

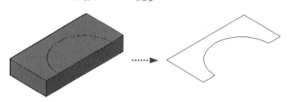

图 12-34 复制棱边

执行"复制边"命令后,其命令行操作提示如下。

```
命令: solidedit
实体编辑自动检查: SOLIDCHECK=1
输入实体编辑选项 [面(F)/边(E)/体(B)/放弃(U)/退出(X)] <退出>: _edge
输入边编辑选项 [复制(C)/着色(L)/放弃(U)/退出(X)] <退出>: _copy
选择边或 [放弃(U)/删除(R)]:            //选择需要复制的实体棱边
选择边或 [放弃(U)/删除(R)]:            //结束边的选择
指定基点或位移:                        //指定基点
指定位移的第二点:                      //指定目标点
输入边编辑选项 [复制(C)/着色(L)/放弃(U)/退出(X)] <退出>://退出实体编辑操作
实体编辑自动检查: SOLIDCHECK=1
输入实体编辑选项 [面(F)/边(E)/体(B)/放弃(U)/退出(X)] <退出>:        //退出命令
```

12.3 编辑实体面

本节主要学习实体面的编辑细化功能,具体有"拉伸面"、"倾斜面"、"移动面"、"偏移面"和"旋转面"五个命令。

12.3.1 拉伸面

"拉伸面"命令用于对实体的表面进行编辑,将实体面按照指定的高度或路径进行拉伸,以创建出新的形体。执行"拉伸面"命令主要有以下几种方式。

- ◇ 单击"实体"选项卡→"实体编辑"面板→"拉伸面"按钮 。

- 选择菜单栏中的"修改"→"实体编辑"→"拉伸面"命令。
- 在命令行输入 solidedit 后按 Enter 键。

下面通过具体实例,主要学习"拉伸面"命令的使用方法和相关技能,具体操作步骤如下。

Step 01 打开配套资源中的"\素材文件\12-8.dwg"文件,如图 12-35 所示。

Step 02 单击"实体"选项卡→"实体编辑"面板→"拉伸面"按钮,对实体的上表面向内锥化,锥化高度为 10、角度为 5°,命令行操作如下。

```
命令: solidedit
实体编辑自动检查: SOLIDCHECK=1
输入实体编辑选项 [面(F)/边(E)/体(B)/放弃(U)/退出(X)] <退出>: _face
输入面编辑选项[拉伸(E)/移动(M)/旋转(R)/偏移(O)/倾斜(T)/删除(D)/复制(C)/颜色(L)/材质(A)/放弃(U)/退出(X)] <退出>:
_extrude
选择面或 [放弃(U)/删除(R)]:                //在实体的上表面单击,选择如图 12-36 所示的实体面
选择面或 [放弃(U)/删除(R)/全部(ALL)]:        //Enter,结束选择
指定拉伸高度或 [路径(P)]:                   //10 Enter,输入拉伸高度
指定拉伸的倾斜角度 <0>:                     //5 Enter,输入角度
已开始实体校验
已完成实体校验
输入面编辑选项[拉伸(E)/移动(M)/旋转(R)/偏移(O)/倾斜(T)/删除(D)/复制(C)/颜色(L)/材质(A)/放弃(U)/退出(X)] <退出>:   //X Enter,退出编辑过程
实体编辑自动检查: SOLIDCHECK=1
输入实体编辑选项 [面(F)/边(E)/体(B)/放弃(U)/退出(X)] <退出>:
                                         //X Enter,结束命令,拉伸结果如图 12-37 所示
```

  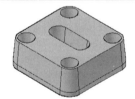

图 12-35　素材文件　　　　图 12-36　选择实体上表面　　　　图 12-37　向内锥化结果

小技巧

在选择实体表面时,如果不慎选择了多余的面,可以按住 Shift 键单击,将多余的面从选择集中删除。

Step 03 重复执行"拉伸面"命令,继续对实体的上表面进行锥化,锥化高度为 10、角度为 –5°,命令行操作如下。

```
命令: solidedit
实体编辑自动检查: SOLIDCHECK=1
输入实体编辑选项 [面(F)/边(E)/体(B)/放弃(U)/退出(X)] <退出>: _face
```

输入面编辑选项[拉伸(E)/移动(M)/旋转(R)/偏移(O)/倾斜(T)/删除(D)/复制(C)/颜色(L)/材质(A)/放弃(U)/退出(X)] <退出>:
_extrude
选择面或 [放弃(U)/删除(R)]:   //在实体的上表面单击，选择如图12-38所示的实体面
选择面或 [放弃(U)/删除(R)/全部(ALL)]:   //Enter，结束选择
指定拉伸高度或 [路径(P)]:   //10 Enter，输入拉伸高度
指定拉伸的倾斜角度 <0>:   //-5 Enter，输入角度

小技巧

如果输入的角度为正值，实体面将向实体的内部倾斜（锥化）；如果输入的角度为负值，实体面将向实体的外部倾斜（锥化）。

已开始实体校验
已完成实体校验
输入面编辑选项[拉伸(E)/移动(M)/旋转(R)/偏移(O)/倾斜(T)/删除(D)/复制(C)/颜色(L)/材质(A)/放弃(U)/退出(X)] <退出>:   //X Enter，退出编辑过程
实体编辑自动检查: SOLIDCHECK=1
输入实体编辑选项 [面(F)/边(E)/体(B)/放弃(U)/退出(X)] <退出>:
                                       //X Enter，结束命令，结果如图12-39所示

 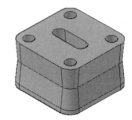

图12-38　选择实体上表面　　　　　　图12-39　向外锥化结果

小技巧

在拉伸面过程中，如果用户输入的高度值和锥度值都较大，可能会使实体面在到达所指定的高度之前，就已缩小为一个点，此时AutoCAD将会提示拉伸操作失败。

12.3.2 倾斜面

"倾斜面"命令主要用于将实体的表面倾斜，使实体表面产生一定的锥度，如图12-40所示。

执行"倾斜面"命令主要有以下几种方式。

- ◇ 单击"实体"选项卡→"实体编辑"面板→"倾斜面"按钮。
- ◇ 选择菜单栏中的"修改"→"实体编辑"→"倾斜面"命令。
- ◇ 在命令行输入solidedit后按Enter键。

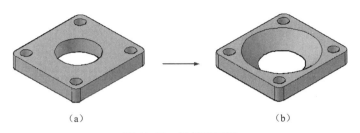

图 12-40　倾斜面示例

下面通过具体实例,主要学习"倾斜面"命令的使用方法和相关技能,具体操作步骤如下。

Step 01 打开配套资源中的"\素材文件\12-9.dwg"文件,如图 12-40(a)所示。

Step 02 单击"实体"选项卡→"实体编辑"面板→"倾斜面"按钮,对实体面进行倾斜,命令行操作如下。

```
命令: solidedit
实体编辑自动检查: SOLIDCHECK=1
输入实体编辑选项 [面(F)/边(E)/体(B)/放弃(U)/退出(X)] <退出>: _face
输入面编辑选项[拉伸(E)/移动(M)/旋转(R)/偏移(O)/倾斜(T)/删除(D)/复制(C)/颜色(L)/材质(A)/放弃(U)/退出(X)] <退出>: _taper
选择面或 [放弃(U)/删除(R)]:              //将光标放在圆孔边沿上单击,如图 12-41 所示
选择面或 [放弃(U)/删除(R)/全部(ALL)]: 找到 2 个面,已删除 1 个
//按住 Shift 键在大面的边沿上单击,将此面排除在选择集之外,如图 12-42 所示
```

图 12-41　选择面

图 12-42　排除面

```
选择面或 [放弃(U)/删除(R)/全部(ALL)]:            //Enter
指定基点:                                        //捕捉如图 12-43 所示的圆心
指定沿倾斜轴的另一个点:                          //捕捉如图 12-44 所示的圆心
指定倾斜角度:                                    //45 Enter
已开始实体校验
已完成实体校验
输入面编辑选项[拉伸(E)/移动(M)/旋转(R)/偏移(O)/倾斜(T)/删除(D)/复制(C)/颜色(L)/材质(A)/放弃(U)/退出(X)] <退出>:              //X Enter
实体编辑自动检查: SOLIDCHECK=1
输入实体编辑选项 [面(F)/边(E)/体(B)/放弃(U)/退出(X)] <退出>:  //X Enter
```

Step 03 倾斜结果如图 12-45 所示。

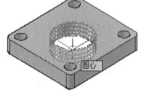 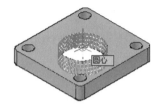 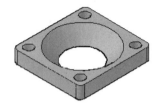

图 12-43 捕捉圆心（1）　　　图 12-44 捕捉圆心（2）　　　图 12-45 倾斜结果

> **小技巧**
>
> 在对实体面进行倾斜时，倾斜的方向是由锥角的正负号及定义矢量时的基点决定的。如果输入的倾角为正值，则 AutoCAD 将已定义的矢量绕基点向实体内部倾斜，否则向实体外部倾斜。

12.3.3 移动面

"移动面"命令通过移动实体的表面来修改实体的尺寸或改变孔、槽的位置等。在移动面过程中将保持面的法线方向不变。

执行"移动面"命令主要有以下几种方式。

- ◇ 单击"实体"选项卡→"实体编辑"面板→"移动面"按钮。
- ◇ 选择菜单栏中的"修改"→"实体编辑"→"移动面"命令。
- ◇ 在命令行输入 solidedit 后按 Enter 键。

下面通过具体实例，主要学习"移动面"命令的使用方法和相关技能，具体操作步骤如下。

Step 01 执行"打开"命令，打开配套资源中的"\素材文件\12-2.dwg"文件。

Step 02 单击"实体"选项卡→"实体编辑"面板→"移动面"按钮，对实体面进行移动，命令行操作如下。

```
命令: solidedit
实体编辑自动检查: SOLIDCHECK=1
输入实体编辑选项 [面(F)/边(E)/体(B)/放弃(U)/退出(X)] <退出>: _face
输入面编辑选项[拉伸(E)/移动(M)/旋转(R)/偏移(O)/倾斜(T)/删除(D)/复制(C)/颜色
(L)/材质(A)/放弃(U)/退出(X)] <退出>: _move
选择面或 [放弃(U)/删除(R)]:             //选择如图 12-46 所示的柱孔面
选择面或 [放弃(U)/删除(R)/全部(ALL)]:    //Enter
指定基点或位移:                          //拾取任一点
指定位移的第二点:                        //@-40,0,0 Enter
已开始实体校验
已完成实体校验
输入面编辑选项[拉伸(E)/移动(M)/旋转(R)/偏移(O)/倾斜(T)/删除(D)/复制(C)/颜色
(L)/材质(A)/放弃(U)/退出(X)] <退出>:     //Enter
实体编辑自动检查: SOLIDCHECK=1
```

输入实体编辑选项 [面(F)/边(E)/体(B)/放弃(U)/退出(X)] <退出>：   //X Enter

Step 03 移动结果如图 12-47 所示。

图 12-46　选择面

图 12-47　移动结果

小技巧

如果用户指定了两点，AutoCAD 将根据两点定义的矢量来确定移动的距离和方向。若在提示"指定基点或位移："时输入了一个点的坐标，而在提示"指定位移的第二点："时按 Enter 键，那么 AutoCAD 将根据输入的坐标值沿着面的法线方向移动面。

12.3.4　偏移面

"偏移面"命令主要通过偏移实体的表面来改变实体及孔、槽等的大小。执行"偏移面"命令主要有以下几种方式。

- 单击"实体"选项卡→"实体编辑"面板→"偏移面"按钮 。
- 选择菜单栏中的"修改"→"实体编辑"→"偏移面"命令。
- 在命令行输入 solidedit 后按 Enter 键。

下面通过具体实例，主要学习"偏移面"命令的使用方法和相关技能，具体操作步骤如下。

Step 01 执行"打开"命令，打开配套资源中的"\素材文件\12-10.dwg"文件，如图 12-47 所示。

Step 02 单击"实体"选项卡→"实体编辑"面板→"偏移面"按钮 ，对实体面进行偏移，命令行操作如下。

```
命令: solidedit
实体编辑自动检查：SOLIDCHECK=1
输入实体编辑选项 [面(F)/边(E)/体(B)/放弃(U)/退出(X)] <退出>: _face
输入面编辑选项[拉伸(E)/移动(M)/旋转(R)/偏移(O)/倾斜(T)/删除(D)/复制(C)/颜色
(L)/材质(A)/放弃(U)/退出(X)] <退出>: _offset
选择面或 [放弃(U)/删除(R)]:            //选择如图 12-48 所示的柱孔面
选择面或 [放弃(U)/删除(R)/全部(ALL)]:    //Enter
指定偏移距离：                         //-4 Enter
已开始实体校验
已完成实体校验
```

```
输入面编辑选项[拉伸(E)/移动(M)/旋转(R)/偏移(O)/倾斜(T)/删除(D)/复制(C)/颜色
(L)/材质(A)/放弃(U)/退出(X)] <退出>:                              //Enter
实体编辑自动检查: SOLIDCHECK=1
输入实体编辑选项 [面(F)/边(E)/体(B)/放弃(U)/退出(X)] <退出>: //Enter
```

Step 03 偏移结果如图 12-49 所示。

图 12-48　选择面　　　　　　　　　图 12-49　偏移结果

小技巧

在偏移实体面时，用户可以直接输入数值或拾取两点来指定偏移的距离，AutoCAD 将根据偏移距离沿表面的法线方向来移动面。当输入的偏移距离为正值时，AutoCAD 将使表面向其外法线方向偏移；当输入的距离为负值时，被编辑的表面将向相反的方向偏移。

12.3.5　旋转面

"旋转面"命令主要通过旋转实体的表面来改变实体面的倾斜角度，或将一些孔、槽等旋转到新位置。执行"旋转面"命令主要有以下几种方式。

- ◇ 单击"实体"选项卡→"实体编辑"面板→"旋转面"按钮。
- ◇ 选择菜单栏中的"修改"→"实体编辑"→"旋转面"命令。
- ◇ 在命令行输入 solidedit 后按 Enter 键。

下面通过具体实例，主要学习"旋转面"命令的使用方法和相关技能，具体操作步骤如下。

Step 01 执行"打开"命令，打开配套资源中的"\素材文件\12-11.dwg"文件，如图 12-49 所示。

Step 02 单击"实体"选项卡→"实体编辑"面板→"旋转面"按钮，对实体面进行旋转，命令行操作如下。

```
命令: solidedit
实体编辑自动检查: SOLIDCHECK=1
输入实体编辑选项 [面(F)/边(E)/体(B)/放弃(U)/退出(X)] <退出>: _face
输入面编辑选项[拉伸(E)/移动(M)/旋转(R)/偏移(O)/倾斜(T)/删除(D)/复制(C)/颜色
(L)/材质(A)/放弃(U)/退出(X)] <退出>: _rotate
选择面或 [放弃(U)/删除(R)]:                  //选择如图 12-50 所示的面
```

选择面或 [放弃(U)/删除(R)/全部(ALL)]:   //Enter
指定轴点或 [经过对象的轴(A)/视图(V)/X 轴(X)/Y 轴(Y)/Z 轴(Z)] <两点>:
                                              //捕捉如图 12-51 所示的圆心

 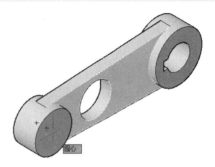

图 12-50　选择面　　　　　　　　　　图 12-51　捕捉圆心（1）

正在检查 820 个交点...
在旋转轴上指定第二个点: //捕捉如图 12-52 所示的圆心
指定旋转角度或 [参照(R)]:   //-15 Enter
已开始实体校验
已完成实体校验
输入面编辑选项[拉伸(E)/移动(M)/旋转(R)/偏移(O)/倾斜(T)/删除(D)/复制(C)/颜色(L)/材质(A)/放弃(U)/退出(X)] <退出>:   //Enter
实体编辑自动检查：SOLIDCHECK=1
输入实体编辑选项 [面(F)/边(E)/体(B)/放弃(U)/退出(X)] <退出>:
                                              //X Enter, 退出命令

Step 03 实体面的旋转结果如图 12-53 所示。

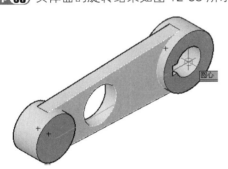 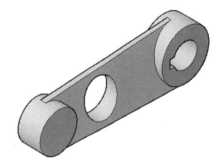

图 12-52　捕捉圆心（2）　　　　　　图 12-53　旋转结果

小技巧

在旋转实体面时，用户可以通过拾取两点、选择直线或设置旋转轴平行于坐标轴的方法来确定旋转轴。另外，用户输入面的旋转角度为正值或负值的情况下，旋转轴的正方向可以由右手螺旋法则确定。

- **选项解析**

  ➢ "经过对象的轴"选项：用于以通过图形对象的轴来定义旋转轴。利用图形对象定义旋转轴，有以下几种情况。
    ◇ 当对象为直线时，旋转轴即选择的直线。
    ◇ 当对象为圆、圆弧或椭圆时，旋转轴则垂直于圆、圆弧或椭圆所在的平面，并且通过圆心或椭圆心。
    ◇ 当对象为多段线时，多段线的起点和终点的连线就是旋转轴。
    ◇ 当对象为样条曲线时，旋转轴则通过样条曲线的起点和终点。
  ➢ "视图"选项：旋转轴垂直于当前视图，并且通过拾取的点。
  ➢ "X轴"/"Y轴"/"Z轴"选项：旋转轴平行于X、Y、Z轴，并且通过拾取点。旋转轴的正方向与坐标轴的正方向一致。
  ➢ "两点"选项用于指定两点来确定旋转轴，轴的正方向是由第一个选择点指向第二个选择点。

12.4 上机实训——三维操作与编辑功能综合练习

本节通过创建如图 12-54 所示的机械零件三维实体模型，对本章所讲述的三维操作、实体边、面编辑功能进行综合练习和巩固应用。操作步骤如下。

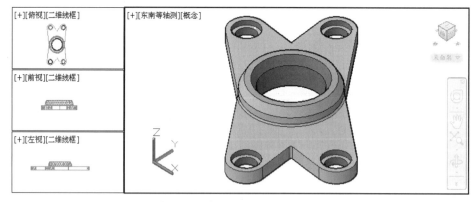

图 12-54 机械零件三维实体模型

Step 01 新建空白文件。

Step 02 启用对象捕捉和对象捕捉追踪功能，并将捕捉模式设置为圆心捕捉和切点捕捉。

Step 03 使用快捷键 C 激活"圆"命令，配合圆心捕捉和对象追踪功能绘制同心圆，命令行操作如下。

```
命令: circle
指定圆的圆心或 [三点(3P)/两点(2P)/切点、切点、半径(T)]: //在绘图区拾取一点作为圆心
指定圆的半径或 [直径(D)] <366.3242>:    //30 Enter
```

```
命令:circle
指定圆的圆心或 [三点(3P)/两点(2P)/切点、切点、半径(T)]：　//捕捉刚绘制的圆的圆心
指定圆的半径或 [直径(D)] <30.0000>：　　　//45 Enter
命令:circle
指定圆的圆心或 [三点(3P)/两点(2P)/切点、切点、半径(T)]：　//激活"捕捉自"功能
_from 基点：　　　　　　　　　　　　//捕捉刚绘制的圆的圆心
<偏移>：　　　　　　　　　　　　　　//@100,0 Enter
指定圆的半径或 [直径(D)] <45.0000>：　　　//12 Enter
命令:circle
指定圆的圆心或 [三点(3P)/两点(2P)/切点、切点、半径(T)]：　//捕捉刚绘制的圆的圆心
指定圆的半径或 [直径(D)] <12.0000>：　　　//18 Enter，绘制结果如图 12-55 所示
```

Step 04 使用快捷键 L 激活"直线"命令，配合切点捕捉功能绘制圆的外公切线，结果如图 12-56 所示。

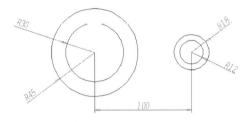

图 12-55　绘制同心圆

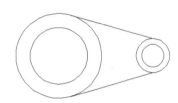

图 12-56　绘制外公切线

Step 05 选择菜单栏中的"修改"→"修剪"命令，以两条外公切线作为剪切边界，对右侧的大圆进行修剪，结果如图 12-57 所示。

Step 06 使用快捷键 BO 激活"边界"命令，打开"边界创建"对话框，设置参数如图 12-58 所示。然后在如图 12-59 所示的虚线区域内拾取一点，创建闭合边界。

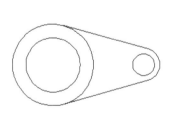

图 12-57　修剪结果

图 12-58　"边界创建"对话框

小技巧

在创建边界后，需要使用"删除"命令将原图线删除。

Step 07 在命令行输入 isolines，设置实体线框密度为 25，具体操作如下。

```
命令: isolines
输入 ISOLINES 的新值 <4>:        //25 Enter，设置变量值
```

Step 08 选择菜单栏中的"视图"→"三维视图"→"东北等轴测"命令，将视图切换为东北视图，结果如图12-60所示。

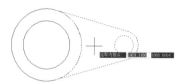

图 12-59　创建闭合边界

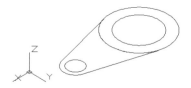

图 12-60　切换视图

Step 09 单击"常用"选项卡→"建模"面板→"拉伸"按钮，执行"拉伸"命令，将提取的多段线边界和同心圆拉伸为三维实体，命令行操作如下。

```
命令: extrude
当前线框密度: ISOLINES=25，闭合轮廓创建模式 = 实体
选择要拉伸的对象或 [模式(MO)]: _MO 闭合轮廓创建模式 [实体(SO)/曲面(SU)] <实体>: _SO
选择要拉伸的对象或 [模式(MO)]:         //选择如图12-61所示的同心圆
选择要拉伸的对象或 [模式(MO)]:         //Enter
指定拉伸的高度或 [方向(D)/路径(P)/倾斜角(T)/表达式(E)] <0.0>:
                                      //@0,0,20 Enter，拉伸结果如图12-62所示
```

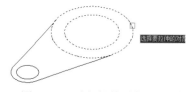

图 12-61　选择拉伸对象（1）

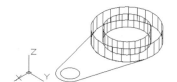

图 12-62　拉伸结果（1）

```
命令: extrude
当前线框密度: ISOLINES=25，闭合轮廓创建模式 = 实体
选择要拉伸的对象或 [模式(MO)]: _MO 闭合轮廓创建模式 [实体(SO)/曲面(SU)] <实体>: _SO
选择要拉伸的对象或 [模式(MO)]:         //选择如图12-63所示的边界
选择要拉伸的对象或 [模式(MO)]:         //Enter
指定拉伸的高度或 [方向(D)/路径(P)/倾斜角(T)/表达式(E)] <-15.0>:
                                      //@0,0,12 Enter，拉伸结果如图12-64所示
```

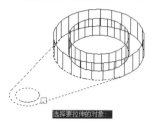

图 12-63　选择拉伸对象（2）

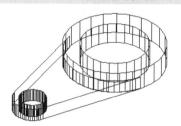

图 12-64　拉伸结果（2）

Step 10 使用快捷键 SU 激活"差集"命令，对刚创建的拉伸实体进行差集，命令行操作如下。

```
命令:subtract             //激活"差集"命令
选择要从中减去的实体或面域...
选择对象：                //选择如图 12-65 所示的拉伸实体
选择对象：                //Enter，结束对象的选择
选择要减去的实体或面域 ..
选择对象：                //选择如图 12-66 所示的拉伸实体
选择对象：                //Enter，结束命令
命令:_subtract            //Enter，重复执行命令
选择要从中减去的实体或面域...
选择对象：                //选择如图 12-67 所示的拉伸实体
选择对象：                //Enter，结束对象的选择
选择要减去的实体或面域 ..
选择对象：                //选择如图 12-68 所示的拉伸实体
选择对象：                //Enter，结束命令
```

小技巧

如果用户需要观察差集后的面域形态，可以选择菜单栏中的"视图"→"视觉样式"→"概念"命令，进行着色显示，效果如图 12-69 所示。

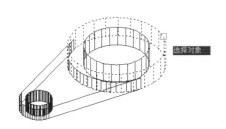
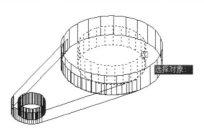

图 12-65　选择大面域　　　　　　　图 12-66　选择小面域

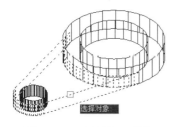
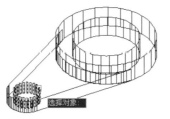

图 12-67　选择异形面域　　图 12-68　选择圆形面域　　图 12-69　概念着色

Step 11 选择菜单栏中的"修改"→"三维操作"→"三维镜像"命令，对差集后的实体进行三维镜像，命令行操作如下。

```
命令：mirror3d
选择对象：                //选择如图 12-70 所示的对象
选择对象：                //Enter
```

```
指定镜像平面（三点）的第一个点或 [对象(O)/最近的(L)/Z 轴(Z)/视图(V)/XY 平面
(XY)/YZ 平面(YZ)/ZX 平面(ZX)/三点(3)] <三点>:      //YZ Enter
指定 YZ 平面上的点 <0,0,0>:            //捕捉如图 12-71 所示的圆心
是否删除源对象？[是(Y)/否(N)] <否>:    //Enter，镜像结果如图 12-72 所示
```

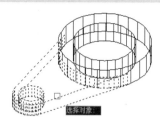 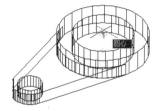 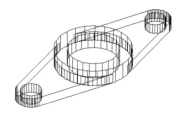

图 12-70　选择对象　　　　　图 12-71　捕捉圆心　　　　　图 12-72　镜像结果

Step 12 选择菜单栏中的"修改"→"实体编辑"→"并集"命令，将所有实体对象组合为一个实体，结果如图 12-73 所示，其着色效果如图 12-74 所示。

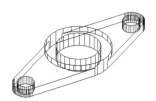 

图 12-73　并集结果　　　　　　　　　　图 12-74　着色结果

Step 13 单击"常用"选项卡→"修改"面板→"三维旋转"按钮，对并集实体进行三维旋转，命令行操作如下。

```
命令: 3drotate
UCS 当前的正角方向： ANGDIR=逆时针 ANGBASE=0
选择对象:                //选择并集后的实体
选择对象:                //Enter
指定基点:                //捕捉如图 12-75 所示的圆心
拾取旋转轴:              //拾取如图 12-76 所示的旋转轴
指定角的起点或输入角度:   //-45 Enter，旋转结果如图 12-77 所示
正在重生成模型。
```

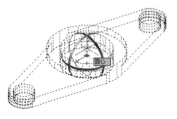 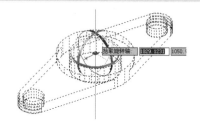

图 12-75　捕捉圆心　　　　　　　　　　图 12-76　定位旋转轴

Step 14 设置系统变量 FACETRES 的值为 10，然后对旋转后的模型进行消隐显示，结果如图 12-78 所示。

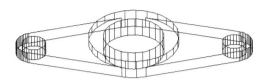
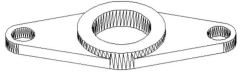

图 12-77 旋转结果　　　　　　　　图 12-78 消隐结果(1)

Step 15 恢复为线框显示，然后使用快捷键 F 激活"圆角"命令，选择如图 12-79 所示的棱边进行圆角，圆角半径为 1.5，圆角结果如图 12-80 所示。

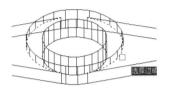
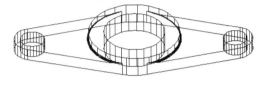

图 12-79 选择棱边　　　　　　　　图 12-80 圆角结果

Step 16 使用快捷键 HI 激活"消隐"命令，结果如图 12-81 所示。

Step 17 单击"实体"选项卡→"实体编辑"面板→"拉伸面"按钮，对零件模型进行实体编辑，命令行操作如下。

```
命令: solidedit
实体编辑自动检查：SOLIDCHECK=1
输入实体编辑选项 [面(F)/边(E)/体(B)/放弃(U)/退出(X)] <退出>：_face
输入面编辑选项[拉伸(E)/移动(M)/旋转(R)/偏移(O)/倾斜(T)/删除(D)/复制(C)/颜色
(L)/材质(A)/放弃(U)/退出(X)] <退出>：_extrude
选择面或 [放弃(U)/删除(R)]:              //选择如图 12-82 所示拉伸面
```

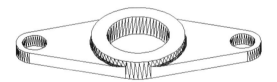
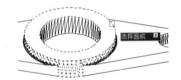

图 12-81 消隐结果（2）　　　　　　图 12-82 选择拉伸面

```
选择面或 [放弃(U)/删除(R)/全部(ALL)]:    //Enter
指定拉伸高度或 [路径(P)]:                //8 Enter
指定拉伸的倾斜角度 <15>:                 //30 Entor
已开始实体校验
已完成实体校验
输入面编辑选项[拉伸(E)/移动(M)/旋转(R)/偏移(O)/倾斜(T)/删除(D)/复制(C)/颜色
(L)/材质(A)/放弃(U)/退出(X)] <退出>：    //Enter
实体编辑自动检查：SOLIDCHECK=1
输入实体编辑选项 [面(F)/边(E)/体(B)/放弃(U)/退出(X)] <退出>：
                                        //Enter，结束命令，拉伸结果如图 12-83 所示
```

Step 18 对模型进行概念着色，然后单击"实体"选项卡→"实体编辑"面板→"偏移面"按钮，激活"偏移面"命令，对柱孔进行偏移，命令行操作如下。

```
命令: solidedit
实体编辑自动检查：SOLIDCHECK=1
输入实体编辑选项 [面(F)/边(E)/体(B)/放弃(U)/
退出(X)] <退出>: _face
输入面编辑选项[拉伸(E)/移动(M)/旋转(R)/偏移
(O)/倾斜(T)/删除(D)/复制(C)/颜色(L)/材质(A)/放
弃(U)/退出(X)] <退出>:_offset
选择面或 [放弃(U)/删除(R)]:           //选择如图 12-84 所示的柱孔面
选择面或 [放弃(U)/删除(R)/全部(ALL)]:  //Enter
指定偏移距离:                        //2 Enter
已开始实体校验
已完成实体校验
输入面编辑选项[拉伸(E)/移动(M)/旋转(R)/偏移(O)/倾斜(T)/删除(D)/复制(C)/颜色
(L)/材质(A)/放弃(U)/退出(X)] <退出>:   //Enter
实体编辑自动检查：SOLIDCHECK=1
输入实体编辑选项 [面(F)/边(E)/体(B)/放弃(U)/退出(X)] <退出>:
                                    //Enter,偏移结果如图 12-85 所示
```

图 12-83 拉伸结果

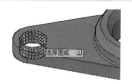

图 12-84 选择柱孔面

图 12-85 偏移结果

Step 19 使用快捷键 C 激活"圆"命令，以圆孔上表面圆心作为圆心，绘制半径为 13.5 的圆，如图 12-86 所示。

Step 20 单击"实体"选项卡→"实体编辑"面板→"压印"按钮，将圆图形压印到实体表面上，命令行操作如下。

```
命令: imprint
选择三维实体或曲面:            //选择实体模型
选择要压印的对象:              //选择半径为13.5的圆
是否删除源对象 [是(Y)/否(N)] <N>:  //Y Enter
选择要压印的对象:              //Enter,结束命令，压印结果如图 12-87 所示
```

图 12-86 绘制结果

图 12-87 压印结果

Step 21 单击"实体"选项卡→"实体编辑"面板→"拉伸面"按钮，对压印后产生的表面进行拉伸，命令行操作如下。

```
命令: solidedit
实体编辑自动检查：SOLIDCHECK=1
```

```
输入实体编辑选项 [面(F)/边(E)/体(B)/放弃(U)/退出(X)] <退出>: _face
输入面编辑选项[拉伸(E)/移动(M)/旋转(R)/偏移(O)/倾斜(T)/删除(D)/复制(C)/颜色
(L)/材质(A)/放弃(U)/退出(X)] <退出>: _extrude
选择面或 [放弃(U)/删除(R)]:            //选择如图12-88所示拉伸面
选择面或 [放弃(U)/删除(R)/全部(ALL)]:   //Enter
指定拉伸高度或 [路径(P)]:              //-5 Enter
指定拉伸的倾斜角度 <30>:               //0 Enter
已开始实体校验
已完成实体校验
输入面编辑选项[拉伸(E)/移动(M)/旋转(R)/偏移(O)/倾斜(T)/删除(D)/复制(C)/颜色
(L)/材质(A)/放弃(U)/退出(X)] <退出>:   //Enter
实体编辑自动检查: SOLIDCHECK=1
输入实体编辑选项 [面(F)/边(E)/体(B)/放弃(U)/退出(X)] <退出>:
                                     //Enter,拉伸结果如图12-89所示
```

图12-88 选择拉伸面

图12-89 拉伸结果

Step 22 参照第18~21步,综合使用"偏移面"、"压印"和"拉伸面"等命令,编辑右侧的孔结构,结果如图12-90所示。

图12-90 编辑结果

Step 23 使用快捷键R激活"旋转"命令,对模型进行旋转,命令行操作如下。

```
命令: rotate
UCS 当前的正角方向: ANGDIR=逆时针 ANGBASE=0
选择对象:                              //旋转如图12-90所示的模型
选择对象:                              //Enter
指定基点:                              //捕捉如图12-91所示的圆心
指定旋转角度,或 [复制(C)/参照(R)] <0>: //22.5 Enter,旋转结果如图12-92所示
```

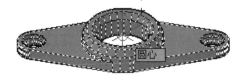
图12-91 捕捉圆心

图12-92 旋转结果

```
命令: rotate
```

```
UCS 当前的正角方向： ANGDIR=逆时针  ANGBASE=0
选择对象：                    //旋转如图 12-92 所示的模型
选择对象：                    //Enter
指定基点：                    //捕捉如图 12-93 所示的圆心
指定旋转角度，或[复制(C)/参照(R)] <23>：  //C Enter
旋转一组选定对象
指定旋转角度，或 [复制(C)/参照(R)] <23>：  //-45 Enter，旋转结果如图 12-94 所示
```

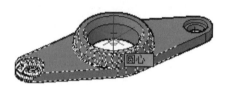
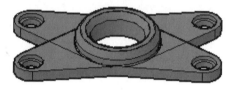

图 12-93 捕捉圆心   图 12-94 旋转结果

Step 24 执行"并集"命令，对图 12-94 所示的模型进行并集，结果如图 12-95 所示。

Step 25 执行"二维线框"命令，将着色方式设置为二维线框，结果如图 12-96 所示。

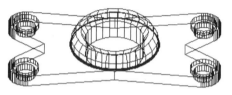

图 12-95 并集结果   图 12-96 线框着色

Step 26 单击"实体"选项卡→"实体编辑"面板→"圆角边"按钮，设置圆角半径为 7.5，创建如图 12-97 所示的两处圆角。

Step 27 单击"实体"选项卡→"实体编辑"面板→"圆角边"按钮，设置圆角半径为 5，创建左右两侧的两处圆角，结果如图 12-98 所示。

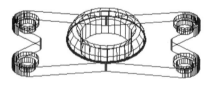

图 12-97 圆角结果（1）   图 12-98 圆角结果（2）

Step 28 选择菜单栏中的"视图"→"视觉样式"→"概念"命令，对模型进行概念着色，结果如图 12-99 所示。

Step 29 单击"常用"选项卡→"修改"面板→"三维旋转"按钮，将零件模型进行三维旋转，命令行操作如下。

```
命令：3drotate
UCS 当前的正角方向： ANGDIR=逆时针  ANGBASE=0
选择对象：              //选择如图 12-99 所示的对象
选择对象：              //Enter，结束选择
指定基点：              //捕捉如图 12-100 所示的圆心
```

拾取旋转轴： //在如图12-101所示方向上单击，定位旋转轴
指定角的起点或输入角度： //-90 Enter，结束命令，旋转结果如图12-102所示
正在重生成模型

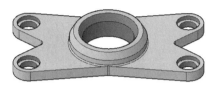

图 12-99　着色效果

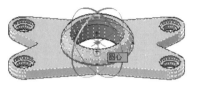

图 12-100　捕捉圆心

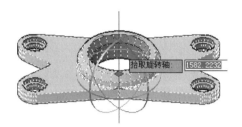

图 12-101　拾取旋转轴

图 12-102　旋转结果

Step 30　执行"保存"命令，将当前图形另存为"上机实训.dwg"。

12.5　小结与练习

12.5.1　小结

本章主要讲述了三维模型的基本操作功能和实体边、面的修改编辑功能，并通过众多详细的实例，对本章重点知识进行了剖析和引导。通过本章的学习，应了解和掌握如下知识。

（1）三维操作。了解和掌握模型的三维阵列、三维镜像、三维旋转、三维对齐、三维移动及实体的边、角细化功能。

（2）面的拉伸与移动。掌握实体面的高度拉伸和路径拉伸功能，掌握使用面的移动功能更改面、孔等的尺寸与位置。

（3）面的偏移与旋转。掌握通过面的偏移功能更改实体面的尺寸及孔、槽的大小等，通过面旋转功能更改实体面的角度。

（4）面的锥化。掌握通过面锥化功能更改实体面的倾斜角度。

（5）边的编辑。掌握复制边、压印边、倒角边及圆角边等工具的操作方法。

12.5.2　练习

1．综合运用所学知识，根据零件二视图制作零件实体造型，如图12-103所示。

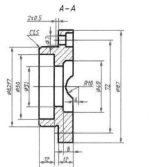 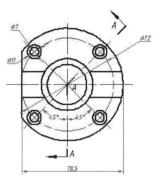 

图 12-103　练习 1

2. 综合运用所学知识，根据零件二视图制作零件实体造型，如图 12-104 所示。

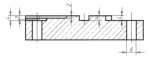

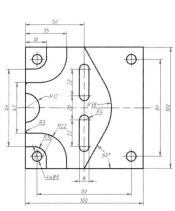 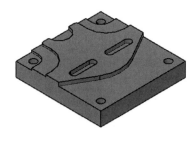

图 12-104　练习 2

第四篇 实用技能篇

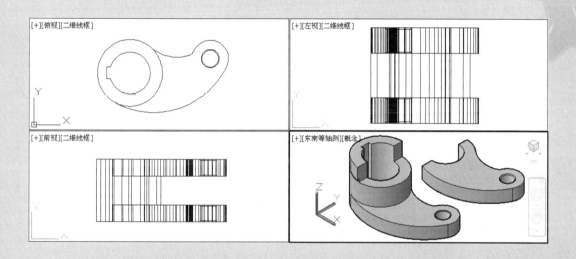

制作机械设计绘图样板

样板文件就是包含一定的绘图环境和专业参数的设置,但并未绘制图形对象的空白文件,将其保存为".dwt"格式后就成为样板图文件。用户在样板文件的基础上开始绘图,能够避免许多参数的重复设置,使绘制的图形更符合规范、更标准,以保证图面质量。本章通过制作机械绘图样板文件,学习绘图样板的具体内容和相关参数的具体设置过程。

内容要点

- 样板文件的制作思路
- 上机实训二——设置机械样板图层与特性
- 上机实训四——设置机械样板尺寸样式
- 上机实训一——设置机械样板绘图环境
- 上机实训三——设置机械样板文字样式
- 上机实训五——机械绘图样板的页面布局

第 13 章 制作机械设计绘图样板

13.1 样板文件的制作思路

样板文件的制作思路如下。

- 设置工程样板图的绘图环境,具体有图形界限、图形单位、单位精度、捕捉模式、追踪模式及常用变量的设置等。
- 为样板图设置多种图层和图层颜色、线型、线宽及打印等特性,以便组织复杂的图形。
- 为样板设置常用样式,如文字样式、尺寸样式等。
- 对样板进行页面布局和配置图框。
- 将包含各种变量参数的样板文件进行存储。

13.2 上机实训——设置机械样板绘图环境

下面开始设置工程样板文件。首先为样板图设置图形界限、图形单位、捕捉追踪模式及常用系统变量等绘图环境,操作步骤如下。

Step 01 执行"新建"命令,在打开的"选择样板"对话框中选择如图 13-1 所示的基础样板,新建空白文件。

Step 02 选择菜单栏中的"格式"→"单位"命令,在打开的如图 13-2 所示的"图形单位"对话框中设置长度、角度等参数。

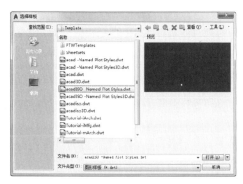

图 13-1 "选择样板"对话框

图 13-2 "图形单位"对话框

Step 03 选择菜单栏中的"格式"→"图形界限"命令,设置默认作图区域,命令行操作如下。

```
命令: limits
重新设置模型空间界限:
指定左下角点或 [开(ON)/关(OFF)] <0.0,0.0>:    //Enter,以原点作为左下角点
指定右上角点 <420.0,297.0>:                    //210,297 Enter,采用默认设置
```

小技巧

设置图形界限时,只需定位左下角点和右上角点即可。当设置好图形界限之后,必须使用全部缩放功能,将图形界限最大化显示,否则所设置的图形界限没有意义。

Step 04 选择菜单栏中的"视图"→"缩放"→"全部"命令,将设置的图形界限进行最大化显示。

Step 05 选择菜单栏中的"工具"→"绘图设置"命令,启用状态栏上的对象捕捉和追踪功能。

小技巧

如果用户需要使用极轴或动态输入等功能,可以分别展开"极轴追踪"和"动态输入"等选项卡,进行各种参数的设置。

Step 06 由于线型比例的原因,有些线型可能显示不出自身的特点,此时可以使用系统变量 LTSCALE 来调整线型的显示比例,命令行操作如下。

```
命令:ltscale                              //Enter,激活此系统变量
输入新线型比例因子 <1.0000>:              //Enter,输入线型的比例
```

Step 07 使用系统变量 DIMSCALE 可以设置和调整尺寸标注样式的比例,命令行操作如下。

```
命令:dimscale                             //Enter,激活此系统变量
输入 DIMSCALE 的新值 <1>:                 //Enter,输入尺寸比例
```

Step 08 使用系统变量 MIRRTEXT 可以设置镜像文字的可读性,命令行操作如下。

```
命令:mirrtext                             //Enter,激活此系统变量
输入 MIRRTEXT 的新值 <0>:                 //Enter,采用默认设置
```

小技巧

当变量 MIRRTEXT 的值为 0 时,镜像后的文字具有可读性;当变量 MIRRTEXT 的值为 1 时,镜像后的文字不可读,如图 13-3 所示。

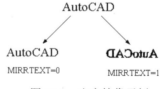

图 13-3 文字镜像示例

Step 09 在绘图过程中经常需要引用一些属性块,其属性值的输入一般有"对话框"和"命令行"两种方式,一般使用变量 ATTDIA 的值来设置,命令行操作如下。

```
命令: attdia                              // Enter 激活此系统变量
输入 ATTDIA 的新值 <0>:                   //1 Enter ,将此变量值设置为 1
```

小技巧

当变量 ATTDIA 的值为 0 时,系统将以命令行形式提示输入属性值;当 ATTDIA 的值为 1 时,系统将以"对话框"形式提示输入属性值。

Step 10 执行"保存"命令,将当前文件命名为"上机实训一.dwg"并存储。

13.3 上机实训二——设置机械样板图层与特性

本节为机械样板设置常用的图层和图层特性,以方便用户对复杂的图形资源进行组织、规划和控制等,操作步骤如下。

Step 01 继续 13.2 节的操作,或者打开配套资源中的"\效果文件\第 13 章\上机实训一.dwg"文件。

Step 02 单击"默认"选项卡→"图层"面板→"图层特性"按钮 ,打开"图层特性管理器"对话框,创建一个名为"轮廓线"的图层,如图 13-4 所示。

图 13-4 新建的图层

Step 03 重复第 2 步,分别创建"标注线、波浪线、点画线、剖面线、细实线、隐藏线、中心线"等常用图层,结果如图 13-5 所示。

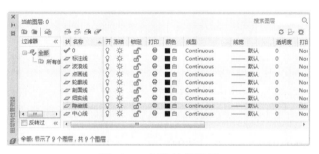

图 13-5 创建的新图层

Step 04 单击"点画线"图层,在如图 13-6 所示的颜色块上单击,打开"选择颜色"对话框。

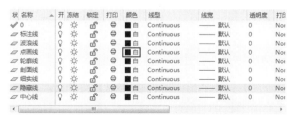

图 13-6 修改图层颜色

Step 05 在"选择颜色"对话框中选择"红色"作为图层的颜色,如图 13-7 所示,单击 确定 按钮,关闭对话框。

Step 06 重复第 5 步,分别设置其他图层的颜色,结果如图 13-8 所示。

图 13-7 "选择颜色"对话框　　　　　图 13-8 设置的图层颜色

Step 07 单击"点画线"图层,在如图 13-9 所示位置上单击,打开"选择线型"对话框。

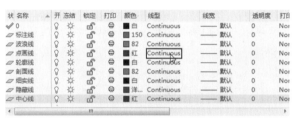

图 13-9 指定单击位置

Step 08 单击 加载(L)... 按钮,在打开的"加载或重载线型"对话框中选择如图 13-10 所示的线型进行加载。

Step 09 单击 确定 按钮返回"选择线型"对话框,指定的线型被加载到"选择线型"对话框内,如图 13-11 所示。

图 13-10 "加载或重载线型"对话框　　　　　图 13-11 "选择线型"对话框

Step 10 选择加载的线型,单击 确定 按钮,将此线型赋给"点画线"图层,结果如图 13-12 所示。

Step 11 重复第 7~10 步,分别为其他图层设置线型,结果如图 13-13 所示。

图 13-12 设置的图层线型

图 13-13 设置的其他图层线型

小技巧

在选择多种线型时，需要按住 Ctrl 键。另外，AutoCAD 为用户提供了多种线型，在默认情况下仅显示"连续实线"线型，当用户需要设置其他线型时，必须先加载所需线型。

Step 12 单击"轮廓线"图层将其激活，在如图 13-14 所示的位置上单击，打开"线宽"对话框。

Step 13 在打开的"线宽"对话框中选择 0.30mm 线宽，如图 13-15 所示。

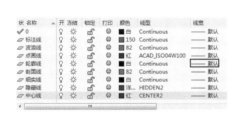

图 13-14 指定单击位置

图 13-15 选择线宽

Step 14 单击"线宽"对话框中的 确定 按钮，将此线宽赋给"轮廓线"图层，结果如图 13-16 所示。

图 13-16 设置线宽的结果

小技巧

在日常的工程制图中，引用的图层及图层名非常多，并且很复杂。本例通过设置一些简单、常规的图层，引导读者学习层及层特性的设置方法和快速设置技巧。

Step 15 将当前文件另存为"上机实训二.dwg"。

13.4 上机实训三——设置机械样板文字样式

在机械制图中，为了控制零件图中数字、字母和汉字等的外观显示效果，需要为其统一设置文字样式，操作步骤如下。

Step 01 继续 13.3 节的操作，或者打开配套资源中的"\效果文件\第 13 章\上机实训二.dwg"文件。

Step 02 单击"默认"选项卡→"注释"面板→"文字样式"按钮 ，执行"文字样式"命令，打开"文字样式"对话框。

Step 03 单击 新建(N)... 按钮，在打开的"新建文字样式"对话框中为新样式命名，如图 13-17 所示。

Step 04 单击 确定 按钮，返回"文字样式"对话框，然后展开"字体名"下拉列表，设置字体为 isocp.shx，在"效果"选项组中设置文字的倾斜角度为 15°，如图 13-18 所示。

图 13-17 为新样式命名

图 13-18 设置新样式

Step 05 其他参数采用默认设置，单击 应用(A) 按钮，完成新样式的设置。

Step 06 参照上述操作步骤，设置一种名为"仿宋"的文字样式，参数的设置如图 13-19 所示。

Step 07 参照上述操作步骤，设置一种名为"字母和文字"的文字样式，参数的设置如图 13-20 所示。

第 13 章　制作机械设计绘图样板

图 13-19　设置"仿宋"样式

图 13-20　设置"字母和文字"样式

Step 08 选择"数字和字母"文字样式，单击 置为当前(C) 按钮，将其设为当前样式。

Step 09 将当前文件另存为"上机实训三.dwg"。

13.5　上机实训四——设置机械样板尺寸样式

13.4 节学习了文字样式的设置过程，本节主要学习机械制图中尺寸标注样式的具体设置过程，操作步骤如下。

Step 01 继续 13.4 节的操作，或者打开配套资源中的"\效果文件\第 13 章\上机实训三.dwg"文件。

Step 02 单击"默认"选项卡→"注释"面板→"标注样式"按钮，打开"标注样式管理器"对话框，如图 13-21 所示。

Step 03 单击 新建(N)... 按钮，打开"创建新标注样式"对话框，为新样式命名，如图 13-22 所示。

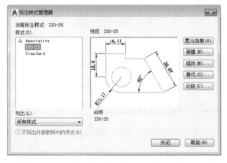

图 13-21　"标注样式管理器"对话框

图 13-22　为新样式命名

Step 04 单击 继续 按钮，打开"新建标注样式：机械样式"对话框，在"线"选项卡内设置基线间距、起点偏移量等参数，如图 13-23 所示。

Step 05 展开"符号和箭头"选项卡，设置尺寸的箭头形状、大小及圆心标记类型等参数，如图 13-24 所示。

图 13-23 设置"线"参数　　　　　图 13-24 设置"符号和箭头"参数

Step 06 展开"文字"选项卡，设置文字的样式、颜色、高度等参数，如图 13-25 所示。

Step 07 展开"调整"选项卡，设置尺寸元素的位置及比例等，如图 13-26 所示。

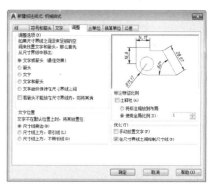

图 13-25 设置"文字"参数　　　　　图 13-26 "调整"选项卡

Step 08 展开"主单位"选项卡，设置尺寸线性参数及角度标注参数，如图 13-27 所示。

Step 09 单击 确定 按钮，返回"标注样式管理器"对话框，新设置的尺寸样式出现在此对话框中，如图 13-28 所示。

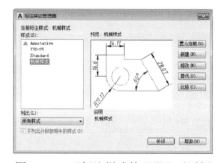

图 13-27 "主单位"选项卡　　　　　图 13-28 "标注样式管理器"对话框

Step 10 单击 置为当前(U) 按钮，将"机械样式"设置为当前样式，同时关闭对话框。

Step 11 将文件另存为"上机实训四.dwg"。

13.6 上机实训五——机械绘图样板的页面布局

当设置好绘图环境和所需样式等内容后,接下来为样板进行打印页面的布局和图表框的配置,以体现出样板文件的完整性和方便图样的后期输出,操作步骤如下。

Step 01 继续 13.5 节的操作,或者打开配套资源中的"\效果文件\第 13 章\上机实训四.dwg"文件。

Step 02 单击绘图区底部的"布局 1"标签,进入如图 13-29 所示的布局空间。

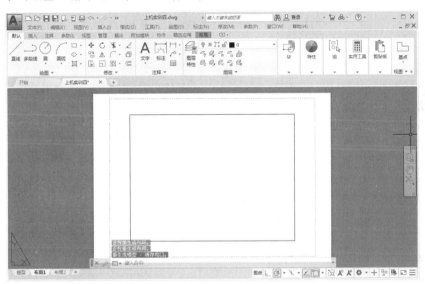

图 13-29 布局空间

Step 03 选择菜单栏中的"文件"→"页面设置管理器"命令,打开如图 13-30 所示的"页面设置管理器"对话框。

Step 04 单击 新建(N)... 按钮,打开"新建页面设置"对话框,为新页面命名,如图 13-31 所示。

图 13-30 "页面设置管理器"对话框

图 13-31 为新页面命名

Step 05 单击 确定(O) 按钮,进入"页面设置-布局 1"对话框,然后设置打印设备、图纸尺寸、打印样式、打印比例等页面参数，如图 13-32 所示。

Step 06 单击 确定 按钮，返回"页面设置管理器"对话框，将刚设置的新页面设置为当前页面。

Step 07 单击 关闭(C) 按钮，关闭"页面设置管理器"对话框，新布局的页面设置效果如图 13-33 所示。

图 13-32　设置页面参数

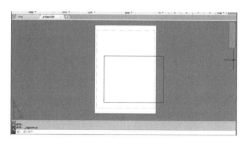

图 13-33　页面设置效果

Step 08 使用"删除"命令，删除布局内的矩形视口边框，结果如图 13-34 所示。

Step 09 单击"默认"选项卡→"块"面板→"插入"按钮，执行"插入块"命令，插入配套资源中的"\图块文件\A4-V.dwg"文件，并设置块参数如图 13-35 所示。

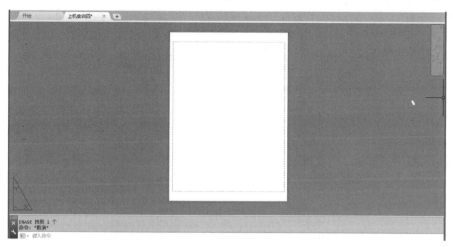

图 13-34　删除默认视口

图 13-35　设置块参数

Step 10 按 Enter 键，A4-V 图表框被插入当前布局中的原点位置上，如图 13-36 所示。

第 13 章　制作机械设计绘图样板

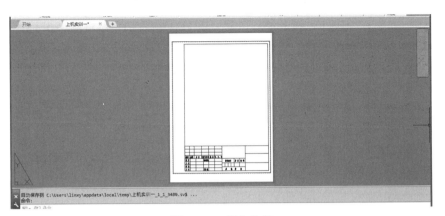

图 13-36　插入结果

Step 11 单击绘图区下侧的"模型"标签，恢复到模型空间。

Step 12 执行"另存为"命令，在打开的对话框中设置文件的存储类型和文件名，如图 13-37 所示。

Step 13 单击 保存(S) 按钮，打开"样板选项"对话框，输入"A4-V 幅面的公制单位样板文件"，如图 13-38 所示。

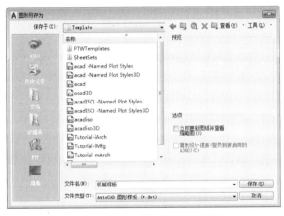

图 13-37　"图形另存为"对话框

图 13-38　"样板选项"对话框

Step 14 单击 确定 按钮，结果创建了制图样板文件，保存于 AutoCAD 安装目录下的 Tomplate 目录中。

Step 15 使用"另存为"命令，将文件另存为"上机实训五.dwg"。

13.7　小结与练习

13.7.1　小结

本章在简单了解机械制图规范和样板文件的概念及功能等知识的前提下，详细讲述了机械制图样板文件的制作过程和制作技巧。另外，本章在制作过程中仅起到抛砖引玉的作用，样板文件中相关参数的设置并不是固定不变的，读者可以根据自己所要绘制的专业图形来设置样板文件中的各种变量。

13.7.2 练习

参照本章 A4-V 幅面的样板的制作过程，运用相关知识，制作并保存 A3-H 幅面的绘图样板。

轴套类零件设计

本章在概述轴套类零件理论知识的前提下,通过绘制连接轴零件与连接套零件视图,学习机械轴套类零件的具体绘制过程和相关绘图技巧。

内容要点

- ◆ 轴套类零件概述
- ◆ 轴套类零件设计效果
- ◆ 轴套类零件设计思路
- ◆ 轴套类零件设计过程

14.1 轴套类零件概述

轴套类零件是机器中常用的典型零件之一,此类零件多用来支承回转体零件、传递动力或对其他零件进行定位等。其基本形状多是轴向尺寸较长的圆柱体,且大多数是由几个不同直径的圆柱体组成的。

另外,为了与所配零件连接,在此类零件上一般带有各种槽、孔、螺纹角、圆角、锥度等结构。

- **轴套类零件视图表达**

由于轴套类零件的形体比较简单,一般将其轴线水平放置,用一个主视图即可,这样既符合形体特征原则,又符合加工位置原则。对于凸轮轴和曲轴等,由于它们的主要工作面不与主轴线对称,因此需要增加其他视图。

当使用一个主视图对零件上的一些结构(如油槽、键槽等)表达不清楚,而增加视图又没有必要时,可以采用剖面、局部剖视图等方法进行表达。此种视图的表达方式是绘制轴套类零件常用的方式。

- **轴套类零件尺寸标注**

尺寸标注与零件的加工方法、制造成本密切相关。由于轴套类零件一般在车床上加工制成,结合其在部件上的功能,常以轴线、轴肩面或端面作为基准。具体标注尺寸时,可采用以下三种形式。

  ◇ 并联式。零件中同一方向的尺寸,从同一基准出发进行标注。
  ◇ 串联式。零件中同一方向的尺寸,逐段连续标注,前一个尺寸的终结面为后一个尺寸的基准面。
  ◇ 混合式。零件上同一方向的尺寸,同时采用并联和串联两种形式标注。

14.2 轴套类零件设计效果

- **轴类零件效果**

本章通过绘制连接轴零件的主视图和系列辅助视图,学习轴类零件图的绘制方法和具体的绘制过程。连接轴零件的最终效果如图 14-1 所示。

- **套类零件效果**

本章通过绘制连接套零件的主视图和剖视图,学习连接套类零件图的绘制方法和具体的绘制过程。连接套零件的最终效果如图 14-2 所示。

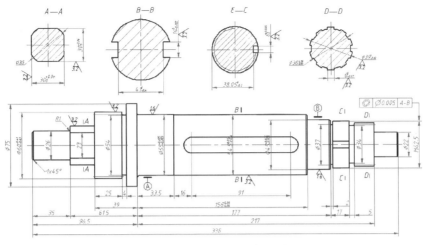

图 14-1　连接轴零件效果图

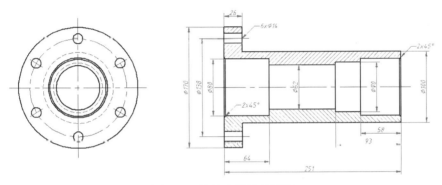

图 14-2　连接套零件效果图

14.3　轴套类零件设计思路

- **轴类零件设计思路**

  ◇ 调用"机械样板.dwt"样板文件。
  ◇ 使用"矩形"和"直线"命令配合"捕捉自"功能绘制主视图。
  ◇ 使用"倒角""偏移""圆角""修剪"命令对主视图进行修整和完善。
  ◇ 使用"偏移""圆""修剪""图案填充"等命令绘制 A—A 断面图。
  ◇ 使用"拉长""偏移""圆"等命令绘制 B—B 断面图。
  ◇ 使用"直线""圆""偏移""修剪""拉长"等命令绘制 C—C 断面图。
  ◇ 使用"直线""偏移""圆""图案填充""环形阵列"等命令绘制 D—D 断面图。
  ◇ 使用"保存"命令将图形命名并存盘。

- **套类零件设计思路**

  ◇ 调用"机械样板.dwt"样板文件。

- 使用"构造线""偏移""修剪"命令绘制视图定位辅助线。
- 使用"偏移""线型""圆"命令绘制零件主视图。
- 使用"构造线""修剪""倒角"等命令绘制剖视图。
- 使用"图案填充"命令填充剖面线。
- 使用"保存"命令将图形命名并存盘。

14.4 轴套类零件设计过程

下面将详细学习连接轴零件和连接套零件等各种视图的绘制方法和绘制技巧。

14.4.1 上机实训一——绘制轴类零件主视图

本节主要学习连接轴零件主视图的绘制过程和相关绘图技巧，具体操作步骤如下。

Step 01 执行"新建"命令，调用配套资源中的"\样板文件\机械样板.dwt"文件。

Step 02 使用快捷键 Z 激活"视图缩放"功能，将当前视图的高度调整为 300 个绘图单位。

Step 03 展开"图层"面板→"图层控制"下拉列表，将"轮廓线"图层设置为当前图层，如图 14-3 所示。

Step 04 选择菜单栏中的"格式"→"线宽"命令，在打开的"线宽设置"对话框中设置线宽，如图 14-4 所示。

图 14-3 "图层控制"下拉列表

图 14-4 "线宽设置"对话框

Step 05 选择菜单栏中的"绘图"→"矩形"命令，绘制长为 35、宽为 26 的矩形。

Step 06 重复执行"矩形"命令，配合"捕捉自"和端点捕捉功能，绘制其他位置的矩形轮廓线，命令行操作如下。

```
命令: rectang
指定第一个角点或 [倒角(C)/标高(E)/圆角(F)/厚度(T)/宽度(W)]:  //激活"捕捉自"功能
_from 基点:                //捕捉刚绘制的矩形的右下角点
<偏移>:                    //@22.5,-17 Enter
指定另一个角点或 [面积(A)/尺寸(D)/旋转(R)]:
                           //@25,60 Enter，结束命令，结果如图 14-5 所示
命令: rectang              //Enter
```

```
指定第一个角点或 [倒角(C)/标高(E)/圆角(F)/厚度(T)/宽度(W)]: //激活"捕捉自"功能
_from 基点:                          //捕捉刚绘制的矩形的右下角点
  <偏移>:                            //@4,-7.5 Enter
指定另一个角点或 [面积(A)/尺寸(D)/旋转(R)]://@10,75 Enter, 结果如图 14-6 所示
```

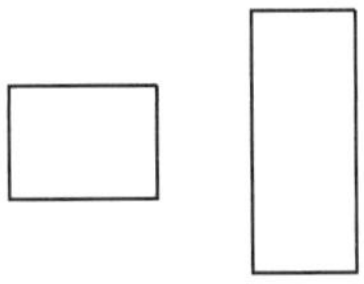

图 14-5　绘制结果（1） 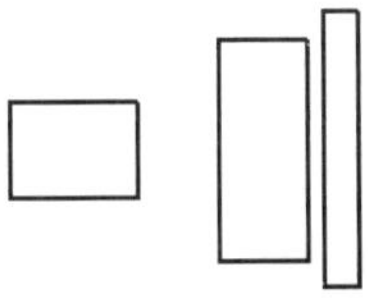　　　　　　　图 14-6　绘制结果（2）

```
命令: rectang                        //Enter
指定第一个角点或 [倒角(C)/标高(E)/圆角(F)/厚度(T)/宽度(W)]: //激活"捕捉自"功能
_from 基点:                          //捕捉刚绘制的矩形的右下角点
  <偏移>:                            //@33.5,10.25 Enter
指定另一个角点或 [面积(A)/尺寸(D)/旋转(R)]:
                                     //@122.5,54.5 Enter, 结束命令, 结果如图 14-7 所示
命令: rectang                        //Enter
指定第一个角点或 [倒角(C)/标高(E)/圆角(F)/厚度(T)/宽度(W)]: //激活"捕捉自"功能
_from 基点:                          //捕捉刚绘制的矩形的右下角点
  <偏移>:                            //@23,6 Enter
指定另一个角点或 [面积(A)/尺寸(D)/旋转(R)]:
                                     //@15,42.5 Enter, 结束命令, 结果如图 14-8 所示
```

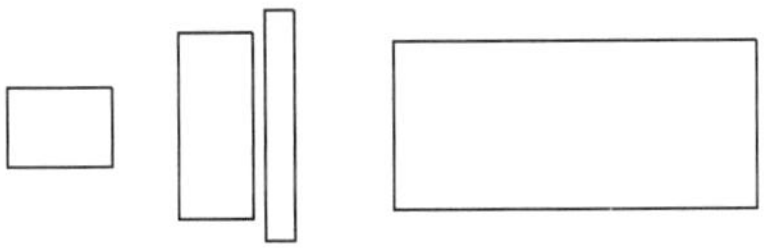

图 14-7　绘制结果（3） 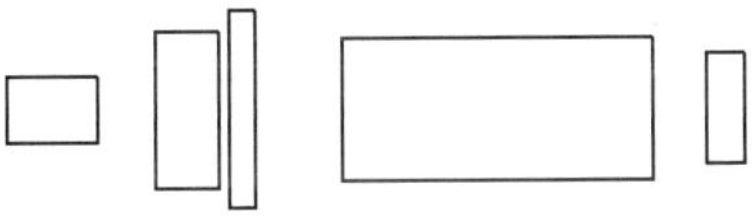　　　　　　　图 14-8　绘制结果（4）

```
命令: rectang                        // Enter
指定第一个角点或 [倒角(C)/标高(E)/圆角(F)/厚度(T)/宽度(W)]: //激活"捕捉自"功能
_from 基点:                          //捕捉刚绘制的矩形的右下角点
  <偏移>:                            //@5,1.75 Enter
指定另一个角点或 [面积(A)/尺寸(D)/旋转(R)]:
                                     //@18,39 Enter, 结果如图 14-9 所示
```

图 14-9　绘制结果（5）

```
命令: rectang                        //Enter
指定第一个角点或 [倒角(C)/标高(E)/圆角(F)/厚度(T)/宽度(W)]: //激活"捕捉自"功能
_from 基点:                          //捕捉刚绘制的矩形的右下角点
  <偏移>:                            //@0,8.5 Enter
```

指定另一个角点或 [面积(A)/尺寸(D)/旋转(R)]:
//@22.5,22 Enter，结果如图 14-10 所示

图 14-10　绘制结果

Step 07　将各矩形分解，然后配合中点捕捉和对象追踪功能，在"中心线"图层内绘制如图 14-11 所示的中心线。

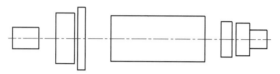

图 14-11　绘制中心线

Step 08　选择菜单栏中的"修改"→"偏移"命令，将水平中心线进行对称偏移，命令行操作如下。

```
命令: offset
当前设置: 删除源=否  图层=源  OFFSETGAPTYPE=0
指定偏移距离或 [通过(T)/删除(E)/图层(L)] <通过>:   //11.5 Enter
选择要偏移的对象，或 [退出(E)/放弃(U)] <退出>:      //选择水平中心线
指定要偏移的那一侧上的点，或 [退出(E)/多个(M)/放弃(U)] <退出>:
                                                //在中心线上侧拾取一点
选择要偏移的对象，或 [退出(E)/放弃(U)] <退出>:      //选择水平中心线
指定要偏移的那一侧上的点，或 [退出(E)/多个(M)/放弃(U)] <退出>:
                                                //在中心线下侧拾取一点
选择要偏移的对象，或 [退出(E)/放弃(U)] <退出>:      //Enter
命令: offset                                     //Enter
当前设置: 删除源=否  图层=源  OFFSETGAPTYPE=0
指定偏移距离或 [通过(T)/删除(E)/图层(L)] <11.5>:   //17.5 Enter
选择要偏移的对象，或 [退出(E)/放弃(U)] <退出>:      //选择水平中心线
指定要偏移的那一侧上的点，或 [退出(E)/多个(M)/放弃(U)] <退出>:
                                                //在中心线上侧拾取一点
选择要偏移的对象，或 [退出(E)/放弃(U)] <退出>:      //选择水平中心线
指定要偏移的那一侧上的点，或 [退出(E)/多个(M)/放弃(U)] <退出>:
                                                //在中心线下侧拾取一点
选择要偏移的对象，或 [退出(E)/放弃(U)] <退出>:      //Enter，结果如图 14-12 所示
```

图 14-12　对称偏移结果

Step 09 选择菜单栏中的"修改"→"延伸"命令,以两侧的水平中心线作为边界,对垂直轮廓线 1 进行两端延伸,结果如图 14-13 所示。

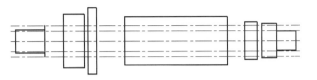

图 14-13　延伸结果

Step 10 选择菜单栏中的"修改"→"修剪"命令,以两条垂直轮廓线 1 和 2 作为边界,对偏移出的四条水平中心线进行修剪,结果如图 14-14 所示。

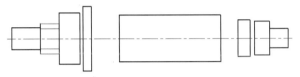

图 14-14　修剪结果(1)

Step 11 选择菜单栏中的"修改"→"偏移"命令,将水平中心线对称偏移 27、27.5、28 个绘图单位,结果如图 14-15 所示。

图 14-15　偏移结果

Step 12 选择菜单栏中的"修改"→"修剪"命令,以如图 14-15 所示的垂直轮廓线 1 和 2 作为边界,对两侧的水平中心线进行修剪,结果如图 14-16 所示。

Step 13 选择菜单栏中的"修改"→"修剪"命令,以如图 14-15 所示的垂直轮廓线 3 和 2 作为边界,对两侧的水平中心线进行修剪,结果如图 14-17 所示。

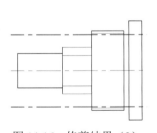

图 14-16　修剪结果(2)

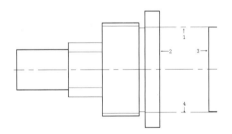

图 14-17　修剪结果(3)

Step 14 选择菜单栏中的"修改"→"圆角"命令,对如图 14-17 所示的四条轮廓线进行编辑,命令行操作如下。

```
命令: fillet
当前设置: 模式 = 修剪, 半径 = 0.0
选择第一个对象或 [放弃(U)/多段线(P)/半径(R)/修剪(T)/多个(M)]://M Enter
```

```
选择第一个对象或 [放弃(U)/多段线(P)/半径(R)/修剪(T)/多个(M)]:
                                        //在水平中心线 1 的左端单击
选择第二个对象，或按住 Shift 键选择对象以应用角点或 [半径(R)]:
                                        //在垂直轮廓线 3 的上端单击
选择第一个对象或 [放弃(U)/多段线(P)/半径(R)/修剪(T)/多个(M)]:
                                        //在垂直轮廓线 3 的下端单击
选择第二个对象，或按住 Shift 键选择对象以应用角点或 [半径(R)]:
                                        //在水平中心线 4 的左端单击
选择第一个对象或 [放弃(U)/多段线(P)/半径(R)/修剪(T)/多个(M)]://Enter
```

小技巧

在圆角半径为 0 的情况下对两条图线圆角，其结果是使两图线垂直相交于一点。此种技巧是常用的一种操作技巧。

```
命令:fillet                              //Enter
当前设置：模式 = 修剪，半径 = 0.0
选择第一个对象或 [放弃(U)/多段线(P)/半径(R)/修剪(T)/多个(M)]:   //T Enter
输入修剪模式选项 [修剪(T)/不修剪(N)] <修剪>: //N Enter
选择第一个对象或 [放弃(U)/多段线(P)/半径(R)/修剪(T)/多个(M)]:   //R Enter
指定圆角半径 <0.0>:                       //1 Enter
选择第一个对象或 [放弃(U)/多段线(P)/半径(R)/修剪(T)/多个(M)]:   //M Enter
选择第一个对象或 [放弃(U)/多段线(P)/半径(R)/修剪(T)/多个(M)]:
                                        //在水平中心线 1 的左端单击
选择第二个对象，或按住 Shift 键选择对象以应用角点或 [半径(R)]:
                                        //在垂直轮廓线 2 的上端单击
选择第一个对象或 [放弃(U)/多段线(P)/半径(R)/修剪(T)/多个(M)]:
                                        //在垂直轮廓线 2 的下端单击
选择第二个对象，或按住 Shift 键选择对象以应用角点或 [半径(R)]:
                                        //在水平中心线 4 的左端单击
选择第一个对象或 [放弃(U)/多段线(P)/半径(R)/修剪(T)/多个(M)]:
                                        //Enter，圆角结果如图 14-18 所示
```

Step 15 选择菜单栏中的"修改"→"修剪"命令，以圆角后产生的两条圆弧作为边界，对两侧的水平中心线进行修剪，结果如图 14-19 所示。

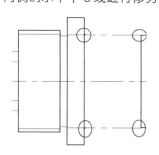
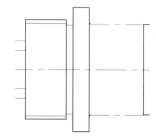

图 14-18　圆角结果　　　　　　　　　图 14-19　修剪结果

Step 16 选择菜单栏中的"修改"→"偏移"命令,将水平中心线分别对称偏移 22.5、18.5、3 个绘图单位,将垂直轮廓线 1 向右偏移 21 个绘图单位,结果如图 14-20 所示。

图 14-20　偏移结果

Step 17 选择菜单栏中的"修改"→"修剪"命令,以如图 14-20 所示的垂直轮廓线 1、2 和 3 作为边界,对两侧的水平中心线进行修剪;以垂直轮廓线 3 和 4 作为边界,对内部的两条水平中心线进行修剪,结果如图 14-21 所示。

Step 18 选择菜单栏中的"修改"→"偏移"命令,将水平中心线分别对称偏移 17、18 个绘图单位,结果如图 14-22 所示。

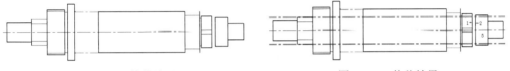

图 14-21　修剪结果　　　　　　　　图 14-22　偏移结果

Step 19 选择菜单栏中的"修改"→"修剪"命令,以如图 14-22 所示的垂直轮廓线 2、3 作为边界,对外侧的水平中心线进行修剪;以垂直轮廓线 1 和 2 作为边界,对偏移出的另外两条水平中心线进行修剪,结果如图 14-23 所示。

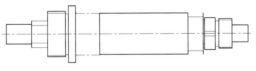

图 14-23　修剪结果

Step 20 使用夹点编辑功能将垂直轮廓线 1 缩短,将水平中心线 2、3、4、5 拉长 1.2 个绘图单位,结果如图 14-24 所示。

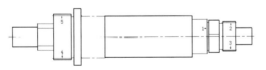

图 14-24　编辑结果

Step 21 显示如图 14-24 所示的各位置的水平轮廓线的夹点,修改其图层为"轮廓线"图层,结果如图 14-25 所示。

图 14-25　更改图层

Step 22 单击"默认"选项卡→"修改"面板→"倒角"按钮，对轮廓线进行倒角细化，命令行操作过程如下。

```
命令: chamfer
("不修剪"模式) 当前倒角距离 1 = 0.0, 距离 2 = 0.0
选择第一条直线或 [放弃(U)/多段线(P)/距离(D)/角度(A)/修剪(T)/方式(E)/多个(M)]:
                                                   //T Enter
输入修剪模式选项 [修剪(T)/不修剪(N)] <不修剪>: //T Enter
选择第一条直线或 [放弃(U)/多段线(P)/距离(D)/角度(A)/修剪(T)/方式(E)/多个(M)]:
                                                   //A Enter
指定第一条直线的倒角长度 <0.0>:              //1 Enter
指定第一条直线的倒角角度 <0>:                //45 Enter
选择第一条直线或 [放弃(U)/多段线(P)/距离(D)/角度(A)/修剪(T)/方式(E)/多个(M)]:
                                                   //M Enter
选择第一条直线或 [放弃(U)/多段线(P)/距离(D)/角度(A)/修剪(T)/方式(E)/多个(M)]:
                                                   //在垂直轮廓线1的上端单击
选择第二条直线, 或按住 Shift 键选择直线以应用角点或 [距离(D)/角度(A)/方法(M)]:
                                                   //在水平轮廓线2的左端单击
选择第一条直线或 [放弃(U)/多段线(P)/距离(D)/角度(A)/修剪(T)/方式(E)/多个(M)]:
                                                   //在垂直轮廓线1的下端单击
选择第二条直线, 或按住 Shift 键选择直线以应用角点或 [距离(D)/角度(A)/方法(M)]:
                                                   //在水平轮廓线3的左端单击
选择第一条直线或 [放弃(U)/多段线(P)/距离(D)/角度(A)/修剪(T)/方式(E)/多个(M)]:
                                                   //在垂直轮廓线5的下端单击
选择第二条直线, 或按住 Shift 键选择直线以应用角点或 [距离(D)/角度(A)/方法(M)]:
                                                   //在水平轮廓线6的右端单击
选择第一条直线或 [放弃(U)/多段线(P)/距离(D)/角度(A)/修剪(T)/方式(E)/多个(M)]:
                                                   //在垂直轮廓线5的上端单击
选择第二条直线, 或按住 Shift 键选择直线以应用角点或 [距离(D)/角度(A)/方法(M)]:
                                                   //在水平轮廓线4的右端单击
选择第一条直线或 [放弃(U)/多段线(P)/距离(D)/角度(A)/修剪(T)/方式(E)/多个(M)]:
                                                   //在垂直轮廓线8的上端单击
选择第二条直线, 或按住 Shift 键选择直线以应用角点或 [距离(D)/角度(A)/方法(M)]:
                                                   //在水平轮廓线7的右端单击
选择第一条直线或 [放弃(U)/多段线(P)/距离(D)/角度(A)/修剪(T)/方式(E)/多个(M)]:
                                                   //在垂直轮廓线8的下端单击
选择第二条直线, 或按住 Shift 键选择直线以应用角点或 [距离(D)/角度(A)/方法(M)]:
                                                   //在水平轮廓线9的右端单击
选择第一条直线或 [放弃(U)/多段线(P)/距离(D)/角度(A)/修剪(T)/方式(E)/多个(M)]:
                                                   //在垂直轮廓线c的下端单击
选择第二条直线, 或按住 Shift 键选择直线以应用角点或 [距离(D)/角度(A)/方法(M)]:
                                                   //在水平轮廓线b的右端单击
选择第一条直线或 [放弃(U)/多段线(P)/距离(D)/角度(A)/修剪(T)/方式(E)/多个(M)]:
                                                   //在垂直轮廓线c的上端单击
```

选择第二条直线,或按住 Shift 键选择直线以应用角点或 [距离(D)/角度(A)/方法(M)]:
//在水平轮廓线 a 的右端单击
选择第一条直线或 [放弃(U)/多段线(P)/距离(D)/角度(A)/修剪(T)/方式(E)/多个(M)]:
//Enter,结束命令,倒角结果如图 14-26 所示

图 14-26 倒角结果

小技巧

在对轮廓线进行倒角时,需要注意倒角线的选择顺序。选择顺序不同,倒角的结果是不同的。

Step 23 使用快捷键 L 激活"直线"命令,配合端点捕捉和垂足点捕捉功能,绘制倒角位置的垂直轮廓线,结果如图 14-27 所示。

图 14-27 绘制结果

Step 24 选择菜单栏中的"修改"→"圆角"命令,对如图 14-27 所示的轮廓线 1、2、3、4、5 和 6 进行圆角,命令行操作如下。

```
命令: fillet
当前设置: 模式 = 修剪,半径 = 1.0
选择第一个对象或 [放弃(U)/多段线(P)/半径(R)/修剪(T)/多个(M)]:    //T Enter
输入修剪模式选项 [修剪(T)/不修剪(N)] <修剪>:                      //N Enter
选择第一个对象或 [放弃(U)/多段线(P)/半径(R)/修剪(T)/多个(M)]:    //M Enter
选择第一个对象或 [放弃(U)/多段线(P)/半径(R)/修剪(T)/多个(M)]:
                                         //在垂直轮廓线 1 的上端单击
选择第二个对象,或按住 Shift 键选择对象以应用角点或 [半径(R)]:
                                         //在水平轮廓线 3 的右端单击
选择第一个对象或 [放弃(U)/多段线(P)/半径(R)/修剪(T)/多个(M)]:
                                         //在垂直轮廓线 1 的下端单击
选择第二个对象,或按住 Shift 键选择对象以应用角点或 [半径(R)]:
                                         //在水平轮廓线 2 的右端单击
选择第一个对象或 [放弃(U)/多段线(P)/半径(R)/修剪(T)/多个(M)]:
                                         //在垂直轮廓线 4 的下端单击
选择第二个对象,或按住 Shift 键选择对象以应用角点或 [半径(R)]:
                                         //在水平轮廓线 6 的右端单击
```

选择第一个对象或 [放弃(U)/多段线(P)/半径(R)/修剪(T)/多个(M)]:
//在垂直轮廓线 4 的上端单击
选择第二个对象，或按住 Shift 键选择对象以应用角点或 [半径(R)]:
//在水平轮廓线 5 的右端单击
选择第一个对象或 [放弃(U)/多段线(P)/半径(R)/修剪(T)/多个(M)]:
//Enter，结束命令，圆角结果如图 14-28 所示

Step 25 使用快捷键 TR 激活"修剪"命令，以圆角后产生的四条圆弧作为边界，对图 14-28 所示的轮廓线 1、2、3 和 4 进行修剪，结果如图 14-29 所示。

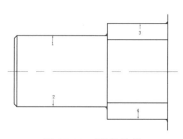 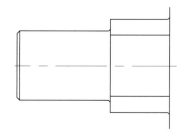

图 14-28 圆角结果　　　　　　　　图 14-29 修剪结果

Step 26 调整视图，使图形完全显示，结果如图 14-30 所示。

图 14-30 主视图最终效果

Step 27 使用"多段线"命令在"轮廓线"图层内绘制如图 14-31 所示的剖面符号和键槽轮廓线。

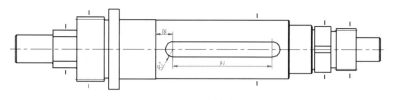

图 14-31 绘制结果

至此，连接轴零件主视图绘制完毕。

14.4.2 上机实训二——绘制轴零件辅助视图

本节将学习各类辅助视图的具体绘制过程。

绘制 A—A 断面图。

Step 01 继续 14.4.1 节的操作，并将"中心线"图层设置为当前图层。

Step 02 选择菜单栏中的"绘图"→"构造线"命令，绘制两条相互垂直的构造线作为定位

辅助线，如图 14-32 所示。

Step 03 将"轮廓线"图层设置为当前图层。

Step 04 选择菜单栏中的"修改"→"偏移"命令，将两条构造线对称偏移 15 个绘图单位，并使偏移出的构造线位于"轮廓线"图层上，结果如图 14-33 所示。

图 14-32 绘制构造线　　　　　　　　图 14-33 偏移构造线

小技巧

巧妙使用"偏移"命令中的"图层"选项，可以控制偏移对象所在的图层。如果使偏移出的对象位于源图层，可以激活"源"次选项；如果使偏移出的对象位于当前图层，可以激活"当前"次选项。

Step 05 使用快捷键 C 激活"圆"命令，以构造线的交点作为圆心，绘制直径为 35 的圆，结果如图 14-34 所示。

Step 06 使用快捷键 TR 激活"修剪"命令，以偏移出的四条构造线作为边界，对圆进行修剪，结果如图 14-35 所示。

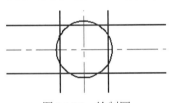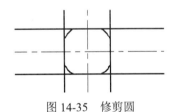

图 14-34 绘制圆　　　　　　　　图 14-35 修剪圆

Step 07 重复执行"修剪"命令，以修剪后产生的四条圆弧作为边界，对构造线进行修剪，修剪结果如图 14-36 所示。

Step 08 重复执行"修剪"命令，以修剪后产生的四条直线段作为边界，对中心线进行修剪，修剪结果如图 14-37 所示。

Step 09 使用快捷键 LEN 激活"拉长"命令，对中心线两端拉长 4.5 个绘图单位，结果如图 14-38 所示。

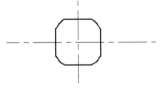

图 14-36 修剪构造线　　　图 14-37 修剪结果　　　图 14-38 拉长结果

Step 10 将"剖面线"图层设置为当前图层,然后使用快捷键 H 激活"图案填充"命令,并打开"图案填充和渐变色"对话框,设置图案填充参数,如图 14-39 所示。为断面图填充如图 14-40 所示的剖面线。

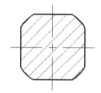

图 14-39　设置图案填充参数　　　　　　　图 14-40　填充结果

绘制 B—B 断面图。

Step 11 将"中心线"图层设置为当前图层,然后选择菜单栏中的"绘图"→"直线"命令,绘制两条相互垂直的直线作为中心线,如图 14-41 所示。

Step 12 将"轮廓线"图层设置为当前图层。

Step 13 使用快捷键 C 激活"圆"命令,以中心线的交点作为圆心,绘制直径为 55 的轮廓圆,如图 14-42 所示。

Step 14 使用快捷键 O 激活"偏移"命令,将水平中心线对称偏移 7 个绘图单位,将垂直中心线对称偏移 20.5 个绘图单位,结果如图 14-43 所示。

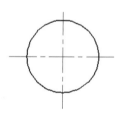
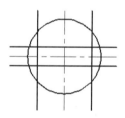

图 14-41　绘制中心线　　　　图 14-42　绘制轮廓圆　　　　图 14-43　偏移结果

Step 15 使用快捷键 TR 激活"修剪"命令,以偏移出的两条垂直图线和轮廓圆作为边界,对水平图线和中心线进行修剪,结果如图 14-44 所示。

Step 16 重复执行"修剪"命令,以四条水平图线作为边界,对垂直图线和轮廓圆进行修剪,结果如图 14-45 所示。

Step 17 使用快捷键 LEN 激活"拉长"命令,将两条中心线向两端拉长 4.5 个绘图单位,结果如图 14-46 所示。

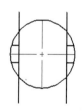

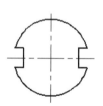

图 14-44　修剪结果(1)　　　图 14-45　修剪结果(2)　　　图 14-46　拉长结果

> **小技巧**
>
> 在偏移中心线时，要注意当前的偏移模式，当前的图层模式需要设为"当前"。

Step 18 将"剖面线"图层设置为当前图层，然后使用快捷键 H 激活"图案填充"命令，设置图案填充参数，如图 14-47 所示，为断面图填充如图 14-48 所示的剖面线。

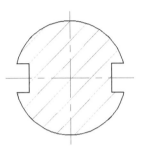

图 14-47　设置图案填充参数　　　　图 14-48　填充结果

绘制 C—C 断面图。

Step 19 将"中心线"图层设置为当前图层，然后绘制两条相互垂直的直线作为中心线，如图 14-49 所示。

Step 20 将"轮廓线"图层设置为当前图层，然后以中心线的交点作为圆心，绘制直径分别为 38.5 和 42.5 的两个同心圆，如图 14-50 所示。

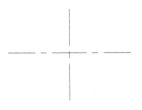 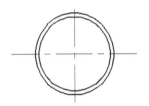

图 14-49　绘制中心线　　　　　　　图 14-50　绘制同心圆

Step 21 使用快捷键 O 激活"偏移"命令，将垂直中心线向右偏移 16.8 个绘图单位，将水平中心线对称偏移 3 个绘图单位，结果如图 14-51 所示。

Step 22 使用快捷键 TR 激活"修剪"命令，选择如图 14-52 所示的两条边作为边界，对内侧的圆进行修剪，并将修剪后产生的圆弧放到"细实线"图层上，结果如图 14-53 所示。

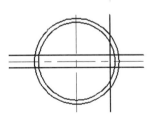 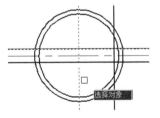 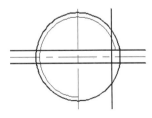

图 14-51　偏移结果（1）　　图 14-52　选择边界（1）　　图 14-53　修剪结果（1）

Step 23 重复执行"修剪"命令，以如图 14-54 所示的图线作为边界，对水平图线和中心线进行修剪，结果如图 14-55 所示。

Step 24 重复执行"修剪"命令，以修剪后产生的两条水平图线作为边界，对垂直图线进行修剪，结果如图 14-56 所示。

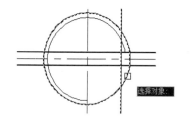

图 14-54　选择边界（2）　　　图 14-55　修剪结果（2）　　　图 14-56　修剪结果（3）

Step 25 将"剖面线"图层设置为当前图层，然后使用快捷键 H 激活"图案填充"命令，设置图案填充参数如图 14-57 所示，为断面图填充如图 14-58 所示的剖面线。

Step 26 使用快捷键 LEN 激活"拉长"命令，将两条中心线分别向两端拉长 4.5 个绘图单位，结果如图 14-59 所示。

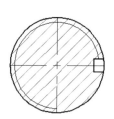
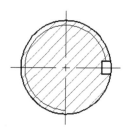

图 14-57　设置填充图案及填充参数　　图 14-58　填充结果　　　图 14-59　拉长结果

绘制 D—D 断面图。

Step 27 将"中心线"图层设置为当前图层，然后绘制两条相互垂直的直线作为中心线，如图 14-60 所示。

Step 28 将"轮廓线"图层设置为当前图层，然后绘制直径分别为 36 和 39 的两个同心圆，如图 14-61 所示。

Step 29 使用快捷键 O 激活"偏移"命令，对垂直中心线对称偏移 3 个绘图单位，结果如图 14-62 所示。

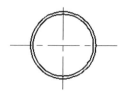
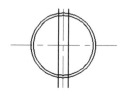

图 14-60　绘制中心线　　　图 14-61　绘制同心圆　　　图 14-62　偏移结果（2）

Step 30 使用快捷键 TR 激活"修剪"命令，对轮廓圆和中心线进行修剪，结果如图 14-63 所示。

Step 31 使用快捷键 AR 激活"环形阵列"命令,窗口选择如图 14-64 所示的对象,对其阵列 10 份,结果如图 14-65 所示。

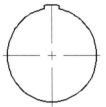
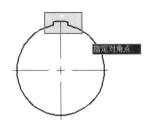
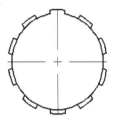

图 14-63 修剪圆和中心线　　　图 14-64 窗口选择　　　图 14-65 阵列结果

Step 32 执行"修剪"命令,以阵列出的图线作为边界,对内侧的圆弧进行修剪,结果如图 14-66 所示。

Step 33 使用快捷键 LEN 激活"拉长"命令,将两条中心线分别向两端拉长 4.5 个绘图单位,结果如图 14-67 所示。

Step 34 将"剖面线"图层设置为当前图层,然后使用"图案填充"命令,为断面图填充如图 14-68 所示的剖面线,填充图案为 ANSI31,填充比例为 1.4。

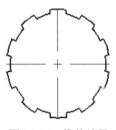
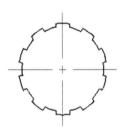
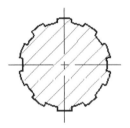

图 14-66 修剪结果　　　图 14-67 拉长结果　　　图 14-68 填充结果

至此,连接轴零件辅助视图绘制完毕。

14.4.3 上机实训三——为轴类零件图标注尺寸

Step 01 继续 14.4.2 节的操作,并将"标注线"图层设置为当前图层。

Step 02 选择菜单栏中的"标注"→"标注样式"命令,将"机械样式"样式设置为当前样式,并修改其基线间距为 6、标注比例为 1.2。

Step 03 选择菜单栏中的"标注"→"线性"命令,配合捕捉与追踪功能标注第一个尺寸对象,命令行操作如下。

```
命令: dimlinear
指定第一个尺寸界线原点或 <选择对象>:        //捕捉如图 14-69 所示的端点
指定第二条尺寸界线原点:                    //捕捉如图 14-70 所示的端点
指定尺寸线位置或[多行文字(M)/文字(T)/角度(A)/水平(H)/垂直(V)/旋转(R)]:
                            //向下引导光标,在适当位置拾取一点,结果如图 14-71 所示
```

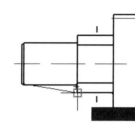
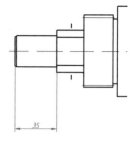

图 14-69 捕捉端点（1）　　　图 14-70 捕捉端点（2）　　　图 14-71 标注结果（1）

Step 04 选择菜单栏中的"标注"→"基线"命令，继续标注零件图的基线尺寸，命令行操作如下。

```
命令：dimbaseline
指定第二条尺寸界线原点或 [放弃(U)/选择(S)] <选择>：//捕捉如图 14-72 所示的端点
标注文字 = 61.5
指定第二条尺寸界线原点或 [放弃(U)/选择(S)] <选择>：//捕捉如图 14-73 所示的端点
标注文字 = 96.5
指定第二条尺寸界线原点或 [放弃(U)/选择(S)] <选择>：//Enter，退出基线标注状态
选择基准标注：                                //Enter，标注结果如图 14-74 所示
```

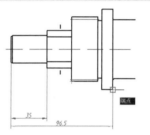
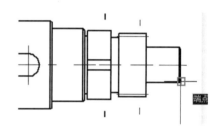

图 14-72 捕捉端点（3）　　　　　　图 14-73 捕捉端点（4）

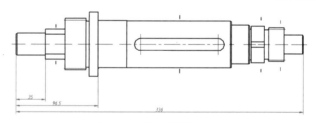

图 14-74 标注结果（2）

Step 05 选择菜单栏中的"标注"→"连续"命令，选择标注的第一个尺寸作为基准尺寸，标注如图 14-75 所示的连续尺寸。

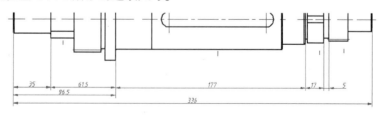

图 14-75 标注结果（3）

Step 06 参照上述操作,综合使用"线性"和"连续"等命令分别标注其他位置的线性尺寸,标注结果如图 14-76 所示。

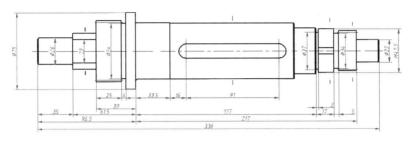

图 14-76　标注其他尺寸

Step 07 设置"角度标注"为当前标注样式,同时修改标注比例为 1.2,然后选择菜单栏中的"标注"→"直径"命令,为零件图标注直径尺寸,命令行操作如下。

```
命令: dimradius
选择圆弧或圆:                            //选择如图 14-77 所示的圆弧
标注文字 = 35
指定尺寸线位置或 [多行文字(M)/文字(T)/角度(A)]:
                                         //拾取点,标注结果如图 14-78 所示
```

Step 08 使用快捷键 LE 激活"快速引线"命令,或配合端点捕捉功能标注倒角尺寸,结果如图 14-79 所示。

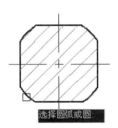 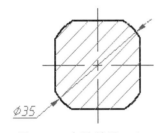 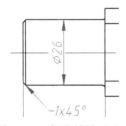

图 14-77　选择圆弧　　　图 14-78　标注结果(1)　　　图 14-79　标注结果(2)

Step 09 选择菜单栏中的"标注"→"半径"命令,标注零件图的圆角尺寸,命令行操作如下。

```
命令: dimradius
选择圆弧或圆:                            //选择如图 14-80 所示的圆弧
标注文字 = 1
指定尺寸线位置或 [多行文字(M)/文字(T)/角度(A)]:  //Enter,结果如图 14-81 所示
```

 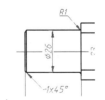

图 14-80　选择圆弧　　　　　　　　图 14-81　标注结果(3)

> **小技巧**
> 在标注直径尺寸和半径尺寸时，需要使用"角度标注"标注样式。

至此，连接轴零件图中的各类尺寸标注完毕。

14.4.4 上机实训四——为轴类零件图标注公差

Step 01 继续 14.4.3 节的操作。

Step 02 选择菜单栏中的"标注"→"线性"命令，配合端点捕捉功能标注零件的尺寸公差，命令行操作如下。

```
命令: dimlinear
指定第一个尺寸界线原点或 <选择对象>:        //捕捉如图 14-82 所示的端点
指定第二条尺寸界线原点:                      //捕捉如图 14-83 所示的端点
```

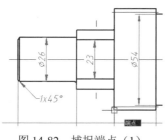
图 14-82 捕捉端点（1）

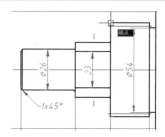
图 14-83 捕捉端点（2）

```
指定尺寸线位置或[多行文字(M)/文字(T)/角度(A)/水平(H)/垂直(V)/旋转(R)]:
                                           //M Enter, 打开文字编辑器
```

Step 03 在标注文字左侧添加直径符号，在右侧输入公差后缀"-0.14^-0.63"，如图 14-84 所示。

Step 04 选择公差后缀后单击"堆叠"按钮 ᵇ⁄ₐ ，使尺寸后缀进行堆叠，结果如图 14-85 所示。

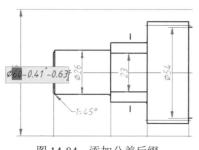
图 14-84 添加公差后缀

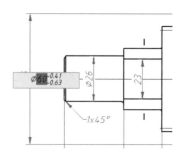
图 14-85 堆叠结果

Step 05 返回绘图区，指定尺寸线位置，然后参照第 2~4 步，使用"线性"和"直径"命令标注右侧的尺寸公差，标注结果如图 14-86 所示。

第14章 轴套类零件设计

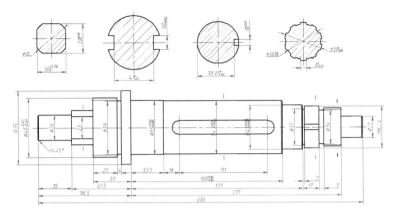

图 14-86 标注其他尺寸公差

Step 06 标注形位公差。使用快捷键 LE 激活"快速引线"命令，配合最近点捕捉功能标注零件图的形位公差，命令行操作如下。

```
命令: qleader
指定第一个引线点或 [设置(S)] <设置>:
//S Enter，在打开的"引线设置"对话框中设置参数，如图14-87和图14-88所示
```

图 14-87 设置"注释"参数　　　　图 14-88 设置"引线和箭头"参数

Step 07 单击 确定 按钮，然后根据命令行的提示标注零件图的形位公差，命令行操作如下。

```
指定第一个引线点或 [设置(S)] <设置>:  //捕捉如图14-89所示的最近点
指定下一点:                           //在上侧适当位置定位第二引线点
指定下一点:                           //在左侧适当位置定位第三引线点，打开"形位公差"对话框
```

Step 08 在"形位公差"对话框中单击"符号"颜色块，在打开的"特征符号"对话框中单击如图 14-90 所示的公差符号。

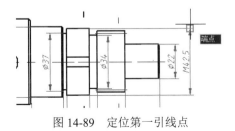

图 14-89 定位第一引线点　　　　图 14-90 "特征符号"对话框

Step 09 返回"形位公差"对话框,在"公差 1"选项组中单击颜色块,添加直径符号,然后设置其他参数,如图 14-91 所示。

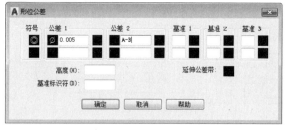

图 14-91 设置公差符号与值

Step 10 单击 确定 按钮,关闭"形位公差"对话框,结果如图 14-92 所示。

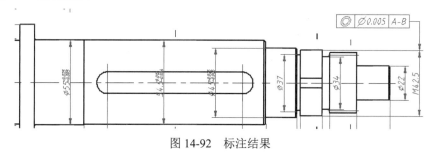

图 14-92 标注结果

至此,连接轴零件图尺寸公差与形位公差标注完毕。

14.4.5 上机实训五——为轴类零件标注粗糙度

Step 01 继续 14.4.4 节的操作。

Step 02 设置"细实线"图层为当前图层,然后使用快捷键 I 激活"插入块"命令,采用默认参数插入配套资源中的"\图块文件\粗糙度.dwg"属性块,结果如图 14-93 所示。

Step 03 使用快捷键 I 激活"插入块"命令,设置旋转角度为 90°,插入左侧的"粗糙度"属性块,属性值为 3.2,结果如图 14-94 所示。

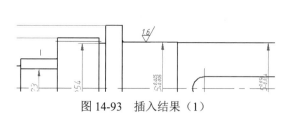

图 14-93 插入结果(1)

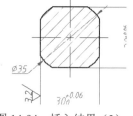

图 14-94 插入结果(2)

Step 04 重复执行"插入块"命令,配合"旋转"和"复制"命令,分别标注轴类零件其他位置的粗糙度,结果如图 14-95 所示。

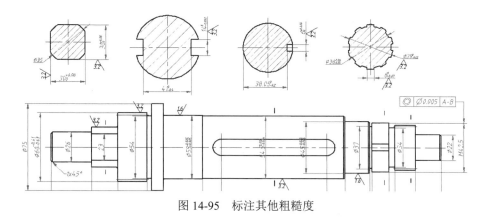

图 14-95 标注其他粗糙度

Step 05 执行"单行文字"命令,设置字体高度为 4.5,为零件图标注字母符号,如图 14-96 所示。

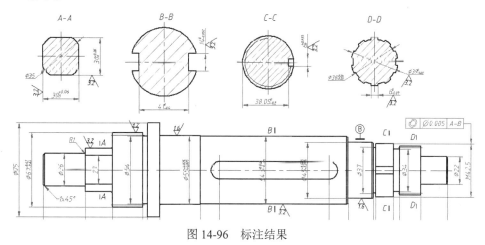

图 14-96 标注结果

Step 06 使用快捷键 I 激活"插入块"命令,采用默认参数插入配套资源中的"\图块文件\基准代号.dwg"属性块,结果如图 14-97 所示。

Step 07 执行"保存"命令,将图形命名为"绘制连接轴零件图.dwg"并保存。

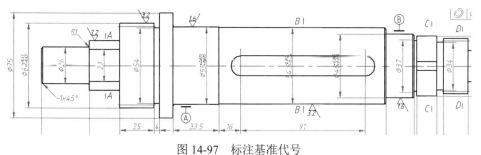

图 14-97 标注基准代号

14.4.6 上机实训六——绘制连接套零件主视图

本节学习连接套零件主视图的绘制过程和相关绘图技巧,具体操作步骤如下。

Step 01 执行"新建"命令,调用配套资源中的"\样板文件\机械样板.dwt"文件。

Step 02 使用快捷键 LT 激活"线型"命令,设置线型比例为 2。

Step 03 将"中心线"图层设置为当前图层,然后绘制两条相互垂直的构造线作为视图中心线。

Step 04 使用快捷键 C 激活"圆"命令,以构造线的交点作为圆心,绘制直径为 138 的圆,结果如图 14-98 所示。

Step 05 将"轮廓线"图层设置为当前图层,然后以构造线的交点作为圆心,绘制直径分别为 170、84、80 和 62 的四个同心圆,如图 14-99 所示。

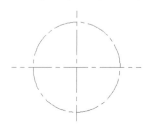
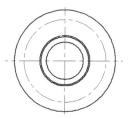

图 14-98 绘制中心线与中心圆　　　　图 14-99 绘制同心圆

Step 06 重复执行"圆"命令,配合交点捕捉功能绘制半径为 7 的小圆,绘制结果如图 14-100 所示。

Step 07 使用快捷键 AR 激活"环形阵列"命令,以如图 14-101 所示圆心作为阵列中心点,将刚绘制的小圆环形阵列 6 份,结果如图 14-102 所示。

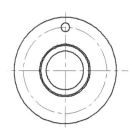
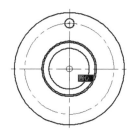

图 14-100 绘制结果(1)　　　　图 14-101 捕捉圆心

Step 08 将"隐藏线"图层设置为当前图层,然后以构造线的交点作为圆心,绘制直径分别为 100 和 70 的同心圆,如图 14-103 所示。

Step 09 展开"图层"面板→"图层控制"下拉列表,将"中心线"图层设置为当前图层。

Step 10 使用快捷键 L 激活"直线"命令,配合捕捉或追踪功能,绘制小圆的垂直中心线,其夹点显示效果如图 14-104 所示。

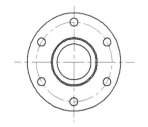
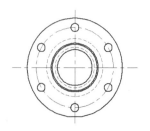
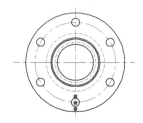

图 14-102 阵列结果　　　图 14-103 绘制结果(2)　　　图 14-104 夹点显示结果

Step 11 使用快捷键 AR 激活"环形阵列"命令，捕捉如图 14-105 所示的交点作为阵列中心点，对刚绘制的圆孔中心线环形阵列 6 份，阵列结果如图 14-106 所示。

Step 12 在无命令执行的前提下，使如图 14-107 所示的两条垂直中心线的夹点显示，然后按 Delete 键删除。

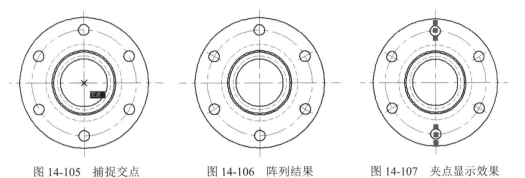

图 14-105　捕捉交点　　　图 14-106　阵列结果　　　图 14-107　夹点显示效果

至此，连接套零件主视图绘制完毕。

14.4.7　上机实训七——绘制连接套零件剖视图

Step 01 继续 14.4.6 节的操作。

Step 02 展开"图层"面板→"图层控制"下拉列表，将"轮廓线"图层设置为当前图层。

Step 03 使用快捷键 XL 激活"构造线"命令，配合对象捕捉功能，根据视图间的对正关系绘制如图 14-108 所示的五条构造线。

Step 04 选择菜单栏中的"修改"→"偏移"命令，将垂直的构造线向左偏移 247 和 225 个绘图单位，结果如图 14-109 所示。

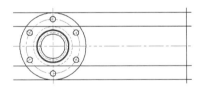　　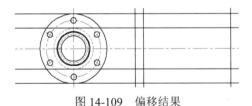

图 14-108　绘制构造线　　　　　图 14-109　偏移结果

Step 05 选择菜单栏中的"修改"→"修剪"命令，对偏移出的构造线进行修剪，编辑出主视图外部轮廓，结果如图 14-110 所示。

Step 06 使用快捷键 XL 激活"构造线"命令，配合对象捕捉功能，根据视图间的对正关系绘制如图 14-111 所示的五条构造线。

Step 07 选择菜单栏中的"修改"→"偏移"命令，将最左侧的垂直轮廓线向右偏移 60 个单位，将最右侧的垂直轮廓线向左偏移 58 和 88 个绘图单位，结果如图 14-112 所示。

Step 08 选择菜单栏中的"修改"→"修剪"命令，对构造线进行修剪，编辑出内部的台阶孔结构，结果如图 14-113 所示。

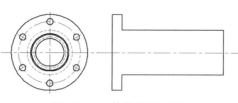

图 14-110 修剪结果（1）   图 14-111 绘制构造线

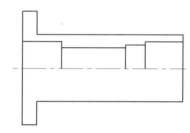

图 14-112 偏移结果   图 14-113 修剪结果（2）

Step 09 选择菜单栏中的"修改"→"倒角"命令，创建台阶孔两端的倒角，命令行操作如下。

```
命令: chamfer
（"修剪"模式）当前倒角距离 1 = 0.0, 距离 2 = 0.0
选择第一条直线或 [放弃(U)/多段线(P)/距离(D)/角度(A)/修剪(T)/方式(E)/多个(M)]:
                                    //T Enter, 激活"修剪"选项
输入修剪模式选项 [修剪(T)/不修剪(N)] <修剪>: //N Enter
选择第一条直线或 [放弃(U)/多段线(P)/距离(D)/角度(A)/修剪(T)/方式(E)/多个(M)]:
                                    //A Enter, 激活"角度"选项
指定第一条直线的倒角长度 <0.0>:        //2 Enter
指定第一条直线的倒角角度 <0>:          //45 Enter
选择第一条直线或 [放弃(U)/多段线(P)/距离(D)/角度(A)/修剪(T)/方式(E)/多个(M)]:
                                    //M Enter, 激活"多个"选项
选择第一条直线或 [放弃(U)/多段线(P)/距离(D)/角度(A)/修剪(T)/方式(E)/多个(M)]:
                                    //在如图 14-114 所示轮廓线 1 的上端单击
选择第二条直线, 或按住 Shift 键选择直线以应用角点或 [距离(D)/角度(A)/方法(M)]:
                                    //在轮廓线 2 的左端单击
选择第一条直线或 [放弃(U)/多段线(P)/距离(D)/角度(A)/修剪(T)/方式(E)/多个(M)]:
                                    //在轮廓线 3 的右端单击
选择第二条直线, 或按住 Shift 键选择直线以应用角点或 [距离(D)/角度(A)/方法(M)]:
                                    //在轮廓线 4 的上端单击
选择第一条直线或 [放弃(U)/多段线(P)/距离(D)/角度(A)/修剪(T)/方式(E)/多个(M)]:
                                    //Enter, 倒角结果如图 14-115 所示
```

Step 10 使用快捷键 TR 激活"修剪"命令，以刚创建的两条倒角线作为边界，对内部的水平轮廓线进行修剪，结果如图 14-116 所示。

Step 11 使用快捷键 L 激活"直线"命令，配合捕捉和追踪功能绘制倒角位置的垂直轮廓线，结果如图 14-117 所示。

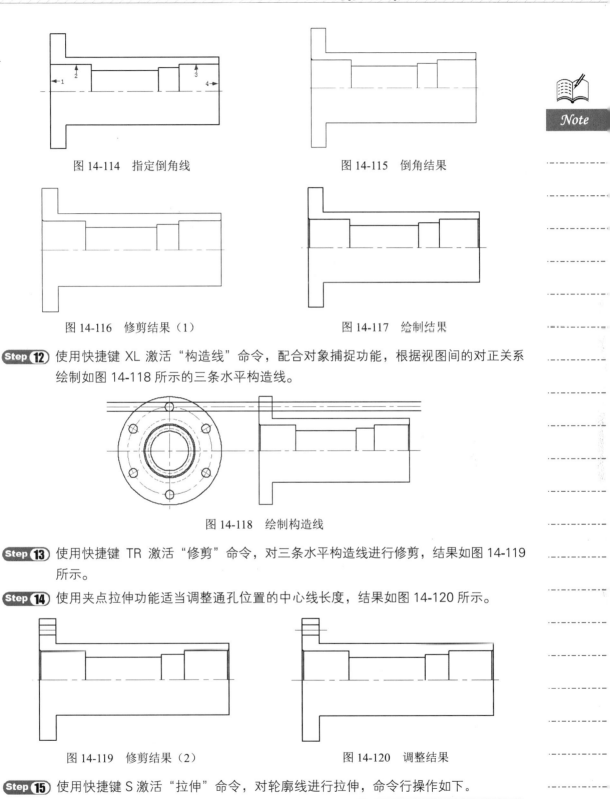

图 14-114 指定倒角线　　　图 14-115 倒角结果

图 14-116 修剪结果（1）　　图 14-117 绘制结果

Step 12 使用快捷键 XL 激活"构造线"命令，配合对象捕捉功能，根据视图间的对正关系绘制如图 14-118 所示的三条水平构造线。

图 14-118 绘制构造线

Step 13 使用快捷键 TR 激活"修剪"命令，对三条水平构造线进行修剪，结果如图 14-119 所示。

Step 14 使用夹点拉伸功能适当调整通孔位置的中心线长度，结果如图 14-120 所示。

图 14-119 修剪结果（2）　　图 14-120 调整结果

Step 15 使用快捷键 S 激活"拉伸"命令，对轮廓线进行拉伸，命令行操作如下。

```
命令:stretch
以交叉窗口或交叉多边形选择要拉伸的对象...
```

411

```
选择对象：                              //窗交选择如图 14-121 所示的图线
选择对象：                              //Enter
指定基点或 [位移(D)] <位移>：             //拾取任一点
指定第二个点或 <使用第一个点作为位移>：    //@-4,0 Enter
命令：stretch
以交叉窗口或交叉多边形选择要拉伸的对象...
选择对象：                              //窗交选择如图 14-122 所示的图线
选择对象：                              //Enter
指定基点或 [位移(D)] <位移>：             //拾取任一点
指定第二个点或 <使用第一个点作为位移>：    //@-4,0 Enter，拉伸结果如图 14-123 所示
```

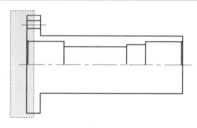

图 14-121 窗交选择（1）

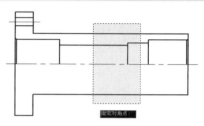

图 14-122 窗交选择（2）

Step 16 使用快捷键 MI 激活 "镜像" 命令，对通孔和台阶孔结构进行镜像，结果如图 14-124 所示。

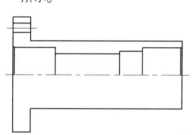

图 14-123 拉伸结果

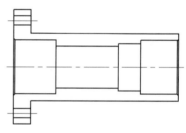

图 14-124 镜像结果

Step 17 使用快捷键 H 激活 "图案填充" 命令，并打开 "图案填充和渐变色" 对话框，设置图案填充参数如图 14-125 所示，为主视图填充如图 14-126 所示的剖面线。

图 14-125 设置图案填充参数

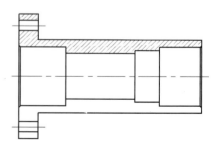

图 14-126 填充结果

Step 18 重复执行"图案填充"命令,设置图案填充参数如图 14-127 所示,为主视图填充如图 14-128 所示的剖面线。

Step 19 使用快捷键 T 激活"修剪"命令,对构造线进行修剪,将其转化为视图的中心线,结果如图 14-129 所示。

Step 20 使用快捷键 LEN 激活"拉长"命令,将视图中心线分别向两端拉伸 14 个绘图单位,结果如图 14-130 所示。

图 14-127 设置图案填充参数

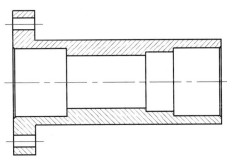
图 14-128 填充结果

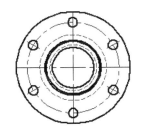

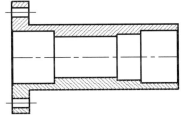
图 14-129 修剪结果

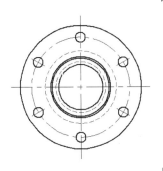

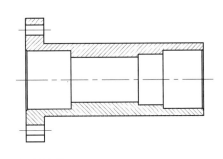
图 14-130 拉长结果

Step 21 执行"保存"命令,将图形命名为"绘制连接套零件图.dwg"并保存。

14.5 小结与练习

14.5.1 小结

在机械制造业中，轴套类零件起着支撑和传递运动的重要作用。本章通过典型的操作实例，从视图的选择定位到各视图的绘制、编辑和完善，综合运用多种制图命令，详细讲述了轴套类零件的常规绘制方法、绘制技巧和具体的绘制过程。在绘制此类零件时，一般需要根据图形的结构采用恰当的绘制方式，以降低图形的绘制难度，这是编辑图形细节的关键。

14.5.2 练习

综合运用所学知识，绘制并标注如图 14-131 所示的传动轴零件视图。

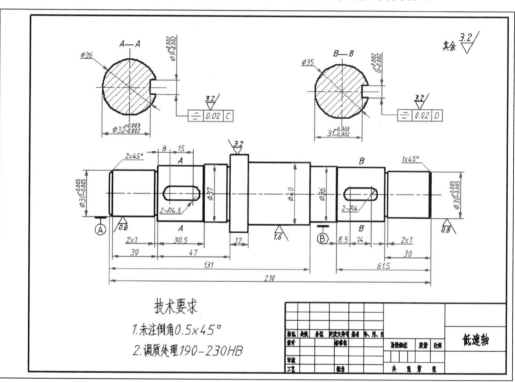

图 14-131 练习题

盘盖类零件设计

本章在概述盘盖类零件理论知识的前提下,通过绘制法兰盘零件与压盖零件视图,来学习盘盖类零件图的具体绘制过程和相关绘图技巧。

内容要点

- 盘盖类零件概述
- 盘盖类零件设计效果
- 盘盖类零件设计思路
- 盘盖类零件设计过程

15.1 盘盖类零件概述

盘盖类零件一般是沿着轴线方向长度较短的回转体，或几何形状比较简单的板状体。根据此类零件在设备中的功能和作用，常有孔、肋、辐板、辐条等结构，有不少零件还有键槽、销孔、螺纹等结构。

- **盘盖类零件视图表达**

盘盖类零件一般使用两个基本视图，一个表示其形体特征，一个表示其宽度（厚度）。哪一个作为主视图，要根据具体情况而定。

从加工角度考虑，由于盘盖类零件多在车床上加工，所以常把轴线水平位置、表示其宽度的视图作为主视图；但根据形体特征，又常把轴线垂直于正投影面的视图作为主视图。

不论主视图如何确定，沿轴线水平放置的视图，一般采用全剖视或半剖视的方法，以显示其内部结构。

- **盘盖类零件尺寸标注**

根据盘盖类零件的形体特征，径向（或高度方向）尺寸一般以轴线为基准；轴向（宽度方向）尺寸常以精度要求高的端面（或结合面）为基准，且多采用并联式标注尺寸。

为了图样清晰和便于看图，径向尺寸又多集中标注在非圆视图上，内外尺寸分别标注在视图两侧。均匀分布的孔的定位尺寸，常标注直径或角度，定形尺寸多用旁注方法标注。

15.2 盘盖类零件设计效果

- **盘类零件效果**

本章通过绘制法兰盘零件的主视图与左视图，来学习盘类零件视图的绘制方法和具体的绘制技巧。法兰盘零件的最终效果如图 15-1 所示。

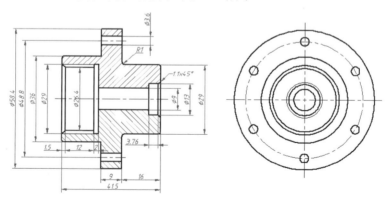

图 15-1 法兰盘零件效果图

- 盖类零件效果

本章通过绘制压盖零件的主视图与俯视图，来学习盖类零件视图的绘制方法和具体的绘制技巧。压盖零件视图的最终效果如图 15-2 所示。

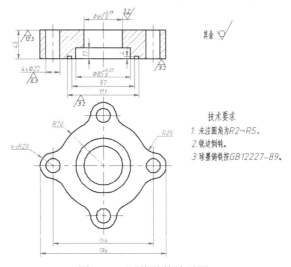

图 15-2　压盖零件效果图

15.3　盘盖类零件设计思路

- 盘类零件设计思路

  ◇ 调用"机械样板.dwt"样板文件，并简单设置绘图环境。
  ◇ 使用"构造线"命令绘制二视图定位线。
  ◇ 使用"圆"和"阵列"命令绘制法兰盘左视图。
  ◇ 使用"偏移""修剪""圆角""镜像"命令绘制主视图外部结构。
  ◇ 使用"偏移""构造线""修剪""镜像"命令绘制主视图内部结构。
  ◇ 使用"图案填充"命令绘制剖面线。
  ◇ 使用"拉长"命令绘制二视图中心线。
  ◇ 使用"保存"命令将图形存盘。

- 盖类零件设计思路

  ◇ 调用"机械样板.dwt"样板文件，并简单设置绘图环境。
  ◇ 使用"构造线"和"偏移"命令绘制定位中心线。
  ◇ 使用"圆""环形阵列""修剪"等命令绘制压盖俯视图。
  ◇ 使用"构造线""修剪""图案填充"等命令绘制压盖主视图。
  ◇ 使用"修剪"和"拉长"命令编辑完善二视图中心线。
  ◇ 使用"保存"命令将图形存盘。

15.4 盘盖类零件设计过程

本节将详细学习法兰盘零件和压盖零件各种视图的绘制方法和绘制技巧，具体内容如下。

15.4.1 上机实训——绘制盘类零件左视图

Step 01 执行"新建"命令，以配套资源中的"\样板文件\机械样板.dwt"作为基础样板，新建空白文件。

Step 02 启用极轴追踪和对象捕捉功能，并设置捕捉模式和追踪模式，如图 15-3 所示。

Step 03 选择菜单栏中的"格式"→"线宽"命令，打开"线宽设置"对话框，勾选"显示线宽"复选框，如图 15-4 所示。

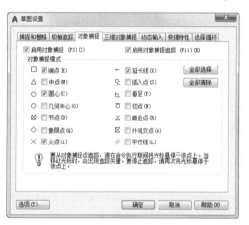

图 15-3 设置捕捉和追踪模式　　　　　图 15-4 勾选"显示线宽"复选框

Step 04 使用快捷键 Z 激活"视图缩放"功能，将当前视图高度调整为 100 个绘图单位，命令行操作如下。

```
命令:zoom                                                    //Enter
指定窗口的角点，输入比例因子 (nX 或 nXP)，或者[全部(A)/中心(C)/动态(D)/范围(E)/
上一个(P)/比例(S)/窗口(W)/对象(O)] <实时>:                    //C Enter
指定中心点:                                                   //Enter
输入比例或高度 <102.7>:                                       //100 Enter
```

Step 05 使用快捷键 LA 激活"图层"命令，在打开的"图层特性管理器"对话框中双击"中心线"，将其设置为当前图层，如图 15-5 所示。

Step 06 使用快捷键 LT 激活"线型"命令，在打开的"线型管理器"对话框中设置线型比例，如图 15-6 所示。

Step 07 选择菜单栏中的"绘图"→"构造线"命令，绘制如图 15-7 所示的构造线，将其作为两视图定位辅助线。

图 15-5 "图层特性管理器"对话框

图 15-6 "线型管理器"对话框

图 15-7 绘制构造线

Step 08 使用快捷键 LA 激活"图层"命令，设置"轮廓线"图层为当前图层。

Step 09 单击"默认"选项卡→"绘图"面板→"圆"按钮，绘制左视图中的同心圆，命令行操作如下。

```
命令: circle
指定圆的圆心或 [三点(3P)/两点(2P)/切点、切点、半径(T)]: //捕捉右侧构造线的交点
指定圆的半径或 [直径(D)]:                            //D Enter
指定圆的直径:                                        //9 Enter
命令:circle                                          //Enter
指定圆的圆心或 [三点(3P)/两点(2P)/切点、切点、半径(T)]: //@ Enter
指定圆的半径或 [直径(D)] <4.5>:                       //D Enter
指定圆的直径 <9.0>:                                  //13 Enter
命令:circle                                          //Enter
指定圆的圆心或 [三点(3P)/两点(2P)/切点、切点、半径(T)]: //@ Enter
指定圆的半径或 [直径(D)] <6.5>:                       //D Enter
指定圆的直径 <13.0>:                                 //14.8 Enter
命令:circle                                          //Enter
指定圆的圆心或 [三点(3P)/两点(2P)/切点、切点、半径(T)]: //@ Enter
指定圆的半径或 [直径(D)] <7.4>:                       //D Enter
指定圆的直径 <14.8>:                                 //26.4 Enter
命令:circle                                          //Enter
指定圆的圆心或 [三点(3P)/两点(2P)/切点、切点、半径(T)]: //@ Enter
指定圆的半径或 [直径(D)] <13.2>:                      //D Enter
指定圆的直径 <26.4>:                                 //29
命令:circle                                          //Enter
```

```
指定圆的圆心或 [三点(3P)/两点(2P)/切点、切点、半径(T)]:    //@ Enter
指定圆的半径或 [直径(D)] <14.5>:                            //D Enter
指定圆的直径 <29.0>:                                        //36 Enter
命令:circle                                                //Enter
指定圆的圆心或 [三点(3P)/两点(2P)/切点、切点、半径(T)]:    //@ Enter
指定圆的半径或 [直径(D)] <18.0>:                            //D Enter
指定圆的直径 <36.0>:                                        //48.8 Enter
命令:circle                                                //Enter
指定圆的圆心或 [三点(3P)/两点(2P)/切点、切点、半径(T)]:    //@ Enter@
指定圆的半径或 [直径(D)] <24.4>:                            //D Enter
指定圆的直径 <48.8>:                    //58.4 Enter，结束命令，绘制结果如图 15-8 所示
```

Step 10 在无命令执行的前提下，使如图 15-9 所示的圆图形的夹点显示，然后展开"图层控制"下拉列表，修改其图层为"细实线"。

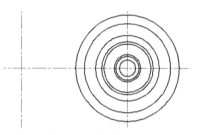
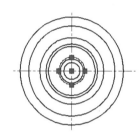

图 15-8 绘制同心圆　　　　　　　　图 15-9 夹点显示效果（1）

Step 11 在无命令执行的前提下，使如图 15-10 所示的圆图形的夹点显示，然后打开"特性"窗口，修改其图层为"中心线"，如图 15-11 所示。

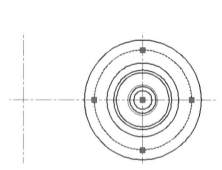

图 15-10 夹点显示效果（2）　　　　　图 15-11 "特性"窗口

小技巧

通过"图层控制"下拉列表和"特性"窗口，可以快速更改所选对象所在的图层，另外，也可使用状态栏上的"快捷特性"工具快速更改所选对象所在的图层。

Step 12 关闭"特性"窗口，并取消对象的夹点显示，结果如图 15-12 所示。

Step 13 使用快捷键 C 激活"圆"命令,捕捉如图 15-13 所示的象限点作为圆心,绘制直径为 3.6 的小圆,结果如图 15-14 所示。

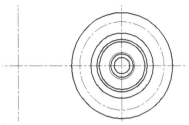
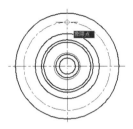
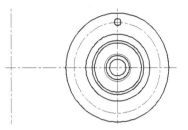

图 15-12 操作结果　　　图 15-13 捕捉象限点　　　图 15-14 绘制结果

Step 14 单击"默认"选项卡→"修改"面板→"环形阵列"按钮,选择直径为 3.6 的小圆进行环形阵列,命令行操作如下。

```
命令: arraypolar
选择对象:                                    //选择直径为3.6的小圆
选择对象:
类型 = 极轴  关联 = 是
指定阵列的中心点或 [基点(B)/旋转轴(A)]:       //捕捉如图15-15所示的圆心
选择夹点以编辑阵列或 [关联(AS)/基点(B)/项目(I)/项目间角度(A)/填充角度(F)/行
(ROW)/层(L)/旋转项目(ROT)/退出(X)] <退出>:    //I Enter
输入阵列中的项目数或 [表达式(E)] <6>:          //Enter
选择夹点以编辑阵列或 [关联(AS)/基点(B)/项目(I)/项目间角度(A)/填充角度(F)/行
(ROW)/层(L)/旋转项目(ROT)/退出(X)] <退出>:    //AS Enter
创建关联阵列 [是(Y)/否(N)] <是>:              //N Enter
选择夹点以编辑阵列或 [关联(AS)/基点(B)/项目(I)/项目间角度(A)/填充角度(F)/行
(ROW)/层(L)/旋转项目(ROT)/退出(X)] <退出>:    //Enter,阵列结果如图15-16所示
```

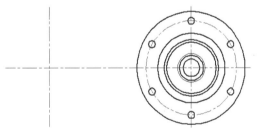

图 15-15 捕捉圆心　　　　　　图 15-16 阵列结果

至此,法兰盘零件左视图绘制完毕。

15.4.2 上机实训二——绘制盘类零件剖视图

Step 01 继续 15.4.1 节的操作。

Step 02 选择菜单栏中的"修改"→"偏移"命令,使用"距离偏移"方式,将左侧的垂直构造线进行偏移,命令行操作过程如下。

```
命令: offset
当前设置: 删除源=否   图层=源   OFFSETGAPTYPE=0
指定偏移距离或 [通过(T)/删除(E)/图层(L)] <通过>:    //L Enter, 激活"图层"选项
输入偏移对象的图层选项 [当前(C)/源(S)] <源>:       //C Enter, 激活"当前"选项
指定偏移距离或 [通过(T)/删除(E)/图层(L)] <通过>:    //18.5 Enter
选择要偏移的对象, 或 [退出(E)/放弃(U)] <退出>:     //单击左侧的垂直构造线
指定要偏移的那一侧上的点, 或 [退出(E)/多个(M)/放弃(U)] <退出>:
                                                  //在所选构造线的左侧拾取一点
选择要偏移的对象, 或 [退出(E)/放弃(U)] <退出>:     //Enter
命令:offset                                        //Enter
当前设置: 删除源=否   图层=当前   OFFSETGAPTYPE=0
指定偏移距离或 [通过(T)/删除(E)/图层(L)] <18.5>:    //6.5 Enter
选择要偏移的对象, 或 [退出(E)/放弃(U)] <退出>:     //选择偏移出的垂直构造线
指定要偏移的那一侧上的点, 或 [退出(E)/多个(M)/放弃(U)] <退出>:
                                                  //在所选构造线的左侧拾取一点
选择要偏移的对象, 或 [退出(E)/放弃(U)] <退出>:
命令:offset                                        //Enter
当前设置: 删除源=否   图层=当前   OFFSETGAPTYPE=0
指定偏移距离或 [通过(T)/删除(E)/图层(L)] <6.5>:     //16.5 Enter
选择要偏移的对象, 或 [退出(E)/放弃(U)] <退出>:     //选择偏移出的垂直构造线
指定要偏移的那一侧上的点, 或 [退出(E)/多个(M)/放弃(U)] <退出>:
                                                  //在所选构造线的左侧拾取一点
选择要偏移的对象, 或 [退出(E)/放弃(U)] <退出>:     //Enter, 结果如图 15-17 所示
```

Step 03 使用快捷键 XL 激活"构造线"命令,根据视图间的对正关系,配合对象捕捉功能绘制如图 15-18 所示的水平构造线。

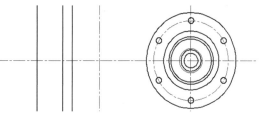
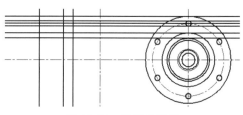

图 15-17　偏移结果　　　　　　　　图 15-18　绘制构造线

Step 04 使用快捷键 TR 激活"修剪"命令,对构造线进行修剪,编辑出主视图外轮廓,结果如图 15-19 所示。

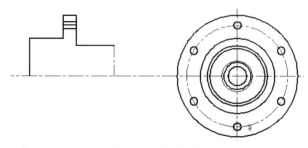

图 15-19　修剪结果

Step 05 将圆柱孔的中心线放到"中心线"图层上,将右侧的垂直轮廓线放到"轮廓线"图层上,结果如图 15-20 所示。

Step 06 选择菜单栏中的"修改"→"圆角"命令,对如图 15-20 所示的轮廓线 1、2、3、4 和 5 进行圆角,命令行操作如下。

```
命令: fillet
当前设置: 模式 = 不修剪, 半径 = 0.0
选择第一个对象或 [放弃(U)/多段线(P)/半径(R)/修剪(T)/多个(M)]:    //T Enter
输入修剪模式选项 [修剪(T)/不修剪(N)] <不修剪>:                   //T Enter
选择第一个对象或 [放弃(U)/多段线(P)/半径(R)/修剪(T)/多个(M)]:    //R Enter
指定圆角半径 <0.0>:                                              //1 Enter
选择第一个对象或 [放弃(U)/多段线(P)/半径(R)/修剪(T)/多个(M)]:    //M Enter
选择第一个对象或 [放弃(U)/多段线(P)/半径(R)/修剪(T)/多个(M)]:
                              //选择如图 15-20 所示的轮廓线 1
选择第二个对象,或按住 Shift 键选择对象以应用角点或 [半径(R)]:
                              //选择如图 15-20 所示的轮廓线 2
选择第一个对象或 [放弃(U)/多段线(P)/半径(R)/修剪(T)/多个(M)]:
                              //选择如图 15-20 所示的轮廓线 3
选择第二个对象,或按住 Shift 键选择对象以应用角点或 [半径(R)]:
                              //选择如图 15-20 所示的轮廓线 4
选择第一个对象或 [放弃(U)/多段线(P)/半径(R)/修剪(T)/多个(M)]:
                              //选择如图 15-20 所示的轮廓线 3
选择第二个对象,或按住 Shift 键选择对象以应用角点或 [半径(R)]:
                              //选择如图 15-20 所示的轮廓线 5
选择第一个对象或 [放弃(U)/多段线(P)/半径(R)/修剪(T)/多个(M)]:
                              //Enter,结束命令,圆角结果如图 15-21 所示
```

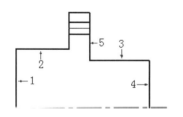
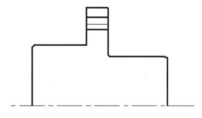

图 15-20　更改图层后的效果　　　　　　图 15-21　圆角结果

Step 07 使用快捷键 MI 激活"镜像"命令,对中心线上侧的轮廓结构图进行镜像,命令行操作如下。

```
命令:mirror                       //Enter
选择对象:                          //拉出如图 15-22 所示的窗口选择框
选择对象:                          //Enter
指定镜像线的第一点:                //捕捉如图 15-23 所示的端点
指定镜像线的第二点:                //@1,0 Enter
要删除源对象吗? [是(Y)/否(N)] <N>: //Enter,镜像结果如图 15-24 所示
```

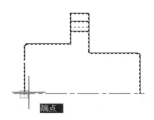
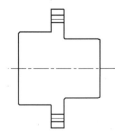

图 15-22　窗口选择　　　　图 15-23　捕捉端点　　　　图 15-24　镜像结果

Step 08 使用快捷键 XL 激活"构造线"命令，根据视图间的对正关系，配合对象捕捉功能绘制如图 15-25 所示的水平构造线。

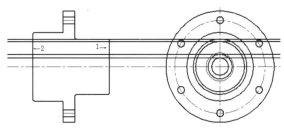

图 15-25　绘制结果

Step 09 使用快捷键 O 激活"偏移"命令，将主视图两侧的垂直轮廓线进行偏移，命令行操作如下。

```
命令:offset                                          //Enter
当前设置：删除源=否  图层=当前   OFFSETGAPTYPE=0
指定偏移距离或 [通过(T)/删除(E)/图层(L)] <16.5>：//1.1 Enter
选择要偏移的对象，或 [退出(E)/放弃(U)] <退出>： //选择垂直轮廓线1
指定要偏移的那一侧上的点，或 [退出(E)/多个(M)/放弃(U)] <退出>：
                                                    //在所选轮廓线的左侧拾取一点
选择要偏移的对象，或 [退出(E)/放弃(U)] <退出>： //Enter
命令：offset                                         //Enter
当前设置：删除源=否  图层=当前   OFFSETGAPTYPE=0
指定偏移距离或 [通过(T)/删除(E)/图层(L)] <1.1>：  //3.76 Enter
选择要偏移的对象，或 [退出(E)/放弃(U)] <退出>： //选择偏移出的轮廓线
指定要偏移的那一侧上的点，或 [退出(E)/多个(M)/放弃(U)] <退出>：
                                                    //在所选轮廓线的左侧拾取一点
选择要偏移的对象，或 [退出(E)/放弃(U)] <退出>： //Enter
命令：offset                                         //Enter
当前设置：删除源=否  图层=当前   OFFSETGAPTYPE=0
指定偏移距离或 [通过(T)/删除(E)/图层(L)] <3.8>：  //1.5 Enter
选择要偏移的对象，或 [退出(E)/放弃(U)] <退出>： //选择垂直轮廓线2
指定要偏移的那一侧上的点，或 [退出(E)/多个(M)/放弃(U)] <退出>：
                                                    //在所选轮廓线的右侧拾取一点
选择要偏移的对象，或 [退出(E)/放弃(U)] <退出>： //Enter
命令：offset                                         //Enter
当前设置：删除源=否  图层=当前   OFFSETGAPTYPE=0
指定偏移距离或 [通过(T)/删除(E)/图层(L)] <1.5>：  //12
```

```
选择要偏移的对象,或 [退出(E)/放弃(U)] <退出>:     //选择偏移出的轮廓线
指定要偏移的那一侧上的点,或 [退出(E)/多个(M)/放弃(U)] <退出>:
                                                //在所选轮廓线的右侧拾取一点
选择要偏移的对象,或 [退出(E)/放弃(U)] <退出>:     //Enter
命令:offset                                      //Enter
当前设置:删除源=否  图层=当前  OFFSETGAPTYPE=0
指定偏移距离或 [通过(T)/删除(E)/图层(L)] <12.0>://2 Enter
选择要偏移的对象,或 [退出(E)/放弃(U)] <退出>:     //选择偏移出的轮廓线
指定要偏移的那一侧上的点,或 [退出(E)/多个(M)/放弃(U)] <退出>:
                                                //在所选轮廓线的右侧拾取一点
选择要偏移的对象,或 [退出(E)/放弃(U)] <退出>:     //Enter,结果如图15-26所示
```

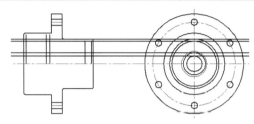

图 15-26 偏移结果（1）

Step 10 选择菜单栏中的"修改"→"修剪"命令,对偏移出的轮廓线和水平构造线进行修剪,编辑出主视图的内部结构,结果如图 15-27 所示。

Step 11 使如图 15-27 所示的水平轮廓线 A 的夹点显示,然后展开"图层控制"下拉列表,将其放到"细实线"图层上,再将水平构造线向上偏移 7.4 个绘图单位,结果如图 15-28 所示。

Step 12 选择菜单栏中的"绘图"→"直线"命令,配合交点捕捉和端点捕捉功能,绘制如图 15-29 所示的两条倾斜轮廓线。

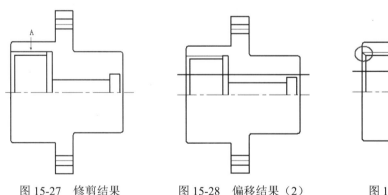

图 15-27 修剪结果   图 15-28 偏移结果（2）   图 15-29 绘制结果

Step 13 使用快捷键 E 激活"删除"命令,删除偏移出的水平构造线。

Step 14 使用快捷键 MI 激活"镜像"命令,对内部的结构图进行镜像,命令行操作如下。

```
命令:mirror              //Enter
选择对象:                //拉出如图15-30所示的窗口选择框
选择对象:                //拉出如图15-31所示的窗口选择框
```

```
指定镜像线的第一点:           //捕捉水平构造线上的一点
指定镜像线的第二点:           //@1,0 Enter
要删除源对象吗? [是(Y)/否(N)] <N>:  //Enter,镜像结果如图15-32所示
```

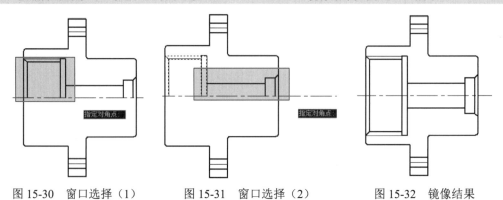

图15-30 窗口选择（1）　　图15-31 窗口选择（2）　　图15-32 镜像结果

Step 15 使用快捷键 S 激活"拉伸"命令，配合窗交选择功能对主视图进行拉伸，命令行操作如下。

```
命令:stretch                               //Enter
以交叉窗口或交叉多边形选择要拉伸的对象...
选择对象:                                  //拉出如图15-33所示的窗交选择框
选择对象:                                  //Enter
指定基点或 [位移(D)] <位移>:                 //拾取任一点
指定第二个点或 <使用第一个点作为位移>:       //@2.5,0,拉伸结果如图15-34所示
```

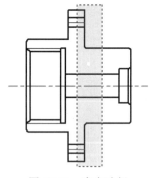 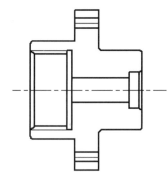

图15-33 窗交选择　　　　　　　　图15-34 拉伸结果

Step 16 展开"图层"面板→"图层控制"下拉列表，设置"剖面线"图层为当前图层。

Step 17 使用快捷键 H 激活"图案填充"命令，并打开"图案填充和渐变色"对话框，设置图案填充参数如图15-35所示。然后拾取如图15-36所示的区域填充剖面线，填充结果如图15-37所示。

Step 18 重复执行"图案填充"命令，设置图案填充参数如图15-38所示，然后返回绘图区拾取如图15-39所示的区域填充剖面线，填充结果如图15-40所示。

Step 19 使用快捷键 TR 激活"修剪"命令，以两视图外轮廓线作为边界，对两条构造线进行修剪，使其转化为图形的中心线，结果如图15-41所示。

第 15 章　盘盖类零件设计

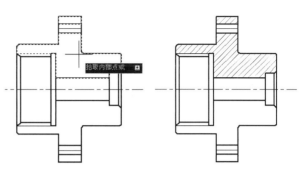

图 15-35　设置图案填充参数（1）　　图 15-36　拾取填充区域（1）　　图 15-37　填充结果（1）

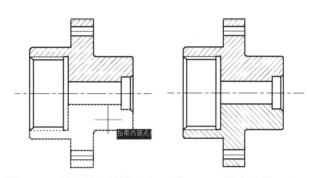

图 15-38　设置图案填充参数（2）　　图 15-39　拾取填充区域（2）　　图 15-40　填充结果（2）

Step 20　使用快捷键 LEN 激活"拉长"命令，将两视图中心线分别向两端拉长 3 个绘图单位，结果如图 15-42 所示。

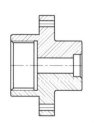
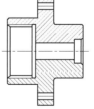
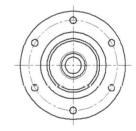

图 15-41　修剪结果　　　　　　　　　图 15-42　拉长视图中心线

小技巧

在拉长中心线时，可以使用"增量"选项，也可以使用"动态"选项，将中心线进行动态拉长。

Step 21　重复执行"拉长"命令，对主剖视图两端的柱孔中心线分别向两端拉长 1.5 个绘图

427

单位,最终结果如图 15-43 所示。

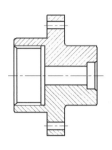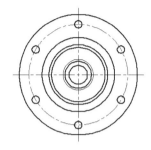

图 15-43　拉长孔柱中心线

Step 22 执行"保存"命令,将图形命名为"绘制法兰盘零件图.dwg"并存储。

15.4.3　上机实训三——绘制盖类零件俯视图

Step 01 执行"新建"命令,以配套资源中的"\样板文件\机械样板.dwt"作为基础样板,新建空白文件。

Step 02 启用对象捕捉、极轴追踪等功能。

Step 03 使用快捷键 Z 激活"视图缩放"命令,将视图高度调整为 350 个绘图单位。

Step 04 展开"图层"面板→"图层控制"下拉列表,将"中心线"图层设置为当前图层。

Step 05 使用快捷键 XL 激活"构造线"命令,绘制两条相互垂直的构造线作为视图定位基准线。

Step 06 使用快捷键 O 激活"偏移"命令,分别将水平构造线和垂直构造线对称偏移 78 个绘图单位,结果图 15-44 所示。

Step 07 展开"图层"面板→"图层控制"下拉列表,将"轮廓线"图层设置为当前图层。

Step 08 执行"圆"命令,配合交点捕捉功能,绘制俯视图中的同心圆,命令行操作如下。

```
命令: circle
指定圆的圆心或 [三点(3P)/两点(2P)/切点、切点、半径(T)]:
                                    //捕捉下侧辅助线的交点作为圆心
指定圆的半径或 [直径(D)]:            //D Enter
指定圆的直径:                        //30 Enter
命令:circle                          //重复执行画圆命令
指定圆的圆心或 [三点(3P)/两点(2P)/切点、切点、半径(T)]:   //@ Enter
指定圆的半径或 [直径(D)] <15.00>:     //D Enter
指定圆的直径 <30.00>:                //85 Enter
命令:circle                          //重复执行画圆命令
指定圆的圆心或 [三点(3P)/两点(2P)/切点、切点、半径(T)]:   //@ Enter
指定圆的半径或 [直径(D)] <42.50>:     //D Enter
指定圆的直径 <85.00>:                //140 Enter,绘制结果如图 15-45 所示
```

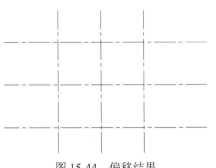
图 15-44 偏移结果

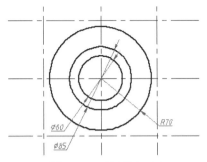
图 15-45 绘制同心圆

Step 09 重复执行"圆"命令,配合交点捕捉功能绘制直径分别为 40 和 22 的同心圆,结果如图 15-46 所示。

Step 10 重复执行"圆"命令,绘制半径为 25 的两个相切圆,结果如图 15-47 所示。

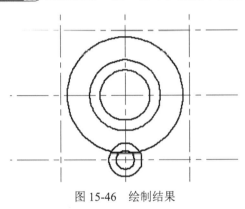
图 15-46 绘制结果

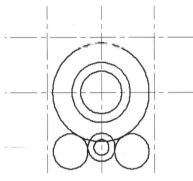
图 15-47 绘制相切圆

Step 11 单击"默认"选项卡→"修改"面板→"环形阵列"按钮,对刚绘制的同心圆和相切圆进行阵列,命令行操作如下。

```
命令: arraypolar
选择对象:                                    //窗口选择如图 15-48 所示的两个同心圆
选择对象:                                    //Enter
类型 = 极轴  关联 = 是
指定阵列的中心点或 [基点(B)/旋转轴(A)]:      //捕捉如图 15-49 所示的圆心
选择夹点以编辑阵列或 [关联(AS)/基点(B)/项目(I)/项目间角度(A)/填充角度(F)/行
(ROW)/层(L)/旋转项目(ROT)/退出(X)] <退出>:   //I Enter
输入阵列中的项目数或 [表达式(E)] <6>:         //4 Enter
选择夹点以编辑阵列或 [关联(AS)/基点(B)/项目(I)/项目间角度(A)/填充角度(F)/行
(ROW)/层(L)/旋转项目(ROT)/退出(X)] <退出>:   //AS Enter
创建关联阵列 [是(Y)/否(N)] <是>:              //N Enter
选择夹点以编辑阵列或 [关联(AS)/基点(B)/项目(I)/项目间角度(A)/填充角度(F)/行
(ROW)/层(L)/旋转项目(ROT)/退出(X)] <退出>:   //Enter,阵列结果如图 15-50 所示
```

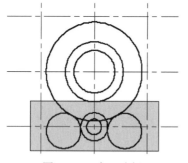

图 15-48 窗口选择

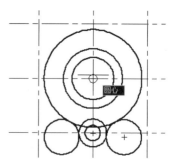

图 15-49 捕捉圆心

Step 12 使用快捷键 TR 激活"修剪"命令，对所有位置的相切圆进行修剪，结果如图 15-51 所示。

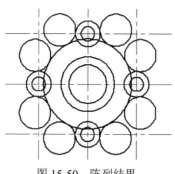

图 15-50 阵列结果

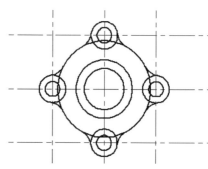

图 15-51 修剪结果（1）

Step 13 重复执行"修剪"命令，以 8 条圆弧作为边界，对圆图形进行修剪，结果如图 15-52 所示。

Step 14 使用快捷键 TR 激活"修剪"命令，以俯视图外轮廓边作为边界，对构造线进行修剪，将其转换为视图的中心线，结果如图 15-53 所示。

Step 15 选择菜单栏中的"修改"→"拉长"命令，将长度增量设置为 9，分别对各位置的中心线进行两端拉长，结果如图 15-54 所示。

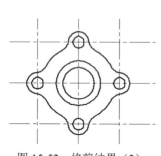

图 15-52 修剪结果（2）

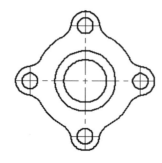

图 15-53 修剪结果（3）

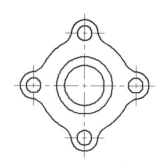

图 15-54 拉长结果

至此，压盖零件俯视图绘制完毕。

15.4.4 上机实训四——绘制盖类零件主视图

Step 01 继续 15.4.3 节的操作。

Step 02 展开"图层"面板→"图层控制"下拉列表,将"中心线"图层设置为当前图层。

Step 03 执行"构造线"命令,根据视图间的对正关系,配合交点捕捉功能绘制如图 15-55 所示的三条垂直构造线。

Step 04 重复执行"构造线"命令,根据视图间的对正关系,配合交点捕捉功能绘制如图 15-56 所示的垂直构造线。

Step 05 重复执行"构造线"命令,在俯视图的上侧绘制一条水平构造线,如图 15-57 所示。

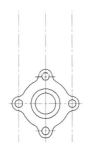 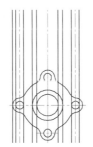 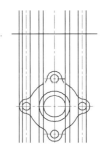

图 15-55 绘制结果(1)　　图 15-56 绘制结果(2)　　图 15-57 绘制水平构造线

Step 06 单击"默认"选项卡→"修改"面板→"偏移"按钮,对上侧的水平构造线进行偏移,命令行操作如下。

```
命令: offset
当前设置: 删除源=否  图层=源  OFFSETGAPTYPE=0
指定偏移距离或 [通过(T)/删除(E)/图层(L)] <通过>:    //L Enter
输入偏移对象的图层选项 [当前(C)/源(S)] <源>:        //C Enter
指定偏移距离或 [通过(T)/删除(E)/图层(L)] <通过>:    //17 Enter
选择要偏移的对象,或 [退出(E)/放弃(U)] <退出>:      //单击上侧的水平构造线
指定要偏移的那一侧上的点,或 [退出(E)/多个(M)/放弃(U)] <退出>:
                                                  //在所选构造线上侧拾取一点
选择要偏移的对象,或 [退出(E)/放弃(U)] <退出>:      //Enter
命令:offset                                       //Enter
当前设置: 删除源=否  图层=当前  OFFSETGAPTYPE=0
指定偏移距离或 [通过(T)/删除(E)/图层(L)] <17.00>:  //28 Enter
选择要偏移的对象,或 [退出(E)/放弃(U)] <退出>:      //单击偏移出的水平构造线
指定要偏移的那一侧上的点,或 [退出(E)/多个(M)/放弃(U)] <退出>:
                                                  //在所选构造线上侧拾取一点
选择要偏移的对象,或 [退出(E)/放弃(U)] <退出>:      //Enter,结果如图 15-58 所示
```

Step 07 重复执行"偏移"命令,将最右侧的垂直构造线向右偏移 9 个绘图单位。

Step 08 选择菜单栏中的"修改"→"修剪"命令,对各位置的构造线进行修剪,编辑出主视图的轮廓结构,结果如图 15-59 所示。

Step 09 绘制主视图内部凹槽。单击"默认"选项卡→"修改"面板→"偏移"按钮,将主视

图两侧的垂直轮廓线分别向内侧偏移42.5和49.5个绘图单位,结果如图15-60所示。

Step 10 重复执行"偏移"命令,将主视图最下侧的水平轮廓线向上侧偏移4个绘图单位,结果如图15-61所示。

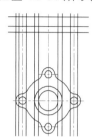

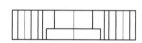

图15-58 偏移结果(1)　　　　　　　图15-59 修剪结果(1)

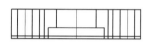

图15-60 偏移结果(2)　　　　　　　图15-61 偏移水平轮廓线

Step 11 单击"默认"选项卡→"修改"面板→"修剪"按钮,对构造线进行修剪,编辑出主视图的主体结构,结果如图15-62所示。

Step 12 选择菜单栏中的"修改"→"拉长"命令,将两侧的垂直中心线分别向两端拉长9个绘图单位,将中间的垂直中心线分别向两端拉长12个绘图单位,结果如图15-63所示。

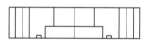
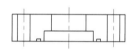

图15-62 修剪结果(2)　　　　　　　图15-63 拉长结果

Step 13 展开"图层"面板→"图层控制"下拉列表,将"剖面线"图层设置为当前图层。

Step 14 使用快捷键H激活"图案填充"命令,设置图案填充参数如图15-64所示,为主视图填充如图15-65所示的剖面线。

图15-64 设置图案填充参数　　　　　图15-65 填充结果

至此,压盖零件主视图绘制完毕。

15.4.5 上机实训五——标注盖类零件尺寸与公差

Step 01 继续 15.4.4 节的操作。

Step 02 展开"图层"面板→"图层控制"下拉列表,将"标注线"图层设为当前图层。

Step 03 使用快捷键 D 激活"标注样式"命令,将"机械样式"设置为当前标注样式,然后修改标注比例,如图 15-66 所示。

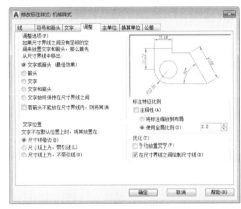

图 15-66 设置当前样式与比例

Step 04 按 F3 功能键,启用对象捕捉功能。

Step 05 选择菜单栏中的"标注"→"线性"命令,分别配合端点捕捉功能标注压盖俯视图中的水平尺寸,命令行操作如下。

```
命令: dimlinear
指定第一个尺寸界线原点或 <选择对象>:      //捕捉如图 15-67 所示的端点
指定第二条尺寸界线原点:                    //捕捉如图 15-68 所示的端点
指定尺寸线位置或[多行文字(M)/文字(T)/角度(A)/水平(H)/垂直(V)/旋转(R)]:
                    //向上引导光标,在适当位置拾取一点,结果如图 15-69 所示
```

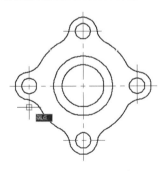
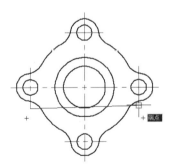
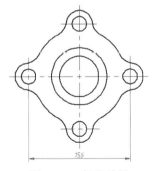

图 15-67 捕捉端点   图 15-68 定位第二原点   图 15-69 标注结果

Step 06 重复执行"线性"命令,配合端点捕捉或交点捕捉功能标注如图 15-70 所示的水平尺寸。

Step 07 重复执行"线性"命令，配合端点捕捉或交点捕捉功能标注如图 15-71 所示的压盖主视图尺寸。

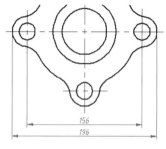

图 15-70　标注结果（1）

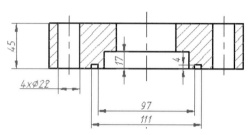

图 15-71　标注结果（2）

Step 08 选择菜单栏中的"标注"→"线性"命令，配合端点捕捉或交点捕捉功能标注零件的尺寸公差，命令行操作如下。

```
命令：dimlinear
指定第一个尺寸界线原点或 <选择对象>：    //捕捉如图 15-72 所示的交点
指定第二条尺寸界线原点：                  //捕捉如图 15-73 所示的端点
指定尺寸线位置或[多行文字(M)/文字(T)/角度(A)/水平(H)/垂直(V)/旋转(R)]：
                                        //M Enter，打开文字编辑器
```

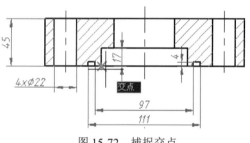

图 15-72　捕捉交点

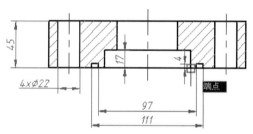

图 15-73　捕捉端点

Step 09 在标注文字左侧添加直径符号，在标注文字右侧输入公差后缀"+0.02^- 0"，如图 15-74 所示。

Step 10 选择公差后缀后单击"堆叠"按钮，使尺寸后缀堆叠，结果如图 15-75 所示。

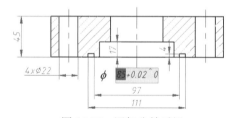

图 15-74　添加公差后缀

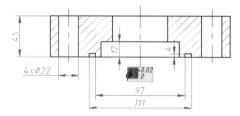

图 15-75　堆叠结果

Step 11 返回绘图区，指定尺寸线位置，标注结果如图 15-76 所示。

Step 12 参照第 8～10 步，使用"线性"命令标注上侧的尺寸公差，标注结果如图 15-77 所示。

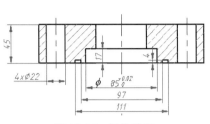
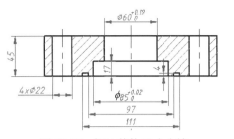

图 15-76　标注结果　　　　　　　　图 15-77　标注其他尺寸公差

Step 13　执行"标注样式"命令,将"角度标注"设置为当前标注样式,并修改标注比例为 2.2。

Step 14　选择菜单栏中的"标注"→"半径"命令,标注左视图 M8 螺钉孔的半径尺寸,命令行操作如下。

```
命令: dimdiameter
选择圆弧或圆:                                     //选择如图 15-78 所示的圆弧
标注文字 = 20
指定尺寸线位置或 [多行文字(M)/文字(T)/角度(A)]:    //T Enter
输入标注文字 <20>:                                //4xR20 Enter
指定尺寸线位置或 [多行文字(M)/文字(T)/角度(A)]:
                                                //指定尺寸线位置,标注结果如图 15-79 所示
```

Step 15　重复执行"半径"命令,分别标注其他的半径尺寸,标注结果如图 15-80 所示。

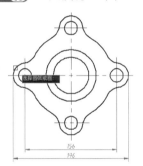
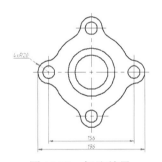
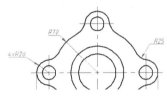

图 15-78　选择圆弧　　　图 15-79　标注结果　　　图 15-80　标注其他半径尺寸

至此,压盖零件二视图的各类尺寸与尺寸公差标注完毕。

15.4.6　上机实训六——标注盖零件粗糙度与技术要求

Step 01　继续 15.4.5 节的操作。

Step 02　展开"图层"面板→"图层控制"下拉列表,将"细实线"图层设置为当前图层。

Step 03　使用快捷键 I 激活"插入块"命令,设置块参数如图 15-81 所示。插入配套资源中的"\图块文件\粗糙度.dwg"属性块,命令行操作如下。

```
命令:insert                     //Enter,执行"插入块"命令
指定插入点或 [基点(B)/比例(S)/X/Y/Z/旋转(R)]:
```

```
输入属性值
输入粗糙度值：<3.2>:        //在主视图下侧水平尺寸线上单击
                            //Enter，结果如图15-82所示
```

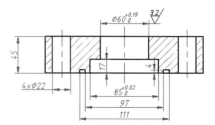

图15-81 设置块参数　　　　　　　图15-82 插入块结果

Step 04 选择菜单栏中的"修改"→"镜像"命令，对刚插入的粗糙度图块进行垂直镜像，并将镜像出的粗糙度进行移位，结果如图15-83所示。

Step 05 使用快捷键CO激活"复制"命令，将移位后的粗糙度属性块分别复制到其他位置，结果如图15-84所示。

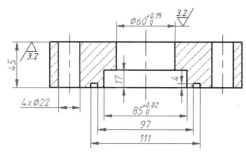

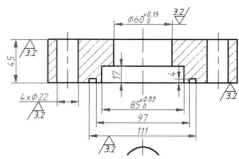

图15-83 镜像并移位　　　　　　　图15-84 复制结果

Step 06 在复制出的粗糙度属性块上双击，打开"增强属性编辑器"对话框，然后修改属性值，如图15-85所示。

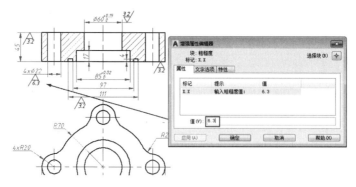

图15-85 修改属性值

Step 07 重复执行上一步骤，分别修改其他位置的粗糙度属性值，结果如图15-86所示。

Step 08 执行"插入块"命令，设置块参数如图15-87所示，标注主视图下侧的粗糙度，结果如图15-88所示。

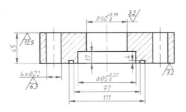

图 15-86 修改结果

图 15-87 设置块参数

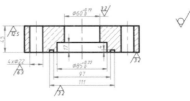

图 15-88 插入结果

Step 09 使用快捷键 ST 激活 "文字样式" 命令，将 "字母和文字" 设置为当前文字样式。

Step 10 使用快捷键 T 激活 "多行文字" 命令，打开文字编辑器，然后设置字体高度为 15，输入如图 15-89 所示的技术要求标题。

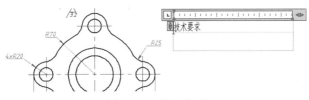

图 15-89 输入标题

Step 11 按 Enter 键，在多行文字输入框内分别输入技术要求的内容，如图 15-90 所示，其中字体高度为 13。

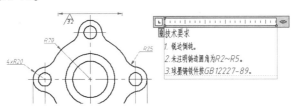

图 15-90 输入内容

Step 12 将光标移至 "技术要求" 标题前，添加空格，如图 15-91 所示。

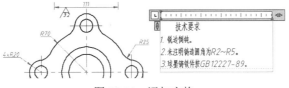

图 15-91 添加空格

Step 13 重复执行 "多行文字" 命令，在视图右上侧标注如图 15-92 所示的 "其余" 字样，其中字体高度为 14。

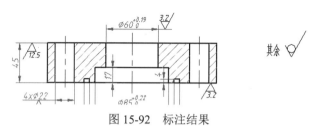

图 15-92 标注结果

Step 14 执行"保存"命令,将图形命名为"绘制压盖零件图.dwg"并存储。

15.5 小结与练习

15.5.1 小结

在机械制造业中,盘盖类零件主要起轴向定位、防尘和密封作用。本章通过典型的操作实例,从视图的选择定位到各视图的绘制、编辑和完善,综合使用了多种制作命令,详细介绍了盘类和盖类零件的常规绘制方法、绘制技巧和具体的绘制过程。

在具体操作过程中,巧妙使用了"偏移"命令中的"距离偏移"和"当前图层"功能,使偏移出的目标对象自动继承当前图层的特性。

15.5.2 练习

1. 综合运用所学知识,绘制并标注如图 15-93 所示的零件图。

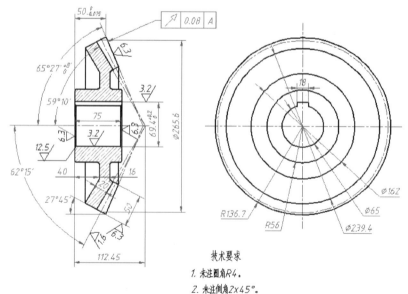

技术要求
1. 未注圆角R4。
2. 未注倒角2×45°。
3. 调制处理齿面硬度160～190HB。

图 15-93 练习 1

2. 综合运用所学知识，绘制并标注如图 15-94 所示的零件图。

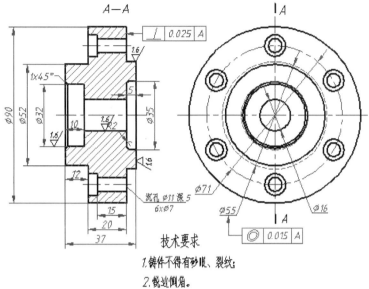

图 15-94　练习 2

第 16 章

叉杆类零件设计

本章在概述叉杆类零件理论知识的前提下,通过绘制叉架零件视图与连杆零件视图,学习叉杆类零件的具体绘制过程和相关绘图技巧。

内容要点

- ◆ 叉杆类零件概述
- ◆ 叉杆类零件设计效果
- ◆ 叉杆类零件设计思路
- ◆ 叉杆类零件设计过程

16.1 叉杆类零件概述

叉杆类零件是机器操纵机构中起操纵、支承作用的一种零件，如叉架、支座、连杆、杠杆、叉架、手柄等。此类零件的形体多数是不规则的，但仔细观察，此类零件通常由支撑部分、工作部分和连接部分三部分组成。支撑部分和工作部分多为变形基本体，结构比较简单，而连接部分多由不同截面形状的肋或杆构成，特别是因空间的限制，其形状多为弯曲或扭斜状。此类零件上常见的结构有凸台、凹坑、油孔等。

- 视图表达

由于叉杆类零件的工作位置和加工位置方向多变，所以一般需要采用两个或两个以上的基本视图来表达，且选择最能反映形体特征的方向为主视图投影方向。对于倾斜部分，常采用斜视图的表达方法；对于支撑部分和工作部分，常采用局部视图、局部剖视图等表达方法；对于连接部分的不同形状，则常用剖面等表达方法；当零件中主要结构不在同一平面上时，可采用旋转视图或旋转剖视图等表达方法。

- 尺寸标注

由于叉杆类零件形体多不规则，尺寸标注有一定的难度，通常以主要孔的轴线（中心线）、对称面、安装面或较大的加工端面作为基准；对于孔间中心距和孔轴线到基准面、重要平面间的距离，应直接标出。

同一结构的定形尺寸，要尽可能地集中在一个视图上标注。对于铸件上的工艺结构，如拔模斜度、铸造圆角等，都应清楚地标注出来。

16.2 叉杆类零件设计效果

- 叉架零件效果

本章通过绘制叉架零件的主视图和俯视图，学习叉架类零件视图的绘制方法和具体的绘制技巧。叉架零件的最终效果如图16-1所示。

- 连杆零件效果

本章通过绘制连杆零件的主视图和俯视图，学习连杆类零件视图的绘制方法和具体的绘制技巧。连杆零件的最终效果如图16-2所示。

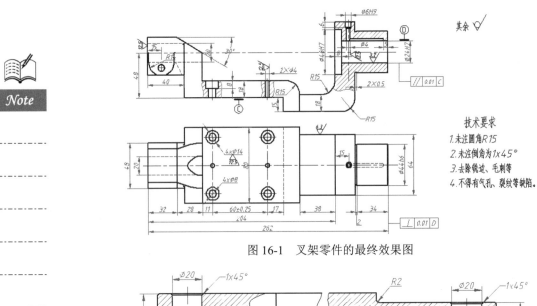

图 16-1　叉架零件的最终效果图

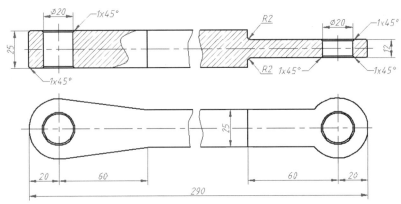

图 16-2　连杆零件的最终效果图

16.3　叉杆类零件设计思路

● 叉架类零件设计思路

◇ 调用"机械样板.dwt",并简单设置绘图环境。
◇ 使用"多段线"命令配合坐标输入功能绘制零件主视图的主体结构。
◇ 使用"偏移""修剪""样条曲线""圆角"等命令绘制主视图的细部结构。
◇ 使用"圆""阵列""镜像""偏移""构造线""修剪"等命令绘制俯视图。
◇ 使用"修剪"和"拉长"等命令绘制视图的中心线。
◇ 使用"保存"命令将图形存盘。

● 连杆类零件设计思路

◇ 调用"机械样板.dwt",并简单设置绘图环境。
◇ 使用"构造线"命令绘制二视图的定位基准线。

第 16 章 叉杆类零件设计

- 使用"圆""复制""偏移""修剪""直线"等命令绘制连杆的俯视图轮廓。
- 使用"构造线""样条曲线""偏移""修剪"等命令绘制连杆的主视图轮廓。
- 使用"圆角""倒角""直线"等命令对连杆主视图的结构进行细化编辑和完善。
- 使用"图案填充"命令为连杆主视图填充剖面线。
- 使用"修剪"和"拉长"等命令绘制连杆二视图的中心线。
- 使用"保存"命令将图形存盘。

16.4 叉杆类零件设计过程

下面将详细学习叉架零件和连杆零件等各种视图的绘制方法和绘制技巧,具体内容如下。

16.4.1 上机实训———绘制叉架零件主视图

Step 01 执行"新建"命令,调用配套资源中的"\样板文件\机械样板.dwt"文件。

Step 02 展开"图层控制"下拉列表,将"轮廓线"图层设置为当前图层。

Step 03 单击"默认"选项卡→"绘图"面板→"多段线"按钮,配合坐标输入功能绘制主视图外轮廓,命令行操作如下。

```
命令: pline
指定起点:                                          //在绘图区拾取一点
当前线宽为 0.0
指定下一个点或 [圆弧(A)/半宽(H)/长度(L)/放弃(U)/宽度(W)]: //@32,0 Enter
指定下一点或 [圆弧(A)/闭合(C)/半宽(H)/长度(L)/放弃(U)/宽度(W)]:
                                                  //@32.33<-30 Enter
指定下一点或 [圆弧(A)/闭合(C)/半宽(H)/长度(L)/放弃(U)/宽度(W)]://@0,-30 Enter
指定下一点或 [圆弧(A)/闭合(C)/半宽(H)/长度(L)/放弃(U)/宽度(W)]: //@91,0 Enter
指定下一点或 [圆弧(A)/闭合(C)/半宽(H)/长度(L)/放弃(U)/宽度(W)]: //A Enter
指定圆弧的端点或[角度(A)/圆心(CE)/闭合(CL)/方向(D)/半宽(H)/直线(L)/半径(R)/第
二个点(S)/放弃(U)/宽度(W)]:                         //@15, 15 Enter
指定圆弧的端点或[角度(A)/圆心(CE)/闭合(CL)/方向(D)/半宽(H)/直线(L)/半径(R)/第
二个点(S)/放弃(U)/宽度(W)]:                         //L Enter
指定下一点或 [圆弧(A)/闭合(C)/半宽(H)/长度(L)/放弃(U)/宽度(W)]://@0,-18 Enter
指定下一点或 [圆弧(A)/闭合(C)/半宽(H)/长度(L)/放弃(U)/宽度(W)]://@-18,0 Enter
指定下一点或 [圆弧(A)/闭合(C)/半宽(H)/长度(L)/放弃(U)/宽度(W)]://@0,15 Enter
指定下一点或 [圆弧(A)/闭合(C)/半宽(H)/长度(L)/放弃(U)/宽度(W)]: //@-108,0 Enter
指定下一点或 [圆弧(A)/闭合(C)/半宽(H)/长度(L)/放弃(U)/宽度(W)]://@0,24 Enter
指定下一点或 [圆弧(A)/闭合(C)/半宽(H)/长度(L)/放弃(U)/宽度(W)]://@-40,0 Enter
指定下一点或 [圆弧(A)/闭合(C)/半宽(H)/长度(L)/放弃(U)/宽度(W)]://C Enter
命令:pline
```

```
指定起点:                                              //捕捉刚绘制的多段线右下角点
当前线宽为 0.0
指定下一个点或 [圆弧(A)/半宽(H)/长度(L)/放弃(U)/宽度(W)]:      //@45,0 Enter
指定下一点或 [圆弧(A)/闭合(C)/半宽(H)/长度(L)/放弃(U)/宽度(W)]://A Enter
指定圆弧的端点或[角度(A)/圆心(CE)/闭合(CL)/方向(D)/半宽(H)/直线(L)/半径(R)/第二
个点(S)/放弃(U)/宽度(W)]:                      //@15,15 Enter
指定圆弧的端点或[角度(A)/圆心(CE)/闭合(CL)/方向(D)/半宽(H)/直线(L)/半径(R)/第二
个点(S)/放弃(U)/宽度(W)]:                      //L Enter
指定下一点或 [圆弧(A)/闭合(C)/半宽(H)/长度(L)/放弃(U)/宽度(W)]://@0,26 Enter
指定下一点或 [圆弧(A)/闭合(C)/半宽(H)/长度(L)/放弃(U)/宽度(W)]://@36,0 Enter
指定下一点或 [圆弧(A)/闭合(C)/半宽(H)/长度(L)/放弃(U)/宽度(W)]://@0,44 Enter
指定下一点或 [圆弧(A)/闭合(C)/半宽(H)/长度(L)/放弃(U)/宽度(W)]://@-36,0 Enter
指定下一点或 [圆弧(A)/闭合(C)/半宽(H)/长度(L)/放弃(U)/宽度(W)]://@0,10 Enter
指定下一点或 [圆弧(A)/闭合(C)/半宽(H)/长度(L)/放弃(U)/宽度(W)]://@-22,0 Enter
指定下一点或 [圆弧(A)/闭合(C)/半宽(H)/长度(L)/放弃(U)/宽度(W)]://@0,-62 Enter
指定下一点或 [圆弧(A)/闭合(C)/半宽(H)/长度(L)/放弃(U)/宽度(W)]:
                                              //A Enter,激活"圆弧"选项
指定圆弧的端点或[角度(A)/圆心(CE)/闭合(CL)/方向(D)/半宽(H)/直线(L)/半径(R)/第二
个点(S)/放弃(U)/宽度(W)]:                      //@-15,-15 Enter
指定圆弧的端点或[角度(A)/圆心(CE)/闭合(CL)/方向(D)/半宽(H)/直线(L)/半径(R)/第二
个点(S)/放弃(U)/宽度(W)]:                      //L Enter
指定下一点或 [圆弧(A)/闭合(C)/半宽(H)/长度(L)/放弃(U)/宽度(W)]:
                                              //向左捕捉与垂直轮廓线的交点
指定下一点或 [圆弧(A)/闭合(C)/半宽(H)/长度(L)/放弃(U)/宽度(W)]:
                                              //Enter,结果如图 16-3 所示
```

Step 04 单击"默认"选项卡→"修改"面板→"分解"按钮,将绘制的多段线分解,然后设置"中心线"图层为当前图层。

Step 05 单击"默认"选项卡→"绘图"面板→"直线"按钮,配合中点捕捉功能绘制如图 16-4 所示的中心线。

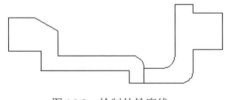
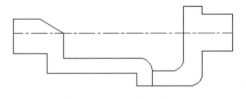

图 16-3 绘制外轮廓线   图 16-4 绘制中心线

Step 06 单击"默认"选项卡→"修改"面板→"偏移"按钮,将中心线对称偏移 10 个绘图单位。

Step 07 单击"默认"选项卡→"修改"面板→"修剪"按钮,以主视图外轮廓线作为修剪边界,对偏移出的图线进行修剪,修剪结果如图 16-5 所示。

Step 08 选择修剪后的两条线段并放到"隐藏线"图层上,然后将最左侧的垂直轮廓线向右偏移 15 个绘图单位,结果如图 16-6 所示。

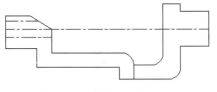
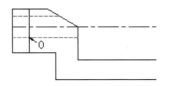

图 16-5　修剪结果（1）　　　　　　图 16-6　偏移结果（1）

Step 09 展开"图层控制"下拉列表，将"轮廓线"图层设置为当前图层。

Step 10 执行"圆"命令，以如图 16-6 所示的交点 O 为圆心，绘制半径为 14 的轮廓圆，结果如图 16-7 所示。

Step 11 单击"默认"选项卡→"修改"面板→"修剪"按钮，对刚绘制的圆进行修剪，结果如图 16-8 所示。

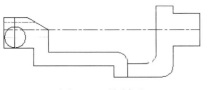
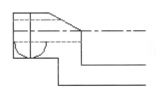

图 16-7　绘制圆　　　　　　　　　图 16-8　修剪圆

Step 12 单击"默认"选项卡→"绘图"面板→"直线"按钮，以圆弧两端点为起点，绘制垂直线，结果如图 16-9 所示。

Step 13 单击"默认"选项卡→"修改"面板→"圆角"按钮，在"不修剪"圆角模式下创建如图 16-10 所示的两处圆角，圆角半径为 1。

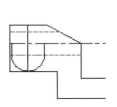
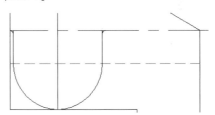

图 16-9　绘制垂直线　　　　　　　图 16-10　圆角结果

Step 14 单击"默认"选项卡→"修改"面板→"修剪"按钮，以圆角轮廓线为修剪边界，修剪垂直线，结果如图 16-11 所示。

Step 15 选择中间的垂直线并将其放到"中心线"图层上，然后将水平中心线向下偏移 16 个绘图单位，结果如图 16-12 所示。

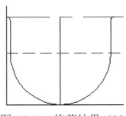
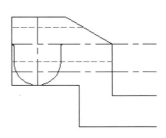

图 16-11　修剪结果（2）　　　　　图 16-12　偏移结果（2）

Step 16 单击"默认"选项卡→"绘图"面板→"圆"按钮,以偏移所得的线段与垂直中心线的交点为圆心,绘制半径分别为 3.5 和 4 的同心圆,结果如图 16-13 所示。

Step 17 单击"默认"选项卡→"修改"面板→"修剪"按钮,对圆和中心线进行修剪,结果如图 16-14 所示。

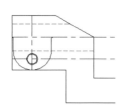
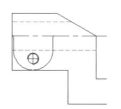

图 16-13 绘制同心圆　　　　　　　　图 16-14 修剪结果

Step 18 单击"默认"选项卡→"修改"面板→"偏移"按钮,将水平中心线向下偏移 40 个绘图单位;将最左侧的垂直轮廓线向左偏移 10 个绘图单位,结果如图 16-15 所示。

Step 19 选择偏移出的两条线段,将其夹点拉伸至如图 16-16 所示的状态,以定位圆心。

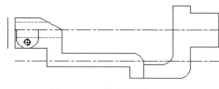
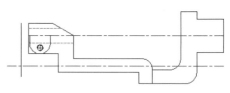

图 16-15 偏移结果(1)　　　　　　　图 16-16 夹点编辑

Step 20 将"隐藏线"图层设置为当前图层,然后以夹点拉伸后产生的两条线的交点作为圆心,绘制半径为 50 的圆,结果如图 16-17 所示。

Step 21 单击"默认"选项卡→"修改"面板→"修剪"按钮,对刚绘制的圆进行修剪,结果如图 16-18 所示。

Step 22 将左侧的垂直线放置到"中心线"图层上,然后将两条图线的夹点拉伸至如图 16-19 所示的状态。

Step 23 绘制中间的固定结构。单击"默认"选项卡→"修改"面板→"偏移"按钮,将线段 AB 向右偏移 11 个绘图单位,结果如图 16-20 所示。

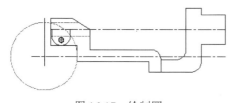
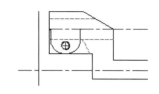

图 16-17 绘制圆　　　　　　　　　　图 16-18 修剪圆

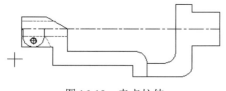
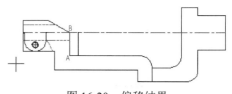

图 16-19 夹点拉伸　　　　　　　　　图 16-20 偏移结果

Step 24 使用夹点编辑功能对偏移出的垂直线进行拉伸，调整其长度，结果如图 16-21 所示。

Step 25 单击"默认"选项卡→"修改"面板→"偏移"按钮，将刚编辑后的垂直线段对称偏移 4 和 7 个绘图单位；将如图 16-20 所示过 A 点的水平轮廓线向下偏移 8 个绘图单位，结果如图 16-22 所示。

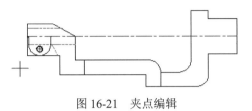

图 16-21 夹点编辑　　　　　　图 16-22 偏移结果（1）

Step 26 单击"默认"选项卡→"修改"面板→"修剪"按钮，对偏移出的各图线进行修剪，结果如图 16-23 所示。

Step 27 单击"默认"选项卡→"修改"面板→"偏移"按钮，将阶梯孔中心线向右偏移 60 个绘图单位；然后将偏移后的线段对称偏移 2 个绘图单位，结果如图 16-24 所示。

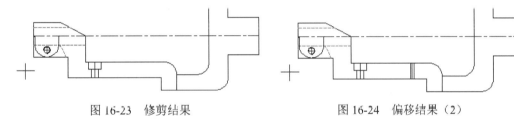

图 16-23 修剪结果　　　　　　图 16-24 偏移结果（2）

Step 28 选择阶梯孔中心线和 φ4 孔中心线，并将其放到"中心线"图层上，并对其进行夹点拉伸，使其超出轮廓线 2 个绘图单位，结果如图 16-25 所示。

Step 29 将"波浪线"图层设置为当前图层，然后单击"默认"选项卡→"绘图"面板→"样条曲线"按钮，配合最近点捕捉功能绘制如图 16-26 所示的剖切线。

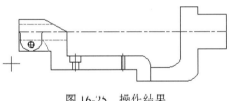 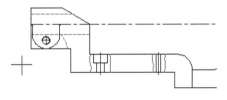

图 16-25 操作结果　　　　　　图 16-26 绘制剖切线

Step 30 将"剖面线"图层设为当前图层，然后单击"默认"选项卡→"绘图"面板→"图案填充"按钮，以默认参数填充如图 16-27 所示的剖面线。

Step 31 绘制右侧支撑结构。单击"默认"选项卡→"修改"面板→"偏移"按钮，将水平中心线对称偏移 12 和 24 个绘图单位，将垂直轮廓线 L 向右偏移 8 个绘图单位，结果如图 16-28 所示。

Step 32 单击"默认"选项卡→"修改"面板→"修剪"按钮，对偏移出的图线进行修剪，结果如图 16-29 所示。

Step 33 将修剪后的线段放到"轮廓线"图层上，然后将垂直轮廓线 L 向右偏移 15 个绘图单位，结果如图 16-30 所示。

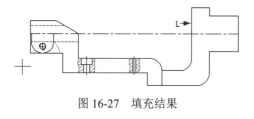

图 16-27　填充结果

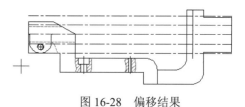

图 16-28　偏移结果

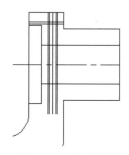

图 16-29　修剪结果

图 16-30　操作结果

Step 34　绘制螺钉孔。将线段 *EF* 对称偏移 2 和 3 个绘图单位；将水平轮廓线 *AE* 向下偏移 6 和 7 个绘图单位，结果如图 16-31 所示。

Step 35　将线段 *EF* 放到"中心线"图层上，然后单击"默认"选项卡→"修改"面板→"修剪"按钮，将图线修剪成如图 16-32 所示的状态。

Step 36　将"轮廓线"图层设置为当前图层，单击"默认"选项卡→"绘图"面板→"直线"按钮，配合端点捕捉功能绘制如图 16-33 所示的两条斜线段。

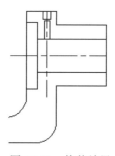

图 16-31　偏移结果　　　　图 16-32　修剪结果　　　　图 16-33　绘制斜线段

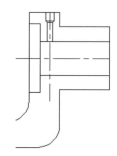

Step 37　单击"默认"选项卡→"修改"面板→"偏移"按钮，将最右侧的垂直轮廓线向左偏移 5 个绘图单位，结果如图 16-34 所示。

Step 38　单击"默认"选项卡→"绘图"面板→"直线"按钮，以 *A* 为起点，补画主视图内部轮廓，命令行操作如下。

```
命令: line 指定第一点:                    //捕捉点 A
指定下一点或 [放弃(U)]:                    //@0,2 Enter
指定下一点或 [放弃(U)]:                    //向左捕捉φ4 轮廓的交点
指定下一点或 [闭合(C)/放弃(U)]:            //@-2,-2 Enter
指定下一点或 [闭合(C)/放弃(U)]:            //Enter，结果如图 16-35 所示
```

Step 39　删除不需要的垂直线，然后以刚绘制的线段为修剪边界，修剪螺钉孔轮廓，结果如图 16-36 所示。

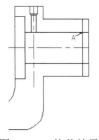 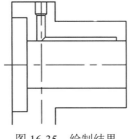 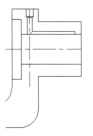

图 16-34 偏移结果　　　图 16-35 绘制结果　　　图 16-36 修剪结果

Step 40 单击"默认"选项卡→"绘图"面板→"直线"按钮，绘制退刀槽，命令行操作如下。

```
命令: line
指定第一点:                          //捕捉垂直线段L的下端点
指定下一点或 [放弃(U)]:               //@0,-0.5 Enter
指定下一点或 [放弃(U)]:               //@2,0 Enter
指定下一点或 [闭合(C)/放弃(U)]:        //@0,0.5 Enter
指定下一点或 [闭合(C)/放弃(U)]:        //Enter，结果如图 16-37 所示
```

Step 41 单击"默认"选项卡→"修改"面板→"镜像"按钮，以主视图的水平中心线为镜像线，镜像退刀槽轮廓，结果如图 16-38 所示。

Step 42 单击"默认"选项卡→"修改"面板→"修剪"按钮，修剪退刀槽轮廓，结果如图 16-39 所示。

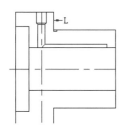 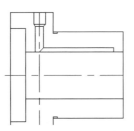 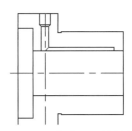

图 16-37 绘制退刀槽　　　图 16-38 镜像退刀槽　　　图 16-39 修剪退刀槽轮廓

Step 43 单击"默认"选项卡→"修改"面板→"倒角"按钮，对主视图轮廓线 1、2、3 进行倒角，倒角尺寸为 1×45°，倒角结果如图 16-40 所示。

Step 44 将"剖面线"图层设置为当前图层，然后单击"默认"选项卡→"绘图"面板→"样条曲线"按钮，绘制如图 16-41 所示的剖切线。

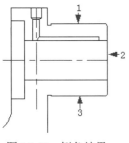 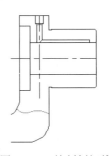

图 16-40 倒角结果　　　　　图 16-41 绘制剖切线

Step 45 单击"默认"选项卡→"绘图"面板→"图案填充"按钮 ,执行"图案填充"命令,采用默认参数,填充 ANSI31 图案,填充结果如图 16-42 所示。

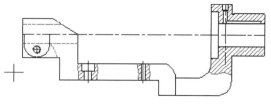

图 16-42 填充结果

至此,叉架零件主视图绘制完毕。

16.4.2 上机实训二——绘制叉架零件俯视图

Step 01 继续 16.4.1 节的操作。展开"图层"面板→"图层控制"下拉列表,将"中心线"图层设置为当前图层。

Step 02 单击"默认"选项卡→"绘图"面板→"直线"按钮,在下侧绘制一条水平直线作为俯视图的中心线。

Step 03 将"轮廓线"图层设置为当前图层,然后单击"默认"选项卡→"绘图"面板→"构造线"按钮,根据视图间的对正关系绘制垂直构造线作为辅助线,如图 16-43 所示。

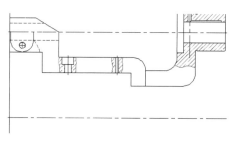

图 16-43 绘制结果

Step 04 单击"默认"选项卡→"绘图"面板→"直线"按钮,以辅助线与俯视图中心线的交点为起点,绘制俯视图外轮廓,命令行操作如下。

```
命令: line
指定第一点:                           //捕捉辅助线与俯视图中心线交点
指定下一点或 [放弃(U)]:                //@0,24 Enter
指定下一点或 [放弃(U)]:                //@40,0 Enter
指定下一点或 [闭合(C)/放弃(U)]:        //@0,16 Enter
指定下一点或 [闭合(C)/放弃(U)]:        //@126,0 Enter
指定下一点或 [闭合(C)/放弃(U)]:        //@0,-8 Enter
指定下一点或 [放弃(U)]:                //@60,0 Enter
指定下一点或 [放弃(U)]:                //@0,-10.5 Enter
指定下一点或 [闭合(C)/放弃(U)]:        //@2,0 Enter
```

指定下一点或 [闭合(C)/放弃(U)]:	//@0,0.5 Enter
指定下一点或 [闭合(C)/放弃(U)]:	//@34,0 Enter
指定下一点或 [闭合(C)/放弃(U)]:	//@0,-22 Enter
指定下一点或 [闭合(C)/放弃(U)]:	//Enter，结果如图 16-44 所示

Step 05 单击"默认"选项卡→"修改"面板→"删除"按钮，删除垂直构造线。

Step 06 使用快捷键 L 执行"直线"命令，补画主视图内部的垂直轮廓线，结果如图 16-45 所示。

图 16-44　绘制结果（1） 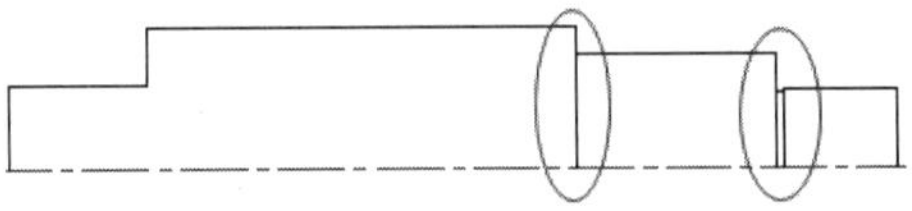　　　　图 16-45　绘制结果（2）

Step 07 单击"默认"选项卡→"绘图"面板→"直线"按钮，从主视图向俯视图引垂直构造线作为辅助线，结果如图 16-46 所示。

Step 08 单击"默认"选项卡→"修改"面板→"修剪"按钮，以俯视图外轮廓与水平中心线为修剪边界，修剪辅助线，结果如图 16-47 所示。

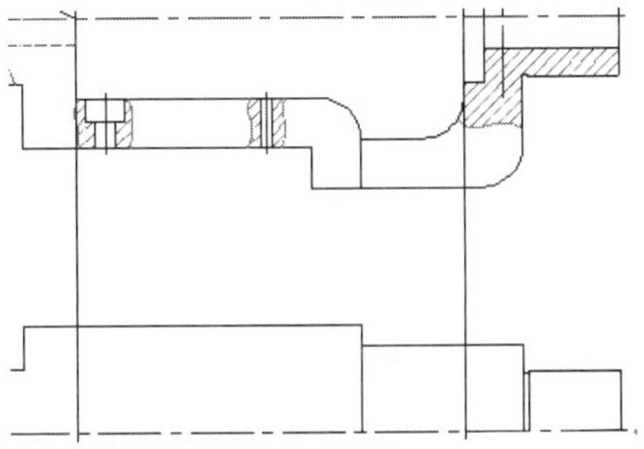

图 16-46　绘制辅助线 　　　　图 16-47　修剪结果

Step 09 单击"默认"选项卡→"绘图"面板→"直线"按钮，从主视图向俯视图引辅助线，如图 16-48 所示。

Step 10 单击"默认"选项卡→"绘图"面板→"圆"按钮，以左侧的垂直辅助线的下端点作为圆心，绘制半径分别为 2 和 3 的同心圆，结果如图 16-49 所示。

Step 11 将"隐藏线"图层设置为当前图层，然后单击"默认"选项卡→"绘图"面板→"多段线"按钮，以小圆的上限点为起点，绘制多段线，命令行操作如下。

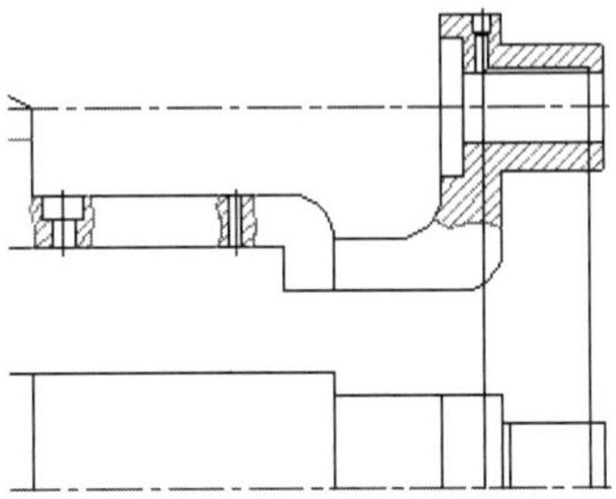

图 16-48　绘制辅助线

```
命令：pline
指定起点：                                          //捕捉刚绘制的小圆的上限点
当前线宽为 0.0
指定下一个点或 [圆弧(A)/半宽(H)/长度(L)/放弃(U)/宽度(W)]:        //@36,0 Enter
指定下一点或 [圆弧(A)/闭合(C)/半宽(H)/长度(L)/放弃(U)/宽度(W)]://A Enter
```

指定圆弧的端点或[角度(A)/圆心(CE)/闭合(CL)/方向(D)/半宽(H)/直线(L)/半径(R)/第二个点(S)/放弃(U)/宽度(W)]:　　　　　　　　　　　　　　//@2,-2 Enter

指定圆弧的端点或[角度(A)/圆心(CE)/闭合(CL)/方向(D)/半宽(H)/直线(L)/半径(R)/第二个点(S)/放弃(U)/宽度(W)]:　　　　　　　　　　　　　　//Enter，结果如图16-50所示

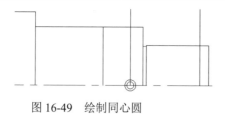

图16-49　绘制同心圆

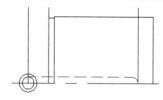

图16-50　绘制结果

Step 12 使用快捷键E激活"删除"命令，删除两条垂直辅助线，结果如图16-51所示。

Step 13 单击"默认"选项卡→"绘图"面板→"直线"按钮，从主视图向俯视图引出如图16-52所示的辅助线。

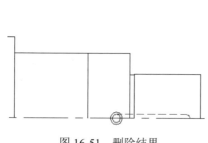

图16-51　删除结果

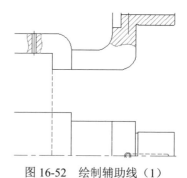

图16-52　绘制辅助线（1）

Step 14 单击"默认"选项卡→"修改"面板→"修剪"按钮，对刚绘制的辅助线进行修剪，结果如图16-53所示。

Step 15 将"中心线"图层设置为当前图层，然后单击"默认"选项卡→"绘图"面板→"直线"按钮，从主视图阶梯孔和ϕ4孔中心线处向俯视图引辅助线，结果如图16-54所示。

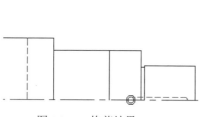

图16-53　修剪结果

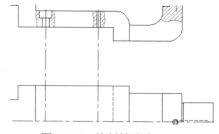

图16-54　绘制辅助线

Step 16 单击"默认"选项卡→"修改"面板→"偏移"按钮，将俯视图的水平中心线向上偏移30个绘图单位，结果如图16-55所示。

Step 17 将"轮廓线"图层设置为当前图层，然后以辅助线与偏移所得的水平线的交点为圆心，绘制半径分别为4和7的同心圆，结果如图16-56所示。

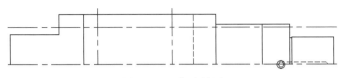

图 16-55 偏移结果

Step 18 选择过同心圆圆心的相互垂直的两条线段，对其进行修剪和夹点拉伸，调整其长度，结果如图 16-57 所示。

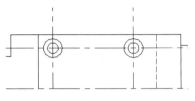 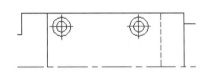

图 16-56 绘制同心圆　　　　　　　图 16-57 调整中心线的长度

Step 19 单击"默认"选项卡→"修改"面板→"偏移"按钮，将水平中心线向上偏移 10 个绘图单位。

Step 20 单击"默认"选项卡→"修改"面板→"修剪"按钮，对刚偏移出的水平图线进行修剪，结果如图 16-58 所示。

Step 21 选择修剪后的水平图线，将其放到"隐藏线"图层上，然后将下侧的水平中心线向上偏移 17.89 个绘图单位，结果如图 16-59 所示。

图 16-58 修剪结果　　　　　　　图 16-59 偏移结果

Step 22 单击"默认"选项卡→"绘图"面板→"直线"按钮，从主视图向俯视图引出如图 16-60 所示的垂直辅助线。

Step 23 单击"默认"选项卡→"修改"面板→"修剪"按钮，对偏移出的水平图线和刚绘制的垂直辅助线进行修剪，并将修剪后的图线放到"轮廓线"图层上，结果如图 16-61 所示。

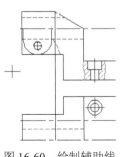 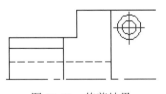

图 16-60 绘制辅助线　　　　　　图 16-61 修剪结果

Step 24 单击"默认"选项卡→"绘图"面板→"直线"按钮，从主视图向俯视图引出如图 16-62 所示的垂直辅助线。

Step 25 单击"默认"选项卡→"绘图"面板→"圆弧"按钮，以 B 点为起点、A 点为终点，绘制半径为 17.01 的圆弧，结果如图 16-63 所示。

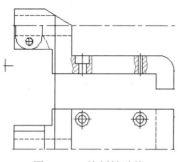

图 16-62 绘制辅助线

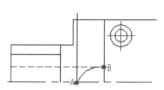

图 16-63 绘制圆弧（1）

Step 26 删除辅助线，然后单击"默认"选项卡→"修改"面板→"偏移"按钮，将俯视图的水平中心线向上偏移 24 个绘图单位，结果如图 16-64 所示。

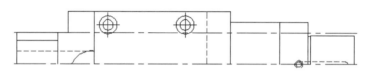

图 16-64 偏移结果

Step 27 单击"默认"选项卡→"绘图"面板→"圆弧"按钮，以 B 点为起点，A 点为终点，绘制半径为 79.25 的圆弧，结果如图 16-65 所示。

Step 28 使用快捷键 E 激活"删除"命令，删除偏移出的水平图线，结果如图 16-66 所示。

图 16-65 绘制圆弧（2）

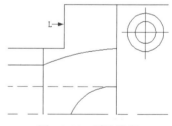

图 16-66 删除结果

Step 29 单击"默认"选项卡→"绘图"面板→"多段线"按钮，配合坐标输入功能绘制切线轮廓，命令行操作如下。

```
命令: pline
指定起点:                                    //捕捉垂直线 L 的下端点
当前线宽为 0.0
指定下一个点或 [圆弧(A)/半宽(H)/长度(L)/放弃(U)/宽度(W)]: //@0,-1 Enter
指定下一点或 [圆弧(A)/闭合(C)/半宽(H)/长度(L)/放弃(U)/宽度(W)]: //A Enter
指定圆弧的端点或[角度(A)/圆心(CE)/闭合(CL)/方向(D)/半宽(H)/直线(L)/半径(R)/第
二个点(S)/放弃(U)/宽度(W)]:                  //@2<210 Enter
```

指定圆弧的端点或[角度(A)/圆心(CE)/闭合(CL)/方向(D)/半宽(H)/直线(L)/半径(R)/第二个点(S)/放弃(U)/宽度(W)]: //Enter，结果如图16-67所示

Step 30 单击"默认"选项卡→"修改"面板→"倒角"按钮，对俯视图最右侧的垂直轮廓线进行倒角，倒角尺寸为1×45°，结果如图16-68所示。

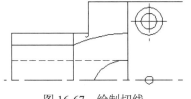

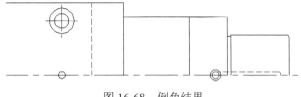

图16-67 绘制切线　　　　　　　　　图16-68 倒角结果

Step 31 单击"默认"选项卡→"绘图"面板→"直线"按钮，配合端点捕捉功能绘制倒角线，结果如图16-69所示。

Step 32 单击"默认"选项卡→"修改"面板→"镜像"按钮，以俯视图的水平中心线为镜像线，镜像俯视图轮廓，结果如图16-70所示。

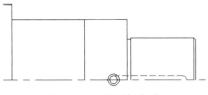

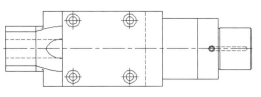

图16-69 绘制倒角线　　　　　　　　图16-70 镜像结果

Step 33 单击"默认"选项卡→"修改"面板→"延伸"按钮，以俯视图的水平中心线为延伸边界，延伸阶梯孔的垂直中心线，结果如图16-71所示。

Step 34 单击"默认"选项卡→"绘图"面板→"圆"按钮，以延伸后的垂直中心线与水平中心线的交点为圆心，绘制两个半径为2的圆，结果如图16-72所示。

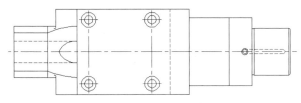

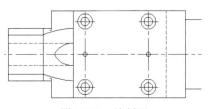

图16-71 延伸结果　　　　　　　　　图16-72 绘制圆

Step 35 单击"默认"选项卡→"绘图"面板→"多段线"按钮，以主视图 O 点为起点补画切线轮廓，命令行操作如下。

命令: pline
指定起点: //捕捉点O
当前线宽为 0.0
指定下一个点或 [圆弧(A)/半宽(H)/长度(L)/放弃(U)/宽度(W)]: //@0,32 Enter
指定下一点或 [圆弧(A)/闭合(C)/半宽(H)/长度(L)/放弃(U)/宽度(W)]:
 //A Enter，激活"圆弧"选项

```
指定圆弧的端点或[角度(A)/圆心(CE)/闭合(CL)/方向(D)/半宽(H)/直线(L)/半径(R)/第
二个点(S)/放弃(U)/宽度(W)]:                    //@2<150 Enter
指定圆弧的端点或[角度(A)/圆心(CE)/闭合(CL)/方向(D)/半宽(H)/直线(L)/半径(R)/第
二个点(S)/放弃(U)/宽度(W)]:                    //Enter,绘制结果如图16-73所示
```

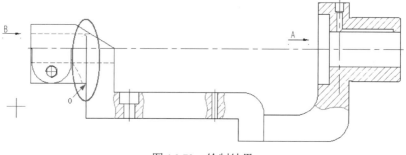

图 16-73 绘制结果

至此,叉架零件俯视图绘制完毕。

16.4.3 上机实训三——为叉架零件图标注尺寸

Step 01 继续 16.4.2 节的操作。

Step 02 展开"图层"面板→"图层控制"下拉列表,将"标注线"图层设置为当前图层。

Step 03 使用快捷键 D 激活"标注样式"命令,将"机械样式"设为当前标注样式,并修改标注比例为1.5。

Step 04 选择菜单栏中的"标注"→"线性"命令,标注俯视图尺寸,命令行操作如下。

```
命令: dimlinear
指定第一个尺寸界线原点或 <选择对象>:      //捕捉如图16-74所示的端点
指定第二条尺寸界线原点:                   //捕捉如图16-75所示的端点
指定尺寸线位置或[多行文字(M)/文字(T)/角度(A)/水平(H)/垂直(V)/旋转(R)]: //T Enter
输入标注文字 <6>:                        //%%C44h6 Enter
指定尺寸线位置或[多行文字(M)/文字(T)/角度(A)/水平(H)/垂直(V)/旋转(R)]:
                                       //在适当位置拾取点,标注结果如图16-76所示
标注文字 = 44
```

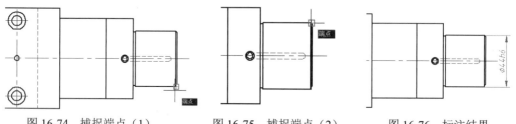

图 16-74 捕捉端点(1)　　　图 16-75 捕捉端点(2)　　　图 16-76 标注结果

Step 05 重复执行"线性"命令,配合对象捕捉功能标注其他位置的线性尺寸,标注结果如图 16-77 所示。

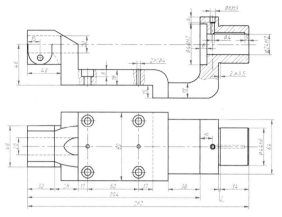

图 16-77 标注其他线性尺寸

小技巧

在标注其他位置的线性尺寸时,可以充分使用"线性"命令中的"文字"选项或"多行文字"选项,为尺寸文字添加尺寸前缀或后缀。

Step 06 执行"标注样式"命令,将"角度标注"设为当前标注样式,并修改标注比例为 1.5。

Step 07 选择菜单栏中的"标注"→"半径"命令,标注圆弧的半径尺寸,命令行操作如下。

```
命令: dimdiameter
选择圆弧或圆:                    //选择如图 16-78 所示的圆弧
标注文字 = 14
指定尺寸线位置或 [多行文字(M)/文字(T)/角度(A)]:
                               //指定尺寸线位置,标注结果如图 16-79 所示
```

图 16-78 选择圆弧

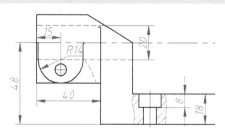
图 16-79 标注结果

Step 08 选择菜单栏中的"标注"→"直径"命令,标注零件图的直径尺寸,命令行操作如下。

```
命令: dimdiameter
选择圆弧或圆:                    //选择如图 16-80 所示的圆
标注文字 = 14
指定尺寸线位置或 [多行文字(M)/文字(T)/角度(A)]://T Enter
输入标注文字 <20>:               //4%%C4
指定尺寸线位置或 [多行文字(M)/文字(T)/角度(A)]:
                               //指定尺寸线位置,标注结果如图 16-81 所示
```

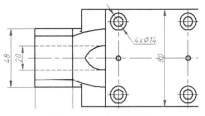

图 16-80　选择圆　　　　　图 16-81　标注结果

Step 09　参照第 8~9 步，分别使用"半径"和"直径"命令，标注其他位置的半径尺寸和直径尺寸，结果如图 16-82 所示。

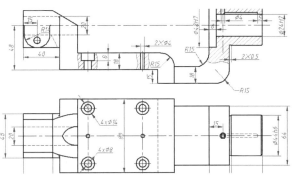

图 16-82　标注其他尺寸

Step 10　选择菜单栏中的"标注"→"角度"命令，标注零件图的角度尺寸，命令行操作如下。

```
命令：dimdiameter
选择圆弧、圆、直线或 <指定顶点>：        //选择如图 16-83 所示的轮廓线
选择第二条直线：                         //选择如图 16-84 所示的轮廓线
指定标注弧线位置或 [多行文字(M)/文字(T)/角度(A)/象限点(Q)]：
                                        //指定尺寸线位置，标注结果如图 16-85 所示
标注文字 = 30
```

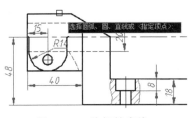 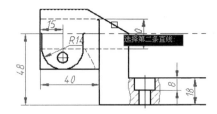

图 16-83　选择轮廓线　　　　　图 16-84　选择第二条轮廓线

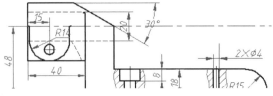

图 16-85　标注结果

至此，叉架零件图各类尺寸标注完毕。

16.4.4 上机实训四——标注叉架零件公差与基准代号

Step 01 继续 16.4.3 节的操作。

Step 02 使用快捷键 ED 激活"编辑文字"命令,根据命令行的提示选择俯视图中尺寸文字为 60 的对象,打开文字编辑器。

Step 03 在反白显示的尺寸文字后输入公差后缀,如图 16-86 所示。

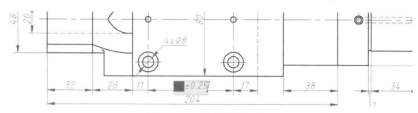

图 16-86 输入公差后缀

Step 04 关闭文字编辑器,尺寸公差标注后的效果如图 16-87 所示。

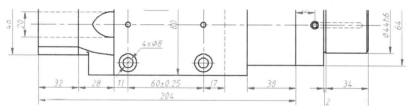

图 16-87 标注尺寸公差

Step 05 标注形位公差。使用快捷键 LE 激活"快速引线"命令,配合最近点捕捉功能标注零件图的形位公差,命令行操作如下。

命令: qleader
指定第一个引线点或 [设置(S)] <设置>:
　　　　　//S Enter,在打开的"引线设置"对话框中设置如图 16-88 和图 16-89 所示的参数

图 16-88 设置注释参数

图 16-89 设置引线和箭头参数

Step 06 单击 确定 按钮,然后根据命令行的提示标注零件图的形位公差,命令行操作如下。
指定第一个引线点或 [设置(S)] <设置>: //捕捉如图 16-90 所示的最近点

指定下一点：　　　　　　　　　　　//在上侧适当位置定位第二引线点，打开"形位公差"对话框

Step 07 在"形位公差"对话框中单击"符号"颜色块，从打开的"特征符号"对话框中单击如图 16-91 所示的公差符号。

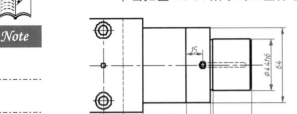

图 16-90　定位第一引线点　　　　　　图 16-91　"特征符号"对话框

Step 08 返回"形位公差"对话框，在"公差 1"选项组中单击颜色块，添加公差符号，然后设置其他参数，如图 16-92 所示。

Step 09 单击 确定 按钮，关闭"形位公差"对话框，结果如图 16-93 所示。

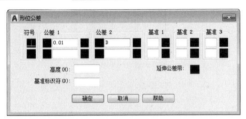

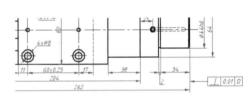

图 16-92　设置公差符号与值　　　　　图 16-93　标注结果

Step 10 重复执行"快速引线"命令，修改引线参数，如图 16-94 所示，为零件图标注如图 16-95 所示的形位公差。

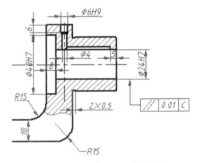

图 16-94　修改引线参数　　　　　　　图 16-95　标注形位公差

Step 11 展开"图层"面板→"图层控制"下拉列表，将"细实线"图层设置为当前图层。

Step 12 使用快捷键 I 激活"插入块"命令，插入配套资源中的"\图块文件\基准代号.dwg"，其中块参数设置如图 16-96 所示，命令行操作如下。

```
命令:insert                                    //Enter,激活"插入块"命令
指定插入点或 [基点(B)/比例(S)/旋转(R)]：       //在所需位置单击
输入属性值
```

输入基准代号：<A>： //C Enter，结果如图16-97所示
正在重生成模型

图16-96 设置块参数

Step 13 重复执行"插入块"命令，将X轴向比例设为1.3、Y轴向比例设为−1.3，插入右侧的基准代号，命令行操作如下。

命令:insert   //Enter，激活"插入块"命令
指定插入点或 [基点(B)/比例(S)/旋转(R)]：   //在所需位置单击
输入属性值
输入基准代号：<A>：   //D Enter，结果如图16-98所示
正在重生成模型

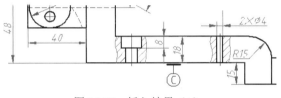

图16-97 插入结果（1）

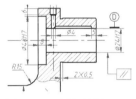

图16-98 插入结果（2）

至此，叉架零件图公差和基准代号标注完毕。

16.4.5 上机实训五——标注叉架粗糙度与技术要求

Step 01 继续16.4.4节的操作。

Step 02 展开"图层"面板→"图层控制"下拉列表，将"细实线"图层设置为当前图层。

Step 03 使用快捷键 I 激活"插入块"命令，设置块参数如图16-99所示，为叉架标注粗糙度，命令行操作如下。

命令:insert   //Enter，激活"插入块"命令
指定插入点或 [基点(B)/比例(S)/旋转(R)]：   //在所需位置单击
输入属性值
输入粗糙度值：<0.8>：   //12.5 Enter，插入结果如图16-100所示
正在重生成模型。

图16-99 设置块参数

图16-100 插入结果（3）

> **小技巧**
>
> 在插入属性块时，要注意块的缩放比例、插入点和旋转角度的设置技巧等。一般情况下，需要勾选"在屏幕上指定"复选框。

Step 04 使用快捷键 I 激活"插入块"命令，设置插入参数如图 16-101 所示，插入结果如图 16-102 所示。

图 16-101　设置插入参数

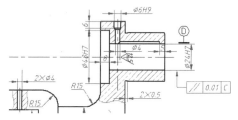

图 16-102　插入结果

Step 05 在刚插入的粗糙度属性块上双击，修改属性的旋转角度为 90°、对正方式为右上，结果如图 16-103 所示。

Step 06 使用快捷键 I 激活"插入块"命令，以 1.4 倍的比例插入粗糙度，命令行操作如下。

```
命令:insert                                //Enter,激活"插入块"命令
指定插入点或 [基点(B)/比例(S)/旋转(R)]：   //在所需位置单击
输入属性值
输入粗糙度值： <0.8>:                      //3.2 Enter,插入结果如图 16-103 所示
正在重生成模型
```

Step 07 使用快捷键 MI 激活"镜像"命令，对刚插入的粗糙度属性块进行水平镜像，然后执行"移动"命令，对镜像出的粗糙度属性块进行移位，结果如图 16-104 所示。

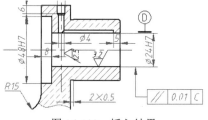

图 16-103　插入结果

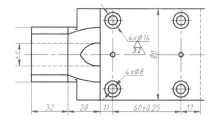

图 16-104　镜像并移位

Step 08 使用快捷键 CO 激活"复制"命令，将标注的粗糙度分别复制到其他位置上，必要时可绘制指示线，结果如图 16-105 所示。

Step 09 使用快捷键 ED 激活"编辑文字"命令，选择复制出的粗糙度属性块，在打开的"增强属性编辑器"对话框中修改属性值，如图 16-106 所示。

Step 10 单击右上角的"选择块"按钮，返回绘图区，选择俯视图孔结构位置的粗糙度属性块，修改其属性值，结果如图 16-107 所示。

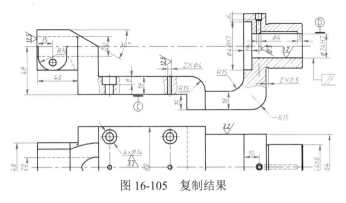

图 16-105　复制结果

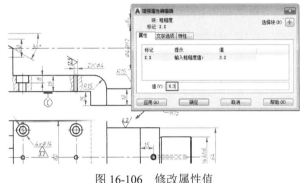

图 16-106　修改属性值

Step 11 使用"插入块"命令，在主视图的右上角以 1.96 倍的缩放比例插入配套资源中的"/图块文件/粗糙度 02.dwg"。

Step 12 使用快捷键 T 激活"多行文字"命令，为零件图标注如图 16-107 所示的技术要求，其中标题文字的高度为 12、技术要求内容的文字高度为 10。

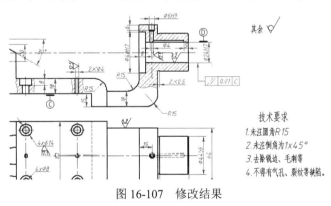

图 16-107　修改结果

Step 13 执行"保存"命令，将图形命名为"绘制叉架零件二视图.dwg"并保存。

16.4.6　上机实训六——绘制连杆零件俯视图

Step 01 以配套资源中的"\样板文件\机械样板.dwt"作为基础样板，新建空白文件。

Step 02 使用快捷键 Z 激活"视图缩放"命令，将视图高度调整为 180 个绘图单位，并设置对象捕捉模式为端点捕捉、交点捕捉和垂足点捕捉。

Step 03 展开"图层"面板→"图层控制"下拉列表,将"中心线"图层设置为当前图层。

Step 04 选择菜单栏中的"绘图"→"构造线"命令,绘制水平和垂直的构造线作为定位辅助线,如图16-108所示。

图16-108 绘制构造线

Step 05 将"轮廓线"图层设置为当前图层,然后使用快捷键C激活"圆"命令,配合交点捕捉功能绘制三个同心轮廓圆,命令行操作如下。

```
命令:circle                                    //Enter
指定圆的圆心或 [三点(3P)/两点(2P)/切点、切点、半径(T)]:
                                               //捕捉左下侧构造线的交点
指定圆的半径或 [直径(D)]:          //10 Enter
命令:circle                                    //Enter
指定圆的圆心或 [三点(3P)/两点(2P)/切点、切点、半径(T)]:  //@ Enter
指定圆的半径或 [直径(D)] <10.0>:   //11 Enter
命令:circle                                    //Enter
指定圆的圆心或 [三点(3P)/两点(2P)/切点、切点、半径(T)]:  //@ Enter
指定圆的半径或 [直径(D)] <11.0>:   //20 Enter,绘制结果如图16-109所示
```

Step 06 选择菜单栏中的"修改"→"复制"命令,配合交点捕捉功能对三个同心圆进行复制,结果如图16-110所示。

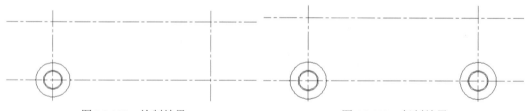

图16-109 绘制结果   图16-110 复制结果

Step 07 使用快捷键O激活"偏移"命令,对构造线进行偏移,命令行操作如下。

```
命令:offset                                                        //Enter
当前设置:删除源=否  图层=源  OFFSETGAPTYPE=0
指定偏移距离或 [通过(T)/删除(E)/图层(L)] <180.0>://L Enter
输入偏移对象的图层选项 [当前(C)/源(S)] <源>:    //C Enter
指定偏移距离或 [通过(T)/删除(E)/图层(L)] <180.0>://60 Enter
选择要偏移的对象,或 [退出(E)/放弃(U)] <退出>:    //选择左侧的垂直构造线
指定要偏移的那一侧上的点,或 [退出(E)/多个(M)/放弃(U)] <退出>:
```

```
                                        //在所选构造线的右侧拾取点
选择要偏移的对象，或 [退出(E)/放弃(U)] <退出>:   //选择右侧的垂直构造线
指定要偏移的那一侧上的点，或 [退出(E)/多个(M)/放弃(U)] <退出>:
                                        //在所选构造线的左侧拾取点
选择要偏移的对象，或 [退出(E)/放弃(U)] <退出>:   //Enter
命令:offset                              //Enter
当前设置: 删除源=否  图层=当前  OFFSETGAPTYPE=0
指定偏移距离或 [通过(T)/删除(E)/图层(L)] <60.0>:  //12.5 Enter
选择要偏移的对象，或 [退出(E)/放弃(U)] <退出>:   //选择下侧的水平构造线
指定要偏移的那一侧上的点，或 [退出(E)/多个(M)/放弃(U)] <退出>:
                                        //在所选构造线的上侧拾取点
选择要偏移的对象，或 [退出(E)/放弃(U)] <退出>:   //选择上侧的水平构造线
指定要偏移的那一侧上的点，或 [退出(E)/多个(M)/放弃(U)] <退出>:
                                        //在所选构造线的下侧拾取点
选择要偏移的对象，或 [退出(E)/放弃(U)] <退出>:   //Enter,结果如图16-111所示
```

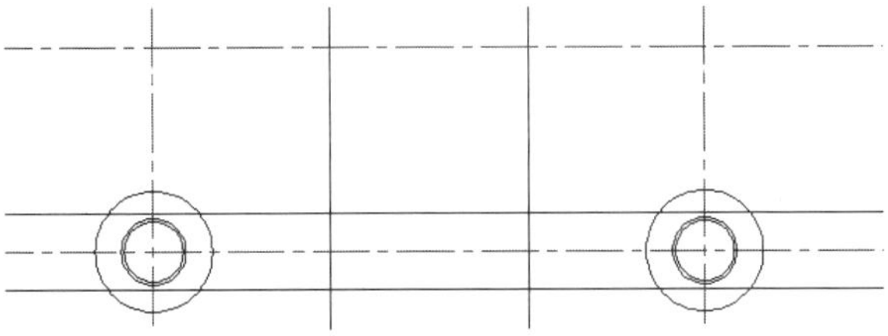

图 16-111 偏移结果

Step 08 选择菜单栏中的"绘图"→"直线"命令，配合交点捕捉和切点捕捉功能绘制如图 16-112 所示的两条切线。

Step 09 使用快捷键 TR 激活"修剪"命令，对图线进行修剪，结果如图 16-113 所示。

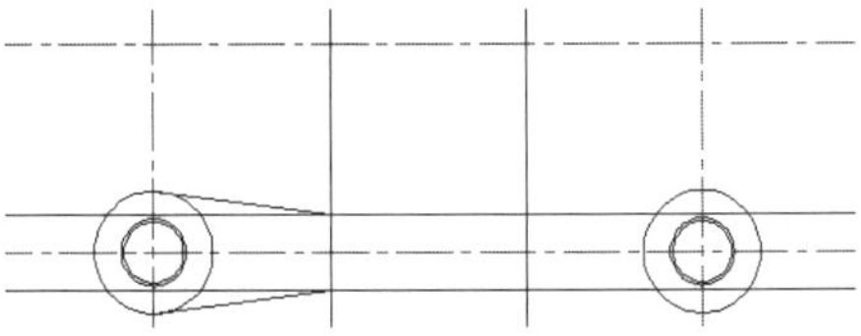

图 16-112 绘制结果（1） 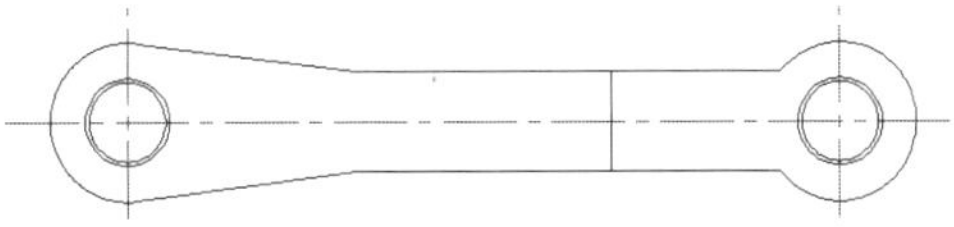　　　　图 16-113 修剪结果（1）

Step 10 将"波浪线"图层设置为当前图层，然后使用"样条曲线"命令，配合最近点捕捉功能绘制如图 16-114 所示的两条边界线。

Step 11 执行"修剪"命令，以两条样条曲线作为边界，对两条水平轮廓线进行修剪，结果如图 16-115 所示。

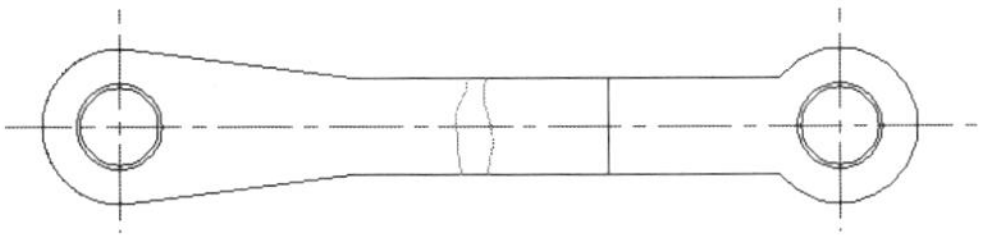

图 16-114 绘制结果（2） 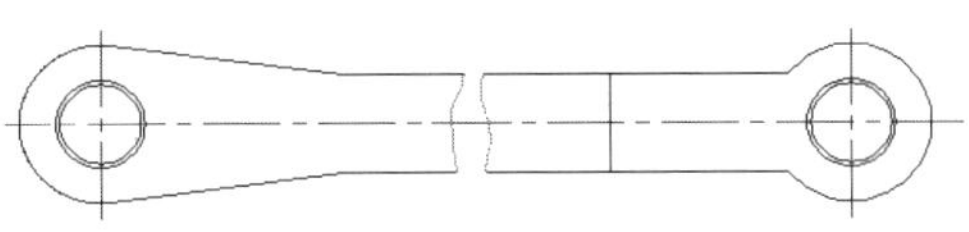　　　　图 16-115 修剪结果（2）

至此，连杆零件俯视图绘制完毕。

16.4.7 上机实训七——绘制连杆零件主视图

Step 01 继续 16.4.6 节的操作。

Step 02 展开"图层"面板→"图层控制"下拉列表,将"轮廓线"图层设置为当前图层。

Step 03 使用快捷键 O 激活"偏移"命令,对上侧的水平构造线进行偏移,命令行操作如下。

```
命令:offset                                              //Enter
当前设置:删除源=否  图层=当前  OFFSETGAPTYPE=0
指定偏移距离或 [通过(T)/删除(E)/图层(L)] <60.0>: //12.5 Enter
选择要偏移的对象,或 [退出(E)/放弃(U)] <退出>:   //选择上侧的水平构造线
指定要偏移的那一侧上的点,或 [退出(E)/多个(M)/放弃(U)] <退出>:
                                                //在所选构造线的上侧拾取点
选择要偏移的对象,或 [退出(E)/放弃(U)] <退出>:   //选择上侧的水平构造线
指定要偏移的那一侧上的点,或 [退出(E)/多个(M)/放弃(U)] <退出>:
                                                //在所选构造线的下侧拾取点
选择要偏移的对象,或 [退出(E)/放弃(U)] <退出>:   //Enter
命令:offset                                     //Enter
指定偏移距离或 [通过(T)/删除(E)/图层(L)] <12.5>: //6 Enter
选择要偏移的对象,或 [退出(E)/放弃(U)] <退出>:   //选择上侧的水平构造线
指定要偏移的那一侧上的点,或 [退出(E)/多个(M)/放弃(U)] <退出>:
                                                //在所选构造线的上侧拾取点
选择要偏移的对象,或 [退出(E)/放弃(U)] <退出>:   //选择上侧的水平构造线
指定要偏移的那一侧上的点,或 [退出(E)/多个(M)/放弃(U)] <退出>:
                                                //在所选构造线的下侧拾取点
选择要偏移的对象,或 [退出(E)/放弃(U)] <退出>:   //Enter,结果如图16-116所示
```

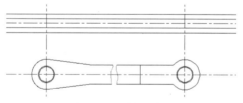

图 16-116 偏移结果

Step 04 重复执行"偏移"命令,对两条垂直构造线进行偏移,命令行操作如下。

```
命令:offset                                              //Enter
当前设置:删除源=否  图层=当前  OFFSETGAPTYPE=0
指定偏移距离或 [通过(T)/删除(E)/图层(L)] <6>:    //20 Enter
选择要偏移的对象,或 [退出(E)/放弃(U)] <退出>:   //选择左侧的垂直构造线
指定要偏移的那一侧上的点,或 [退出(E)/多个(M)/放弃(U)] <退出>:
                                                //在所选构造线的左侧拾取点
选择要偏移的对象,或 [退出(E)/放弃(U)] <退出>:   //选择右侧的垂直构造线
指定要偏移的那一侧上的点,或 [退出(E)/多个(M)/放弃(U)] <退出>:
```

```
                                           //在所选构造线的右侧拾取点
选择要偏移的对象，或 [退出(E)/放弃(U)] <退出>:   //Enter
命令:offset                                //Enter
当前设置：删除源=否  图层=当前  OFFSETGAPTYPE=0
指定偏移距离或 [通过(T)/删除(E)/图层(L)] <20>:   //60 Enter
选择要偏移的对象，或 [退出(E)/放弃(U)] <退出>:   //再次选择左侧的垂直构造线
指定要偏移的那一侧上的点，或 [退出(E)/多个(M)/放弃(U)] <退出>:
                                           //在所选构造线的右侧拾取点
选择要偏移的对象，或 [退出(E)/放弃(U)] <退出>:   //再次选择右侧的垂直构造线
指定要偏移的那一侧上的点，或 [退出(E)/多个(M)/放弃(U)] <退出>:
                                           //在所选构造线的左侧拾取点
选择要偏移的对象，或 [退出(E)/放弃(U)] <退出>:   //Enter，结果如图 16-117 所示
```

Step 05 选择菜单栏中的"修改"→"修剪"命令，对各构造线进行修剪，编辑出主视图外轮廓结构，结果如图 16-118 所示。

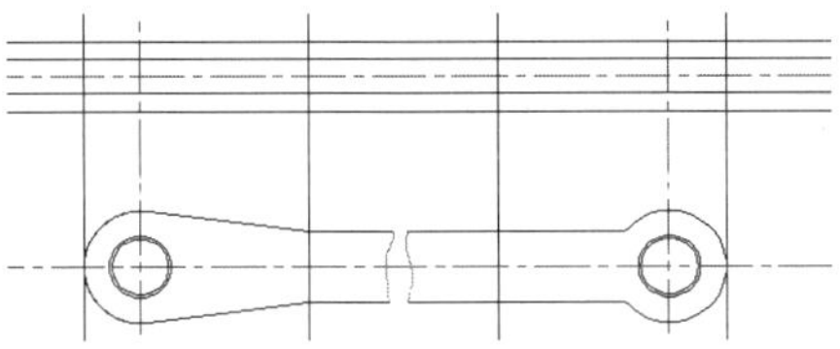

图 16-117 偏移结果 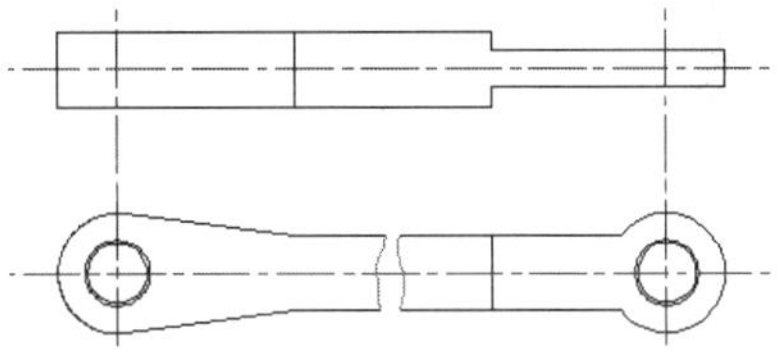　　　　　　　　图 16-118 修剪结果

Step 06 选择菜单栏中的"修改"→"复制"命令，配合极轴追踪和对象捕捉功能，对俯视图中的两条样条曲线进行复制，命令行操作如下。

```
命令: copy
选择对象:                                  //选择两条样条曲线边界
选择对象:                                  //Enter
当前设置：复制模式 = 多个
指定基点或 [位移(D)/模式(O)] <位移>:        //捕捉如图 16-119 所示的端点
指定第二个点或 [阵列(A)] <使用第一个点作为位移>:   //捕捉如图 16-120 所示的交点
```

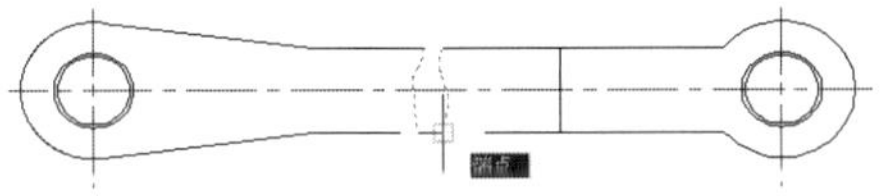

图 16-119 捕捉端点 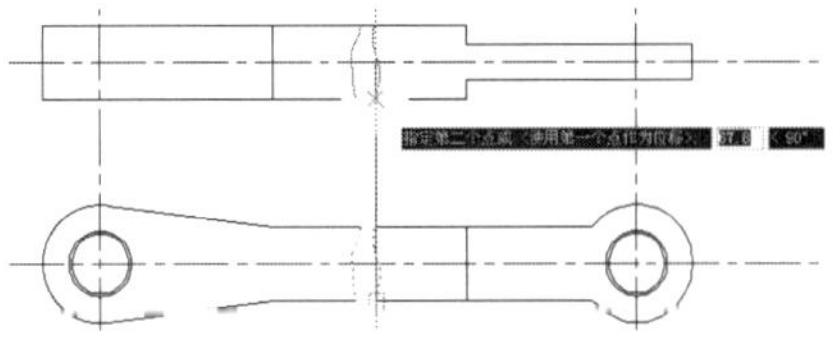　　　　　　　　图 16-120 捕捉交点

```
指定第二个点或 [阵列(A)/退出(E)/放弃(U)] <退出>:
                                           //Enter，复制结果如图 16-121 所示
```

Step 07 执行"修剪"命令，以复制出的两条样条曲线作为边界，对主视图两侧的水平轮廓线进行修剪，结果如图 16-122 所示。

Step 08 选择菜单栏中的"修改"→"倒角"命令，对主视图外轮廓线进行倒角，命令行操作如下。

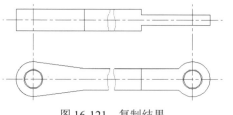

图 16-121 复制结果

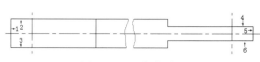

图 16-122 修剪结果

```
命令: chamfer
("修剪"模式)当前倒角距离 1 = 0.0,距离 2 = 0.0
选择第一条直线或 [放弃(U)/多段线(P)/距离(D)/角度(A)/修剪(T)/方式(E)/多个(M)]:
                                    //A Enter
指定第一条直线的倒角长度 <0.0>:       //1 Enter
指定第一条直线的倒角角度 <0>:         //45 Enter
选择第一条直线或 [放弃(U)/多段线(P)/距离(D)/角度(A)/修剪(T)/方式(E)/多个(M)]:
                                    //M Enter
选择第一条直线或 [放弃(U)/多段线(P)/距离(D)/角度(A)/修剪(T)/方式(E)/多个(M)]:
                                    //在图 16-122 所示的垂直轮廓线 1 的上端单击
选择第二条直线,或按住 Shift 键选择直线以应用角点或 [距离(D)/角度(A)/方法(M)]:
                                    //在图 16-122 所示的水平轮廓线 2 的左端单击
选择第一条直线或 [放弃(U)/多段线(P)/距离(D)/角度(A)/修剪(T)/方式(E)/多个(M)]:
                                    //在垂直轮廓线 1 的下端单击
选择第二条直线,或按住 Shift 键选择直线以应用角点或 [距离(D)/角度(A)/方法(M)]:
                                    //在水平轮廓线 3 的左端单击
选择第一条直线或 [放弃(U)/多段线(P)/距离(D)/角度(A)/修剪(T)/方式(E)/多个(M)]:
                                    //在垂直轮廓线 5 的下端单击
选择第二条直线,或按住 Shift 键选择直线以应用角点或 [距离(D)/角度(A)/方法(M)]:
                                    //在水平轮廓线 6 的右端单击
选择第一条直线或 [放弃(U)/多段线(P)/距离(D)/角度(A)/修剪(T)/方式(E)/多个(M)]:
                                    //在垂直轮廓线 5 的上端单击
选择第一条直线或 [放弃(U)/多段线(P)/距离(D)/角度(A)/修剪(T)/方式(E)/多个(M)]:
                                    //在水平轮廓线 4 的右端单击
选择第一条直线或 [放弃(U)/多段线(P)/距离(D)/角度(A)/修剪(T)/方式(E)/多个(M)]:
                                    //Enter,结束命令,结果如图 16-123 所示
```

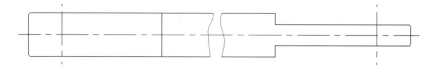

图 16-123 倒角结果

Step 09 选择菜单栏中的"修改"→"偏移"命令，根据视图间的对正关系，绘制如图 16-124 所示的四条垂直构造线。

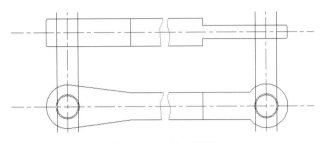

图 16-124　绘制结果

Step 10 选择菜单栏中的"修改"→"修剪"命令，以主视图外轮廓线作为边界，对四条垂直构造线进行修剪，结果如图 16-125 所示。

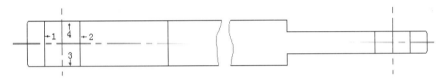

图 16-125　修剪结果

Step 11 选择菜单栏中的"修改"→"倒角"命令，对主视图外轮廓线和修剪后产生的垂直轮廓线进行倒角，命令行操作如下。

```
命令：chamfer
("修剪"模式) 当前倒角长度 = 1.0，角度 = 45
选择第一条直线或 [放弃(U)/多段线(P)/距离(D)/角度(A)/修剪(T)/方式(E)/多个(M)]：
                                //T Enter
输入修剪模式选项 [修剪(T)/不修剪(N)] <修剪>：//N Enter
选择第一条直线或 [放弃(U)/多段线(P)/距离(D)/角度(A)/修剪(T)/方式(E)/多个(M)]：
                                //M Enter
选择第一条直线或 [放弃(U)/多段线(P)/距离(D)/角度(A)/修剪(T)/方式(E)/多个(M)]：
                                //在图 16-125 所示的垂直轮廓线 1 的上端单击
选择第二条直线，或按住 Shift 键选择直线以应用角点或 [距离(D)/角度(A)/方法(M)]：
                                //在图 16-125 所示的水平轮廓线 4 的左端单击
选择第一条直线或 [放弃(U)/多段线(P)/距离(D)/角度(A)/修剪(T)/方式(E)/多个(M)]：
                                //在垂直轮廓线 1 的下端单击
选择第二条直线，或按住 Shift 键选择直线以应用角点或 [距离(D)/角度(A)/方法(M)]：
                                //在水平轮廓线 3 的左端单击
选择第一条直线或 [放弃(U)/多段线(P)/距离(D)/角度(A)/修剪(T)/方式(E)/多个(M)]：
                                //在垂直轮廓线 2 的上端单击
选择第二条直线，或按住 Shift 键选择直线以应用角点或 [距离(D)/角度(A)/方法(M)]：
                                //在水平轮廓线 4 的右端单击
选择第一条直线或 [放弃(U)/多段线(P)/距离(D)/角度(A)/修剪(T)/方式(E)/多个(M)]：
```

选择第二条直线，或按住 Shift 键选择直线以应用角点或 [距离(D)/角度(A)/方法(M)]:
//在垂直轮廓线 2 的下端单击
//在水平轮廓线 3 的右端单击
选择第一条直线或 [放弃(U)/多段线(P)/距离(D)/角度(A)/修剪(T)/方式(E)/多个(M)]:
//Enter，结束命令，结果如图 16-126 所示

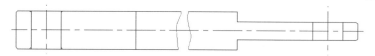

图 16-126　倒角结果

Step 12 选择菜单栏中的"修改"→"修剪"命令，以倒角后产生的四条倾斜图线作为边界，对柱孔两侧的垂直轮廓线进行修剪，结果如图 16-127 所示。

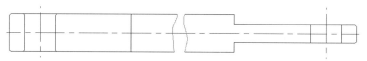

图 16-127　修剪结果

Step 13 使用快捷键 L 激活"直线"命令，配合端点捕捉功能绘制倒角位置的水平轮廓线，结果如图 16-128 所示。

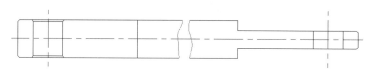

图 16-128　绘制结果

Step 14 参照第 11～13 步，综合使用"倒角"、"修剪"和"直线"命令，绘制右侧柱孔的内部结构，结果如图 16-129 所示。

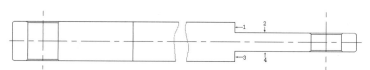

图 16-129　绘制右侧孔的内部结构

Step 15 选择菜单栏中的"修改"→"圆角"命令，对主视图外轮廓线进行圆角编辑，命令行操作如下。

```
命令: fillet
当前设置: 模式 = 不修剪, 半径 = 0.0
选择第一个对象或 [放弃(U)/多段线(P)/半径(R)/修剪(T)/多个(M)]:    //R Enter
指定圆角半径 <0.0>:                                              //2 Enter
选择第一个对象或 [放弃(U)/多段线(P)/半径(R)/修剪(T)/多个(M)]:    //T Enter
输入修剪模式选项 [修剪(T)/不修剪(N)] <不修剪>:                   //T Enter
选择第一个对象或 [放弃(U)/多段线(P)/半径(R)/修剪(T)/多个(M)]:    //M Enter
选择第一个对象或 [放弃(U)/多段线(P)/半径(R)/修剪(T)/多个(M)]:
                                          //单击如图 16-129 所示的垂直轮廓线 1
```

```
选择第二个对象，或按住 Shift 键选择对象以应用角点或 [半径(R)]:
                                          //单击水平轮廓线 2
选择第一个对象或 [放弃(U)/多段线(P)/半径(R)/修剪(T)/多个(M)]:
                                          //单击垂直轮廓线 3
选择第二个对象，或按住 Shift 键选择对象以应用角点或 [半径(R)]:
                                          //单击水平轮廓线 4
选择第一个对象或 [放弃(U)/多段线(P)/半径(R)/修剪(T)/多个(M)]:
                                          //Enter，结束命令，结果如图 16-130 所示
```

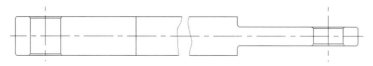

图 16-130　圆角结果

Step 16 选择菜单栏中的"绘图"→"样条曲线"命令，配合最近点捕捉功能，在"波浪线"图层内绘制如图 16-131 所示的样条曲线作为边界线。

Step 17 执行"图层"命令，在打开的"图层特性管理器"对话框中双击"剖面线"，将此图层设置为当前图层。

Step 18 选择菜单栏中的"绘图"→"图案填充"命令，采用默认参数，为主视图填充 ANSI31 图案，填充结果如图 16-132 所示。

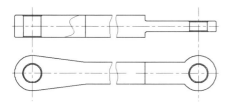 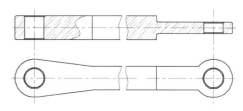

图 16-131　绘制结果　　　　　　　图 16-132　填充结果

Step 19 使用快捷键 TR 激活"修剪"命令，以两视图外轮廓线作为边界，对构造线进行修剪，将其转化为中心线，结果如图 16-133 所示。

Step 20 选择菜单栏中的"修改"→"拉长"命令，将长度增量设置为 5，分别将两视图的中心线的两端拉长，拉长结果如图 16-134 所示。

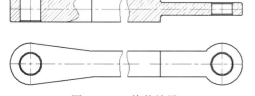 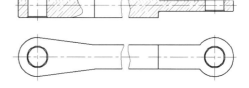

图 16-133　修剪结果　　　　　　　图 16-134　拉长结果

Step 21 执行"保存"命令，将图形命名为"绘制连杆零件二视图.dwg"并存储。

16.5 小结与练习

16.5.1 小结

叉杆类零件是机器操纵机构中起操纵、支撑作用的一种零件。本章综合多种常用制图命令及捕捉、追踪等辅助绘图功能，以叉架零件和连杆零件为例，详细讲述了叉杆零件各种视图的表达、定位、绘制方法及绘制技巧。另外，在绘图过程中，充分使用了点的坐标输入和捕捉功能，进行点的精确定位。

16.5.2 练习

1. 综合运用所学知识，绘制并标注如图 16-135 所示的零件图。

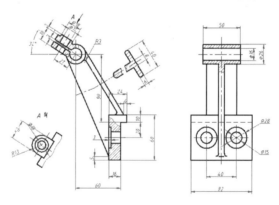

图 16-135　练习 1

2. 综合运用所学知识，绘制并标注如图 16-136 所示的零件图。

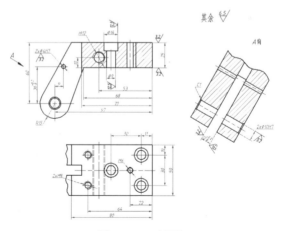

图 16-136　练习 2

箱壳类零件设计

本章在概述箱壳类零件理论知识的前提下,通过绘制涡轮箱零件视图与半轴壳零件视图,学习箱壳类零件的具体绘制过程和相关绘图技巧。

内容要点

- 箱壳类零件概述
- 箱壳类零件设计效果
- 箱壳类零件设计思路
- 箱壳类零件设计过程

17.1 箱壳类零件概述

箱壳类零件的结构形体一般比较复杂，多由曲面和平面构成半封闭的空腔，用来支承轴类零件和容纳其他零件，如机座、泵体、箱体和壳体等。另外，根据功能要求，此类零件上常有成对出现的轴孔、平面、螺孔和油孔、油槽、凸台、凹坑、肋板等结构。下面将从两个方面对箱壳类零件进行概述。

- **视图表达**

由于箱壳类零件的形状、结构比较复杂，视图的选择要特别慎重。一般考虑主要加工位置，常按照工作位置来确定主视图的投影方向，并采用至少两个甚至更多的基本视图及剖视图、剖面等表达方式，才能把其形状、结构表达清楚。因此，看图时，需要将几个视图结合起来分析，才能看懂各部分的形状。

- **尺寸标注**

由于箱壳类零件的结构复杂，尺寸较多且有的尺寸精度要求较高，所以需要认真确定长、宽、高三个方向的基准，然后按照形体分析和结构分析的方法确定各定位尺寸和定形尺寸的总格局。

一般采用安装底平面作为高度方向的基准，使设计基准与工艺基准尽可能统一；长和宽方向的基准，常选用对称平面、与零件的结合面或重要孔的轴线（点画线）；为了加工、测量方便和满足装配需要，还常选用一些轴线、端面作为辅助基准。对于重要孔间的中心距、重要轴线与重要平面间的尺寸以及将会影响产品规格的尺寸，一定要直接标出。

17.2 箱壳类零件设计效果

- **箱体零件效果**

本章通过绘制涡轮箱零件的主视图、左视图和俯视图，学习箱体类零件视图的绘制方法和具体的绘制技巧。涡轮箱零件的最终效果如图 17-1 所示。

- **壳体零件效果**

本章通过绘制半轴壳零件的主视图和左视图，学习壳体类零件视图的绘制方法和具体的绘制技巧。半轴壳零件的最终效果如图 17-2 所示。

第 17 章　箱壳类零件设计

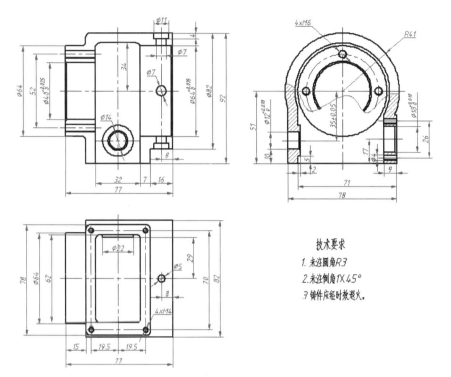

图 17-1　涡轮箱零件最终效果图

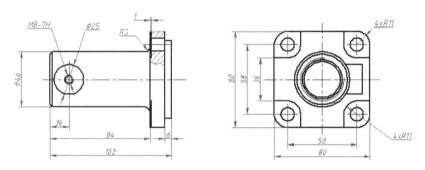

图 17-2　半轴壳零件最终效果图

17.3　箱壳类零件设计思路

● **箱体零件设计思路**

◇ 调用"机械样板.dwt"样板文件,并设置绘图环境。
◇ 使用"直线"、"偏移"、"修剪"和"圆角"等命令绘制箱体的主视图。
◇ 使用"圆"、"阵列"、"修剪"、"偏移"和"打断于点"等命令绘制箱体的俯视图。
◇ 根据视图间的对正关系,使用"直线"、"偏移"、"圆角"、"修剪"和"图案填充"等命令绘制箱体的左视图,并填充剖面线。
◇ 使用"保存"命令将图形存盘。

● 壳体零件设计思路

◇ 调用"机械样板.dwt"样板文件,并设置绘图环境。
◇ 使用"构造线"、"圆"和"阵列"等命令绘制壳体零件的左视图。
◇ 使用"构造线"、"偏移"和"修剪"等命令绘制主视图的外部结构。
◇ 使用"构造线"、"偏移"、"倒角"和"修剪"等命令绘制主视图的内部结构。
◇ 使用"构造线"、"修剪"、"偏移"和"图案填充"命令绘制主视图的孔结构和剖面线。
◇ 使用"修剪"和"拉长"命令绘制壳体二视图的中心线。
◇ 使用"保存"命令将图形存盘。

17.4 箱壳类零件设计过程

下面将详细学习涡轮箱零件和半轴壳零件各种视图的绘制方法和绘制技巧,具体内容如下。

17.4.1 上机实训一——绘制箱体零件俯视图

Step 01 执行"新建"命令,调用配套资源中的"\样板文件\机械样板.dwt"文件。

Step 02 选择菜单栏中的"格式"→"线型"命令,在打开的"线型管理器"对话框中设置线型比例为 0.8。

Step 03 展开"图层控制"下拉列表,将"轮廓线"图层设置为当前图层,然后打开线宽的显示功能。

Step 04 选择菜单栏中的"绘图"→"矩形"命令,绘制半径为 3 的圆角矩形,命令行操作如下。

```
命令: rectang
指定第一个角点或 [倒角(C)/标高(E)/圆角(F)/厚度(T)/宽度(W)]:
                                          //F Enter,激活"圆角"选项
指定矩形的圆角半径 <0.0>:                   //3 Enter
指定第一个角点或 [倒角(C)/标高(E)/圆角(F)/厚度(T)/宽度(W)]:
                                          //在绘图区拾取一点作为左下角点
指定另一个角点或 [面积(A)/尺寸(D)/旋转(R)]:  //@32,62 Enter,结束命令
```

Step 05 将"中心线"图层设置为当前图层,然后配合中点捕捉功能绘制如图 17-3 所示的两条中心线。

Step 06 使用快捷键 O 激活"偏移"命令,将水平构造线对称偏移 41 个绘图单位,将垂直构造线向左偏移 23 个绘图单位、向右偏移 37 个绘图单位,结果如图 17-4 所示。

Step 07 单击"默认"选项卡→"修改"面板→"圆角"按钮,执行"圆角"命令,对偏移出的构造线进行圆角,命令行操作如下。

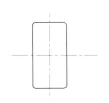
图 17-3 绘制结果

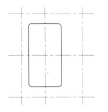
图 17-4 偏移结果

```
命令: fillet
当前设置: 模式 = 修剪, 半径 = 0.0
选择第一个对象或 [放弃(U)/多段线(P)/半径(R)/修剪(T)/多个(M)]:
                                            //M Enter, 激活"多个"选项
选择第一个对象或 [放弃(U)/多段线(P)/半径(R)/修剪(T)/多个(M)]:
                                            //单击左侧的垂直构造线
选择第二个对象, 或按住 Shift 键选择对象以应用角点或 [半径(R)]:
                                            //单击上侧的水平构造线
选择第一个对象或 [放弃(U)/多段线(P)/半径(R)/修剪(T)/多个(M)]:
                                            //单击上侧的水平构造线
选择第二个对象, 或按住 Shift 键选择对象以应用角点或 [半径(R)]:
                                            //单击右侧的垂直构造线
选择第一个对象或 [放弃(U)/多段线(P)/半径(R)/修剪(T)/多个(M)]:
                                            //单击右侧的垂直构造线
选择第二个对象, 或按住 Shift 键选择对象以应用角点或 [半径(R)]:
                                            //单击下侧的水平构造线
选择第一个对象或 [放弃(U)/多段线(P)/半径(R)/修剪(T)/多个(M)]:
                                            //单击下侧的水平构造线
选择第二个对象, 或按住 Shift 键选择对象以应用角点或 [半径(R)]:
                                            //单击左侧的垂直构造线
选择第一个对象或 [放弃(U)/多段线(P)/半径(R)/修剪(T)/多个(M)]:
                                            //Enter, 圆角结果如图 17-5 所示
```

Step 08 在无命令执行的前提下,使进行圆角编辑后的四条图线的夹点显示,然后展开"图层控制"下拉列表,将其放到"轮廓线"图层上,结果如图 17-6 所示。

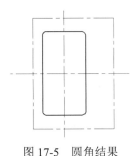
图 17-5 圆角结果

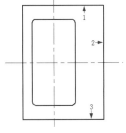
图 17-6 更改图层

Step 09 单击"默认"选项卡→"修改"面板→"偏移"按钮,执行"偏移"命令,将如图 17-6 所示的图线 1 向下偏移 3 个绘图单位,将图线 2 向左偏移 14 个绘图单位,将图线 3 向上偏移 1 个绘图单位,结果如图 17-7 所示。

Step 10 单击"默认"选项卡→"修改"面板→"圆角"按钮，执行"圆角"命令，对偏移出的构造线进行圆角，命令行操作如下。

```
命令: fillet
当前设置: 模式 = 修剪，半径 = 0.0
选择第一个对象或 [放弃(U)/多段线(P)/半径(R)/修剪(T)/多个(M)]:     //R Enter
指定圆角半径 <0.0>:                                           //3 Enter
选择第一个对象或 [放弃(U)/多段线(P)/半径(R)/修剪(T)/多个(M)]:     //M Enter
选择第一个对象或 [放弃(U)/多段线(P)/半径(R)/修剪(T)/多个(M)]:
                                                //在如图 17-7 所示轮廓线 1 的左端单击
选择第二个对象，或按住 Shift 键选择对象以应用角点或 [半径(R)]:
                                                //在如图 17-7 所示轮廓线 2 的上端单击
选择第一个对象或 [放弃(U)/多段线(P)/半径(R)/修剪(T)/多个(M)]:
                                                //在如图 17-7 所示轮廓线 3 的左端单击
选择第二个对象，或按住 Shift 键选择对象以应用角点或 [半径(R)]:
                                                //在如图 17-7 所示轮廓线 2 的下端单击
选择第一个对象或 [放弃(U)/多段线(P)/半径(R)/修剪(T)/多个(M)]:
                                                //Enter，结束命令，结果如图 17-8 所示
```

Step 11 重复执行"圆角"命令，继续对图线进行圆角，命令行操作如下。

```
命令: fillet
当前设置: 模式 = 修剪，半径 = 3.0
选择第一个对象或 [放弃(U)/多段线(P)/半径(R)/修剪(T)/多个(M)]:     //T Enter
输入修剪模式选项 [修剪(T)/不修剪(N)] <修剪>: //N Enter
选择第一个对象或 [放弃(U)/多段线(P)/半径(R)/修剪(T)/多个(M)]:
                                                //M Enter，激活"多个"选项
选择第一个对象或 [放弃(U)/多段线(P)/半径(R)/修剪(T)/多个(M)]:
                                                //在如图 17-8 所示轮廓线 1 的下端单击
选择第二个对象，或按住 Shift 键选择对象以应用角点或 [半径(R)]:
                                                //在如图 17-8 所示轮廓线 2 的左端单击
选择第一个对象或 [放弃(U)/多段线(P)/半径(R)/修剪(T)/多个(M)]:
                                                //在如图 17-8 所示轮廓线 1 的上端单击
选择第二个对象，或按住 Shift 键选择对象以应用角点或 [半径(R)]:
                                                //在如图 17-8 所示轮廓线 3 的左端单击
选择第一个对象或 [放弃(U)/多段线(P)/半径(R)/修剪(T)/多个(M)]:
                                                //Enter，结果如图 17-9 所示
```

Step 12 单击"默认"选项卡→"修改"面板→"修剪"按钮，以刚产生的两条圆角弧线作为边界，对内部的两条水平图线进行修剪，结果如图 17-10 所示。

Step 13 单击"默认"选项卡→"修改"面板→"偏移"按钮，将垂直构造线对称偏移 19.5 个绘图单位，将水平构造线向上偏移 34 个绘图单位，向下偏移 36 个绘图单位，结果如图 17-11 所示。

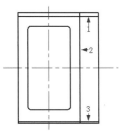 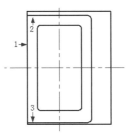 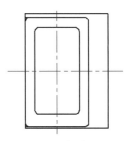

图 17-7　偏移结果（1）　　　图 17-8　圆角结果（1）　　　图 17-9　圆角结果（2）

Step 14 使用快捷键 C 激活"圆"命令，配合交点捕捉功能，在"轮廓线"图层内绘制直径分别为 3 和 4 的同心圆，并将直径为 4 的圆放到"细实线"图层上，结果如图 17-12 所示。

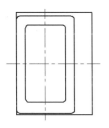 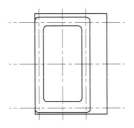 

图 17-10　修剪结果（1）　　　图 17-11　偏移结果（2）　　　图 17-12　绘制同心圆

Step 15 执行"修剪"命令，以通过圆心的两条构造线作为边界，对直径为 4 的圆进行修剪，结果如图 17-13 所示。

Step 16 使用快捷键 AR 激活"阵列"命令，选择如图 17-14 所示的圆及圆弧，将其阵列为 2 行 2 列，列之间的距离为 39、行之间的距离为 70，阵列结果如图 17-15 所示。

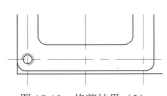 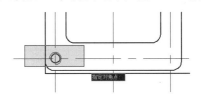

图 17-13　修剪结果（2）　　　　　　图 17-14　选择圆及圆弧

Step 17 单击"默认"选项卡→"修改"面板→"修剪"按钮，以阵列后产生的四条圆弧作为边界，对构造线进行修剪，将其转化为图形中心线，修剪结果如图 17-16 所示。

Step 18 使用快捷键 LEN 激活"拉长"命令，将四条中心线分别向两端拉长 1 个绘图单位，结果如图 17-17 所示。

 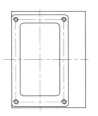 

图 17-15　阵列结果　　　　图 17-16　修剪结果（3）　　　图 17-17　拉长结果

Step 19 单击"默认"选项卡→"修改"面板→"偏移"按钮，将垂直构造线向左偏移 33 个绘图单位、向右偏移 29 个绘图单位；将水平构造线对称偏移 32 个绘图单位，结果如图 17-18 所示。

Step 20 使用快捷键 C 激活"圆"命令，配合交点捕捉功能绘制直径为 5 的圆，如图 17-19 所示。

Step 21 单击"默认"选项卡→"修改"面板→"修剪"按钮，对构造线进行修剪，结果如图 17-20 所示。

图 17-18 偏移结果（1）

图 17-19 绘制结果

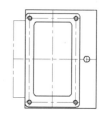
图 17-20 修剪结果（1）

Step 22 执行"拉长"命令，将俯视图的中心线向两端拉长 4 个绘图单位，将圆孔的垂直中心线向两端拉长 2 个绘图单位，结果如图 17-21 所示。

Step 23 单击"默认"选项卡→"修改"面板→"偏移"按钮，将水平中心线向上偏移 29 个绘图单位，将垂直中心线对称偏移 11 个绘图单位，结果如图 17-22 所示。

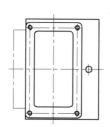
图 17-21 拉长结果

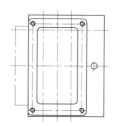
图 17-22 偏移结果（2）

Step 24 单击"默认"选项卡→"修改"面板→"修剪"按钮，对偏移出的图线进行修剪，结果如图 17-23 所示。

Step 25 在无命令执行的前提下，使如图 17-24 所示的三条轮廓线的夹点显示。

Step 26 展开"图层"面板→"图层控制"下拉列表，将其放到"轮廓线"图层，最终结果如图 17-25 所示。

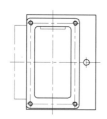
图 17-23 修剪结果（2）

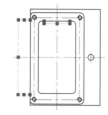
图 17-24 夹点显示效果

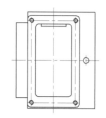
图 17-25 最终结果

至此，涡轮箱零件俯视图绘制完毕。

17.4.2 上机实训二——绘制箱体零件主视图

Step 01 继续 17.4.1 节的操作。

Step 02 暂时关闭线宽显示功能,然后使用快捷键 LA 激活"图层"命令,将"中心线"图层设置为当前图层。

Step 03 使用快捷键 XL 激活"构造线"命令,绘制如图 17-26 所示的两条构造线,以定位主视图位置。

Step 04 重复执行"构造线"命令,根据视图间的对正关系,配合对象捕捉功能绘制如图 17-27 所示的垂直构造线。

Step 05 单击"默认"选项卡→"修改"面板→"偏移"按钮 ⊆,将水平构造线向上偏移 34 和 41 个绘图单位,向下偏移 41 和 51 个绘图单位,并将偏移出的图线放在"轮廓线"图层上,结果如图 17-28 所示。

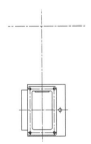

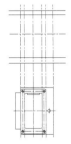

图 17-26　绘制结果(1)　　　图 17-27　绘制结果(2)　　　图 17-28　偏移结果

> **小技巧**
>
> 巧妙使用命令中的"当前"选项,可以将偏移出的对象放到当前图层上。

Step 06 单击"默认"选项卡→"修改"面板→"修剪"按钮,对各构造线进行修剪,结果如图 17-29 所示。

Step 07 在无命令执行的前提下,使如图 17-30 所示的图线的夹点显示,然后展开"图层控制"下拉列表,更改其图层为"轮廓线"图层,取消夹点显示后的效果如图 17-31 所示。

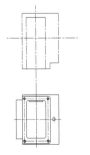
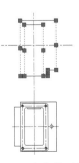
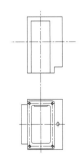

图 17-29　修剪结果　　　　图 17-30　夹点显示效果　　　图 17-31　操作结果

Step 08 将"轮廓线"图层设置为当前图层,使用快捷键 F 激活"圆角"命令,对修剪后的轮廓线进行圆角,命令行操作如下。

```
命令:fillet                                              //Enter
当前设置: 模式 = 修剪,半径 = 0.0
选择第一个对象或 [放弃(U)/多段线(P)/半径(R)/修剪(T)/多个(M)]: //R Enter
指定圆角半径 <0.0>:                                        //3 Enter
选择第一个对象或 [放弃(U)/多段线(P)/半径(R)/修剪(T)/多个(M)]: //M Enter
选择第一个对象或 [放弃(U)/多段线(P)/半径(R)/修剪(T)/多个(M)]:
                                    //在如图 17-32 所示轮廓线 1 的上端单击
选择第二个对象,或按住 Shift 键选择对象以应用角点或 [半径(R)]:
                                    //在轮廓线 2 的左端单击
选择第一个对象或 [放弃(U)/多段线(P)/半径(R)/修剪(T)/多个(M)]:
                                    //在如图 17-32 所示轮廓线 3 的上端单击
选择第二个对象,或按住 Shift 键选择对象以应用角点或 [半径(R)]:
                                    //在轮廓线 4 的左端单击
选择第一个对象或 [放弃(U)/多段线(P)/半径(R)/修剪(T)/多个(M)]:
                                    //在如图 17-32 所示轮廓线 5 的上端单击
选择第二个对象,或按住 Shift 键选择对象以应用角点或 [半径(R)]:
                                    //在轮廓线 4 的右端单击
选择第一个对象或 [放弃(U)/多段线(P)/半径(R)/修剪(T)/多个(M)]:
                                    //Enter,圆角结果如图 17-33 所示
```

Step 09 单击"默认"选项卡→"修改"面板→"偏移"按钮,将水平构造线对称偏移 20 和 32 个绘图单位,结果如图 17-34 所示。

Step 10 选择菜单栏中的"绘图"→"构造线"命令,配合端点捕捉功能绘制如图 17-35 所示的垂直构造线。

Step 11 单击"默认"选项卡→"修改"面板→"修剪"按钮,对构造线进行修剪,结果如图 17-36 所示。

Step 12 单击"默认"选项卡→"修改"面板→"圆角"按钮,对修剪后的轮廓线进行圆角,圆角半径为 3,圆角结果如图 17-37 所示。

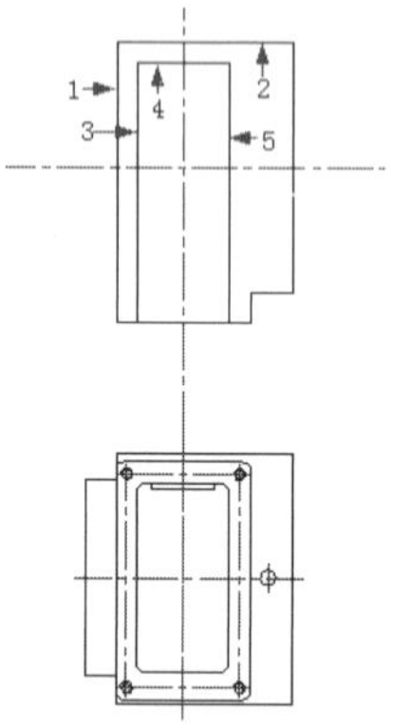

图 17-32 定位圆角对象 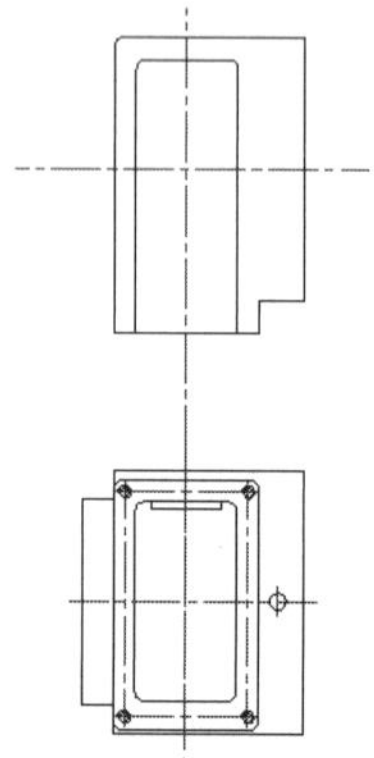   图 17-33 圆角结果 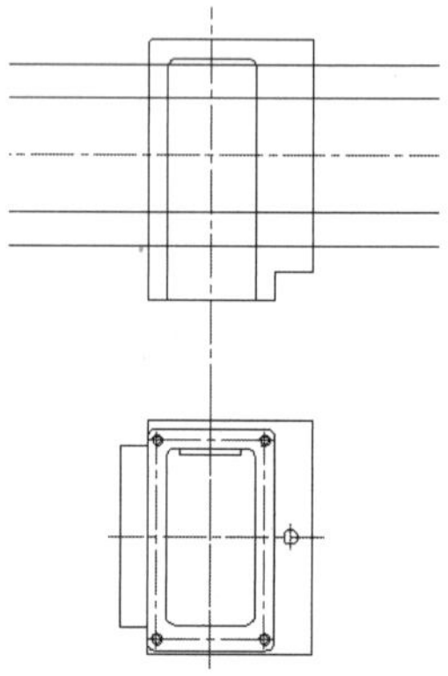   图 17-34 偏移结果

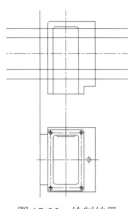

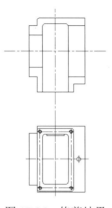
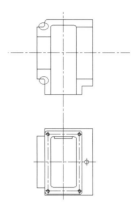

图 17-35　绘制结果　　　　　图 17-36　修剪结果　　　　　图 17-37　圆角结果

Step 13　单击"默认"选项卡→"修改"面板→"倒角"按钮，对修剪后的轮廓线进行倒角，命令行操作如下。

```
命令：chamfer
("修剪"模式) 当前倒角长度 = 0.0，角度 = 0
选择第一条直线或 [放弃(U)/多段线(P)/距离(D)/角度(A)/修剪(T)/方式(E)/多个(M)]:
                                              //T Enter
输入修剪模式选项 [修剪(T)/不修剪(N)] <修剪>: //N Enter
选择第一条直线或 [放弃(U)/多段线(P)/距离(D)/角度(A)/修剪(T)/方式(E)/多个(M)]:
                                              //A Enter，激活"角度"选项
指定第一条直线的倒角长度 <0.0>:              //1 Enter
指定第一条直线的倒角角度 <0>:                //45 Enter
选择第一条直线或 [放弃(U)/多段线(P)/距离(D)/角度(A)/修剪(T)/方式(E)/多个(M)]:
                                              //M Enter，激活"多个"选项
选择第一条直线或 [放弃(U)/多段线(P)/距离(D)/角度(A)/修剪(T)/方式(E)/多个(M)]:
                                              //在图 17-38 所示轮廓线 1 的上端单击
选择第二条直线，或按住 Shift 键选择直线以应用角点或 [距离(D)/角度(A)/方法(M)]:
                                              //在轮廓线 2 的左端单击
选择第一条直线或 [放弃(U)/多段线(P)/距离(D)/角度(A)/修剪(T)/方式(E)/多个(M)]:
                                              //在图 17-38 所示轮廓线 1 的下端单击
选择第二条直线，或按住 Shift 键选择直线以应用角点或 [距离(D)/角度(A)/方法(M)]:
                                              //在轮廓线 3 的左端单击
选择第一条直线或 [放弃(U)/多段线(P)/距离(D)/角度(A)/修剪(T)/方式(E)/多个(M)]:
                                              //在轮廓线 4 的下端单击
选择第二条直线，或按住 Shift 键选择直线以应用角点或 [距离(D)/角度(A)/方法(M)]:
                                              //在轮廓线 6 的右端单击
选择第一条直线或 [放弃(U)/多段线(P)/距离(D)/角度(A)/修剪(T)/方式(E)/多个(M)]:
                                              //在轮廓线 4 的上端单击
选择第二条直线，或按住 Shift 键选择直线以应用角点或 [距离(D)/角度(A)/方法(M)]:
                                              //在轮廓线 5 的右端单击
选择第一条直线或 [放弃(U)/多段线(P)/距离(D)/角度(A)/修剪(T)/方式(E)/多个(M)]:
                                              //Enter，倒角结果如图 17-39 所示
```

Step 14 单击"默认"选项卡→"修改"面板→"修剪"按钮，以倒角后产生的四条倾斜图线作为边界，对内部的四条水平图线进行修剪，结果如图 17-40 所示。

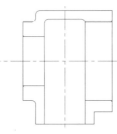

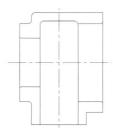

图 17-38　定位倒角线　　　图 17-39　倒角结果　　　图 17-40　修剪结果（1）

Step 15 使用快捷键 L 激活"直线"命令，配合端点捕捉功能绘制如图 17-41 所示的两条垂直图线。

Step 16 单击"默认"选项卡→"修改"面板→"偏移"按钮，将垂直构造线向右偏移 29 个绘图单位，将水平构造线向下偏移 35 个绘图单位，结果如图 17-42 所示。

Step 17 使用快捷键 C 激活"圆"命令，配合交点捕捉功能绘制如图 17-43 所示的四个圆形。

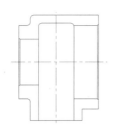

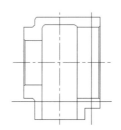

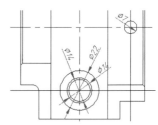

图 17-41　绘制结果（1）　　图 17-42　偏移结果（1）　　图 17-43　绘制结果（2）

Step 18 将偏移出的两条构造线放到"中心线"图层上，并对下侧的水平构造线进行修剪，将其转化为中心线，结果如图 17-44 所示。

Step 19 单击"默认"选项卡→"修改"面板→"偏移"按钮，将右侧的垂直构造线对称偏移 3.5 和 5.5 个绘图单位，将水平构造线对称偏移 37 个绘图单位，结果如图 17-45 所示。

Step 20 单击"默认"选项卡→"修改"面板→"修剪"按钮，对偏移出的各构造线进行修剪，结果如图 17-46 所示。

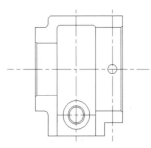

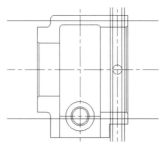

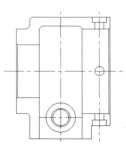

图 17-44　操作结果　　　图 17-45　偏移结果（2）　　图 17-46　修剪结果（2）

小技巧

在偏移图线时,需要使用命令中的"图层"选项,事先将图层模式设置为当前模式,将偏移出的图线放在当前图层上。

Step 21 单击"默认"选项卡→"修改"面板→"偏移"按钮,将水平构造线对称偏移 23、23.5、28.5 和 29 个绘图单位,结果如图 17-47 所示。

Step 22 重复执行"偏移"命令,再次将主视图中心位置的水平构造线对称偏移 26 个绘图单位,并将偏移出的两条构造线放到"中心线"图层上,结果如图 17-48 所示。

Step 23 单击"默认"选项卡→"修改"面板→"修剪"按钮,执行"修剪"命令,对构造线进行修剪,结果如图 17-49 所示。

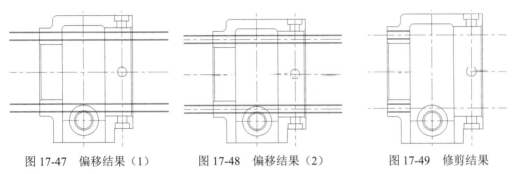

图 17-47 偏移结果(1)　　　图 17-48 偏移结果(2)　　　图 17-49 修剪结果

小技巧

在偏移构造线时,需要事先将图层的模式设置为源模式,使偏移出的构造线继承原来的图层特性。

Step 24 单击"默认"选项卡→"修改"面板→"修剪"按钮,对构造线进行修剪,将构造线转化为中心线,结果如图 17-50 所示。

Step 25 使用快捷键 LEN 激活"拉长"命令,将中心线向两端拉长 4 个绘图单位,结果如图 17-51 所示。

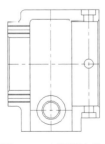 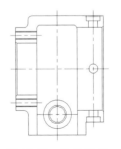

图 17-50 修剪结果　　　　　　　图 17-51 拉长结果

至此,涡轮箱零件主视图绘制完毕。

17.4.3 上机实训三——绘制箱体零件左视图

Step 01 继续 17.4.2 节的操作，并将"中心线"图层设置为当前图层。

Step 02 使用快捷键 XL 激活"构造线"命令，绘制如图 17-52 所示的两条构造线，以定位左视图。

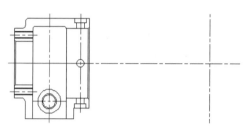

图 17-52 绘制结果

Step 03 将"轮廓线"图层设置为当前图层，然后重复执行"构造线"命令，根据视图间的对正关系，配合端点捕捉或交点捕捉功能绘制如图 17-53 所示的水平构造线。

Step 04 使用快捷键 C 激活"圆"命令，配合交点捕捉功能绘制如图 17-54 所示的轮廓圆。

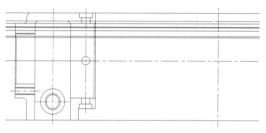 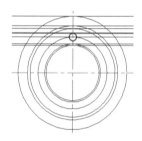

图 17-53 绘制水平构造线　　　　图 17-54 绘制轮廓圆

Step 05 使用快捷键 E 激活"删除"命令，删除不需要的水平构造线，结果如图 17-55 所示。

Step 06 在无命令执行的前提下，使如图 17-56 所示的圆的夹点显示。

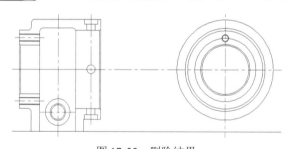 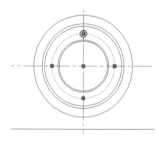

图 17-55 删除结果　　　　图 17-56 夹点显示结果

Step 07 展开"图层控制"下拉列表，将显示夹点的圆放到"中心线"图层上，结果如图 17-57 所示。

Step 08 在无命令执行的前提下，使如图 17-58 所示的圆的夹点显示，将其放到"细实线"图层上。

Step 09 单击"默认"选项卡→"修改"面板→"修剪"按钮，对外侧的螺纹圆进行修剪，结果如图17-59所示。

Step 10 使用快捷键AR激活"阵列"命令，将螺纹及圆环形阵列2份，填充角度为-90°，结果如图17-60所示。

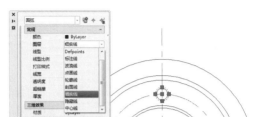

图17-57　更改图层后的效果　　　　　　图17-58　更改所在层

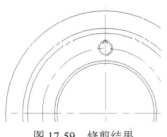

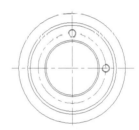

图17-59　修剪结果　　　　　　图17-60　阵列结果

Step 11 单击"默认"选项卡→"修改"面板→"偏移"按钮，执行"偏移"命令，将左视图的垂直构造线向左偏移39、32、30个绘图单位，向右偏移30和39个绘图单位，结果如图17-61所示。

Step 12 使用快捷键XL激活"构造线"命令，根据视图间的对正关系绘制如图17-62所示的水平构造线。

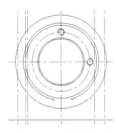

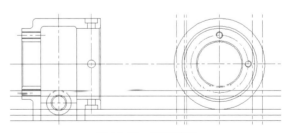

图17-61　偏移结果　　　　　　图17-62　绘制结果

Step 13 单击"默认"选项卡→"修改"面板→"修剪"按钮，对构造线和同心圆进行修剪，编辑出左视图轮廓，结果如图17-63所示。

Step 14 在无命令执行的前提下，使如图17-64所示的轮廓线的夹点显示，将其放到"轮廓线"图层上。

Step 15 按Esc键取消图形的夹点显示，结果如图17-65所示。

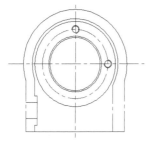
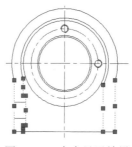
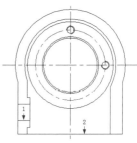

图 17-63　修剪结果（1）　　　图 17-64　夹点显示结果　　　图 17-65　更改图层后的效果

Step 16 单击"默认"选项卡→"修改"面板→"偏移"按钮，将如图 17-65 所示的轮廓线 1 向上偏移 6 个绘图单位，将轮廓线 2 向上偏移 17 个绘图单位，结果如图 17-66 所示。

Step 17 单击"默认"选项卡→"修改"面板→"偏移"按钮，将如图 17-66 所示的轮廓线 B 向上偏移 34 个绘图单位；将轮廓线 A 对称偏移 9、11、11.5、13、14.5 和 15 个绘图单位，结果如图 17-67 所示。

Step 18 单击"默认"选项卡→"修改"面板→"修剪"按钮，以如图 17-67 所示的图线 A 作为边界，对外侧的圆弧进行延伸，结果如图 17-68 所示。

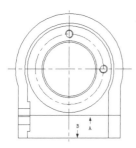
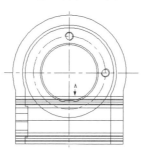
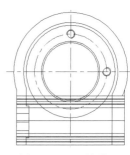

图 17-66　偏移结果（1）　　　图 17-67　偏移结果（2）　　　图 17-68　延伸结果

Step 19 单击"默认"选项卡→"修改"面板→"修剪"按钮，对图线进行修剪，结果如图 17-69 所示。

Step 20 在无命令执行的前提下，使如图 17-70 所示的图线的夹点显示，将其放到"中心线"图层上，结果如图 17-71 所示。

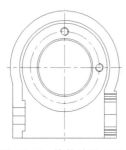
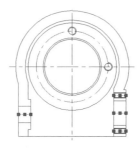
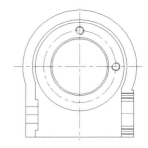

图 17-69　修剪结果（2）　　　图 17-70　夹点显示结果　　　图 17-71　更改图层后的结果

Step 21 在无命令执行的前提下，使如图 17-72 所示的图线的夹点显示，将其放到"细实线"图层上。

第17章 箱壳类零件设计

Step 22 单击"默认"选项卡→"修改"面板→"倒角"按钮，对轮廓线进行内部倒角，命令行操作如下。

```
命令: chamfer
("修剪"模式)当前倒角长度 = 0.0, 角度 = 0
选择第一条直线或 [放弃(U)/多段线(P)/距离(D)/角度(A)/修剪(T)/方式(E)/多个(M)]:
                                                    //T Enter
输入修剪模式选项 [修剪(T)/不修剪(N)] <修剪>: //N Enter
选择第一条直线或 [放弃(U)/多段线(P)/距离(D)/角度(A)/修剪(T)/方式(E)/多个(M)]:
                                                    //A Enter, 激活"角度"选项
指定第一条直线的倒角长度 <0.0>:                     //1 Enter
指定第一条直线的倒角角度 <0>:                       //45 Enter
选择第一条直线或 [放弃(U)/多段线(P)/距离(D)/角度(A)/修剪(T)/方式(E)/多个(M)]:
                                                    //M Enter, 激活"多个"选项
选择第一条直线或 [放弃(U)/多段线(P)/距离(D)/角度(A)/修剪(T)/方式(E)/多个(M)]:
                                                    //在如图17-73所示轮廓线2的上端单击
选择第二条直线, 或按住 Shift 键选择直线以应用角点或 [距离(D)/角度(A)/方法(M)]:
                                                    //在轮廓线1的右端单击
选择第一条直线或 [放弃(U)/多段线(P)/距离(D)/角度(A)/修剪(T)/方式(E)/多个(M)]:
                                                    //在如图17-73所示轮廓线2的下端单击
选择第二条直线, 或按住 Shift 键选择直线以应用角点或 [距离(D)/角度(A)/方法(M)]:
                                                    //在轮廓线3的右端单击
选择第一条直线或 [放弃(U)/多段线(P)/距离(D)/角度(A)/修剪(T)/方式(E)/多个(M)]:
                                                    //在如图17-73所示轮廓线4的下端单击
选择第二条直线, 或按住 Shift 键选择直线以应用角点或 [距离(D)/角度(A)/方法(M)]:
                                                    //在轮廓线6的右端单击
选择第一条直线或 [放弃(U)/多段线(P)/距离(D)/角度(A)/修剪(T)/方式(E)/多个(M)]:
                                                    //在如图17-73所示轮廓线4的上端单击
选择第二条直线, 或按住 Shift 键选择直线以应用角点或 [距离(D)/角度(A)/方法(M)]:
                                                    //在轮廓线5的右端单击
选择第一条直线或 [放弃(U)/多段线(P)/距离(D)/角度(A)/修剪(T)/方式(E)/多个(M)]:
                                                    //Enter, 倒角结果如图17-74所示
```

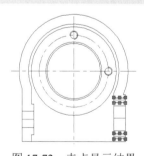  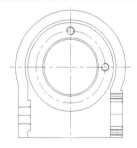

图17-72 夹点显示结果　　　　图17-73 定位倒角线　　　　图17-74 倒角结果

Step 23 单击"默认"选项卡→"修改"面板→"修剪"按钮，以倒角后产生的四条倾斜图线作为边界，对内部的四条水平图线进行修剪，修剪结果如图17-75所示。

Step 24 执行"直线"命令，配合端点捕捉功能绘制倒角位置的垂直轮廓线，结果如图17-76所示。

Step 25 选择菜单栏中的"修改"→"镜像"命令，选择右侧的螺纹孔进行镜像，镜像结果

如图 17-77 所示。

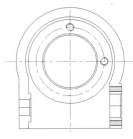
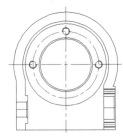

图 17-75 修剪结果　　　图 17-76 绘制结果　　　图 17-77 镜像结果

Step 26 打开线宽的显示功能，然后配合最近点捕捉功能，在"波浪线"图层内绘制如图 17-78 所示的样条曲线作为边界线。

Step 27 执行"修剪"命令，以样条曲线作为边界，对同心圆进行修剪，结果如图 17-79 所示。

Step 28 将"剖面线"图层设为当前图层，然后执行"图案填充"命令，打开"图案填充和渐变色"对话框，设置图案填充参数，如图 17-80 所示，为左视图填充如图 17-81 所示的图案。

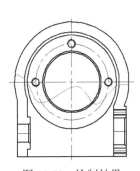
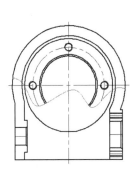

图 17-78 绘制结果　　　图 17-79 修剪结果　　　图 17-80 设置图案填充参数

Step 29 单击"默认"选项卡→"修改"面板→"修剪"按钮，对构造线进行修剪，将构造线转化为左视图的中心线，结果如图 17-82 所示。

Step 30 使用快捷键 LEN 激活"拉长"命令，将中心线向两端拉长 4 个绘图单位，结果如图 17-83 所示。

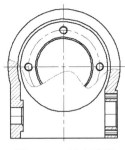
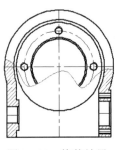
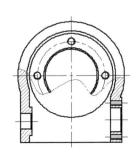

图 17-81 填充结果　　　图 17-82 修剪结果　　　图 17-83 拉长结果

Step 31 选择菜单栏中的"修改"→"拉伸"命令,对主视图和俯视图进行编辑,命令行操作如下。

命令:stretch
以交叉窗口或交叉多边形选择要拉伸的对象...
选择对象: //窗交选择如图 17-84 所示的对象
选择对象::   //Enter
指定基点或 [位移(D)] <位移>:   //拾取任一点
指定第二个点或 <使用第一个点作为位移>: //@-5,0 Enter
命令:stretch   //Enter
以交叉窗口或交叉多边形选择要拉伸的对象...
选择对象: //窗交选择如图 17-85 所示的对象
选择对象: //Enter
指定基点或 [位移(D)] <位移>:   //拾取任一点
指定第二个点或 <使用第一个点作为位移>: //@2,0 Enter,拉伸结果如图 17-86 所示

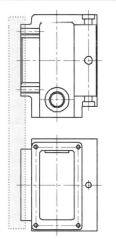
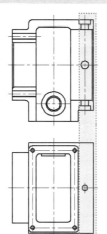
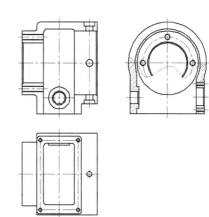

图 17-84　窗交选择(1)　　　图 17-85　窗交选择(2)　　　图 17-86　拉伸结果

至此,涡轮箱零件左视图绘制完毕。

17.4.4　上机实训四——标注箱体零件各类尺寸

Step 01 继续 17.4.3 节的操作。

Step 02 选择菜单栏中的"标注"→"标注样式"命令,打开"标注样式管理器"对话框,将"机械样式"设置为当前标注样式,并修改标注比例,如图 17-87 所示。

Step 03 展开"图层"面板→"图层控制"下拉列表,将"标注线"图层设置为当前图层。

Step 04 启用对象捕捉功能,并将捕捉模式设置为端点捕捉和交点捕捉。

Step 05 选择菜单栏中的"标注"→"线性"命令,配合端点捕捉功能标注左视图左侧的线性尺寸,命令行操作如下。

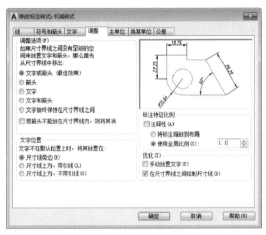

图 17-87　设置当前标注样式

```
命令: dimlinear
指定第一个尺寸界线原点或 <选择对象>: //捕捉如图 17-88 所示的端点
指定第二个尺寸界线原点:           //捕捉如图 17-89 所示的端点
指定尺寸线位置或[多行文字(M)/文字(T)/角度(A)/水平(H)/垂直(V)/旋转(R)]:
                                 //在适当位置定位尺寸线,标注结果如图 17-90 所示
标注文字 =51
```

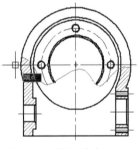
图 17-88　捕捉端点（1）

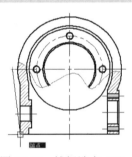
图 17-89　捕捉端点（2）

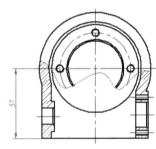
图 17-90　标注结果

Step 06　重复执行"线性"命令，配合端点捕捉功能标注如图 17-91 所示的线性尺寸。

Step 07　单击"注释"选项卡→"标注"面板→"连续"按钮，执行"连续"命令，继续标注主视图下侧的线性尺寸，命令行操作如下。

```
命令: dimcontinue
指定第二个尺寸界线原点或 [放弃(U)/选择(S)] <选择>:
                                 //系统自动进入连续标注状态,此时捕捉如图 17-92 所示的端点
标注文字 = 7
指定第二个尺寸界线原点或 [放弃(U)/选择(S)] <选择>:
                                 //系统自动进入连续标注状态,此时捕捉如图 17-93 所示的端点
标注文字 = 32
指定第二个尺寸界线原点或 [放弃(U)/选择(S)] <选择>://Enter,退出连续标注状态
选择连续标注:                    //Enter,结束命令,标注结果如图 17-94 所示
```

Step 08　选择菜单栏中的"标注"→"线性"命令，配合端点捕捉功能标注俯视图上侧的直径尺寸，命令行操作如下。

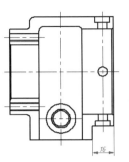 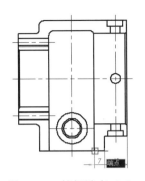 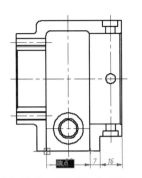

图 17-91 标注结果（1）　　图 17-92 捕捉端点（1）　　图 17-93 捕捉端点（2）

```
命令：dimlinear
指定第一个尺寸界线原点或 <选择对象>：    //捕捉如图17-95所示的端点
指定第二个尺寸界线原点：              //捕捉如图17-96所示的端点
指定尺寸线位置或[多行文字(M)/文字(T)/角度(A)/水平(H)/垂直(V)/旋转(R)]：
                                //T Enter，激活"文字"选项
输入标注文字 <64>：                //%%C22 Enter
指定尺寸线位置或[多行文字(M)/文字(T)/角度(A)/水平(H)/垂直(V)/旋转(R)]：
                                //在适当位置定位尺寸线，标注结果如图17-97所示
标注文字 = 22
```

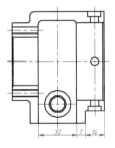 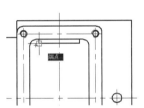 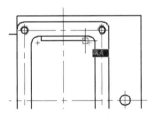

图 17-94 标注结果（2）　　图 17-95 捕捉端点（3）　　图 17-96 捕捉端点（4）

Step 09 参照上述操作，综合使用"线性"和"连续"等命令，分别标注三视图其他位置的线性尺寸，标注结果如图17-98所示。

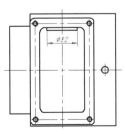 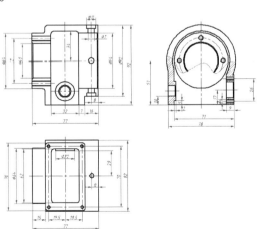

图 17-97 标注结果（3）　　　　　　图 17-98 标注结果（4）

Step 10 执行"标注样式"命令,将"角度标注"设为当前样式,并修改标注比例,如图 17-99 所示。

Step 11 选择菜单栏中的"标注"→"直径"命令,标注零件图的直径尺寸,命令行操作如下。

```
命令: dimdiameter
选择圆弧或圆:                          //选择如图 17-100 所示的圆弧
标注文字 = 4
指定尺寸线位置或 [多行文字(M)/文字(T)/角度(A)]: //T Enter
输入标注文字 <4>:                      //4xM4
指定尺寸线位置或 [多行文字(M)/文字(T)/角度(A)]:
                                      //指定尺寸线位置,标注结果如图 17-101 所示
```

图 17-99 设置当前样式与比例　　　　图 17-100 选择圆弧

Step 12 重复执行"直径"命令,分别标注三视图其他位置的直径尺寸,标注结果如图 17-102 所示。

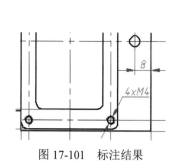
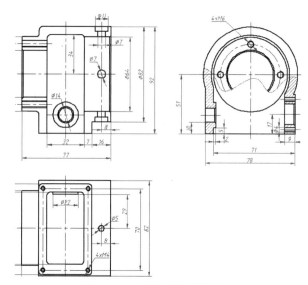

图 17-101 标注结果　　　　图 17-102 标注其他直径尺寸

第 17 章　箱壳类零件设计

Step 13　选择菜单栏中的"标注"→"半径"命令，标注左视图中的半径尺寸，如图 17-103 所示。

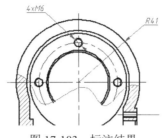

图 17-103　标注结果

至此，涡轮箱零件三视图各类尺寸标注完毕。

17.4.5　上机实训五——标注箱体零件尺寸公差

Step 01　继续 17.4.4 节的操作。

Step 02　使用快捷键 ED 激活"编辑文字"命令，根据命令行的提示选择主视图中尺寸文字为 40 的对象，打开文字编辑器。

Step 03　在反白显示的尺寸文字后输入公差后缀，如图 17-104 所示。

Step 04　选择输入的公差后缀进行堆叠，然后关闭文字编辑器，尺寸公差标注后的效果如图 17-105 所示。

Step 05　参照第 2～4 步，使用"编辑文字"命令标注主视图右侧的尺寸公差，结果如图 17-106 所示。

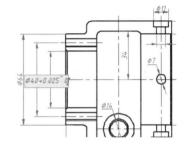

图 17-104　输入公差后缀

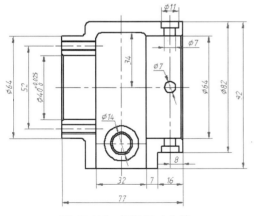

图 17-105　标注尺寸公差

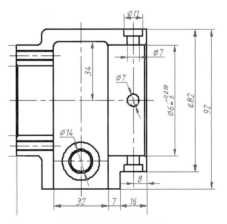

图 17-106　标注结果

Step 06　执行"标注样式"命令，将"机械样式"设为当前标注样式。

Step 07　执行"线性"命令，配合端点捕捉功能标注左视图中的公差尺寸，命令行操作如下。

```
命令: dimlinear
指定第一个尺寸界线原点或 <选择对象>：  //捕捉如图 17-107 所示的端点
指定第二个尺寸界线原点：          //捕捉如图 17-108 所示的端点
指定尺寸线位置或[多行文字(M)/文字(T)/角度(A)/水平(H)/垂直(V)/旋转(R)]：
                              //M，激活"多行文字"选项，打开文字编辑器
```

Step 08 输入公差后缀和直径前缀，如图 17-109 所示。

Step 09 将输入的公差后缀进行堆叠，然后指定尺寸公差的位置，标注结果如图 17-110 所示。

Step 10 参照第 7~9 步，使用"线性"命令继续标注左视图内的尺寸公差，标注结果如图 17-111 所示。

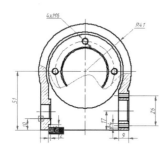
图 17-107 捕捉端点（1）

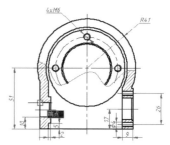
图 17-108 捕捉端点（2）

至此，涡轮箱零件图尺寸公差标注完毕，下面将为涡轮箱零件图标注技术要求。

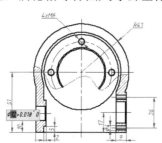
图 17-109 输入前后缀

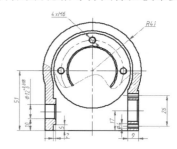
图 17-110 标注结果（1）

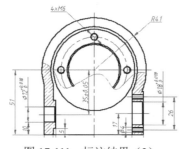
图 17-111 标注结果（2）

17.4.6 上机实训六——标注箱体零件技术要求

Step 01 继续 17.4.5 节的操作。

Step 02) 展开"图层控制"下拉列表,将"细实线"图层设置为当前图层。

Step 03) 使用快捷键 ST 激活"文字样式"命令,将"字母和文字"设置为当前文字样式。

Step 04) 使用快捷键 M 激活"多行文字"命令,在空白区域拉出矩形框,打开文字编辑器。

Step 05) 在"文字格式"编辑器内设置字体高度为 8,然后输入技术要求标题,如图 17-112 所示。

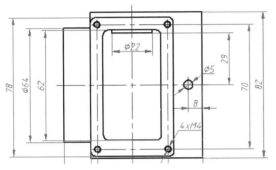 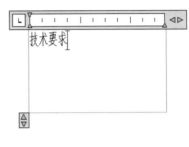

图 17-112 输入技术要求标题

Step 06) 按 Enter 键换行,然后设置字体高度为 7,再输入如图 17-113 所示的技术要求内容。

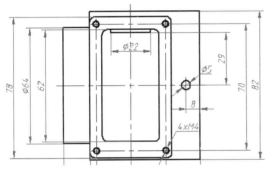 

图 17-113 输入技术要求内容

Step 07) 按 Enter 键换行,然后输入如图 17-114 所示的技术要求内容。

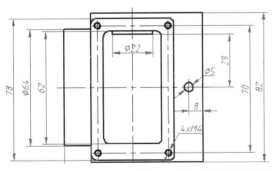 

图 17-114 输入其他行技术要求内容

Step 08) 将光标放在技术要求标题前,添加空格,如图 17-115 所示。

Step 09) 关闭文字编辑器,标注结果如图 17-116 所示。

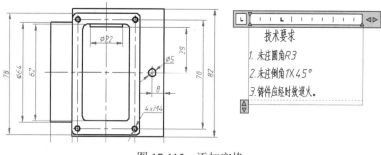

图 17-115 添加空格

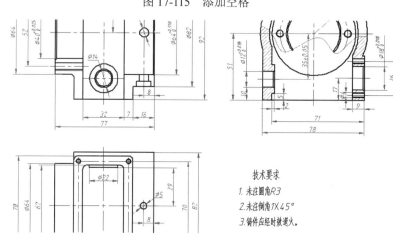

图 17-116 标注结果

Step 10 执行"保存"命令,将图形命名为"绘制涡轮箱零件图.dwg"并存储。

17.4.7 上机实训七——绘制壳体零件左视图

Step 01 执行"新建"命令,调用配套资源中的"\样板文件\机械样板.dwt"文件。

Step 02 选择菜单栏中的"格式"→"线型"命令,在打开的"线型管理器"对话框中设置线型比例为 0.8。

Step 03 展开"图层"面板→"图层控制"下拉列表,将"轮廓线"图层设置为当前图层。

Step 04 选择菜单栏中的"绘图"→"矩形"命令,绘制半径为 11 的圆角矩形,命令行操作如下。

```
命令: rectang
指定第一个角点或 [倒角(C)/标高(E)/圆角(F)/厚度(T)/宽度(W)]: //F Enter
指定矩形的圆角半径 <0.0>:                                //11 Enter
指定第一个角点或 [倒角(C)/标高(E)/圆角(F)/厚度(T)/宽度(W)]: //在绘图区拾取一点
指定另一个角点或 [面积(A)/尺寸(D)/旋转(R)]:               //@80,80 Enter
```

Step 05 展开"图层"面板→"图层控制"下拉列表,将"中心线"图层设置为当前图层。

Step 06 选择菜单栏中的"绘图"→"构造线"命令,配合中点捕捉功能绘制如图 17-117 所示的两条构造线。

Step 07 将"轮廓线"图层设置为当前图层,然后执行"圆"命令,以构造线的交点为圆心,绘制直径为 33 的轮廓圆,如图 17-118 所示。

Step 08 重复执行"圆"命令,配合圆心捕捉功能绘制半径分别为 15、18、21 和 23 的同心圆,结果如图 17-119 所示。

图 17-117 绘制构造线　　图 17-118 绘制圆　　图 17-119 绘制结果

Step 09 使用快捷键 BR 激活"打断"命令,配合最近点捕捉功能,对半径为 18 的圆进行打断,结果如图 17-120 所示。

Step 10 在无命令执行的前提下,单击打断后的圆弧,如图 17-121 所示,将其放到"细实线"图层上,结果如图 17-122 所示。

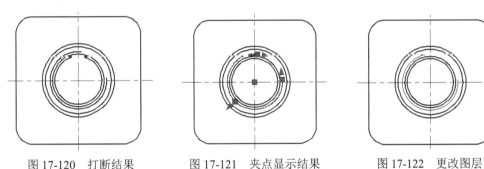

图 17-120 打断结果　　图 17-121 夹点显示结果　　图 17-122 更改图层

Step 11 选择菜单栏中的"绘图"→"构造线"命令,使用命令中的"偏移"选项绘制四条构造线,命令行操作如下。

```
命令: xline
指定点或 [水平(H)/垂直(V)/角度(A)/二等分(B)/偏移(O)]:    //O Enter
指定偏移距离或 [通过(T)] <通过>:              //18 Enter
选择直线对象:                          //选择水平构造线
指定向哪侧偏移:                         //在水平构造线上侧拾取点
选择直线对象:                          //选择水平构造线
指定向哪侧偏移:                         //在水平构造线下侧拾取点
选择直线对象:                          //选择垂直构造线
指定向哪侧偏移:                         //在垂直构造线左侧拾取点
选择直线对象:                          //选择垂直构造线
指定向哪侧偏移:                         //在垂直构造线右侧拾取点
选择直线对象:                          //Enter,绘制结果如图 17-123 所示
```

Step 12 使用快捷键 C 激活"圆"命令，配合圆心捕捉功能绘制四组同心圆，圆的半径分别为 5.5 和 11，绘制结果如图 17-124 所示。

Step 13 使用快捷键 TR 激活"修剪"命令，以如图 17-125 所示的四条构造线作为边界，对四组同心圆进行修剪，结果如图 17-126 所示。

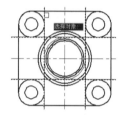
图 17-123　绘制结果

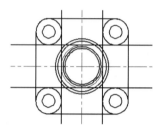
图 17-124　绘制同心圆

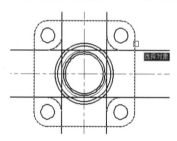
图 17-125　选择边界（1）

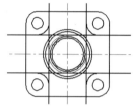
图 17-126　修剪结果（1）

Step 14 重复执行"修剪"命令，以如图 17-127 所示的四条圆弧和圆角矩形作为边界，对构造线进行修剪，将其转化为图形轮廓线，结果如图 17-128 所示。

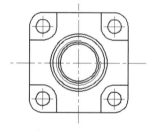
图 17-127　选择边界（2）

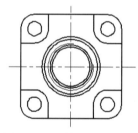
图 17-128　修剪结果（2）

Step 15 执行"直线"命令，配合捕捉与追踪功能，在"中心线"图层内绘制圆的中心线，结果如图 17-129 所示。

Step 16 选择菜单栏中的"绘图"→"构造线"命令，使用命令中的"偏移"选项，在"轮廓线"图层内绘制如图 17-130 所示的三条构造线。

图 17-129　绘制中心线

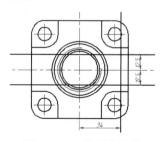
图 17-130　绘制构造线

Step 17 执行"修剪"命令，以两条水平构造线作为边界，对垂直构造线进行修剪，结果如图 17-131 所示。

Step 18 重复执行"修剪"命令，对水平构造线进行修剪，将其转化为图形轮廓线，结果如图 17-132 所示。

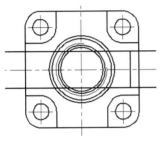

图 17-131　修剪结果（1）

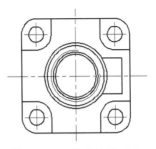

图 17-132　修剪结果（2）

至此，半轴壳零件左视图绘制完毕。

17.4.8　上机实训八——绘制壳体零件主视图

Step 01 继续 17.4.7 节的操作，并将"轮廓线"图层设置为当前图层。

Step 02 执行"构造线"命令，在俯视图左侧绘制如图 17-133 所示的垂直构造线，以定位主视图。

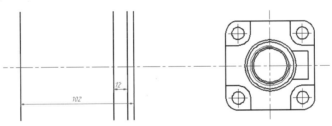

图 17-133　绘制结果

Step 03 重复执行"构造线"命令，根据视图间的对正关系，配合对象捕捉功能绘制如图 17-134 所示的水平构造线。

Step 04 重复执行"构造线"命令，使用命令中的"偏移"选项，绘制如图 17-135 所示的两条水平构造线。

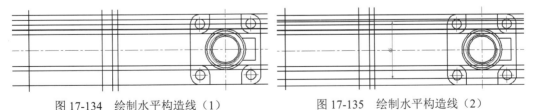

图 17-134　绘制水平构造线（1）　　　图 17-135　绘制水平构造线（2）

Step 05 使用快捷键 TR 激活"修剪"命令，对各构造线进行修剪，编辑出主视图轮廓，结果如图 17-136 所示。

Step 06 执行"构造线"命令,使用命令中的"偏移"选项,绘制如图17-137所示的两条垂直构造线。

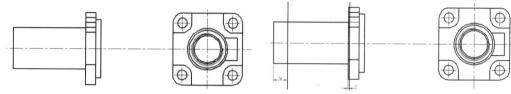

图17-136 修剪结果(1)　　　　　　　图17-137 绘制结果

Step 07 使用快捷键TR激活"修剪"命令,继续对主视图和垂直构造线进行修剪,结果如图17-138所示。

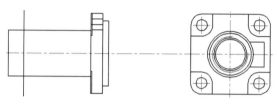

图17-138 修剪结果(2)

Step 08 在无命令执行的前提下,使如图17-139所示的两条图线的夹点显示,将其放到"中心线"图层上。

Step 09 执行"圆"命令,配合交点捕捉功能绘制三个同心圆,圆的半径分别为3、4和12.5,如图17-140所示。

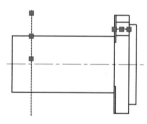 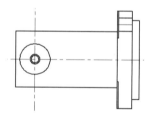

图17-139 夹点显示效果　　　　　　　图17-140 绘制同心圆

Step 10 使用快捷键BR激活"打断"命令,对半径为4的圆进行打断,结果如图17-141所示。

Step 11 选择打断后的圆弧,将其放到"细实线"图层上,结果如图17-142所示。

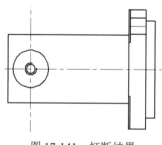 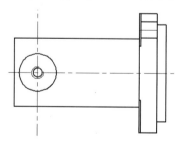

图17-141 打断结果　　　　　　　图17-142 更改图层

第 17 章 箱壳类零件设计

Step 12 选择菜单栏中的"修改"→"倒角"命令,对主视图外轮廓进行倒角,命令行操作如下。

```
命令: chamfer
("修剪"模式) 当前倒角距离 1 = 0.0,距离 2 = 0.0
选择第一条直线或 [放弃(U)/多段线(P)/距离(D)/角度(A)/修剪(T)/方式(E)/多个(M)]:
                                               //A Enter,激活"角度"选项
指定第一条直线的倒角长度 <0.0>:              //2 Enter
指定第一条直线的倒角角度 <0>:                //45 Enter
选择第一条直线或 [放弃(U)/多段线(P)/距离(D)/角度(A)/修剪(T)/方式(E)/多个(M)]:
                                               //M Enter,激活"多个"选项
选择第一条直线或 [放弃(U)/多段线(P)/距离(D)/角度(A)/修剪(T)/方式(E)/多个(M)]:
                                               //在图 17-143 所示轮廓线 1 的左端单击
选择第二条直线,或按住 Shift 键选择直线以应用角点或 [距离(D)/角度(A)/方法(M)]:
                                               //在轮廓线 2 的上端单击
选择第一条直线或 [放弃(U)/多段线(P)/距离(D)/角度(A)/修剪(T)/方式(E)/多个(M)]:
                                               //在图 17-143 所示轮廓线 3 的左端单击
选择第二条直线,或按住 Shift 键选择直线以应用角点或 [距离(D)/角度(A)/方法(M)]:
                                               //在轮廓线 2 的下端单击
选择第一条直线或 [放弃(U)/多段线(P)/距离(D)/角度(A)/修剪(T)/方式(E)/多个(M)]:
                                               //Enter,倒角结果如图 17-144 所示
```

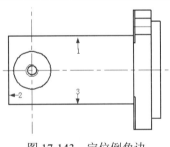 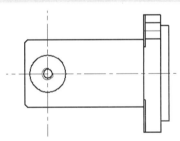

图 17-143　定位倒角边　　　　　　　　图 17-144　倒角结果

Step 13 执行"直线"命令,配合端点捕捉功能,绘制倒角位置的垂直轮廓线,结果如图 17-145 所示。

Step 14 选择菜单栏中的"修改"→"圆角"命令,对主视图外轮廓进行圆角,命令行操作如下。

```
命令: fillet
当前设置: 模式 = 修剪,半径 = 0.0
选择第一个对象或 [放弃(U)/多段线(P)/半径(R)/修剪(T)/多个(M)]:  //R Enter
指定圆角半径 <0.0>:                                         //5 Enter
选择第一个对象或 [放弃(U)/多段线(P)/半径(R)/修剪(T)/多个(M)]:  //T Enter
输入修剪模式选项 [修剪(T)/不修剪(N)] <修剪>:                //N Enter
选择第一个对象或 [放弃(U)/多段线(P)/半径(R)/修剪(T)/多个(M)]:  //M Enter
选择第一个对象或 [放弃(U)/多段线(P)/半径(R)/修剪(T)/多个(M)]:
                                //在如图 17-146 所示轮廓线 1 的右端单击
选择第二个对象,或按住 Shift 键选择对象以应用角点或 [半径(R)]:
                                //在轮廓线 3 的上端单击
```

```
选择第一个对象或 [放弃(U)/多段线(P)/半径(R)/修剪(T)/多个(M)]:
                                         //在如图 17-146 所示轮廓线 2 的右端单击
选择第二个对象，或按住 Shift 键选择对象以应用角点或 [半径(R)]:
                                         //在轮廓线 3 的下端单击
选择第一个对象或 [放弃(U)/多段线(P)/半径(R)/修剪(T)/多个(M)]:
                                         //Enter，圆角结果如图 17-147 所示
```

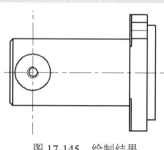

图 17-145　绘制结果

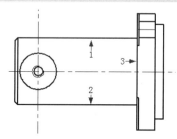

图 17-146　定位圆角边

Step 15 执行"修剪"命令，以圆角后产生的两条圆弧作为边界，对两条水平轮廓线进行修剪，结果如图 17-148 所示。

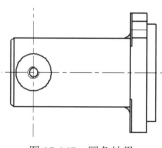

图 17-147　圆角结果

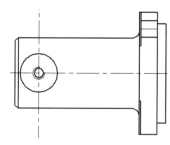

图 17-148　修剪结果

Step 16 选择菜单栏中的"绘图"→"样条曲线"命令，配合最近点捕捉功能，在"波浪线"图层上绘制如图 17-149 所示的样条曲线作为边界线。

Step 17 展开"图层"面板→"图层控制"下拉列表，将"剖面线"图层设置为当前图层。

Step 18 选择菜单栏中的"绘图"→"图案填充"命令，以默认参数为主视图填充如图 17-150 所示的剖面线，其中填充图案为 ANSI31。

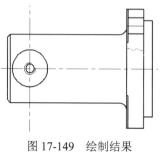

图 17-149　绘制结果

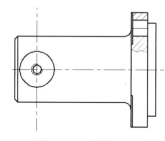

图 17-150　填充结果

Step 19 使用快捷键"TR"激活"修剪"命令，对构造线进行修剪，将其转化为视图中心线，结果如图 17-151 所示。

Step 20 使用快捷键"LEN"激活"拉长"命令，将长度增量设置为 5，对孔结构位置的中心线进行拉长，结果如图 17-152 所示。

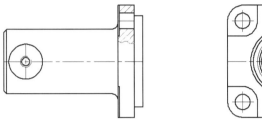

图 17-151　修剪结果

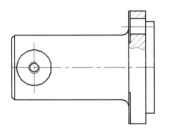
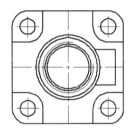

图 17-152　拉长结果

Step 21 重复执行"拉长"命令，将视图中心线拉长 8 个绘图单位，结果如图 17-153 所示。

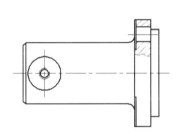
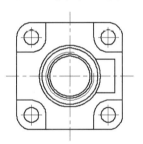

图 17-153　拉长结果

Step 22 执行"保存"命令，将图形命名为"绘制壳体零件图.dwg"并存储。

17.5　小结与练习

17.5.1　小结

箱壳类零件是机器中的主要零件，其形状千变万化，是较为复杂的一种零件。本章综合多种常用制图命令及捕捉、追踪等辅助绘图功能，以绘制箱体零件三视图和壳体零件二视图为例，详细讲述了箱壳类零件各种视图的表达、定位、绘制方法及绘制技巧。在绘制过程中，充分使用了视图中的"长对正"、"宽相等"和"高平齐"等对正关系。

17.5.2 练习

1. 综合运用所学知识，绘制如图 17-154 所示的零件图。

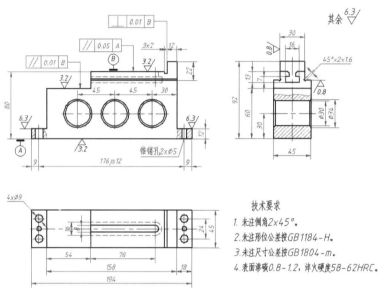

图 17-154　练习 1

2. 综合运用所学知识，绘制如图 17-155 所示的零件图。

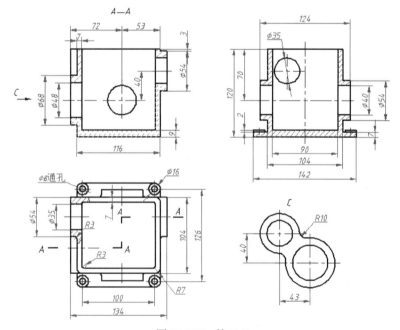

图 17-155　练习 2

各类零件立体造型设计

本章通过制作法兰盘、阀体、壳体、缸体及夹具等零件的立体模型,学习各类机械零件立体造型的制作方法和制作技巧。

内容要点

- ◆ 上机实训一——制作法兰盘立体造型
- ◆ 上机实训二——制作阀体零件立体造型
- ◆ 上机实训三——制作壳体零件立体造型
- ◆ 上机实训四——制作缸体零件立体造型
- ◆ 上机实训五——制作夹具零件立体造型

18.1 上机实训一——制作法兰盘立体造型

本例通过制作法兰盘零件立体造型,对"拉伸"、"三维阵列"、"三维移动"、"三维旋转"、"干涉检查"、"差集"、"倒角"、"圆"和"视觉样式"等多种命令进行综合练习和巩固应用。法兰盘零件立体造型的最终效果如图18-1所示。

操作步骤如下。

Step 01 快速创建空白文件。

Step 02 使用快捷键C激活"圆"命令,绘制法兰盘俯视图,命令行操作如下。

图18-1 最终效果

```
命令:circle                                              //Enter
指定圆的圆心或 [三点(3P)/两点(2P)/切点、切点、半径(T)]:    //150,150 Enter
指定圆的半径或 [直径(D)] <40.0>:                          //40 Enter
命令:circle                                              //Enter,重复执行命令
指定圆的圆心或 [三点(3P)/两点(2P)/切点、切点、半径(T)]:
                                                         //@ Enter,拾取刚绘制圆的圆心
指定圆的半径或 [直径(D)] <40.0>:                          //15 Enter
命令:circle                                              //Enter,重复执行命令
指定圆的圆心或 [三点(3P)/两点(2P)/切点、切点、半径(T)]:
                                                         //@ Enter,拾取刚绘制圆的圆心
指定圆的半径或 [直径(D)] <15.0>:                          //22 Enter
命令:circle                                              //Enter,重复执行命令
指定圆的圆心或 [三点(3P)/两点(2P)/切点、切点、半径(T)]:    //150,180 Enter
指定圆的半径或 [直径(D)] <22.0>:                          //4 Enter
命令:circle                                              //Enter,重复执行命令
指定圆的圆心或 [三点(3P)/两点(2P)/切点、切点、半径(T)]:    //@ Enter
指定圆的半径或 [直径(D)] <4.0>:                           //6 Enter,绘制结果如图18-2所示
```

Step 03 选择菜单栏中的"视图"→"三维视图"→"东南等轴测"命令,将当前视图切换为东南视图,结果如图18-3所示。

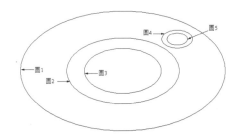

图18-2 绘制结果   图18-3 切换视图

Step 04 选择菜单栏中的"绘图"→"建模"→"拉伸"命令,分别对刚绘制的各圆进行拉伸,命令行操作如下。

```
命令: extrude
当前线框密度: ISOLINES=4,闭合轮廓创建模式 = 实体
选择要拉伸的对象或 [模式(MO)]: _MO 闭合轮廓创建模式 [实体(SO)/曲面(SU)] <实体>: _SO
选择要拉伸的对象:            //选择图 18-3 所示的圆 1
选择要拉伸的对象:            //选择圆 5
选择要拉伸的对象:            //Enter,结束选择
指定拉伸的高度或 [方向(D)/路径(P)/倾斜角(T)/表达式(E)]:
                            //10 Enter,设置拉伸高度
命令:extrude                //Enter,重复执行命令
当前线框密度: ISOLINES=4,闭合轮廓创建模式 = 实体
选择要拉伸的对象或 [模式(MO)]: _MO 闭合轮廓创建模式 [实体(SO)/曲面(SU)] <实体>: _SO
选择要拉伸的对象:            //选择圆 2
选择要拉伸的对象:            //选择圆 3
选择要拉伸的对象:            //Enter,结束对象的选择
指定拉伸的高度或 [方向(D)/路径(P)/倾斜角(T)/表达式(E)]:   //30 Enter
命令:extrude                //Enter,重复执行命令
当前线框密度: ISOLINES=4,闭合轮廓创建模式 = 实体
选择要拉伸的对象或 [模式(MO)]: _MO 闭合轮廓创建模式 [实体(SO)/曲面(SU)] <实体>: _SO
选择要拉伸的对象:            //选择圆 4
选择要拉伸的对象:            //Enter,结束对象的选择
指定拉伸的高度或 [方向(D)/路径(P)/倾斜角(T)/表达式(E)]:
                            //3 Enter,结束命令,拉伸结果如图 18-4 所示
```

Step 05 选择菜单栏中的"修改"→"三维操作"→"三维移动"命令,对高度为 3 的拉伸实体进行移位,命令行操作如下。

```
命令: 3dmove
选择对象:                    //选择高度为 3 的拉伸实体
选择对象:                    //Enter,结束选择
指定基点或 [位移(D)] <位移>:   //捕捉任意一点
指定第二个点或 <使用第一个点作为位移>:   //@0,0,7 Enter,结果如图 18-5 所示
```

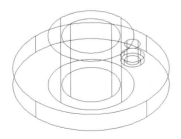

图 18-4　拉伸结果

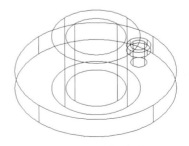

图 18-5　移位结果

Step 06 选择菜单栏中的"修改"→"三维操作"→"三维阵列"命令,对半径分别为 4 和 6 的圆柱体进行环形阵列,命令行操作如下。

```
命令:3darray
正在初始化... 已加载 3DARRAY。
选择对象:                                          //选择两个拉伸圆柱体
选择对象:                                          //Enter,结束选择
输入阵列类型 [矩形(R)/环形(P)] <矩形>:             //P Enter,设置阵列方式
输入阵列中的项目数目:                              //6 Enter,设置阵列个数
指定要填充的角度 (+=逆时针,-=顺时针) <360>:        //Enter,设置阵列角度
旋转阵列对象? [是(Y)/否(N)] <是>:                 //Enter,旋转阵列对象
指定阵列的中心点:                                  //捕捉大圆柱体的底面圆心
指定旋转轴上的第二点:                              //@0,0,1 Enter,阵列结果如图 18-6 所示
```

Step 07 选择菜单栏中的"修改"→"实体编辑"→"差集"命令,对各拉伸实体进行差集,命令行操作如下。

```
命令:subtract
选择要从中减去的实体、曲面和面域
选择对象:            //选择如图 18-6 所示的拉伸体 O
选择对象:            //选择拉伸体 W
选择对象:            //Enter,结束选择
选择要减去的实体、曲面和面域
选择对象:            //选择其他所有拉伸实体
选择对象:            //Enter,结束命令,结果如图 18-7 所示
```

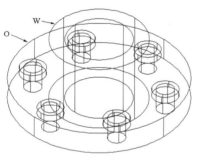
图 18-6 三维阵列结果

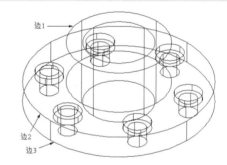
图 18-7 差集结果

Step 08 使用快捷键 CHA 激活"倒角"命令,对法兰盘模型进行倒角,命令行操作如下。

```
命令:chamfer
("修剪"模式) 当前倒角距离 1 = 0.0,距离 2 = 0.0
选择第一条直线或[放弃(U)/多段线(P)/距离(D)/角度(A)/修剪(T)/方式(E)/多个(M)]:
                                         //单击如图 18-7 所示的边 1
基面选择...
输入网格选择选项 [下一个(N)/当前(OK)] <当前>:  //Enter
指定基面的倒角距离:                        //1.5 Enter,设置基面倒角距离
指定其他网格的倒角距离 <1.5>:              //Enter
选择边或 [环(L)]:                         //单击如图 18-7 所示的边 1
选择边或 [环(L)]:                         //Enter,结束命令
```

```
命令：chamfer                              //Enter，重复执行命令
("修剪"模式) 当前倒角距离 1 = 1.5，距离 2 = 1.5
选择第一条直线或 [放弃(U)/多段线(P)/距离(D)/角度(A)/修剪(T)/方式(E)/多个(M)]:
                                          //单击如图 18-7 所示的边 2
基面选择...
输入网格选择选项 [下一个(N)/当前(OK)] <当前>:  //Enter
指定基面的倒角距离 <1.5>:                   //Enter
指定其他网格的倒角距离 <1.5>:               //Enter
选择边或 [环(L)]:                          //单击如图 18-7 所示的边 2
选择边或 [环(L)]:                          //单击边 3
选择边或 [环(L)]:                          //Enter，倒角结果如图 18-8 所示
```

Step 09 修改系统变量 FACETRES 的值为 5，修改模型的颜色为 8 号色。

Step 10 单击"常用"选项卡→"修改"面板→"三维旋转"按钮，将零件模型进行三维旋转，命令行操作如下。

```
命令：3drotate
UCS 当前的正角方向：  ANGDIR=逆时针  ANGBASE=0
选择对象:                //选择如图 10-9 所示的对象
选择对象:                //Enter，结束选择
指定基点:                //捕捉如图 18-9 所示的圆心
拾取旋转轴:              //在如图 18-10 所示方向上单击，定位旋转轴
指定角的起点或输入角度:   //90 Enter，结束命令，旋转结果如图 18-11 所示
正在重新生成模型
```

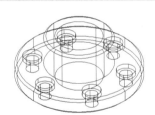 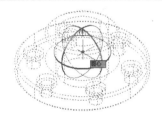

图 18-8 倒角结果   图 18-9 捕捉圆心

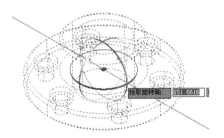 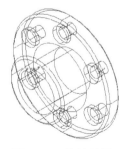

图 18-10 拾取旋转轴   图 18-11 旋转结果

Step 11 使用快捷键 VS 激活"视觉样式"命令，对法兰盘进行概念着色，结果如图 18-12 所示。

Step 12 选择菜单栏中的"绘图"→"建模"→"长方体"命令，配合坐标输入功能创建长方体，命令行操作如下。

```
命令: box
指定第一个角点或 [中心(C)]:              //捕捉如图18-13所示的圆心
指定其他角点或 [立方体(C)/长度(L)]:      //@60,40 Enter
指定高度或 [两点(2P)] <-10.0000>:
                                          //@0,0,45 Enter，结束命令，创建结果如图18-14所示
```

图 18-12　概念着色效果　　　　图 18-13　捕捉圆心　　　　图 18-14　创建结果

Step 13 选择菜单栏中的"修改"→"三维操作"→"干涉检查"命令，对后两个实体模型进行干涉，命令行操作如下。

```
命令: interfere
选择第一组对象或 [嵌套选择(N)/设置(S)]:  //选择如图18-15所示的实体
选择第一组对象或 [嵌套选择(N)/设置(S)]:  //Enter，结束选择
选择第二组对象或 [嵌套选择(N)/检查第一组(K)] <检查>:
                                          //选择如图18-16所示的实体模型
选择第二组对象或 [嵌套选择(N)/检查第一组(K)] <检查>:
                                          //Enter，系统高亮显示干涉实体，如图18-17所示
```

图 18-15　选择实体　　　　图 18-16　选择长方体　　　　图 18-17　高亮显示干涉实体

Step 14 打开如图18-18所示的"干涉检查"对话框，取消勾选"关闭时删除已创建的干涉对象"复选框，然后单击 关闭(C) 按钮，关闭该对话框。

图 18-18　"干涉检查"对话框

Step 15 使用快捷键VS激活"视觉样式"命令，对法兰盘进行二维线框着色，结果如图18-19

所示。

Step 16 单击"常用"选项卡→"修改"面板→"三维移动"按钮，将干涉实体外移。

```
命令：3dmove
选择对象：                    //选择如图 18-20 所示的对象
选择对象：                    //Enter，结束选择
指定基点或 [位移(D)] <位移>：  //拾取任一点
指定第二个点或 <使用第一个点作为位移>://在适当位置定位目标点，结果如图 18-21 所示
正在重新生成模型
```

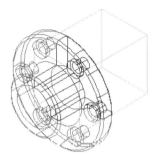

图 18-19　线框着色效果

图 18-20　选择干涉实体

Step 17 选择菜单栏中的"修改"→"实体编辑"→"差集"命令，对各拉伸实体进行差集，命令行操作如下。

```
命令：subtract
选择要从中减去的实体、曲面和面域
选择对象：                    //选择如图 18-22 所示的实体
选择对象：                    //Enter，结束选择
选择要减去的实体、曲面和面域
选择对象：                    //选择如图 18-23 所示的实体
选择对象：                    //Enter，结束命令，结果如图 18-24 所示
```

Step 18 使用快捷键 HI 激活"消隐"命令，对视图进行消隐，效果如图 18-25 所示。

Step 19 选择菜单栏中的"视图"→"视觉样式"→"概念"命令，对模型进行概念着色，最终效果如图 18-1 所示。

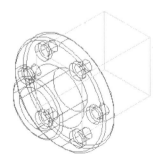

图 18-21　移位结果

图 18-22　选择对象

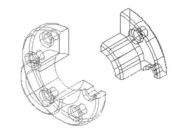

图 18-23　选择长方体　　　　　　　图 18-24　差集结果

图 18-25　消隐效果

Step 20 执行"保存"命令，将模型命名为"制作法兰盘立体造型.dwg"并存储。

18.2　上机实训二——制作阀体零件立体造型

本例通过制作阀体零件立体造型，对"边界"、"旋转"、"圆柱体"、"三维阵列"、"剖切"、"长方体"、"视觉样式"、"视图"和"差集"等多种命令进行综合练习和巩固应用。阀体零件立体造型的最终效果如图 18-26 所示。

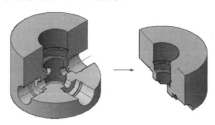

图 18-26　最终效果

操作步骤如下。

Step 01 执行"打开"命令，打开配套资源中的"\素材文件\阀体零件图.dwg"文件。

Step 02 使用快捷键 TR 激活"修剪"命令，修剪并删除不需要的图线，将零件图编辑成如图 18-27 所示的状态。

Step 03 在命令行设置系统变量 ISOLINES 的值为 24，设置系统变量 FACETRES 的值为 10。

Step 04 关闭线宽显示功能，然后选择菜单栏中的"编辑"→"剪切"命令，将编辑后的轮廓图剪切。

Step 05 将视图切换到主视图，然后选择菜单栏中的"编辑"→"粘贴"命令，将剪切的零件轮廓图粘贴到主视图内。

Step 06 使用快捷键 BO 激活"边界"命令，在如图 18-28 所示的 A、B 区域单击，创建两条闭合的多段线边界。使用快捷键 S 激活"拉伸"命令，选择边界 A 的右端，水平向右拉伸 0.5 个绘图单位。

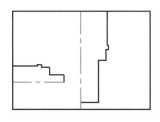

图 18-27　编辑结果

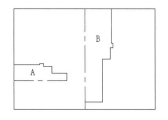

图 18-28　指定单击位置

Step 07 单击"常用"选项卡→"建模"面板→"旋转"按钮，将边界创建为三维实体，命令行操作如下。

```
命令: cylinder
当前线框密度: ISOLINES=24，闭合轮廓创建模式 = 实体
选择要旋转的对象或 [模式(MO)]: _MO 闭合轮廓创建模式 [实体(SO)/曲面(SU)] <实体>: _SO
选择要旋转的对象或 [模式(MO)]:     //选择如图 18-29 所示的边界
选择要旋转的对象或 [模式(MO)]:     // Enter
指定轴起点或根据以下选项之一定义轴 [对象(O)/X/Y/Z] <对象>:
                                 //捕捉如图 18-30 所示的端点
指定轴端点:                       //@1,0 Enter
指定旋转角度或 [起点角度(ST)/反转(R)/表达式(EX)] <360>:
                                 //Enter，旋转结果如图 18-31 所示
```

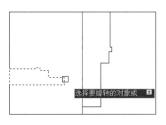

图 18-29　选择边界

图 18-30　捕捉端点

Step 08 单击"可视化"选项卡→"命名视图"面板→"西南等轴测"按钮，将当前视图切换到西南视图，结果如图 18-32 所示。

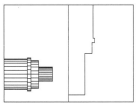

图 18-31　旋转结果

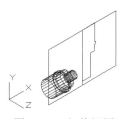

图 18-32　切换视图

Step 09 单击"常用"选项卡→"建模"面板→"旋转"按钮,执行"旋转"命令,将另一侧的边界创建为三维实体,结果如图 18-33 所示。

Step 10 选择菜单栏中的"工具"→"新建 UCS"→"世界"命令,将坐标系恢复为世界坐标系。

Step 11 单击"常用"选项卡→"建模"面板→"圆柱体"按钮,执行"圆柱体"命令,创建圆柱体,命令行操作如下。

```
命令: cylinder
指定底面的中心点或 [三点(3P)/两点(2P)/切点、切点、半径(T)/椭圆(E)]:
                                     //捕捉如图 18-34 所示的中点
指定底面半径或 [直径(D)]:              //捕捉如图 18-34 所示的端点 1
指定高度或 [两点(2P)/轴端点(A)]:       //捕捉端点 2,结果如图 18-35 所示
```

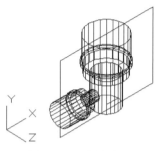

图 18-33 旋转结果

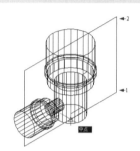

图 18-34 捕捉中点

Step 12 使用快捷键 E 激活"删除"命令,删除二维图线,结果如图 18-36 所示。

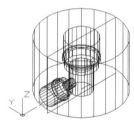

图 18-35 创建结果

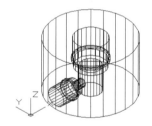

图 18-36 删除结果

Step 13 选择菜单栏中的"修改"→"三维操作"→"三维阵列"命令,对内部的旋转实体进行阵列,命令行操作如下。

```
命令: 3darray
正在初始化... 已加载 3DARRAY
选择对象:                                //选择下侧的旋转实体
选择对象:                                //Enter
输入阵列类型 [矩形(R)/环形(P)] <矩形>:    //P Enter
输入阵列中的项目数目:                     //4 Enter
指定要填充的角度 (+=逆时针, -=顺时针) <360>: //Enter
旋转阵列对象? [是(Y)/否(N)] <Y>:          //Enter
指定阵列的中心点:                         //捕捉如图 18-37 所示圆心
指定旋转轴上的第二点:                     //@0,0,1 Enter,阵列结果如图 18-38 所示
```

图 18-37 捕捉圆心

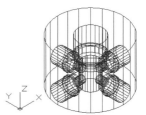
图 18-38 阵列结果

Step 14 单击"常用"选项卡→"实体编辑"面板→"并集"按钮,执行"并集"命令,选择如图 18-39 所示的实体进行并集。

Step 15 单击"常用"选项卡→"实体编辑"面板→"差集"按钮,执行"差集"命令,对实体进行差集,命令行操作如下。

```
命令：subtract
选择要从中减去的实体、曲面和面域...
选择对象：        //选择外侧的圆柱体
选择对象：        // Enter
选择要减去的实体、曲面和面域...
选择对象：        //选择内侧的并集实体
选择对象：        //Enter,差集后的着色效果如图 18-40 所示
```

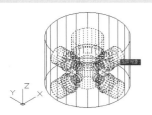
图 18-39 选择实体

图 18-40 差集后的着色效果

Step 16 选择菜单栏中的"绘图"→"建模"→"长方体"命令,配合坐标输入功能创建长方体,命令行操作如下。

```
命令：box
指定第一个角点或 [中心(C)]：        //捕捉如图 18-41 所示的象限点
指定其他角点或 [立方体(C)/长度(L)]：  //@100,-50 Enter
指定高度或 [两点(2P)] <-10.0000>：
              //@0,0,-50 Enter,结束命令,创建结果如图 18-42 所示
```

图 18-41 捕捉象限点

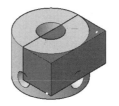
图 18-42 创建结果

Step 17 选择菜单栏中的"修改"→"三维操作"→"干涉检查"命令,对后两个实体模型进行干涉,命令行操作如下。

```
命令：interfere
选择第一组对象或 [嵌套选择(N)/设置(S)]:          //选择如图 18-43 所示的实体
选择第一组对象或 [嵌套选择(N)/设置(S)]:          //Enter，结束选择
选择第二组对象或 [嵌套选择(N)/检查第一组(K)] <检查>://选择如图 18-44 所示的实体
选择第二组对象或 [嵌套选择(N)/检查第一组(K)] <检查>:
                                          //Enter，系统高亮显示干涉实体，如图 18-45 所示
```

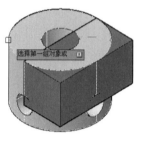 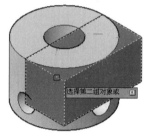 

图 18-43　选择实体　　　　图 18-44　选择长方体　　　　图 18-45　高亮显示干涉实体

Step 18 打开"干涉检查"对话框，取消勾选"关闭时删除已创建的干涉对象"复选框，然后结束命令。

Step 19 使用快捷键 VS 激活"视觉样式"命令，对法兰盘进行二维线框着色。

Step 20 选择菜单栏中的"修改"→"实体编辑"→"差集"命令，对各拉伸实体进行差集，命令行操作如下。

```
命令：subtract
选择要从中减去的实体、曲面和面域...
选择对象:          //选择如图 18-46 所示的实体
选择对象:          //Enter，结束选择
选择要减去的实体、曲面和面域...
选择对象:          //选择如图 18-47 所示的实体
选择对象:          //Enter，结束命令，差集结果如图 18-48 所示
```

Step 21 使用快捷键 VS 激活"视觉样式"命令，对模型进行概念着色，效果如图 18-49 所示。

Step 22 单击"常用"选项卡→"修改"面板→"三维移动"按钮，对干涉实体进行移位，命令行操作如下。

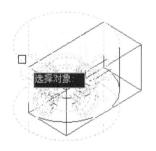 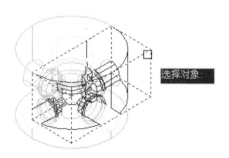

图 18-46　选择对象　　　　　　　　　　图 18-47　选择长方体

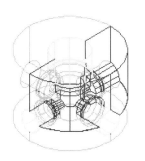
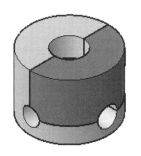

图 18-48 差集结果   图 18-49 概念着色效果

```
命令：3dmove
选择对象：                    //选择如图 18-50 所示的对象
选择对象：                    //Enter，结束选择
指定基点或 [位移(D)] <位移>：  //拾取任一点
指定第二个点或 <使用第一个点作为位移>：//在适当位置定位目标点，结果如图 18-51 所示
正在重新生成模型。
```

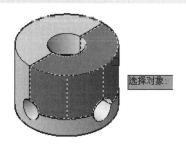
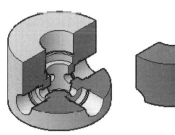

图 18-50 选择对象   图 18-51 移位结果

Step 23 执行"保存"命令，将模型命名为"制作阀体零件立体造型.dwg"并存储。

18.3 上机实训三——制作壳体零件立体造型

本例通过制作壳体零件的立体造型，对"圆"、"拉伸"、"差集"、"圆柱体"、"长方体"、"三维阵列"、"三维镜像"和"抽壳"等多种重要命令进行综合练习和巩固应用。壳体零件立体造型的最终效果如图 18-52 所示。操作步骤如下。

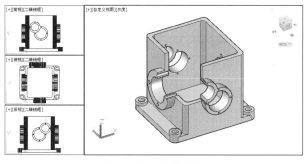

图 18-52 最终效果

Step 01 新建空白文件。

Step 02 启用对象捕捉和对象追踪功能，并设置捕捉模式为圆心捕捉、象限点捕捉和中点捕捉、端点捕捉等。

Step 03 在命令行设置系统变量 ISOLINES 的值为 24，设置系统变量 FACETRES 的值为 10。

Step 04 选择菜单栏中的"绘图"→"矩形"命令，配合坐标输入功能绘制箱体底座的外轮廓边，命令行操作如下。

```
命令：rectang
指定第一个角点或 [倒角(C)/标高(E)/圆角(F)/厚度(T)/宽度(W)]：   //F Enter
指定矩形的圆角半径 <0.0>：                                    //7 Enter
指定第一个角点或 [倒角(C)/标高(E)/圆角(F)/厚度(T)/宽度(W)]：   //Enter
指定另一个角点或 [面积(A)/尺寸(D)/旋转(R)]：
                                         //@114,94 Enter，绘制结果如图 18-53 所示
```

Step 05 使用快捷键 C 激活"圆"命令，配合圆心捕捉功能绘制半径分别为 4 和 7 的同心圆，结果如图 18-54 所示。

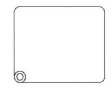

图 18-53　绘制结果　　　　　　　　图 18-54　绘制同心圆

Step 06 选择菜单栏中的"修改"→"阵列"→"矩形阵列"命令，对刚绘制的同心圆进行阵列，命令行操作如下。

```
命令：arrayrect
选择对象：                                //选择刚绘制的同心圆
选择对象：                                //Enter
类型 = 矩形  关联 = 是
选择夹点以编辑阵列或 [关联(AS)/基点(B)/计数(COU)/间距(S)/列数(COL)/行数(R)/层数(L)/退出(X)] <退出>：         //COU Enter
输入列数数或 [表达式(E)] <4>：             //2 Enter
输入行数或 [表达式(E)] <3>：               //2 Enter
选择夹点以编辑阵列或 [关联(AS)/基点(B)/计数(COU)/间距(S)/列数(COL)/行数(R)/层数(L)/退出(X)] <退出>：         //S Enter
指定列之间的距离或 [单位单元(U)] <20.1674>：  //100 Enter
指定行之间的距离 <75>：                    //80 Enter
选择夹点以编辑阵列或 [关联(AS)/基点(B)/计数(COU)/间距(S)/列数(COL)/行数(R)/层数(L)/退出(X)] <退出>：         //AS Enter
创建关联阵列 [是(Y)/否(N)] <是>：          //N Enter
选择夹点以编辑阵列或 [关联(AS)/基点(B)/计数(COU)/间距(S)/列数(COL)/行数(R)/层数(L)/退出(X)] <退出>：         //Enter，阵列结果如图 18-55 所示
```

Step 07 选择菜单栏中的"绘图"→"矩形"命令，配合"捕捉自"功能绘制内部的圆角矩形，命令行操作如下。

```
命令: rectang
当前矩形模式: 圆角=7.0000
指定第一个角点或 [倒角(C)/标高(E)/圆角(F)/厚度(T)/宽度(W)]: //F Enter
指定矩形的圆角半径 <7.0000>:                //5 Enter
指定第一个角点或 [倒角(C)/标高(E)/圆角(F)/厚度(T)/宽度(W)]://激活"捕捉自"功能
_from 基点:                                //捕捉左下侧同心圆的圆心
 <偏移>:                                   //@9,-7 Enter
指定另一个角点或 [面积(A)/尺寸(D)/旋转(R)]: //@82,94 Enter,结果如图 18-56 所示
```

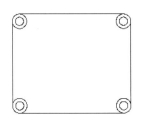 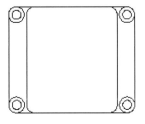

图 18-55　阵列结果　　　　　　　　图 18-56　绘制结果

Step 08 使用快捷键 O 激活"偏移"命令,将刚绘制的圆角矩形向内偏移 5 个绘图单位,结果如图 18-57 所示。

Step 09 选择菜单栏中的"修改"→"圆角"命令,对偏移出的矩形进行圆角,圆角半径为 5,结果如图 18-58 所示。

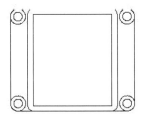 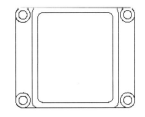

图 18-57　偏移结果　　　　　　　　图 18-58　圆角结果

Step 10 选择菜单栏中的"视图"→"三维视图"→"东南等轴测"命令,将当前视图切换为东南视图。

Step 11 单击"常用"选项卡→"建模"面板→"拉伸"按钮,将内侧的两个圆角矩形拉伸为三维实体,命令行操作如下。

```
命令: extrude
当前线框密度: ISOLINES=24,闭合轮廓创建模式 = 实体
选择要拉伸的对象或 [模式(MO)]: _MO 闭合轮廓创建模式 [实体(SO)/曲面(SU)] <实体>: _SO
选择要拉伸的对象或 [模式(MO)]:           //选择内侧的两个圆角矩形
选择要拉伸的对象或 [模式(MO)]:           //Enter
指定拉伸的高度或 [方向(D)/路径(P)/倾斜角(T)/表达式(E)] <93.1007>:
                                        //94 Enter,拉伸结果如图 18-59 所示
```

Step 12 使用快捷键 SU 激活"差集"命令,将两个拉伸实体进行差集,命令行操作如下。

```
命令: SU            //Enter
```

```
SUBTRACT 选择要从中减去的实体、曲面和面域
选择对象：                    //选择外侧的拉伸实体
选择对象：                    //Enter
选择要减去的实体、曲面和面域
选择对象：                    //选择内侧的拉伸实体
选择对象：                    //Enter，结束命令，差集后的消隐效果如图 18-60 所示
```

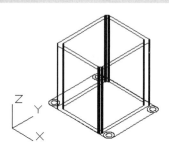
图 18-59 拉伸结果

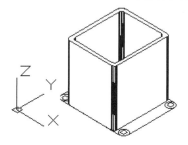
图 18-60 差集后的消隐效果

Step 13 选择菜单栏中的"工具"→"新建 UCS"→"三点"命令，配合中点捕捉和端点捕捉功能创建如图 18-61 所示的用户坐标系。

Step 14 使用快捷键 C 激活"圆"命令，配合坐标输入功能绘制半径分别为 24、16 和 2 的圆形，命令行操作如下。

```
命令:circle                                              //Enter
指定圆的圆心或 [三点(3P)/两点(2P)/切点、切点、半径(T)]:   //0,47 Enter
指定圆的半径或 [直径(D)] <7.0000>:                        //24 Enter
命令:circle
指定圆的圆心或 [三点(3P)/两点(2P)/切点、切点、半径(T)]:   //@ Enter
指定圆的半径或 [直径(D)] <24.0000>:                       //16 Enter
命令:circle
指定圆的圆心或 [三点(3P)/两点(2P)/切点、切点、半径(T)]:   //0,67 Enter
指定圆的半径或 [直径(D)] <16.0000>:                       //2 Enter，绘制结果如图 18-62 所示
```

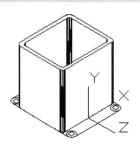
图 18-61 创建用户坐标系

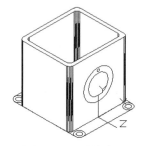
图 18-62 绘制结果

Step 15 使用快捷键 AR 激活"阵列"命令，以大同心圆作为中心点，将半径为 2 的圆进行环形阵列，命令行操作如下。

```
命令：AR                          //Enter
选择对象：                        //选择半径为 2 的小圆
选择对象：                        //Enter
```

```
输入阵列类型 [矩形(R)/路径(PA)/极轴(PO)] <极轴>://PO Enter
类型 = 极轴    关联 = 否
指定阵列的中心点或 [基点(B)/旋转轴(A)]:         //捕捉大同心圆的圆心
选择夹点以编辑阵列或 [关联(AS)/基点(B)/项目(I)/项目间角度(A)/填充角度(F)/行
(ROW)/层(L)/旋转项目(ROT)/退出(X)] <退出>:      //I Enter
输入阵列中的项目数或 [表达式(E)] <6>:           //4 Enter
选择夹点以编辑阵列或 [关联(AS)/基点(B)/项目(I)/项目间角度(A)/填充角度(F)/行
(ROW)/层(L)/旋转项目(ROT)/退出(X)] <退出>:      //F Enter
指定填充角度(+=逆时针、-=顺时针)或 [表达式(EX)] <360>:   // Enter
选择夹点以编辑阵列或 [关联(AS)/基点(B)/项目(I)/项目间角度(A)/填充角度(F)/行
(ROW)/层(L)/旋转项目(ROT)/退出(X)] <退出>:      // AS Enter
创建关联阵列 [是(Y)/否(N)] <否>:               //N Enter
选择夹点以编辑阵列或 [关联(AS)/基点(B)/项目(I)/项目间角度(A)/填充角度(F)/行
(ROW)/层(L)/旋转项目(ROT)/退出(X)] <退出>:      //Enter，阵列结果如图 18-63 所示
```

Step 16 单击"常用"选项卡→"建模"面板→"拉伸"按钮，将六个圆沿 Z 轴正方向拉伸，命令行操作如下。

```
命令：extrude
当前线框密度：ISOLINES=24，闭合轮廓创建模式 = 实体
选择要拉伸的对象或 [模式(MO)]: _MO 闭合轮廓创建模式 [实体(SO)/曲面(SU)] <实体>: _SO
选择要拉伸的对象或 [模式(MO)]:     //选择内侧的两个圆角矩形
选择要拉伸的对象或 [模式(MO)]:     //Enter
指定拉伸的高度或 [方向(D)/路径(P)/倾斜角(T)/表达式(E)] <93.1007>:
                                   //15 Enter，拉伸结果如图 18-64 所示
```

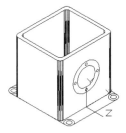　　　　　　　　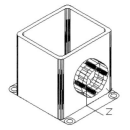

图 18-63　阵列结果　　　　　　　　图 18-64　拉伸结果

Step 17 选择菜单栏中的"修改"→"三维操作"→"三维移动"命令，将拉伸后的六个圆柱体沿 Z 轴负方向移动 5 个绘图单位，命令行操作如下。

```
命令：3dmove
选择对象:              //选择拉伸后的六个圆柱形拉伸实体
选择对象:              //Enter
指定基点或 [位移(D)] <位移>:   //拾取任一点
指定第二个点或 <使用第一个点作为位移>:   //@0,0,-5 Enter
正在重新生成模型
```

Step 18 执行 UCS 命令，使用"三点"功能并配合对象捕捉功能创建如图 18-65 所示的用

户坐标系。

Step 19 单击"常用"选项卡→"建模"面板→"圆柱体"按钮，创建三个圆柱体，命令行操作如下。

```
命令: cylinder
指定底面的中心点或 [三点(3P)/两点(2P)/切点、切点、半径(T)/椭圆(E)]: //0,47 Enter
指定底面半径或 [直径(D)] <190.1726>:         //18 Enter
指定高度或 [两点(2P)/轴端点(A)] <15.0000>:    //@0,0,-15 Enter
命令: cylinder
指定底面的中心点或 [三点(3P)/两点(2P)/切点、切点、半径(T)/椭圆(E)]: //@ Enter
指定底面半径或 [直径(D)] <18.0000>:           //14 Enter
指定高度或 [两点(2P)/轴端点(A)] <-15.0000>:   //@0,0,-15 Enter
命令:cylinder                                //Enter
指定底面的中心点或 [三点(3P)/两点(2P)/切点、切点、半径(T)/椭圆(E)]: //0,63,0 Enter
指定底面半径或 [直径(D)] <14.0000>:           //1 Enter
指定高度或 [两点(2P)/轴端点(A)] <-15.0000>: //@0,0,-15 Enter，结果如图18-66所示
```

图 18-65　新建用户坐标系

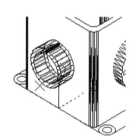

图 18-66　创建结果

Step 20 选择菜单栏中的"修改"→"三维操作"→"三维阵列"命令，对半径为1的小圆柱体进行阵列，命令行操作如下。

```
命令: 3darray
正在初始化... 已加载 3DARRAY
选择对象:                                    //选择半径为1的小圆柱体
选择对象:
输入阵列类型[矩形(R)/环形(P)] <矩形>:          //P
输入阵列中的项目数目:                         //4
指定要填充的角度 (+=逆时针, -=顺时针) <360>:
旋转阵列对象? [是(Y)/否(N)] <Y>:
指定阵列的中心点:                             //捕捉同心圆柱体的底面圆心
指定旋转轴上的第二点: //捕捉同心圆柱体另一底面圆心，阵列结果如图18-67所示
```

Step 21 选择菜单栏中的"修改"→"三维操作"→"三维移动"命令，将六个圆柱体沿Z轴正方向移动5个绘图单位，命令行操作如下。

```
命令: 3dmove
选择对象:                                    //选择六个圆柱形拉伸实体
```

```
选择对象：                                    //Enter
指定基点或 [位移(D)] <位移>：                  //拾取任一点
指定第二个点或 <使用第一个点作为位移>：        //@0,0,5 Enter
正在重新生成模型
```

Step 22 使用快捷键 VS 激活"视觉样式"命令，对模型进行灰度着色，然后将当前视图切换为俯视图，结果如图 18-68 所示。

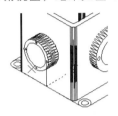
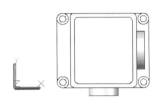

图 18-67 阵列结果　　　　　　　　　图 18-68 切换为俯视图

Step 23 使用快捷键 MI 激活"镜像"命令，配合中点捕捉功能对两侧的柱形拉伸实体进行镜像，结果如图 18-69 所示。

Step 24 执行"东南等轴测"命令，将视图恢复为东南视图，结果如图 18-70 所示。

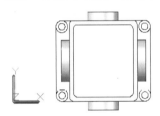

图 18-69 镜像结果　　　　　　　　　图 18-70 切换视图

Step 25 使用快捷键 UNI 激活"并集"命令，将外侧的四个大圆柱和中间的差集拉伸实体进行合并，并将内部的 20 个小圆柱体进行合并。

Step 26 使用快捷键 SU 激活"差集"命令，将两个并集实体进行差集，差集后的灰度着色效果如图 18-71 所示。

Step 27 使用快捷键 VS 激活"视觉样式"命令，将模型进行二维线框着色。

Step 28 单击"常用"选项卡→"建模"面板→"拉伸"按钮，将底板拉伸，命令行操作如下。

```
命令：extrude
当前线框密度：ISOLINES=4，闭合轮廓创建模式 = 实体
选择要拉伸的对象或 [模式(MO)]：_MO 闭合轮廓创建模式 [实体(SO)/曲面(SU)] <实体>：_SO
选择要拉伸的对象或 [模式(MO)]：              //选择底板圆角矩形
选择要拉伸的对象或 [模式(MO)]：              //Enter
指定拉伸的高度或 [方向(D)/路径(P)/倾斜角(T)/表达式(E)] <0.0>：//@0,0,7 Enter
命令：extrude
当前线框密度：ISOLINES=4，闭合轮廓创建模式 = 实体
选择要拉伸的对象或 [模式(MO)]：_MO 闭合轮廓创建模式 [实体(SO)/曲面(SU)] <实体>：_SO
选择要拉伸的对象或 [模式(MO)]：              //选择底板四组同心圆
选择要拉伸的对象或 [模式(MO)]：              //Enter
```

```
指定拉伸的高度或 [方向(D)/路径(P)/倾斜角(T)/表达式(E)] <-15.0>:
                                    //@0,0,11 Enter,拉伸结果如图 18-72 所示
```

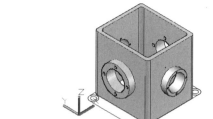

图 18-71 差集后的灰度着色效果

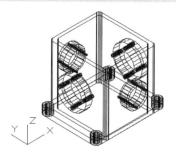

图 18-72 拉伸结果

Step 29 使用快捷键 VS 激活"视觉样式"命令,对模型进行灰度着色,效果如图 18-73 所示。

Step 30 将视图切换到主视图,将着色方式恢复为线框着色,然后执行"圆"命令,配合"捕捉自"功能和圆心捕捉功能绘制半径为 10 的圆,命令行操作如下。

```
命令: circle
指定圆的圆心或 [三点(3P)/两点(2P)/切点、切点、半径(T)]:   //激活"捕捉自"功能
_from 基点:                        //捕捉如图 18-74 所示的圆心
<偏移>:                            //@-16,16 Enter
指定圆的半径或 [直径(D)] <1.0000>:  //10 Enter,绘制结果如图 18-75 所示
```

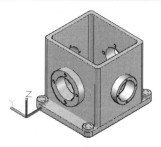

图 18-73 灰度着色效果

图 18-74 捕捉圆心

Step 31 执行"偏移"命令,将刚绘制的圆向外偏移 4 个绘图单位,然后配合"两点之间的中点"和象限点捕捉功能,绘制半径为 1 的小圆,结果如图 18-76 所示。

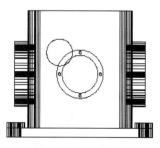

图 18-75 绘制结果

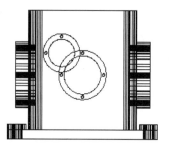

图 18-76 操作结果

Step 32 选择菜单栏中的"视图"→"三维视图"→"东南等轴测"命令,将视图切换到东

南视图，结果如图 18-77 所示。

Step 33 使用快捷键 HI 激活"消隐"命令，效果如图 18-78 所示。

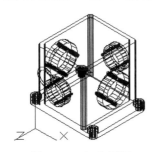
图 18-77　切换视图

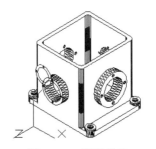
图 18-78　消隐效果

Step 34 单击"常用"选项卡→"建模"面板→"拉伸"按钮，执行"拉伸"命令，窗口选择如图 18-79 所示的四个圆形，沿 Z 轴负方向拉伸 15 个绘图单位，命令行操作如下。

```
命令: extrude
当前线框密度: ISOLINES=4,闭合轮廓创建模式 = 实体,闭合轮廓创建模式 = 实体
选择要拉伸的对象或 [模式(MO)]: _MO 闭合轮廓创建模式 [实体(SO)/曲面(SU)] <实体>: _SO
选择要拉伸的对象或 [模式(MO)]://窗口选择如图 18-79 所示的四个圆形
选择要拉伸的对象或 [模式(MO)]://Enter
指定拉伸的高度或 [方向(D)/路径(P)/倾斜角(T)/表达式(E)] <0.0>:
                      //@0,0,-15 Enter,拉伸后的消隐效果如图 18-80 所示
```

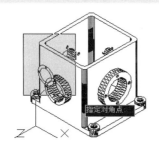
图 18-79　窗口选择

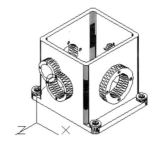
图 18-80　拉伸后的消隐效果

Step 35 选择菜单栏中的"修改"→"三维操作"→"三维镜像"命令，选择四个圆柱形拉伸实体进行镜像，命令行操作如下。

```
命令: mirror3d
选择对象:                              //选择四个圆柱形拉伸实体
选择对象:                              // Enter
指定镜像平面 (三点) 的第一个点或　[对象(O)/最近的(L)/Z 轴(Z)/视图(V)/XY 平面
(XY)/YZ 平面(YZ)/ZX 平面(ZX)/三点(3)] <三点>:    //XY Enter
指定 XY 平面上的点 <0,0,0>:             //捕捉如图 18-81 所示的中点
是否删除源对象? [是(Y)/否(N)] <否>:      //Enter,镜像结果如图 18-82 所示
```

Step 36 使用快捷键 UNI 激活"并集"命令，选择壳体模型和两个外侧的大圆柱形拉伸实体进行并集。

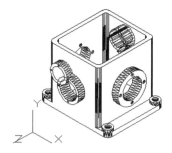

图 18-81　捕捉中点　　　　　　　　　　图 18-82　镜像结果

Step 37 使用快捷键 SU 激活"差集"命令，选择并集实体，对内侧的六个柱形拉伸实体进行差集，差集后的消隐效果如图 18-83 所示。

Step 38 将视图切换到西南视图，然后使用快捷键 VS 激活"视觉样式"命令，对模型进行概念着色，效果如图 18-84 所示。

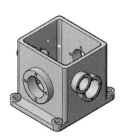

图 18-83　差集后的消隐效果　　　　　　图 18-84　着色效果

Step 39 选择菜单栏中的"绘图"→"建模"→"长方体"命令，配合坐标输入功能创建长方体，命令行操作如下。

```
命令：box
指定第一个角点或 [中心(C)]：          //捕捉如图 18-85 所示的圆心
指定其他角点或 [立方体(C)/长度(L)]：   //@35,-57 Enter
指定高度或 [两点(2P)] <-10.0000>：     //@0,0,62 Enter，创建结果如图 18-86 所示
```

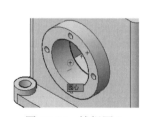

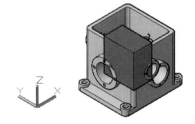

图 18-85　捕捉圆心　　　　　　　　　　图 18-86　创建结果

Step 40 选择菜单栏中的"修改"→"实体编辑"→"差集"命令，对各拉伸实体进行差集，命令行操作如下。

```
命令：subtract
选择要从中减去的实体、曲面和面域
选择对象：          //选择如图 18-87 所示的实体
```

```
选择对象：         //Enter，结束选择
选择要减去的实体、曲面和面域
选择对象：         //选择如图 18-88 所示的实体
选择对象：         //Enter，结束命令，差集后的效果如图 18-89 所示
```

Step 41 执行"新建视口"命令，打开"视口"对话框，选择如图 18-90 所示的视口模式，将当前视口分割为四个视口，结果如图 18-91 所示。

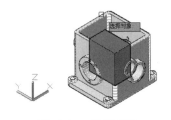

图 18-87 选择对象

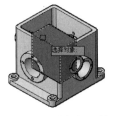

图 18-88 选择长方体

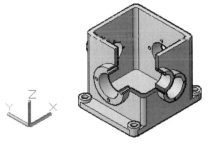

图 18-89 差集后的效果

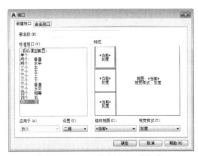

图 18-90 选择视口模式

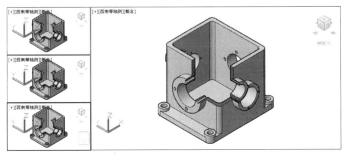

图 18-91 分割视口

Step 42 分别激活左视图三个视口，切换视口内的视图并对其进行二维线框着色和消隐，最终效果如图 18-52 所示。

Step 43 执行"保存"命令，将模型命名为"制作壳体零件立体造型.dwg"并存储。

18.4 上机实训四——制作缸体零件立体造型

本例通过制作缸体零件的立体造型，对"长方体"、"圆角"、"三维阵列"、"差集"、"拉伸"、"真实视觉样式"、UCS 和"三维旋转"等多种命令进行综合练习和巩固应

用。缸体零件立体造型的最终效果如图18-92所示。操作步骤如下。

Step 01 创建空白文件。

Step 02 选择菜单栏中的"视图"→"三维视图"→"西南等轴测"命令,将当前视图切换到西南视图。

Step 03 选择菜单栏中的"绘图"→"建模"→"长方体"命令,创建长方体,命令行操作如下。

图18-92 最终效果

```
命令: box
指定第一个角点或 [中心(C)]:              //C Enter,激活"中心"选项
指定中心:                                //0,0,0 Enter,以原点为中心点
指定角点或 [立方体(C)/长度(L)]:          //L Enter,激活"长度"选项
指定长度:                                //82 Enter
指定宽度:                                //82 Enter
指定高度或 [两点(2P)] <100.0>:           //8 Enter,结果如图18-93所示
```

Step 04 使用系统变量ISOLINES修改实体模型的线框密度为24,修改变量FACETRES的值为10。

Step 05 使用快捷键F激活"圆角"命令,对长方体的四条垂直棱边进行圆角,命令行操作如下。

```
命令:fillet                              //Enter,激活命令
当前设置: 模式 = 修剪,半径 = 0.0
选择第一个对象或 [放弃(U)/多段线(P)/半径(R)/修剪(T)/多个(M)]:
                                         //选择一条垂直棱边
输入圆角半径或 [表达式(E)]:              //5 Enter,设置圆角半径
选择边或 [链(C)/环(L)/半径(R)]:          //分别选择如图18-94所示的四条垂直棱边
选择边或 [链(C)/环(L)/半径(R)]:          //Enter,结束命令,圆角结果如图18-95所示
已选定 4 个边用于圆角
```

Step 06 单击"默认"选项卡→"建模"面板→"圆柱体"按钮,创建圆柱体,命令行操作如下。

```
命令: cylinder
指定底面的中心点或 [三点(3P)/两点(2P)/切点、切点、半径(T)/椭圆(E)]:
                                         //-30,-30,-4 Enter
指定底面半径或 [直径(D)] <50.0>:         //3.5 Enter
指定高度或 [两点(2P)/轴端点(A)] <8.0>:   //8 Enter,创建结果如图18-96所示
```

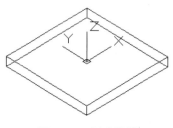

图18-93 创建结果

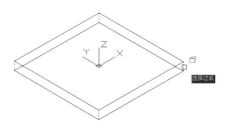

图18-94 选择圆角边

图 18-95 圆角结果

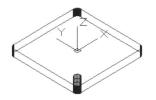
图 18-96 创建圆柱体

Step 07 选择菜单栏中的"修改"→"三维操作"→"三维阵列"命令，选择刚创建的圆柱体进行三维阵列，命令行操作如下。

```
命令: 3darray
正在初始化... 已加载 3DARRAY
选择对象:                                //选择如图 18-97 所示的对象
选择对象:                                //Enter，结束选择
输入阵列类型 [矩形(R)/环形(P)] <矩形>:    //Enter，激活矩形阵列功能
输入行数 (---) <1>:                      //2 Enter
输入列数 (|||) <1>:                      //2 Enter
输入层数 (...) <1>:                      //Enter
指定行间距 (---):                        //60 Enter
指定列间距 (|||):                        //60 Enter，阵列结果如图 18-98 所示
```

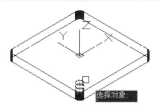
图 18-97 选择圆柱体

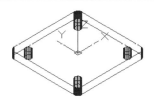
图 18-98 矩形阵列结果

Step 08 选择菜单栏中的"修改"→"实体编辑"→"差集"命令，对各实体进行差集，以创建底板上的螺孔，命令行操作如下。

```
命令: subtract
选择要从中减去的实体、曲面和面域
选择对象:              //选择长方体模型
选择对象:              //Enter，结束选择
选择要减去的实体、曲面和面域
选择对象:              //选择如图 18-99 所示的四个圆柱体
选择对象:              //Enter，结束命令，差集后的消隐效果如图 18-100 所示
```

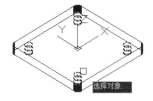
图 18-99 选择圆柱体

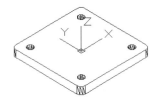
图 18-100 差集后的消隐效果

Step 09 单击"常用"选项卡→"建模"面板→"圆柱体"按钮,创建同心圆柱体,命令行操作如下。

```
命令: cylinder
指定底面的中心点或 [三点(3P)/两点(2P)/切点、切点、半径(T)/椭圆(E)]:
                                        //0,0,-4 Enter
指定底面半径或 [直径(D)] <98.0>:        //D Enter,激活"直径"选项
指定直径 <196.1>:                        //40 Enter
指定高度或 [两点(2P)/轴端点(A)] <182.9>://40 Enter,创建结果如图18-101所示
命令:_cylinder                          //Enter,重复执行命令
指定底面的中心点或 [三点(3P)/两点(2P)/切点、切点、半径(T)/椭圆(E)]: //0,0,-4 Enter
指定底面半径或 [直径(D)] <20>:          //D Enter
指定直径 <40>:                           //28 Enter
指定高度或 [两点(2P)/轴端点(A)] <40>:   //40 Enter,创建结果如图18-102所示
```

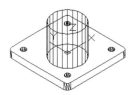

图 18-101 创建结果

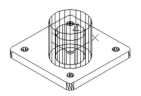

图 18-102 创建圆柱体

Step 10 选择菜单栏中的"修改"→"实体编辑"→"差集"命令,对刚创建的两个圆柱体进行差集,命令行操作如下。

```
命令: subtract
选择要从中减去的实体、曲面和面域
选择对象:                    //选择大圆柱体
选择对象:                    // Enter,结束选择
选择要减去的实体、曲面和面域
选择对象:                    //选择小圆柱体
选择对象:                    // Enter
```

Step 11 选择菜单栏中的"修改"→"实体编辑"→"并集"命令,对底板模型和通孔模型进行合并,结果如图18-103所示。

Step 12 执行 UCS 命令,配合坐标输入功能将当前坐标系移位,创建用户坐标系,命令行操作如下。

```
命令: ucs                    // Enter,激活命令
当前 UCS 名称: *世界*
指定 UCS 的原点或 [面(F)/命名(NA)/对象(OB)/上一个(P)/视图(V)/世界(W)/X/Y/Z/Z轴(ZA)] <世界>:    //0,0,36 Enter
指定 X 轴上的点或 <接受>:    //Enter,结果如图18-104所示
```

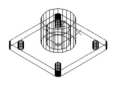

图 18-103 并集结果

图 18-104 移动坐标系

Step 13 执行"视觉样式"命令,对模型进行三维线框着色,结果如图18-105所示。

Step 14 单击"常用"选项卡→"建模"面板→"圆柱体"按钮,创建圆柱体,命令行操作如下。

```
命令: cylinder
指定底面的中心点或 [三点(3P)/两点(2P)/切点、切点、半径(T)/椭圆(E)]>:
                                        //Enter,以原点作为中心点
指定底面半径或 [直径(D)]:              //D Enter,激活"直径"选项
指定直径:                              //40 Enter
指定高度或 [两点(2P)/轴端点(A)] <182.9>: //73 Enter,结果如图18-106所示
```

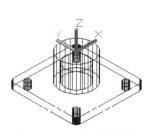
图 18-105 三维线框着色

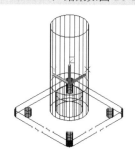
图 18-106 创建结果(1)

```
命令: cylinder                         //Enter,重复执行命令
指定底面的中心点或 [三点(3P)/两点(2P)/切点、切点、半径(T)/椭圆(E)]>: //@ Enter
指定底面半径或 [直径(D)]:              //D Enter
指定直径:                              //48 Enter
指定高度或 [两点(2P)/轴端点(A)] <73>:  //62 Enter,结果如图18-107所示
命令: cylinder                         //Enter,重复执行命令
指定底面的中心点或 [三点(3P)/两点(2P)/切点、切点、半径(T)/椭圆(E)]>://0,0,62 Enter
指定底面半径或 [直径(D)]:              //D Enter
指定直径:                              //80 Enter
指定高度或 [两点(2P)/轴端点(A)] <62>: //8 Enter,结果如图18-108所示
命令: cylinder                         // Enter,重复执行命令
指定底面的中心点或 [三点(3P)/两点(2P)/切点、切点、半径(T)/椭圆(E)]>://0,0,70 Enter
指定底面半径或 [直径(D)]:              //D Enter
指定直径:                              //52 Enter
指定高度或 [两点(2P)/轴端点(A)] <8>:  //3 Enter,结束命令,结果如图18-109所示
```

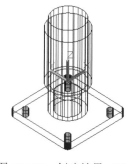
图 18-107 创建结果(2)

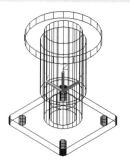
图 18-108 创建结果(3)

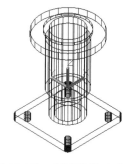
图 18-109 创建结果(4)

Step 15 重复执行"圆柱体"命令,配合点的绝对坐标输入功能,创建螺孔圆柱体,命令行操作如下。

```
命令: cylinder
指定底面的中心点或 [三点(3P)/两点(2P)/切点、切点、半径(T)/椭圆(E)]>:
                                          //33,0,62 Enter
指定底面半径或 [直径(D)]:                   //D Enter,激活"直径"选项
指定底面直径:                               //7 Enter
指定高度或 [两点(2P)/轴端点(A)] <3>:
                                          //8 Enter,结果如图 18-110 所示,其着色效果如图 18-111 所示
```

Step 16 更改模型的颜色,并恢复到三维线框着色,然后选择菜单栏中的"修改"→"三维操作"→"三维阵列"命令,对刚创建的螺孔圆柱体进行环形阵列,命令行操作如下。

```
命令: 3darray
选择对象:                                  //窗口选择如图 18-112 所示的对象
选择对象:                                  //Enter,结束选择
输入阵列类型 [矩形(R)/环形(P)] <矩形>:      //P Enter,激活"环形"选项
输入阵列中的项目数目:                       //4 Enter,设置阵列数目
指定要填充的角度 (+=逆时针, -=顺时针) <360>: //Enter,设置阵列角度
旋转阵列对象? [是(Y)/否(N)] <是>:           //Enter,设置旋转模式
指定阵列的中心点:                           //捕捉如图 18-113 所示的圆心
指定旋转轴上的第二点:                       //捕捉如图 18-114 所示的圆心,结果如图 18-115 所示
```

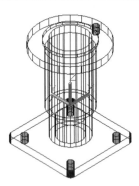
图 18-110 创建圆柱体

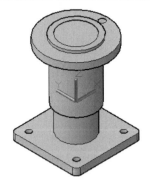
图 18-111 着色效果

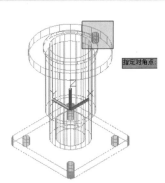
图 18-112 窗口选择

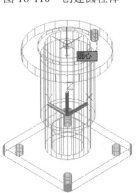
图 18-113 捕捉圆心(1)

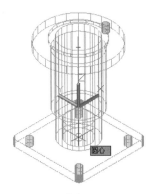
图 18-114 捕捉圆心(2)

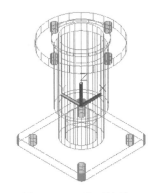
图 18-115 阵列结果

Step 17 选择菜单栏中的"修改"→"实体编辑"→"差集"命令,对圆柱体进行差集,命令行操作如下。

```
命令: subtract
选择要从中减去的实体、曲面和面域
选择对象:              //选择高度为 62 的圆柱体
选择对象:              //选择高度为 8 的圆柱体
选择对象:              //选择高度为 3 的圆柱体,选择结果如图 18-116 所示
选择对象:              //Enter,结束选择
选择要减去的实体、曲面和面域
选择对象:              //选择高度为 73 的圆柱体
选择对象:              //选择四个螺孔圆柱体,选择结果如图 18-117 所示
选择对象:              //Enter,结束命令,差集后的着色效果如图 18-118 所示
```

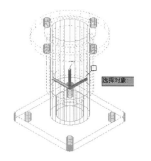
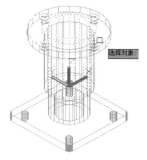

图 18-116　选择结果（1）　　图 18-117　选择结果（2）　　图 18-118　差集后的着色效果

Step 18 将着色方式设为线框着色,然后执行"圆柱体"命令,以当前坐标系的原点作为底面圆心,创建底面半径为 20、高度为 100 的圆柱体,如图 18-119 所示。

Step 19 执行 UCS 命令,将当前坐标系进行旋转,创建新的用户坐标系,命令行操作如下。

```
命令:ucs                              //Enter,激活命令
指定 UCS 的原点或 [面(F)/命名(NA)/对象(OB)/上一个(P)/视图(V)/世界(W)/X/Y/Z/Z
轴(ZA)] <世界>:                       //X Enter,激活"X"选项
  指定绕 X 轴的旋转角度 <90.0>:         //Enter,旋转结果如图 18-120 所示
命令:                                 //Enter,重复执行命令
指定_UCS 的原点或 [面(F)/命名(NA)/对象(OB)/上一个(P)/视图(V)/世界(W)/X/Y/Z/Z
轴(ZA)] <世界>:                       //0,31,0 Enter
  指定 X 轴上的点或 <接受>:            //Enter,结束命令,创建结果如图 18-121 所示
```

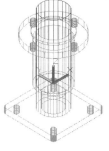
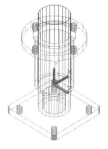
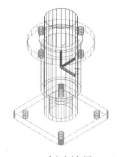

图 18-119　创建结果（1）　　图 18-120　旋转结果　　图 18-121　创建结果（2）

Step 20 选择菜单栏中的"绘图"→"建模"→"圆柱体"命令,创建圆柱体,命令行操作如下。

```
命令: cylinder
指定底面的中心点或 [三点(3P)/两点(2P)/切点、切点、半径(T)/椭圆(E)]>://0,0 Enter
指定底面半径或 [直径(D)]:          //D Enter,激活"直径"选项
指定底面直径:                      //40 Enter
指定高度或 [两点(2P)/轴端点(A)]:    //45 Enter,结束命令,结果如图18-122所示
命令: _cylinder                    //Enter,重复执行命令
指定底面的中心点或 [三点(3P)/两点(2P)/切点、切点、半径(T)/椭圆(E)]>:  //@ Enter
指定底面半径或 [直径(D)]:          //D Enter,激活"直径"选项
指定底面直径:                      //30 Enter
指定高度或 [两点(2P)/轴端点(A)]:    //45 Enter,结束命令,结果如图18-123所示
```

Step 21 选择菜单栏中的"修改"→"实体编辑"→"差集"命令,对刚创建的三个圆柱体进行差集,命令行操作如下。

```
命令: subtract
选择要从中减去的实体、曲面和面域
选择对象:            //选择底面直径为40、高度为45的圆柱体
选择对象:            //选择上端接头的组合实体,选择结果如图18-124所示
选择对象:            //Enter,结束选择
选择要减去的实体、曲面和面域
选择对象:            //选择底面直径为30、高度为45的圆柱体
选择对象:            //选择高度为100的圆柱体,选择结果如图18-125所示
选择对象:            //Enter,差集结果如图18-126所示,其着色效果如图18-127所示
```

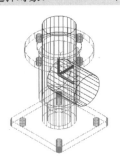

图 18-122 创建圆柱体(1)

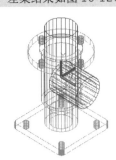

图 18-123 创建圆柱体(2)

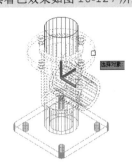

图 18-124 选择结果(1)

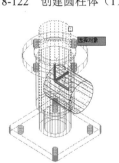

图 18-125 选择结果(2)

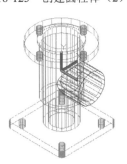

图 18-126 差集结果

图 18-127 着色效果

Step 22 将着色方式设为线框着色，然后执行 UCS 命令，将当前用户坐标系进行移位，目标点坐标为（0,0,45），结果如图 18-128 所示。

Step 23 使用快捷键 C 激活"圆"命令，分别绘制直径为 50、30、24 和 13 的圆，命令行操作如下。

```
命令:circle                                    //Enter，激活命令
指定圆的圆心或 [三点(3P)/两点(2P)/切点、切点、半径(T)]:  //0,0,0 Enter
指定圆的半径或 [直径(D)]:                        //D Enter
指定圆的直径:                                   //50 Enter
命令:circle                                    //Enter，重复执行命令
指定圆的圆心或 [三点(3P)/两点(2P)/切点、切点、半径(T)]:  //0,0,0 Enter
指定圆的半径或 [直径(D)] <25.0>:                 //D Enter
指定圆的直径 <50.0>:                            //30 Enter，结果如图 18-129 所示
命令:circle                                    //Enter，重复执行命令
指定圆的圆心或 [三点(3P)/两点(2P)/切点、切点、半径(T)]:  //35,0 Enter
指定圆的半径或 [直径(D)] <25.0>:                 //D Enter
指定圆的直径 <50.0>:                            //24 Enter
命令:circle                                    //Enter，重复执行命令
指定圆的圆心或 [三点(3P)/两点(2P)/切点、切点、半径(T)]:  //35,0 Enter
指定圆的半径或 [直径(D)] <25.0>:                 //D Enter
指定圆的直径 <50.0>:                            //13 Enter
命令:circle                                    //Enter，重复执行命令
指定圆的圆心或 [三点(3P)/两点(2P)/切点、切点、半径(T)]:  //-35,0 Enter
指定圆的半径或 [直径(D)] <25.0>:                 //D Enter
指定圆的直径 <50.0>:                            //24 Enter
命令:circle                                    //Enter，重复执行命令
指定圆的圆心或 [三点(3P)/两点(2P)/切点、切点、半径(T)]:  //-35,0 Enter
指定圆的半径或 [直径(D)] <25.0>:                 //D Enter
指定圆的直径 <50.0>:                            //13 Enter，绘制结果如图 18-130 所示
```

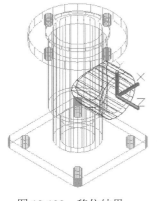
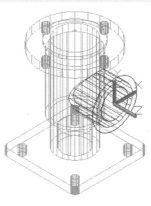
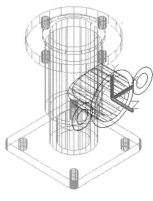

图 18-128　移位结果　　　　图 18-129　绘制同心圆　　　　图 18-130　绘制结果

Step 24 使用快捷键激活"直线"命令,配合切点捕捉和三维动态观察等辅助功能,绘制如图 18-131 所示的公切线。

> **小技巧**
>
> 在绘制公切线时,也可以使用"平面视图"命令,事先将视图切换为当前坐标系的平面视图。

Step 25 使用快捷键 TR 激活"修剪"命令,以公切线作为剪切边界,修剪掉位于剪切边之间的圆弧,结果如图 18-132 所示。

Step 26 使用快捷键 PE 激活"编辑多段线"命令,将刚修剪的闭合轮廓编辑为一条闭合多段线,命令行操作如下。

```
命令:pedit
选择多段线或 [多条(M)]:                                    //M Enter
选择对象:                  //选择如图 18-133 所示的对象
选择对象:                                                  //Enter
是否将直线、圆弧和样条曲线转换为多段线? [是(Y)/否(N)]? <Y>  //Enter
输入选项 [闭合(C)/打开(O)/合并(J)/宽度(W)/拟合(F)/样条曲线(S)/非曲线化(D)/线型生成(L)/反转(R)/放弃(U)]:                //J Enter
合并类型 = 延伸
输入模糊距离或 [合并类型(J)] <0.0000>:                      //Enter
多段线已增加 7 条线段
输入选项 [闭合(C)/打开(O)/合并(J)/宽度(W)/拟合(F)/样条曲线(S)/非曲线化(D)/线型生成(L)/反转(R)/放弃(U)]:    //Enter,多段线编辑后的夹点显示效果如图 18-134 所示
```

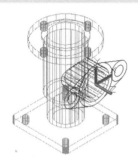
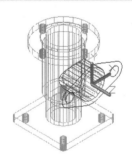
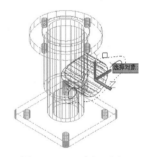

图 18-131 绘制公切线   图 18-132 修剪结果   图 18-133 选择对象

Step 27 单击"常用"选项卡→"建模"面板→"拉伸"按钮,将底板进行拉伸,命令行操作如下。

```
命令: extrude
当前线框密度: ISOLINES=4,闭合轮廓创建模式 = 实体
选择要拉伸的对象或 [模式(MO)]: _MO 闭合轮廓创建模式 [实体(SO)/曲面(SU)] <实体>: _SO
选择要拉伸的对象或 [模式(MO)]:
                      //选择闭合多段线和直径为 30、13 的圆,如图 18-135 所示
选择要拉伸的对象或 [模式(MO)]:       //Enter
```

指定拉伸的高度或 [方向(D)/路径(P)/倾斜角(T)/表达式(E)] <0.0>:
//@0,0,-8 Enter，拉伸结果如图18-136所示

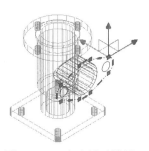
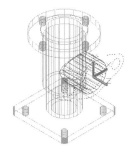
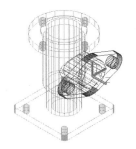

图 18-134 夹点显示效果　　图 18-135 选择圆　　图 18-136 拉伸结果

Step 28 使用快捷键 SU 激活"差集"命令，将拉伸实体进行差集，命令行操作如下。

命令:subtract　　　　　　//Enter
选择要从中减去的实体、曲面和面域...
选择对象:　　　　　　　//选择外侧的拉伸实体，如图18-137所示
选择对象:　　　　　　　//Enter
选择要减去的实体、曲面和面域...
选择对象:　　　　　　　//选择内侧的拉伸实体，如图18-138所示
选择对象:　　　　　　　//Enter，结束命令，差集后的着色效果如图18-139所示

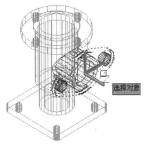
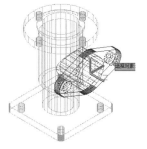
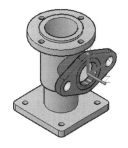

图 18-137 选择对象（1）　　图 18-138 选择对象（2）　　图 18-139 着色效果

Step 29 使用快捷键 UNI 激活"并集"命令，将所有实体模型合并为一个组合实体，结果如图 18-140 所示。

Step 30 执行 UCS 命令，将坐标系设为世界坐标系，结果如图 18-141 所示。

Step 31 执行"圆"命令，配合圆心捕捉功能，在底板圆孔上绘制如图 18-142 所示的圆。

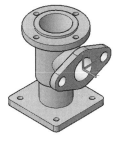

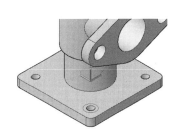

图 18-140 并集结果　　图 18-141 设置坐标系　　图 18-142 绘制结果

Step 32 单击"常用"选项卡→"建模"面板→"拉伸"按钮，将圆进行拉伸，命令行操作如下。

```
命令: extrude
当前线框密度: ISOLINES-4,闭合轮廓创建模式 = 实体
选择要拉伸的对象或 [模式(MO)]: _MO 闭合轮廓创建模式 [实体(SO)/曲面(SU)] <实体>: _SO
选择要拉伸的对象或 [模式(MO)]:              //选择刚绘制的圆
选择要拉伸的对象或 [模式(MO)]:              //Enter
指定拉伸的高度或 [方向(D)/路径(P)/倾斜角(T)/表达式(E)] <0.0>:
                                            //@0,0,-3 Enter,拉伸结果如图 18-143 所示
```

Step 33 使用快捷键 SU 激活"差集"命令，将拉伸实体进行差集，结果如图 18-144 所示。

图 18-143 拉伸结果

图 18-144 差集结果

Step 34 参照第 31～33 步，分别制作底板其他三角位置的阶梯孔结构，结果如图 18-145 所示。

Step 35 执行"东南等轴测"命令，将视图切换到东南视图，结果如图 18-146 所示。

Step 36 使用快捷键 VS 激活"视觉样式"命令，对模型进行真实着色，最终效果如图 18-92 所示。

图 18-145 制作结果

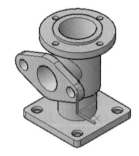
图 18-146 切换视图

Step 37 执行"保存"命令，将模型命名为"制作缸体零件立体造型.dwg"并存储。

18.5 上机实训五——制作夹具零件立体造型

本例通过制作夹具零件的立体造型，对"长方体"、"拉伸"、"三维镜像"、"差集"、"视觉样式"、UCS 和"三维视图"等多种命令进行综合练习和巩固应用。夹具零件立体造型的最终效果如图 18-147 所示。操作步骤如下。

第18章 各类零件立体造型设计

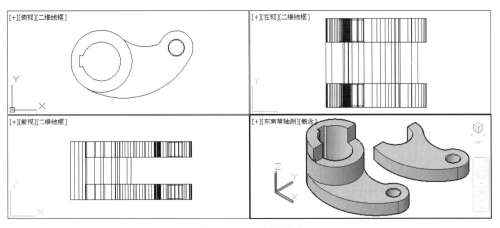

图 18-147　最终效果

Step 01 执行"新建"命令,创建文件,并把捕捉模式设置为圆心捕捉。

Step 02 选择菜单栏中的"绘图"→"圆"→"圆心、半径"命令,配合"捕捉自"功能绘制俯视图轮廓线。

```
命令: circle
指定圆的圆心或 [三点(3P)/两点(2P)/切点、切点、半径(T)]: //在绘图区拾取一点
指定圆的半径或 [直径(D)]:                              //25 Enter
命令:circle                                          //Enter
指定圆的圆心或 [三点(3P)/两点(2P)/切点、切点、半径(T)]: //@Enter
指定圆的半径或 [直径(D)] <25.0000>:                   //40 Enter
命令:circle                                          //Enter
指定圆的圆心或 [三点(3P)/两点(2P)/切点、切点、半径(T)]: //激活"捕捉自"功能
_from 基点:                                          //捕捉刚绘制的同心圆圆心
<偏移>:                                              //@98.5,17.4 Enter
指定圆的半径或 [直径(D)] <40.0000>:                   //10 Enter
命令:circle                                          //Enter
指定圆的圆心或 [三点(3P)/两点(2P)/切点、切点、半径(T)]: //@ Enter
指定圆的半径或 [直径(D)] <10.0000>:                   //22 Enter
命令:circle                                          //Enter
指定圆的圆心或 [三点(3P)/两点(2P)/切点、切点、半径(T)]: //激活"捕捉自"功能
_from 基点:                                          //捕捉最后绘制的圆的圆心
<偏移>:                                              //@-30.5,15 Enter
指定圆的半径或 [直径(D)] <22.0000>:                   //12 Enter,绘制结果如图 18-148 所示
```

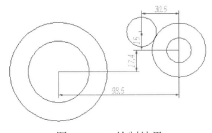

图 18-148　绘制结果

Step 03 选择菜单栏中的"绘图"→"圆"→"相切、相切、半径"命令,绘制两个相切圆,命令行操作如下。

```
命令: circle
指定圆的圆心或 [三点(3P)/两点(2P)/切点、切点、半径(T)]: _ttr
指定对象与圆的第一个切点:        //在左侧同心圆的左侧单击
指定对象与圆的第二个切点:        //在右侧同心圆的右侧单击
指定圆的半径 <0.0000>:          //100 Enter
命令: circle
指定圆的圆心或 [三点(3P)/两点(2P)/切点、切点、半径(T)]: _ttr
指定对象与圆的第一个切点:        //在如图 18-149 所示的位置单击
指定对象与圆的第二个切点:        //在如图 18-150 所示的位置单击
指定圆的半径 <100.0000>:        //50 Enter,结束命令,绘制结果如图 18-151 所示
```

  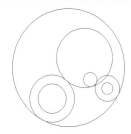

图 18-149 拾取相切对象(1)　　图 18-150 拾取相切对象(2)　　图 18-151 绘制结果

Step 04 使用快捷键 TR 激活"修剪"命令,对绘制的圆形进行修剪,结果如图 18-152 所示。

Step 05 使用快捷键 XL 激活"构造线"命令,通过左侧同心圆圆心绘制一条水平的构造线和一条垂直的构造线,结果如图 18-153 所示。

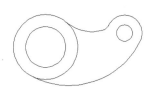 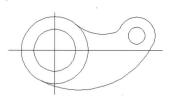

图 18-152 修剪结果(1)　　　　　　图 18-153 绘制构造线

Step 06 选择菜单栏中的"修改"→"偏移"命令,将垂直的构造线向左偏移 28.8 个绘图单位,将水平构造线对称偏移 7 个绘图单位,结果如图 18-154 所示。

Step 07 使用快捷键 TR 激活"修剪"命令,对构造线和内部的圆进行修剪,并删除多余图线,结果如图 18-155 所示。

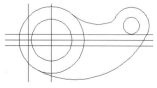 

图 18-154 偏移结果　　　　　　图 18-155 修剪结果(2)

Step 08 选择菜单栏中的"绘图"→"边界"命令,分别在如图 18-156 所示的 A 和 B 区域

单击,创建闭合边界,如图 18-157 所示。

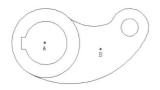

图 18-156　指定单击位置

图 18-157　创建边界

Step 09 在命令行设置变量 ISOLINES 的值为 12。

Step 10 使用快捷键 EXT 激活"拉伸"命令,将各二维边界拉伸为三维实体,命令行操作如下。

```
命令:extrude                    //Enter
当前线框密度: ISOLINES=12,闭合轮廓创建模式 = 实体
选择要拉伸的对象或 [模式(MO)]: _MO 闭合轮廓创建模式 [实体(SO)/曲面(SU)] <实体>: _SO
选择要拉伸的对象或 [模式(MO)]:    //选择如图 18-158 所示的两条边界
选择要拉伸的对象或 [模式(MO)]:    //Enter
指定拉伸的高度或 [方向(D)/路径(P)/倾斜角(T)/表达式(E)] <48.7015>: //-50 Enter
命令:_extrude                   //Enter
当前线框密度: ISOLINES=12,闭合轮廓创建模式 = 实体
选择要拉伸的对象或 [模式(MO)]: _MO 闭合轮廓创建模式 [实体(SO)/曲面(SU)] <实体>: _SO
选择要拉伸的对象或 [模式(MO)]:    //选择如图 18-159 所示的两条边界
选择要拉伸的对象或 [模式(MO)]:    //Enter
指定拉伸的高度或 [方向(D)/路径(P)/倾斜角(T)/表达式(E)] <50>:
                               //-20 Enter,结束命令
```

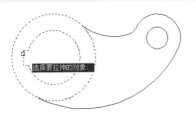

图 18-158　选择拉伸边界(1)

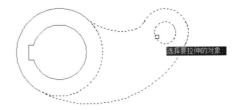

图 18-159　选择拉伸边界(2)

Step 11 选择菜单栏中的"视图"→"三维视图"→"西南等轴测"命令,将当前视图切换为西南视图,结果如图 18-160 所示。

Step 12 使用快捷键 SU 激活"差集"命令,对各拉伸实体进行差集,命令行操作如下。

```
命令:subtract       //Enter
选择要从中减去的实体、曲面和面域
选择对象:          //选择如图 18-161 所示的对象
选择对象:          //Enter
选择要减去的实体、曲面和面域
选择对象:          //选择如图 18-162 所示的对象
选择对象:          //Enter
```

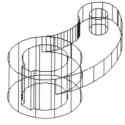  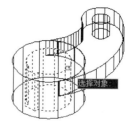

图 18-160　切换视图　　　图 18-161　选择被减实体（1）　　　图 18-162　选择减去实体（1）

```
命令:subtract                    //Enter
选择要从中减去的实体、曲面和面域
选择对象：                       //选择如图 18-163 所示的对象
选择对象：                       //Enter
选择要减去的实体、曲面和面域
选择对象：                       //选择如图 18-164 所示的对象
选择对象：                       //Enter
```

Step 13　使用快捷键 E 激活"删除"命令，删除多余图线。

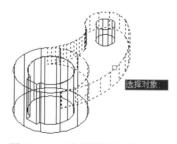 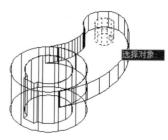

图 18-163　选择被减实体（2）　　　　图 18-164　选择减去实体（2）

Step 14　选择菜单栏中的"修改"→"倒角"命令，对差集实体进行倒角，命令行操作如下。

```
命令: chamfer
("修剪"模式) 当前倒角距离 1 = 1.0000, 距离 2 = 1.0000
选择第一条直线或 [放弃(U)/多段线(P)/距离(D)/角度(A)/修剪(T)/方式(E)/多个(M)]:
                                //选择其中的一个实体对象
基面选择...
输入曲面选择选项 [下一个(N)/当前(OK)] <当前(OK)>: OK
                                //Enter
指定基面的倒角距离 <1.0000>:     //1 Enter
指定其他曲面的倒角距离 <1.0000>: //1 Enter
选择边或 [环(L)]:                //选择如图 18-165 所示的边
选择边或 [环(L)]:                //Enter
命令:_chamfer                   //Enter
("修剪"模式) 当前倒角距离 1 = 1.0000, 距离 2 = 1.0000
选择第一条直线或 [放弃(U)/多段线(P)/距离(D)/角度(A)/修剪(T)/方式(E)/多个(M)]:
                                //选择其中的一个实体对象
基面选择...指定基面的倒角距离 <1.0000>: //1 Enter
指定其他曲面的倒角距离 <1.0000>: //1 Enter
```

```
选择边或 [环(L)]:              //选择如图 18-166 所示的边
选择边或 [环(L)]:              //Enter,倒角结果如图 18-167 所示
```

  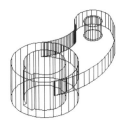

图 18-165　选择倒角边（1）　　图 18-166　选择倒角边（2）　　图 18-167　倒角结果

Step 15 使用快捷键 HI 激活"消隐"命令,对模型进行消隐,效果如图 18-168 所示。

Step 16 将视图切换为东北视图,然后选择菜单栏中的"修改"→"三维操作"→"三维镜像"命令,对如图 18-168 所示的三维模型进行镜像,命令行操作如下。

```
命令: mirror3d
选择对象:                      //选择如图 18-168 所示的模型
选择对象:                      //Enter
指定镜像平面 (三点) 的第一个点或 [对象(O)/最近的(L)/Z 轴(Z)/视图(V)/XY 平面
(XY)/YZ 平面(YZ)/ZX 平面(ZX)/三点(3)] <三点>://XY Enter
指定 XY 平面上的点 <0,0,0>:     //激活"捕捉自"功能
 _from 基点:                   //捕捉如图 18-169 所示的圆心
<偏移>:                        //@0,0,-37.5 Enter
是否删除源对象？[是(Y)/否(N)] <否>:  //Enter,镜像结果如图 18-170 所示
```

  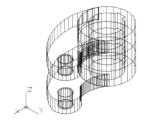

图 18-168　消隐效果　　　　图 18-169　捕捉圆心　　　　图 18-170　镜像结果

Step 17 将视图切换到东南视图,然后使用快捷键 UNI 激活"并集"命令,选择所有实体进行合并。

Step 18 选择菜单栏中的"视图"→"视觉样式"→"概念"命令,对实体进行概念着色,结果如图 18-171 所示。

Step 19 选择菜单栏中的"绘图"→"建模"→"长方体"命令,配合坐标输入功能创建长方体,命令行操作如下。

```
命令: box
指定第一个角点或 [中心(C)]:             //捕捉如图 18-172 所示的圆心
指定其他角点或 [立方体(C)/长度(L)]:      //@125,105 Enter
指定高度或 [两点(2P)] <-10.0000>: //@0,0,-24 Enter,创建结果如图 18-173 所示
```

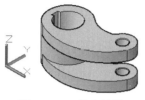
图 18-171 着色效果

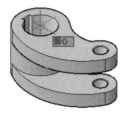
图 18-172 捕捉圆心

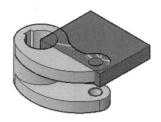
图 18-173 创建长方体

Step 20 选择菜单栏中的"修改"→"三维操作"→"三维移动"命令，选择长方体并对其进行移位，命令行操作如下。

```
命令：3dmove
选择对象：                              //选择长方体
选择对象：                              //Enter，结束选择
指定基点或 [位移(D)] <位移>：           //捕捉如图 18-174 所示的中点
指定第二个点或 <使用第一个点作为位移>：
                                       //捕捉如图 18-175 所示的端点，移位结果如图 18-176 所示
正在重新生成模型
```

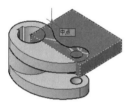
图 18-174 捕捉中点

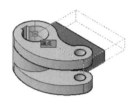
图 18-175 捕捉端点

图 18-176 移位结果

Step 21 选择菜单栏中的"修改"→"三维操作"→"干涉检查"命令，对后两个实体模型进行干涉，命令行操作如下。

```
命令：interfere
选择第一组对象或 [嵌套选择(N)/设置(S)]：    //选择如图 18-177 所示的实体
选择第一组对象或 [嵌套选择(N)/设置(S)]：    //Enter，结束选择
选择第二组对象或 [嵌套选择(N)/检查第一组(K)] <检查>：
                                            //选择如图 18-178 所示的实体
选择第二组对象或 [嵌套选择(N)/检查第一组(K)] <检查>：
                                            //Enter，系统高亮显示干涉实体，如图 18-179 所示
```

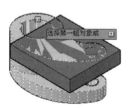
图 18-177 选择对象

图 18-178 选择长方体

图 18-179 高亮显示干涉实体

Step 22 打开"干涉检查"对话框，取消勾选"关闭时删除已创建的干涉对象"复选框，然后结束命令。

Step 23) 选择菜单栏中的"修改"→"实体编辑"→"差集"命令，对实体进行差集，命令行操作如下。

```
命令: subtract
选择要从中减去的实体、曲面和面域...
选择对象:              //选择图 18-180 所示的实体
选择对象:              //Enter，结束选择
选择要减去的实体、曲面和面域...
选择对象:              //选择如图 18-181 所示的实体
选择对象:              //Enter，结束命令，结果如图 18-182 所示
```

图 18-180　选择被减实体

图 18-181　选择减去实体

图 18-182　差集结果

Step 24) 单击"常用"选项卡→"修改"面板→"三维移动"按钮，将干涉实体进行移位，命令行操作如下。

```
命令: 3dmove
选择对象:                      //选择如图 18-183 所示的对象
选择对象:                      //Enter，结束选择
指定基点或 [位移(D)] <位移>:    //拾取任一点
指定第二个点或 <使用第一个点作为位移>:
                              //在适当位置定位目标点，结果如图 18-184 所示
```

图 18-183　选择对象

图 18-184　移位结果

Step 25) 执行"四个视口"命令，将当前视口分割为四个视口，结果如图 18-185 所示。

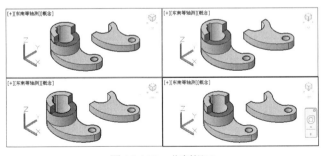
图 18-185　分割视口

Step 26) 分别激活左视图三个视口，切换视口内的视图并对其进行二维线框着色，最终结果如图 18-147 所示。

Step 27) 执行"保存"命令，将模型命名为"制作夹具零件立体造型.dwg"并存储。

18.6 小结与练习

18.6.1 小结

前面各章讲述了各类零件二维视图的绘制方法和绘制技巧，为了更加形象逼真地表达出零件的立体状态和内部结构特征，本章通过五个典型实例学习了盘类、阀体、壳体、缸体及夹具等零件立体造型的快速创建方法和相关建模技巧。

在创建零件的立体模型时，不但要注意各类建模工具的组合搭配技能，还需要注意应用视图的切换、坐标系的灵活运用及模型的实时着色等辅助建模技能。

18.6.2 练习

1. 综合运用所学知识，根据零件三视图制作零件的立体造型，如图 18-186 所示。
2. 综合运用所学知识，根据零件二视图制作零件的立体造型，如图 18-187 所示。

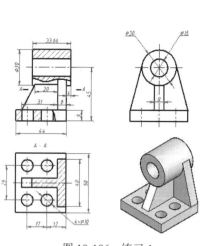

图 18-186　练习 1

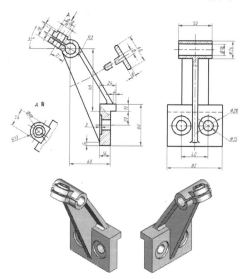

图 18-187　练习 2